高等院校城市规划专业本科系列教材

城市规划与设计子系列

城市道路与交通（第三版）

Urban Road and Traffic（Third Edition）

沈建武　吴瑞麟　编著

WUHAN UNIVERSITY PRESS
武汉大学出版社

图书在版编目(CIP)数据

城市道路与交通/沈建武,吴瑞麟编著.—3版.—武汉:武汉大学出版社,2011.10(2024.1重印)
高等院校城市规划专业本科系列教材
ISBN 978-7-307-09179-5

Ⅰ.城… Ⅱ.①沈… ②吴… Ⅲ.城市道路—交通规划—高等学校—教材 Ⅳ.TU984.191

中国版本图书馆CIP数据核字(2011)第189079号

责任编辑:任仕元　　责任校对:刘　欣　　版式设计:马　佳

出版发行:**武汉大学出版社**　(430072　武昌　珞珈山)
(电子邮箱:cbs22@ whu.edu.cn 网址:www.wdp.com.cn)
印刷:武汉图物印刷有限公司
开本:787×1092　1/16　印张:21.75　字数:511千字　插页:1　插表:1
版次:1996年8月第1版　2006年3月第2版
2011年10月第3版　2024年1月第3版第9次印刷
ISBN 978-7-307-09179-5/TU · 102　定价:53.00元

总　序

随着中国城市建设的迅速发展，城市规划学科涉及的学科领域越来越广泛。同时，随着科学技术的突飞猛进，城市规划研究方法、规划设计方法及城市规划技术方法也有很大的变化，这些变化要求城市规划高等教育在教学结构、教学内容及教学方法上做出适时调整。因此，我们特别组织编写了这套高等院校城市规划专业本科系列教材，以满足高等城市规划专业教育发展的需要。

这套教材由城市规划与设计、风景园林及城市规划技术这三大子系列组成。每本教材的主编教师都有从事相应课程教学 20 年以上的经验，课程讲义经历了不断更新及充实的过程，有些讲义凝聚了两代教师的心血。教材编写过程中，有关编写人员在原有讲义基础上，广泛收集最新资料，特别是最近几年的国内外城市规划理论及实践的资料。教材在深入讨论、反复征求意见及修改的基础上完成，可以说这是一套比较成熟的城市规划本科教材。我们希望在这套教材完成之后，将继续相关教材编写，如城市规划原理、城市建设历史、城市基础设施规划等，以使该套教材更完整、更全面。

本系列教材注重知识的系统性、完整性、科学性及前沿性，同时与实践相结合，提出与规划实践、城市建设现状、城市空间现状相关的案例及问题，以帮助、引导学生积极自觉思考和分析问题，鼓励学生创新意识，力求培养学生理论联系实际、解决实际问题的能力，使我们的教学更具开放性和实效性。

这套教材不仅可以作为高等院校城市规划和建筑学专业本科教材及教学参考书，同时也可以作为从事建筑设计、城市规划设计、园林景观设计及城市规划研究人员的工具书及参考书。

希望这套教材的出版能够为城市规划高等教育的教学及学科发展起到积极的推进作用，为城市规划专业及建筑学专业的师生带来丰富的有价值的资料，同时还能为城市规划师及其相关专业的从业者带来有益的帮助。

教材在编写过程中参考了同行的著作和研究成果，在此一并表示感谢。也希望专家、学者及读者对教材中的不足之处提出批评指正意见，帮助我们更好地完善这套教材的建设。

第二版序言

本书是在《城市交通分析与道路设计》(武汉测绘科技大学出版社，1996年)的基础上，结合近年来该领域的教学、科研和技术的发展与需要，由原编著者全面重新撰写的。全书基本保留了原教材的框架，考虑到城市交通与城市道路的规划设计特点，将原第三章(城市交通规划与路网规划)分为第三章(城市交通规划)和第四章(城市道路网规划)两章；原第六章(城市道路交叉口设计)改为第七章(城市道路平交口设计)和第八章(城市道路立体交叉设计)两章，同时对全书各章作了内容的补充、修改和重写，使之更加丰富、全面，有利于各相关专业学生学习使用。书中大量的图表、资料及有关标准和规范的应用也进行了更新与调整。

本书力图荟萃国内外有关城市道路交通规划设计较先进的理论与方法，结合我国城市道路交通的特点，在理论分析的基础之上较系统全面地阐述了城市道路交通规划设计相关知识内容。本书注意将理论与实际相结合，具有较强的实用性。每章后附有思考题，便于读者自学。

本书第一、二、三、四、十章由武汉大学沈建武教授撰写，第五、六、七、八、九章由华中科技大学吴瑞麟教授撰写。全书在编著过程中得到了武汉大学城市设计学院、华中科技大学土木工程与力学学院等单位有关专业教师和领导的关心、帮助与支持，在此深表谢意；同时对本书参考资料的编著者也一并诚致谢意。

书中的缺憾与不足之处在所难免，恳请读者批评指正。

编著者

2006年3月

第三版序言

本书最初的基础是原武汉测绘科技大学出版社 1996 年出版的《城市交通分析与道路设计》。新的武汉大学成立后，根据教学的需要，编著者对原书做了较大的修改和补充，于 2006 年由武汉大学出版社出版了第二版，书名也改为《城市道路与交通》。

本书编著者长期从事道路交通规划设计的教学和科研工作，此次再版时，结合近年来该领域的教学、科研成果和技术的最新发展需要，由原编著者对本书进行了全面重新编写。除保留原书的框架结构外，对书中各章均作了内容上的补充、修改和重写，使之更加丰富、全面，有利于各相关专业教师教学和学生学习使用。根据国家住建部及有关单位最新制定、修改并已颁布(或报批)的相关标准和规范，以及引用国外资料的更新，书中大量的图表、资料及有关标准和规范的应用也作了相应更新与调整，有的资料信息以新、旧两种标准的形式同时列出，便于读者比较学习和加深理解。

本书力图荟萃国内外有关城市道路交通规划设计较先进的理论与方法，并结合我国城市道路交通的特点，在理论分析的基础之上较系统全面地阐述了城市道路交通规划设计相关知识内容。本书在编写过程中注意将理论与实际相结合，具有较强的实用性，每章后附有思考题，便于读者自学。

本书第一、二、三、四、十章由武汉大学沈建武教授撰写，第五、六、七、八、九章由华中科技大学吴瑞麟教授撰写。全书在编著过程中得到了武汉大学城市设计学院、华中科技大学土木工程与力学学院等单位有关专业教师和领导的关心、帮助与支持，在此深表谢意；同时，对本书参考资料的编著者也一并诚致谢意。

书中的缺憾与不足之处在所难免，恳请读者批评指正。

编著者

2011 年 6 月于武昌珞珈山

目　录

第1章 绪　论

1.1 城市交通与城市道路

1.1.1 城市交通与城市道路的基本概念

“交通”通常的含义是指人和物在两地间的位移过程(广义的交通除人和物的位移外还包括信息的传递)，即人和物随时间的变化而产生的空间位置变化。其明显特征是不为社会创造具有实物形态的物质产品，它通过实现劳动对象的位移来参与社会总产品的生产和创造国民收入。

由实现和完成人和物位移的不同形式，交通包括道路、铁路、航空、水运及管道五种方式。城市交通即是承担城市所需的运输任务的各交通方式的统称，各方式之间的衔接转换与协调配合，构成城市综合交通体系。

通常可以将城市交通分为两类：一类是市际交通，也称对外交通。市际交通是指城市与该城市以外地区之间的交通，由设在市区内的市际交通设施，如铁路站场、港口码头、机场、长途客货运车站及出入城市的道路系统对城市交通产生影响。另一类是城市内部交通，城市内部交通是指人和物的运动的发生与终止均产生于城市内部的那部分交通，由各种城市交通设施共同组织承担完成其运输需求。

根据运输对象的不同，城市交通包括客运交通(以及行人交通、自行车交通)和货运交通。客运交通可分为路面公共客运交通、私人个体客运交通以及轨道交通等形式；货运交通也可分为专业运输、单位运输和私人个体运输等形式。我国的社会性质决定了我们在客货运输方面要大力发展公共客运交通和专业运输公司运输，兼以私人个体运输作为补充(图1-1)。

“道路”是供行人和车辆移动的人工构造物。城市道路是指由城市专业部门建设和管理、为全社会提供交通服务的各类各级道路的统称，它是担负城市交通的主要设施。

一个城市的交通运输系统是由各种相对独立的交通形式相互协调组成的，城市道路只是其中一部分。一个现代化的城市交通，要高效率、低消耗地为城市居民服务，就必须对城市交通统一规划、统一建设、统一管理，用系统工程的理论和方法解决城市交通问题，满足城市交通运输要求，诱导和促进城市的健康发展。

1.1.2 城市交通与城市道路在城市建设和发展中的作用

历史上，城市的兴起和发展总是和交通条件紧密联系在一起的。一定的交通方式为城

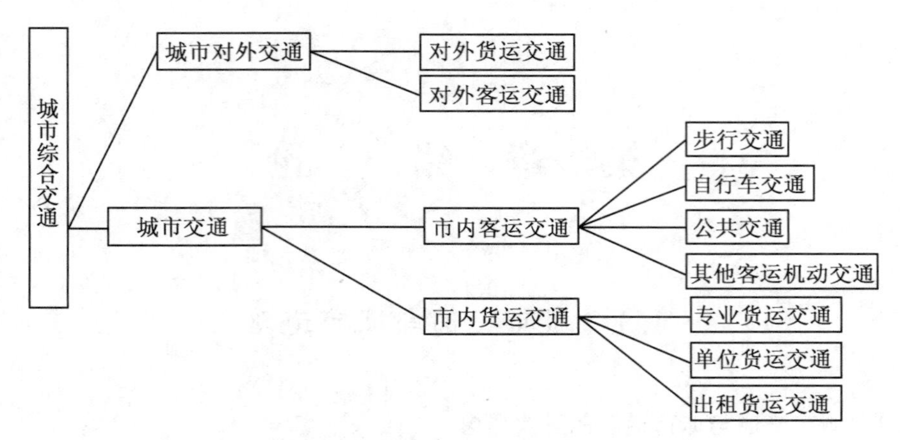

图 1-1　城市综合交通类型示意图

市的形成和发展提供必要的条件，而人类文明的进步、社会发展的需要又促进了城市交通的发展，从而使城市的进步成为可能。在古代，人员及货物的流动由于交通条件的限制，多依赖水路运输和人力、畜力车运输，因此形成因水陆运输便利，沿江河而建的商埠城镇，如长江流域的武汉、重庆、荆州等；因沿海物资集散及对外运输需求而发展形成的城镇，如泉州、厦门等；因与西域交流的需要而形成的“丝绸之路”则始于古长安(今西安)，但城镇规模有限。随着社会生产力的发展，交通工具的变革，人们的活动范围扩大，城镇的功能和规模也不断扩大，城市交通与城市建设在相互促进和相互制约中协调发展。

城市交通是城市经济的动脉，是城市具有决定意义的机能之一。城市交通体系是城市大系统中的一个重要子系统，是城市社会、经济和物质结构的基本组成部分，体现了城市生产、生活的动态的功能关系，在促进城市有效运转中起着十分重要的作用。

城市道路系统形成城市用地布局的基本骨架，是城市空间环境的主要构成要素。城市道路空间的组织直接影响城市的空间形态和城市景观。

是否具备完善的健全合理的城市综合交通体系，是现代化城市的重要标志之一。城市交通从一个侧面反映了城市精神文明和物质文明的程度。现代城市快速交通体系的出现，对更好地发挥城市功能起到了巨大的不可替代的作用。每一位城市建设者和管理者都不能忽视城市交通与城市发展的协调关系，不能忽视城市交通对城市发展的深刻影响。

城市综合交通体系是一个复杂的大系统，各种不同的交通方式因其各自运动理论形成不同的研究领域，本书着重研究城市道路交通所涉及的有关内容。

1.2　我国城市交通的发展状况

1.2.1　我国城市交通存在的问题

1. 城市规划、用地布局上的局限

受历史、经济、技术及认识理论上的局限，长期以来，对满足城市居民出行便利、舒适、迅速、安全等需求认识不足，在用地布局上造成居住与工作、生产与生活联系等居民出行的不方便，客货流动的平均空间距离增大，使得城市运转效率降低。

城市用地布局一经确定，其交通形态也随之形成，且在一个较长时期内难以改变，因此，若城市用地规划布局不合理，给城市交通带来的问题将是根本性的。

2. 交通基础设施相对薄弱

在20世纪70年代以前，我国经济相对落后，机动车数量少、性能差，城市交通除有限的公共交通外，更多是以非机动车交通和步行等低速交通为主，人与车、车与路及交通与环境等问题的矛盾并不突出，没有引起政府和社会的重视和关注，政府在这方面的投入也很有限。但改革开放以来，国民经济持续高速发展，城市建设步伐加快，人民生活水平提高，机动车的质和量也有了飞速增长，城市交通需求大大增加，而交通基础设施因欠账太多，建设相对滞后，城市交通供需矛盾日益严重。

3. 城市交通组织结构不合理

各种交通方式在充分发挥各自的交通优势、合理竞争和分担交通运输任务方面存在诸多不足，如五种交通方式之间、机动车与非机动车之间、公共交通与个体交通之间的关系不尽合理。不同性能、不同要求的交通流相互干扰和影响，各自的功能难以正常发挥，反而造成交通效率下降、交通公害严重、交通事故增多等日益严重的问题。

4. 城市道路系统不健全

由于历史的原因，我国许多城市的道路没有形成连续、层次分明、功能清晰的系统，道路等级低、结构混乱，难以合理承担不同交通需求(如长、短途交通；快、慢速交通等)的运输任务。另一方面，静态交通设施用地(如停车场、交通集散广场等)严重不足，反过来又挤占动态交通空间，影响动态交通的运行，使得城市道路交通无法形成良好体系。这也是城市道路交通效率低下、交通拥挤和阻塞的重要原因之一。

5. 城市道路交通管理与控制水平不高

我国目前城市道路交通管理与控制的理论方法、设施水平、技术手段等还较落后，科技含量不高。在合理调控与组织交通流、挖掘现有城市道路交通设施潜力、充分利用有限的道路交通资源等方面都还存在缺陷和不足。我国大多数城市就其机动车拥有量而言，其绝对数量及人均拥有量与发达国家城市相比并不高，车均拥有城市道路面积也高于许多发达国家城市，但我国城市交通问题的严重性却并不逊色于发达国家城市，这在相当程度上反映了在科学的交通组织和控制管理水平上的差距。此外，在交通理论、新型交通工具、交通能源开发等方面，我国开展的工作也还很有限。

1.2.2 我国城市道路交通发展方向

1. 从城市规划、用地布局入手，处理好交通需求与供给的关系，按可持续发展的思想指导城市交通发展

在城市总体规划中，必须考虑建立合理的城市交通体系；城市交通体系必须服从、服务于城市总体规划布局。城市内部的社会和经济活动，产生大量的人流和物流(统称交通流)，它们的流向流量与城市各用地分区人口密度、用地性质、空间分布等密切相关，各种不同性质的城市用地，形成不同特点的交通需求，城市总体布局是否合理，其主要标志

之一，就是看是否使城市人流、物流的流向流量分布均匀，是否使它们流动的平均空间距离最短。城市交通体系要适应和满足城市用地所形成的交通需求，同时，良好的城市交通体系还可促进城市用地发展变化，诱导城市健康发展。

2. 适应与引导新形势下城市交通的发展

我国城市交通发展的新特点是私人小汽车迅速发展，大城市包括快速轨道交通及其他交通形式在内的综合交通体系正逐步形成。

我国国民经济的持续高速发展、城市化进程加快、汽车工业的快速发展和人民生活水平的不断提高，使得私人小汽车时代的到来成为可能。根据国家发展计划预计，到2015年，我国城市居民中私人小汽车拥有率将达到总户数的10%左右，而发达地区和特大城市的发展速度将更快。因此，要充分估计私人小汽车的发展，重视小汽车对交通的影响，既不要熟视无睹，也不应因噎废食。要制定适宜的城市交通政策，积极采取多种措施加以引导，如大力发展公共交通，为市民提供优质的公交服务，健全和完善城市道路交通设施，加强交通控制组织和管理，为私人小汽车提供健康发展的空间。

我国城市客运交通过去主要由公共交通、非机动车交通和步行交通所组成，随着交通结构的发展变化，必然形成多种交通方式(如轨道交通、私人小汽车、出租车、地面常规公共交通、自行车交通、步行等)共同承担城市居民出行的综合交通体系格局，特别对于大城市和特大城市，这种趋势已经显现出来。这些交通形式各自的运行特点不同，相互之间的协调配合、转换，以及对城市规划建设产生的影响等，对城市交通组织管理、道路网络结构、交通设施建设都将提出新的要求，以期整个城市综合交通体系既能充分发挥各种交通形式的自身特点和优势，又能良好和谐地组合在一起，使其综合效益最大。

3. 建立和完善城市道路网结构布局

要根据城市的性质、规模、形态等特点，建立适合城市建设和发展需要的现代道路网络结构。如满足长距离、快速的客货运输需求的城市快速干道网，满足短距离、大容量、较低速的客货运输需求的低等级道路体系，以及各类各级道路之间的连接转换，同时应对道路网中的节点，即交叉口给予特别关注，在城市道路中，平面交叉口往往是交通的瓶颈地段，处理好道路交叉口，将能大大提高道路网络运行效益。

4. 实现城市道路交通管理的现代化

在科学技术快速发展的21世纪，信息化、网络化技术将对城市道路交通管理与控制的现代化、科学化产生极大的推进作用。如发达国家在20世纪下半叶开始研究的智能交通系统(ITS)，即是将先进的信息技术、计算机技术、数据通信传输技术、自动控制理论等有效地综合运用于整个交通管理系统，使车辆、道路、使用者有机结合起来，达到最佳的和谐统一，从而形成在大范围内，全方位发挥作用的实时、准确、高效的交通运输管理系统。20世纪90年代后，我国也开始了这方面的研究，并已取得一些成果，如部分城市建立的道路网络监控系统、电子收费系统和交通信息发布系统等智能交通子系统等。

5. 进一步加大道路基础设施的建设

总的来说，我国城市道路设施数量少、质量低，全国城市人均道路面积远低于发达国家城市，这也是一个不争的事实。因此，在综合治理城市道路交通时，要进一步加大城市道路建设和改造，提高道路面积，逐步改善其与城市建设发展、机动车快速增长所形成的不相适应的局面。

6. 积极开展交通理论研究，研制新型交通工具

进一步开展适合我国城市交通特点的交通理论研究，建立相应的分析、预测模型；在交通研究中积极应用新技术和新方法。

研制既节约能源，又降低交通公害的新型绿色环保型机动车，如利用镍氢电池驱动的机动车、太阳能机动车以及磁悬浮列车等。

1.3　城市交通与城市规划

交通是城市四大基本活动之一，城市交通系统是城市的社会、经济和物质结构的基本组成部分。通过城市交通系统，将分布于城市各处的城市生产、生活和经营等活动联系起来，进而促进城市的有效运转和发展。在城市中，由于人们的社会和经济活动，产生了大量的人流、货流(统称交通流)。人流、货流的流量和流向，同城市的人口密度、商业服务、行政办公建筑、文化活动场所以及车站、码头、机场等交通设施的空间分布密切相关，它们各自构成了城市交通的发生点和吸引点(统称交通源)。城市总体布局是否合理，其主要标志之一就是看是否使城市人流、货流的流量流向分布均匀，是否使它们流动的平均空间距离最短。同时，城市道路系统构成了城市的基本骨架，不仅可以使城市的土地使用发生变化，而且还能诱导城市的发展。除过境交通外，一条城市道路上的交通类型、性质和数量，是由这条道路两旁的土地使用情况决定的。反之，道路的性质也影响和制约了道路两旁的土地的使用。

城市交通规划研究的是一个能使人与货物运行安全和经济，并使人的出行舒适、方便且环境不受干扰的交通系统。城市交通规划与城市土地使用、社会经济条件、环境及其时空变化等因素密切相关，城市交通体系必须服从、服务于城市总体规划布局，城市总体规划必须考虑建立科学、合理的城市交通体系。

第2章 交通流理论基础知识

道路交通是由人、车、路及环境所组成的一个大系统。现代城市的道路交通问题不能单纯从道路工程范围内予以解决，需要综合研究在道路上行驶车辆的运动特征、行人及驾驶员的心理和生理特征、道路技术标准以及交通环境等多方面的问题，由此诞生和发展了现代的“交通工程学”这门新兴学科，它是研究道路交通规律及其应用的技术科学。它研究的目的是探讨如何安全、迅速、舒适、经济、有效地完成交通运输任务；它研究的内容是交通规划、交通设施、交通运营管理；它研究的对象是人(包括驾驶者和行人)、车(机动车、非机动车)、道路和交通环境。

交通流理论是交通工程学中重要的理论基础之一。它是一门用以解释交通现象和特性的理论，它用数学及物理的方法研究交通体系内车或人的运动规律，从而使道路交通设施的规划、设计和管理有了理论上的依据。

2.1 交通流基本概念

2.1.1 交通流基本定义

①交通体系——道路、在道路上通行的车辆和行人以及道路交通所处环境的统称。其中对交通环境的理解还应包括“硬”环境和“软”环境的概念。所谓“硬”环境涉及对道路交通产生影响的如时间、空间、气候条件等；所谓“软”环境系指道路交通管理者制定的一系列交通法规、法令、规则等。

②交通流——某一时段内，连续通过道路某一断面的车辆或行人所组成的车流或人流的统称。一般没有特指时，交通流是针对机动车交通而言的。

③交通流特性——某一交通体系中，交通流的定性或定量特征，以及在不同时空条件下的变化规律和它们之间的关系。由于交通过程中人、车、路及环境的相互联系和影响作用，道路交通流具有以下三个基本特征：

两重性：对道路上运行车辆的控制既取决于驾驶员，又取决于道路条件和交通条件。

局限性：机动车的运动受到一定的时空条件制约，同时车辆本身的动力性能也对其运动起到约束作用。

时空性：机动车的运动状态往往呈现出随机性，不同的时空条件下其运动状态不同。因此，交通流具有随时间变化以及随空间变化的性质。

④交通参数——描述和反映交通流特性的一些物理量。其中反映交通流基本性质的交通量、速度和交通密度被称为交通基本参数。

2.1.2 交通量

1. 交通量的定义与表示形式

交通量是指单位时间内通过道路某一断面的车辆数(或行人数)，又称交通流量或流量。若以 Q 表示交通量，T 表示某断面交通观测时间，N 表示在时间 T 内通过观测断面的车辆数，则交通量可表示为：

$$Q=\frac{N}{T}\quad (辆/单位时间) \tag{2-1}$$

根据不同的需要，交通量的单位可有不同的统计与表示方式。

(1)按交通组成表示

①机动车交通量，包括各类指定类型的机动车、小汽车、摩托车、拖拉机等。

②非机动车交通量，包括各类指定类型的非机动车，如自行车、人力车、兽力车等。

以上两种统计表示方式也可看做“绝对交通量”。

③折算交通量，将机动车交通量或(和)非机动车交通量按一定的折算系数换算成某种标准车型的交通量。它是“当量交通量”。我国《城市道路交通规划设计规范》给出的当量小汽车换算系数如表 2-1。

表 2-1　**当量小汽车换算系数**

车种	换算系数	车种	换算系数
自行车	0.2	旅行车	1.2
两轮摩托	0.4	大客车或小于 9t 的货车	2.0
三轮摩托或微型汽车	0.6	9~15t 货车	3.0
小客车或小于 3t 的货车	1.0	铰接式客车或大平板拖挂货车	4.0

(2)按不同单位时间表示

最常用的有小时交通量(veh*/h 或 pcu*/h)及日交通量(veh/d 或 pcu/d)，其他依不同用途还有：

①秒交通量(又称流率、秒率，单位如 pcu/s)；

②5 分钟、15 分钟交通量(veh/5min、veh/15min)；

③信号周期交通量(veh/cycle)；

④白天 12 小时、16 小时交通量(veh/12h、veh/16h)；

⑤周、月、年交通量(veh/w、veh/m、veh/y)。

(3)按交通量变化表示

由于交通量时刻在变化，为了取得代表性的交通量，一般常用以下表示方式：

①平均交通量：取某一时间间隔内交通量的平均值作为某一期间交通量的代表。

* veh 是 vehicle 的缩写；pcu 是 passenger car unit 的缩写。

平均日交通量(ADT, Average Daily Traffic)：任意期间的交通量之和除以该期间的总天数，即：

$$ADT = \frac{1}{n}\sum_{i=1}^{n} Q_i \qquad (辆/日) \tag{2-2}$$

式中：Q_i ——观测期间内各单位时间(日)的交通量；

n ——观测期间内各单位时间(日)总数。

如果计算年均日交通量(AADT, Annual Average Daily Traffic)时，n 为 365(或366)，即：

$$AADT = \frac{1}{365}\sum_{i=1}^{365} Q_i \qquad (辆/日) \tag{2-3}$$

依此类推：

月平均日交通量 $$(MADT) = \frac{1}{30}\sum_{i=1}^{30} Q_i \qquad (辆/日) \tag{2-4}$$

(根据每月实际天数不同, n 取 30、31、28 或 29)

周平均日交通量 $$(WADT) = \frac{1}{7}\sum_{i=1}^{7} Q_i \qquad (辆/日) \tag{2-5}$$

②最高小时交通量

常用的有以下几种形式：

高峰小时交通量(PHT)：一天 24 小时内交通量最大的某一个小时的交通量。

年第 30 位小时交通量(30th-HV)：国外研究表明，对同一观测断面的道路交通量一般均表现出这样一种规律，即将一年中所有 8760 小时的小时交通量按顺序从大到小排列，并按此排列绘出一年交通量变化曲线(图 2-1)时，从第 1 位到第 30 位左右的小时交通量变化(减少)比较明显，即曲线斜率大；而从第 30 位以后，小时交通量减少得很缓慢，即曲线斜率小。若以第 30 位小时交通量作为设计依据，则既满足了一年中 99. 67%时间内的交通需求，将交通拥挤时间控制在可容忍的限度(0. 33%)内，又可大大节约道路建设投资，做到既合理又经济。

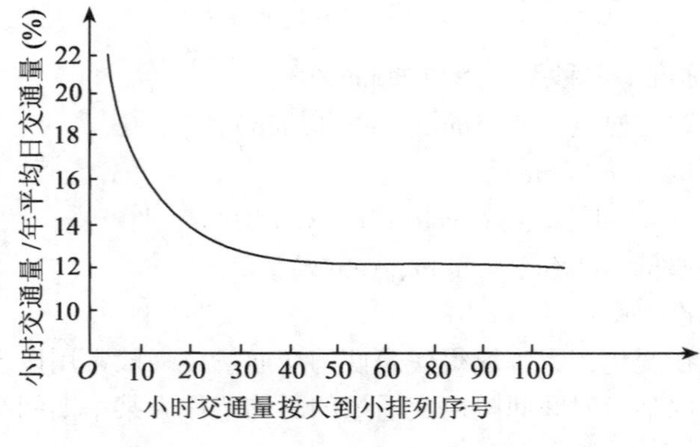

图 2-1　年小时交通量变化曲线图

年第 30 位小时交通量与年平均日交通量之比称为第 30 小时系数，若用 K 表示，则：

$$K=\frac{\text{30th-HV}}{\text{AADT}} \tag{2-6}$$

(4) 设计小时交通量(DHV)

设计小时交通量是作为道路设计标准而确定的交通量，即预期到设计年限将使用的设计道路交通量。

2. 交通量的变化规律

交通量的生成与人们的生产、生活及各种社会活动有关，不同的道路在同一时间、同一条道路在不同时间或同一条道路在同一时间而在不同路段，其交通量都可能是不同的，但这种差异和变化具有一定的规律性。交通量随时间和空间的不同而具有的这种差异被称为交通量的分布特性。研究交通量的变化规律，就能了解和掌握交通特性，对道路交通规划、道路交通设施的经济分析与设计、交通管理与交通安全都具有重要意义。

(1) 交通量随时间的变化规律

①一天内小时交通量的变化：又称时变，常用时变图表示，如图 2-2。

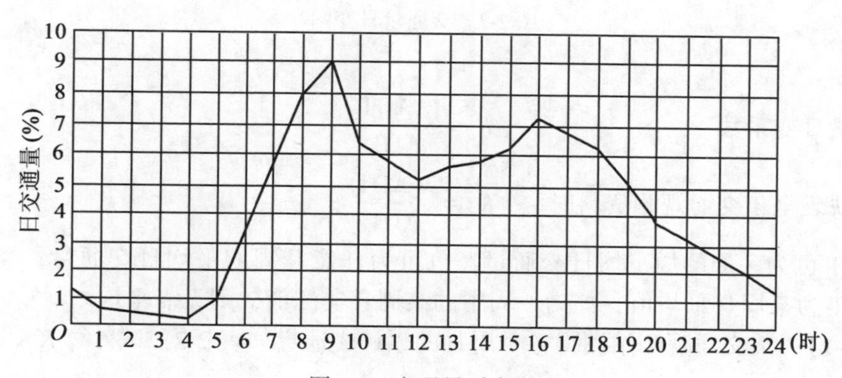

图 2-2　交通量时变图

图中横坐标为一天 24 个时段，纵坐标为各时段交通量占全日交通量百分比。

高峰小时交通量比：高峰小时交通量与该天日交通量之比，是反映高峰小时交通量集中的程度。

高峰小时系数：把连续 5 分钟或 15 分钟累计交通量最大的时段，称为高峰小时内的高峰时段，以该时段的交通量扩大而算得小时交通量，称为扩大高峰小时交通量；高峰小时交通量与扩大高峰小时交通量之比，即为高峰小时系数，它反映了高峰小时内交通量分布的不均匀程度。

$$5\text{ 分钟高峰小时系数}=\frac{\text{高峰小时交通量}}{12\times 5\text{ 分钟最高交通量}}$$

$$15\text{ 分钟高峰小时系数}=\frac{\text{高峰小时交通量}}{4\times 15\text{ 分钟最高交通量}}$$

昼日流量比：昼间 12 小时(或 16 小时)交通量与平均日交通量之比，用此可推算日交通量。

②周内日交通量的变化

一周内日交通量的变化称为日变。显示日变的曲线图称为交通量日变图，如图 2-3。图中横坐标为一周内的 7 天，纵坐标为周平均日交通量(或年平均日交通量)与各周日交通量之比。

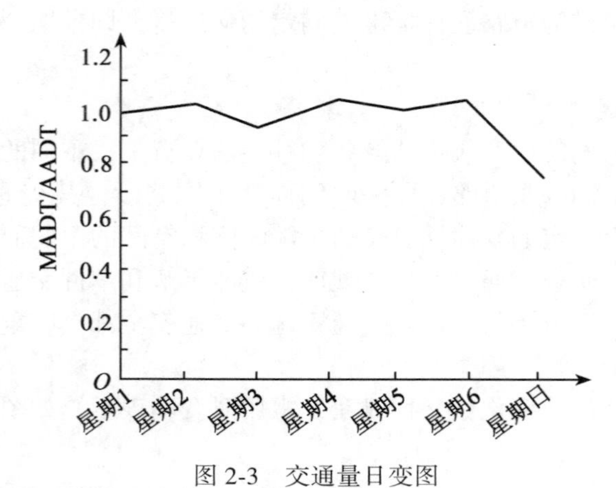

图 2-3　交通量日变图

交通量日变系数
$$K_d = \frac{\text{AADT}}{\text{ADT}} \tag{2-7}$$

如果缺乏全年交通观测资料时，$K_d = \frac{\text{WADT}}{\text{ADT}}$

式中 WADT 可为一周的周平均日交通量，也可为任意几周的平均日交通量；当为任意几周时，ADT 为某周日平均值，如为一周中的某周日实测值，则无需平均。

【例 2-1】　某交通观测站测得各个周日的累计交通量如表 2-2，试计算 K_d。

表 2-2　**日变系数计算表**

星期	日	一	二	三	四	五	六	全年总计
周日年累计交通量	111469	128809	129486	128498	127030	129386	126838	881516
该周日的 ADT	2103	2477	2490	2471	2443	2488	2439	
K_d	1.15	0.97	0.97	0.98	0.99	0.97	0.99	

由全年总计交通量可算得：

$$\text{AADT} = \frac{881516}{365} = 2415 \quad (\text{辆/日})$$

周一的
$$\text{ADT} = \frac{\text{全年所有周一的累计交通量}}{\text{全年周一的总天数}} = \frac{128809}{52} = 2477 \quad (\text{辆/日})$$

周一的交通量日变系数 $K_d = \frac{\text{AADT}}{\text{周一的 ADT}} = \frac{2415}{2477} = 0.97$

其他计算类推，结果列于表 2-2 中。

③一年内月交通量的变化

一年内月交通量的变化，可用月交通量变化系数(或称月不均匀系数) K_m 表示：

$$K_m = \frac{AADT}{MADT} \tag{2-8}$$

【例 2-2】　某交通观测站测得全年各月份的交通量如表 2-3，试计算各月份的 K_m，结果列于表 2-3 中。

一月份的月平均日交通量为：

$$MADT = \frac{65785}{31} = 2122 \quad (veh/d)$$

则：

$$K_m = \frac{AADT}{MADT} = \frac{2415}{2122} = 1.14$$

表 2-3　　月不均匀系数计算表

月份	观测值	MADT	K_m	月份	观测值	MADT	K_m
一	65785	2122	1.14	七	70641	2279	1.06
二	42750	1527	1.58	八	70951	2289	1.05
三	67141	2166	1.11	九	83043	2768	0.87
四	73317	2444	0.99	十	91661	2957	0.82
五	77099	2487	0.97	十一	88166	2939	0.82
六	72782	2426	0.99	十二	78180	2522	0.96

其余月份计算类推，结果列于表 2-3 中。

④逐年交通量变化

随着国民经济的增长，交通量一般也呈逐年增长趋势。若取得连续多年的交通量观测统计资料，则可据此推算未来年份的交通量以供道路交通规划和设计之用。

(2)交通量的空间变化规律

交通量的空间变化，是指同一时间交通量在不同路段、不同车道、不同方向上的变化。

①路段分布：由于车辆行驶的随机性，反映在一个城市各条道路上的交通量是不同的，就是同一条道路不同的路段上，交通量也是不同的。这种不同路段上交通量的差异可用路段分配系数来表述。

②车道分布：当同向车行道的车道数在两条以上时，由于受到纵向及横向交通的干扰，各条车道的通行能力是不同的，靠外侧的车道比内侧车道所受到的纵横向交通干扰要大，其通行能力相应则要小。因此各条车道的通行能力由内向外应作折减。

③方向分布：道路同一断面往返两个方向的交通量在一定的时段内总会有一定差异，在进行道路设计时必须考虑方向交通量不均匀的影响。若交通量大的方向为主要方向，则

定义交通量方向不均匀系数为高峰小时主要方向交通量与高峰小时双向交通量之比。

3. 交通量资料的应用

交通量资料广泛应用于以下几个方面：

(1)交通规划

在进行交通规划和道路网规划时，都必须对交通量进行充分的调查和分析，以获得交通量的现状并预测远景交通量，使交通规划和道路网规划真正建立在客观可靠的基础上。

(2)道路设计

有了客观可靠的交通量数据，就能正确地确定道路等级、交叉口类型、道路的横断面形式以及停车场规模等。

(3)交通管理

根据交通量的大小，可以确定交叉口的控制方式和交通信号配时，也可以采取各种相应的交通管理措施以提高通行能力和保障交通安全。如根据交通量判断道路上是否已达到饱和程度，以指导驾车者选择最佳路线；实行单向交通、可变交通等。

(4)交通事故评价

道路上所发生的交通事故的数量和严重程度与交通量的大小有一定的关系，根据事故次数与交通量的比值确定的道路交通事故发生率就可对道路服务质量作出评价。

(5)经济分析

根据所承担的交通量的大小，可对交通设施带来的经济效益作出分析，以评估该设施的建设必要性与合理性。

2.1.3 车速

车速是车辆行驶的距离对时间的变化率，与物理学中的物体运动速度概念相同，通常用 V(km/h)或 v(m/s)表示。但由于所涉及的交通问题不同，其表述形式也有所不同。

1. 车速的分类与定义

①地点车速：或称瞬时车速或点车速，指车辆通过道路某一点或某一断面时的瞬间速度。

②行驶车速：车辆通过某路段的行程与有效运行时间(不包括停车损失时间)之比所得的速度。用于评价该路段的线型和通行能力或作经济效益分析之用。

③区间车速：又称行程车速，是车辆通过某路段的行程与所用总时间(包括有效行驶时间、停车时间、延误时间，但不包括客、货车辆上下乘客或装、卸货时间以及在起点、终点的调头时间)之比。是评价道路通畅程度、估计行车延误的依据。区间车速一般总是低于行驶车速，要提高运输效率，必须努力提高区间车速(即应努力缩短停车延误时间)。

④临界车速：道路通过交通量最大时的速度，一般供交通流理论分析之用。

⑤设计车速：作为道路几何线型设计所依据的车速。在道路几何设计要素具有控制性的路段上，设计车速是具有平均驾驶水平的驾驶员在天气良好、低交通密度时所能维持的最高安全速度。

2. 车速资料的应用

(1)交通规划

道路使用者总是希望以最少的行程时间、最佳的速度来达到出行目的。车速是交通规划和道路网规划的重要依据。

(2)道路几何设计

道路的线型设计指标(如平曲线半径、超高、纵坡及坡长、视距等)均与车速有关。一定的车速要求一定的几何线型标准，因此车速资料可用以检验已有道路的几何标准，也可用以确定需要的几何标准。

(3)经济效益分析

提高一条道路的车速，直接意味着时间的节约和运输成本的降低。利用车速资料即可对道路交通设施可能产生的经济效益进行分析和评价。

(4)交通管理

对有关道路或路段上的车速进行长期观测和分析以确定限速的范围，检验交通控制措施的效果。合理设置交通信号、标志、标线及设计信号灯配时和交通事故分析等也都要应用车速资料。

(5)道路现状评价与改善

道路上车速的变化反映了道路交通状况。根据车速资料以及其他交通资料可进行道路现状评价，如是否需要改建或新建道路、解决问题的先后次序及应采取的措施等。

2.1.4　交通密度

1. 交通密度定义

交通密度即在某一瞬时单位长度内一条车道或一个方向或全部车道上的车辆数。交通密度的大小反映了道路上交通拥挤的程度，常用 K 或 D 表示，其单位是 veh/km。可用下式求得：

$$K = \frac{N}{L} \qquad (\text{veh/km}) \tag{2-9}$$

式中：N 为指定路段上的车辆数；L 为路段长度(km)。

例如一段长 500m 的双向四车道道路上，在某一时刻每一车道上有 12 辆车，则

$$K_{车道} = \frac{12}{0.5} = 24 \qquad (\text{veh/km})$$

$$K_{单向} = \frac{12 \times 2}{0.5} = 48 \qquad (\text{veh/km})$$

2. 车头间距与车头时距

(1)车头间距

同向连续行驶的两车车头之间间隔的距离即为车头间距，记为 h_d，单位为 m/veh。观测时间内所有车头间距的平均值称为平均车头间距，可保证车辆安全行驶的最短车头间距叫做极限车头间距。车头间距是交通安全与交通管理的重要依据，也是交通流分析和通行能力计算的重要依据。

由车头间距的定义可知，它的大小直接反映了道路上车辆的密集程度，因此交通密度也可用车头间距表示：

$$K = \frac{1000}{h_d} \qquad (\text{veh/km}) \tag{2-10}$$

(2)车头时距

当车头间距的间隔用时间(秒)表示时则为车头时距，记为 h_t， 单位为 s/veh。在实际应用中，车头时距比车头间距更为方便，二者的关系如下式：

$$h_t = \frac{h_d}{v} \qquad (\text{s/veh}) \tag{2-11}$$

式中 v 为车速(m/s)。

而平均车头时距与交通量之间的关系为：

$$h_t = \frac{3600}{Q} = \frac{3600T}{N} \qquad (\text{s/veh}) \tag{2-12}$$

式中：T 为观测时间(小时)，N 为在 T 时间内通过观测断面的车辆数。

例如，若某一断面一小时内通过了 600 辆车，则此时的平均车头时距为：

$$h_t = \frac{3600 \times 1}{600} = 6 \qquad (\text{s/veh})$$

3. 交通密度的应用

①根据交通密度的大小，可以判定交通拥挤程度，它是交通组织管理的重要依据；

②交通密度是划分道路交通设施服务水平的主要指标之一；

③车头间距或车头时距是道路通行能力计算的主要参数之一，同时，在交通流计算分析、平面交叉口交通控制设计等方面，车头间距或车头时距也是必不可少的。

2.1.5 交通量、车速和交通密度间的关系

1. 基本关系式

在理想状态下，交通量、车速、交通密度三参数之间有如下关系：

$$K = \frac{Q}{V} \quad 或 \quad Q = K \cdot V \tag{2-13}$$

式中：K 为交通密度(veh/km)；Q 为交通量(veh/h)；V 为车速(km/h)。

2. K-V 关系

国外学者经过长期的研究发现，车速与密度之间常呈现线型关系，如图 2-4 所示。其表达式如下：

$$V = a - bK \tag{2-14}$$

由图所示有边界条件(其中：V_f 为自由车速；K_j 为阻塞密度)：

当 $K = 0$ 时，$V = V_f$， 代入上式得：$a = V_f$；

当 $K = K_j$ 时，$V = 0$， 则 $b = \frac{V_f}{K_j}$；

将 a，b 的值代入式(2-14)中，则有：

$$V = V_f\left(1 - \frac{K}{K_j}\right) \tag{2-15}$$

3. Q-K 关系

对于 $Q = K \cdot V$， 将式(2-15)代入，有：

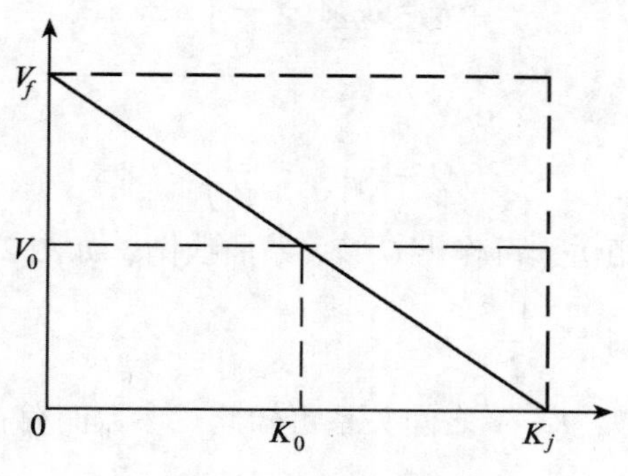

图 2-4　K-V 关系图

$$Q = V_f\left(K - \frac{K^2}{K_j}\right) \tag{2-16}$$

上式为二次方程。根据一般二次方程图形判别方法可知上式为抛物线，且有边界条件，当 $Q = 0$ 时，$K = 0$ 或 $K = K_j$，为确定抛物线顶点，可对式(2-16)求极值，令

$$\frac{\mathrm{d}Q}{\mathrm{d}K} = V_f\left(1 - \frac{2K}{K_j}\right) = 0$$

得到取得极值的点：$K_0 = \frac{K_j}{2}$，代入式(2-16)，则有：

$$Q_{\max} = \frac{1}{4} \cdot V_f \cdot K_j$$

于是可作出 Q-K 关系曲线图，如图 2-5，其中取得极值的 K_0 称为最佳密度。

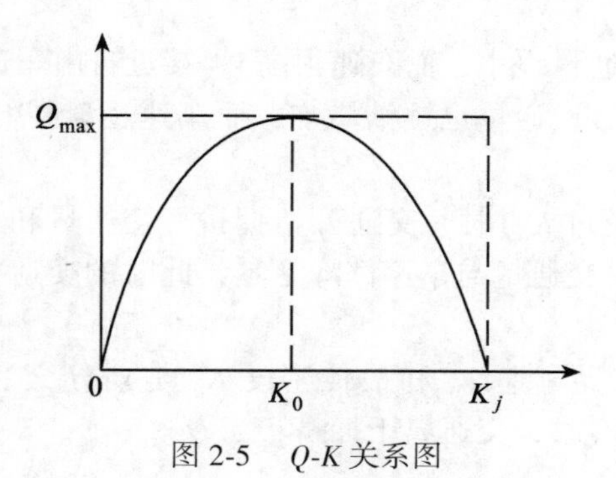

图 2-5　Q-K 关系图

由图 2-5 可见，在 K_0 之前，交通量随密度的增加而增加；而在 K_0 之后，交通量随密度的增加而减小。

4. Q-V 关系

由式(2-15)可得：

$$K = K_j\left(1 - \frac{V}{V_f}\right)$$

代入式(2-13)则有：

$$Q = K_j\left(V - \frac{V^2}{V_f}\right) \tag{2-17}$$

与前面讨论 Q-K 关系相仿，可作出 Q-V 关系曲线图，如图 2-6。其中 V_0 为交通量最大时的车速，称为临界车速，$V_0 = \frac{V_f}{2}$。

综上所述，全面分析 Q，K，V 之间关系可知此三参数间存在如下变化规律：

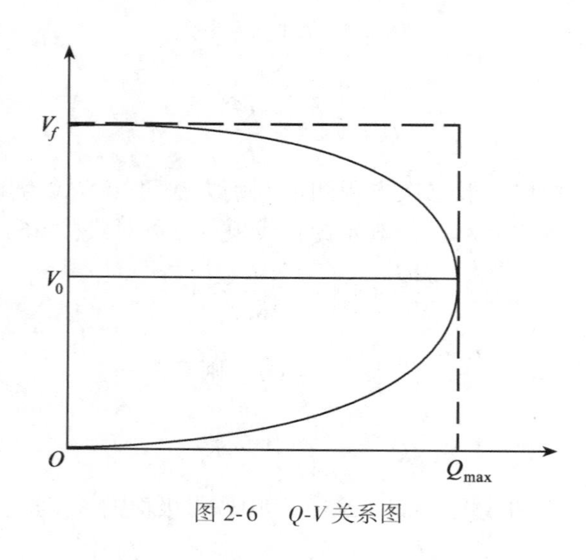

图 2-6 Q-V 关系图

①当密度很小时，交通量也小，而车速很高 （接近自由车速）。

②随着密度逐渐增加，交通量也逐渐增加，而车速逐渐降低；当车速降至 V_0 时，交通量达到最大。

③当密度继续增大(超过 K_0)时，交通开始拥挤，交通量和车速都降低；当密度达到最大(即阻塞密度 K_j)时，交通量与车速都降至零，此时的交通状况为车辆首尾相接，堵塞于道路上。

④最大流量 Q_{max} 、临界车速 V_0 和最佳密度 K_0 是划分交通是否拥挤的特征值。当 $Q < Q_{max}$，$K > K_0$，$V < V_0$ 时，交通属于拥挤；当 $Q \leqslant Q_{max}$，$K \leqslant K_0$，$V \geqslant V_0$ 时，交通属于畅通。

由上述三个参数间的量值关系可知：速度和容量(密度)不可兼得。因此，对于不同功能要求的道路设施，在交通组织管理上要有不同的处理。如为保证高等级道路(快速路、主干路)对速度的要求，应对这类道路的交通密度加以限制(如限制出入口、封闭横向路口等，以减少汇入车辆)；而一般生活性道路(如次干路、支路等)应着重考虑满足较大交通容量，对速度不能有过高要求，于是在道路设计、交通控制与管理各方面均与高等级道路有所不同。

2.2　交通流理论

2.2.1　概述

交通流理论的形成始于 20 世纪 30 年代，基于将道路上运动的车辆看做是随机的独立变量这么一种认识，所以最初是应用概率与数理统计理论分析交通流分布规律。20 世纪 50 年代欧美发达国家汽车工业迅速发展，逐渐造成了日益严重的道路交通问题，促使很多学者开展交通流研究，寻求对交通流特性的深入理解。在不断的研究中，流体力学理论、回波理论和动力学跟踪理论等也应用到分析交通流变化规律中。1959 年在美国底特律举行了首届国际交通流学术讨论会，1964 年由美国公路研究委员会出版了“交通流理论入门”专题报告汇编，以后欧美日学者陆续撰写了一些交通流理论书籍，逐渐形成了交通流理论。

在道路上某一地点观测交通流，当交通流量不是很大时，不难看出有这些现象：每一个时间间隔内的来车数都不是固定一个数，也就是预先不可以知道的，只有在这段时间间隔内通过的车辆数量才是唯一确定的实际数量，并且这一实际数量与其前后任意一个时间间隔内通过的车辆数量是无关的。从这种现象可以认为道路上交通车流是相互独立的随机变量，道路上车辆行驶过程是一种随机变化过程，交通流分布规律符合概率论数理统计分布规律，因此可以用概率论数理统计理论来分析交通流，微观地对各个车辆行驶规律进行研究，找出交通流变化规律。这种研究方法，称为概率论方法。

当道路上交通流量增大时，车辆出现拥挤现象，车辆像某种流体一样流动，车辆行驶失去相互独立性，不是随机变量，这时不能应用概率论方法来分析，可以将道路上整个交通流看做一种具有特种性质的流体，应用流体运动理论宏观地研究整个交通流体的演变过程，特别应用洪水回波理论研究交通拥挤阻塞回波现象，求出交通流拥挤状态变化规律。这种研究方法称为流体力学方法。

道路上一辆车跟踪另一辆车的追随现象是很多的，前一辆车行驶速度的变化，影响后一辆车的行驶，后车为了与前车保持具有最小安全间隔距离，需要不断调整车速，这种前后车辆运动过程可以应用动力学跟踪理论，建立道路上行驶车辆流动线性微分方程式来分析车辆行驶情况和变化规律。这种研究方法称为交通流理论。

交通流理论目前也还处在不断发展和不断完善的过程，随着科学技术的发展，新的理论、方法的应用，将使交通流理论研究进入新的阶段。

2.2.2　交通流概率统计分布

交通流在点(交叉口)、线(路段)和面(区域)范围内的运动状态是一个受多种因素影响的随机过程。因此可以用概率论方法将观测到的大量随机现象予以归纳和分析，从中找出能够表征交通状态的分布规律，给未来交通以概率性的预示，这对于交通规划、设计和管理是很有意义的。

1. 离散型分布

在离散型分布中，其随机变量为交通事件的数量。例如在一定时间周期内或一定长度路段内的车辆数，在一定时间周期内的交通事故数等。常用的离散型分布有泊松分布和二项式分布。

(1)泊松分布

根据统计分析，在交通量不太大的路段上，通过道路某一点的车辆数常服从于泊松分布，因此可以用泊松公式计算在给定时间内某一地点通过 x 辆车的概率：

$$p(x)=\frac{m^x\cdot e^{-m}}{x!} \tag{2-18}$$

式中：x 为时间段 t 内通过的车辆数；m 为时间段 t 内通过车辆数的平均值，即

$$m=\frac{Q\cdot t}{3600}=\lambda\cdot t \qquad (\text{veh}) \tag{2-19}$$

Q 为交通量(veh/h)；t 为问题所讨论的时间周期长(s)；e 为自然对数的底；λ 称为秒率。

【例 2-3】 某一信号灯控制的交叉口，其东西方向的绿灯时间长为 60s，该方向的交通量为 360veh/h，南北方向的交通量为 100veh/h。求设计上具有 95%置信度的东西方向道路在每个绿灯期间能通过的车辆数以及南北方向道路上红灯期间受阻的车辆数。

解 ①东西方向道路上能通过的车辆数

由题可知，$Q_{东西}=360(\text{veh/h})$，$t=60(\text{s})$，于是：

$$m=\frac{360\times 60}{3600}=6$$

应用公式(2-18)，则 60 秒绿灯期间没有车辆通过的概率为：

$$p(0)=e^{-6}=0.0025$$

60 秒绿灯期间有 1 辆车通过的概率为：$p(1)=6\cdot e^{-6}=0.0149$

60 秒绿灯期间有 2 辆车通过的概率为：$p(2)=\dfrac{6^2\cdot e^{-6}}{2!}=0.0446$

……

为计算方便，可由公式(2-18)导出它的递推公式，即：

$$p(x+1)=\frac{m}{x+1}p(x) \tag{2-20}$$

上式极易证明，因为 $$p(x)=\frac{m^x\cdot e^{-m}}{x!}$$

而 $$p(x+1)=\frac{m^{x+1}\cdot e^{-m}}{(x+1)!}$$

则 $$\frac{p(x+1)}{p(x)}=\frac{m^{x+1}\cdot e^{-m}}{(x+1)!}\cdot\frac{x!}{m^x\cdot e^{-m}}=\frac{m}{x+1}$$

移项即得递推公式(2-20)。

本例题应用递推公式(2-20)计算，结果如表 2-4。

表 2-4　　泊松分布计算表(一)

x	$p(x+1)=\dfrac{m}{x+1}p(x)$	$P(\leqslant x)$
0	$p(0)=e^{-6}=0.0025$	0.0025
1	$p(1)=6\times0.0025/(0+1)=0.0150$	0.0175
2	$p(2)=6\times0.0150/(1+1)=0.0450$	0.0625
3	$p(3)=6\times0.0450/(2+1)=0.0900$	0.1525
4	$p(4)=6\times0.0900/(3+1)=0.1350$	0.2875
5	$p(5)=6\times0.1350/(4+1)=0.1620$	0.4495
6	$p(6)=6\times0.1620/(5+1)=0.1620$	0.6115
7	$p(7)=6\times0.1620/(6+1)=0.1389$	0.7504
8	$p(8)=6\times0.1389/(7+1)=0.1041$	0.8545
9	$p(9)=6\times0.1041/(8+1)=0.0694$	0.9239
10	$p(10)=6\times0.0694/(9+1)=0.0417$	0.9656

从上表看到累计频率 $P(\leqslant 10)=0.9656$，已满足具有 95%置信度的要求，则停止计算，即在 60s 绿灯期内有 96.56%可能性通过的车辆数不超过 10 辆。

②南北方向道路上在 60s 红灯期间受阻的车辆数

因为　　$Q_{南北}=100\ (\text{veh/h})$，　$t=60\ (\text{s})$

所以

$$m=\frac{Q\cdot t}{3600}=\frac{100\cdot 60}{3600}=1.67$$

用递推公式计算列表于表 2-5。

表 2-5　　泊松分布计算表(二)

x	$p(x+1)=\dfrac{m}{x+1}p(x)$	$P(\leqslant x)$
0	$p(0)=e^{-1.67}=0.1882$	0.1882
1	$p(1)=1.67\times0.1882/(0+1)=0.3144$	0.5026
2	$p(2)=1.67\times0.3144/(1+1)=0.2625$	0.7651
3	$p(3)=1.67\times0.2625/(2+1)=0.1461$	0.9112
4	$p(4)=1.67\times0.1461/(3+1)=0.0610$	0.9722

从表 2-5 可知，累计频率 $P(\leqslant 4)=0.9722$，已满足具有 95%置信度的要求，则停止计算，即南北方向道路上在 60s 红灯期间具有 97.22%的可能性受阻的车辆数最多不超过 4 辆。

(2)二项式分布

二项式过程就是在一组 n 次独立试验中，每次试验只有两种可能的结果，而所得特定结果的概率为常数。一个简单的例子是投掷硬币的试验，每投一次只有两种可能的结果(硬币的正面或反面)，一次又一次试验所得硬币正面(或反面)的概率终于成为常数。这就是一个二项式的过程。

通常，用 p 表示在已给定的试验中成功的概率，二项式分布给出在 n 次试验中恰成功 x 次的概率 $p(x)$，用下式表示：

$$p(x) = C_n^x \cdot p^x \cdot q^{n-x} \tag{2-21}$$

式中：n 为试验次数；x 为成功次数；p 为在任何给定的试验中成功的概率；q 为在任何给定的试验中失败的概率，$q = 1 - p$；$C_n^x = \dfrac{n!}{x!\ (n-x)!}$ 为二项式系数，表示在 n 个元素中取 x 个元素的组合。

在 n 次试验中期望的成功次数为：

$$E(x) = n \cdot p \tag{2-22}$$

而 x 的方差则为：

$$\sigma^2 = n \cdot p \cdot q \tag{2-23}$$

二项式分布可用以预测违反交通法规的车辆数、在交叉口可能的转弯车辆数以及在路段上行驶速度超限的车辆数等。

【例 2-4】 在某红绿灯信号交叉口上，据统计有 25%的骑自行车者不遵守交通法规。当随机抽取 5 位骑车者时可能有 2 位不遵守交通法规的概率是多少？

解 由题已知 $n = 5,\ x = 2,\ p = 0.25$

则有

$$p(2) = \frac{5!}{2!\ (5-2)!} \times 0.25^2 \times 0.75^3 = 0.264$$

即 5 人中有 2 人不遵守交通法规的可能性为 26.4%。

【例 2-5】 一交通工程师在道路上观测车辆的行驶速度。他将车辆分组，每组 5 辆车，共观测了 100 组，其资料如表 2-6，试证明其中车速超限的车辆数可用二项式分布预测。

表 2-6 **车速观测统计表**

x_i（每组中车速超限车辆数）	0	1	2	3	4	5
f_i（观测频数）	2	14	20	34	22	8

解 要证明此问题可用二项式分布预测，即用二项式公式求出的理论频数要与实际观测频数很接近。

因为在 n 次试验中，期望的成功次数为：

$$E(x) = n \cdot p$$

由

$$\bar{x} = \frac{\sum (x_i \cdot f_i)}{\sum f_i} = 2.84$$

则有

$$p = \frac{\bar{x}}{n} = \frac{2.84}{5} = 0.568$$

于是，每组车中有 0、1、2、3、4 及 5 辆车超速的概率分别为：

$$p(0) = \frac{5!}{0!\ (5-0)!} \times 0.568^0 \times 0.432^5 = 0.015$$

…

建立递推公式：

由 $$\frac{p(x+1)}{p(x)}=\frac{n!}{(x+1)!\ (n-x-1)!}\cdot p^{x+1}\cdot q^{n-x-1}\cdot\frac{x!\ (n-x)!}{n!\ \cdot p^{x}\cdot q^{n-x}}$$

$$=\frac{(n-x)}{(x+1)}\cdot\frac{p}{q}$$

有 $$p(x+1)=\frac{(n-x)p}{(x+1)q}\cdot p(x) \tag{2-24}$$

于是 $$p(1)=\frac{(5-0)\times 0.568}{(0+1)\times 0.432}\times 0.0150=0.0987$$

$$p(2)=\frac{(5-1)\times 0.568}{(1+1)\times 0.432}\times 0.0987=0.2604$$

$$p(3)=\frac{(5-2)\times 0.568}{(2+1)\times 0.432}\times 0.2604=0.3420$$

$$p(4)=\frac{(5-3)\times 0.568}{(3+1)\times 0.432}\times 0.3420=0.2250$$

$$p(5)=\frac{(5-4)\times 0.568}{(4+1)\times 0.432}\times 0.2250=0.0591$$

计算检验 $$\sum_{i=0}^{5}p(i)=1.0002$$

理论上，此问题的概率和应为 1，这里由于计算取舍误差造成微小差异。

相应的理论频数即为 $N\cdot p(x)$，N 是观测总组数，此处为 100。现将理论频数与观测频数作一比较，列于表 2-7。由表可见，计算得到的理论频数十分接近观测频数，故可用二项式分布来预测路段上行驶速度超过限制速度的车辆数。

表 2-7　　二项式分布观测频数与理论频数比较表

x	0	1	2	3	4	5	合计
观测频数	2	14	20	34	22	8	100
理论频数	1.5	9.9	26.0	34.2	22.5	5.9	100.0

2. 连续型分布

连续型分布是用来描述观测数值的连续随机过程，在交通流分析中较常用的连续型分布有：负指数分布、移位的负指数分布以及厄朗分布等。

(1)负指数分布

这种分布常用于研究交通流中的车头时距或其他事件如事故的间隔，也可用于除时间外的其他连续变量如距离等。

负指数分布用于描述事件之间的间隔，可由泊松分布导出。在某段时间间隔内不存在事件，即在泊松分布中取 $x=0$。

时间间隔 t 内不发生事件的概率与在时间 t 内 $x=0$ 的概率是相同的，即：

$$P(h \geqslant t)=p(0)=\frac{m^{0}\times \mathrm{e}^{-m}}{0!}=\mathrm{e}^{-m} \tag{2-25}$$

式(2-25)是相继发生事件间的时间间隔 h 等于或大于 t 的概率，相应地相继发生事件间的时间间隔小于 t 的概率为：

$$P(h<t)=1-P(h \geqslant t)=1-\mathrm{e}^{-m} \tag{2-26}$$

负指数分布是研究交通流时常用的一种分布，当车流密度较低，车辆行驶较为自由时，车头时距一般呈负指数分布。国外有研究指出，在每个车道每小时的不间断车流量小于或等于 500 辆小客车时，负指数分布是符合实际的车头时距状况的。

【例 2-6】 在 $Q=400(\mathrm{veh/h})$ 的车流量时，等于和大于 9s 的车头时距的概率是多少？

解
$$m=\frac{Q\cdot t}{3600}=\frac{400\times 9}{3600}=1\ (\mathrm{veh})$$

则
$$P(h \geqslant 9)=\mathrm{e}^{-1}=0.368$$

即有 36.8%的车头时距等于和大于 9s。

(2)移位的负指数分布

负指数分布对于较小的事件间隔可得到较大的概率，这在理论上是对的。例如在例 2-6 中，若求车头时距小于 1s 的概率，则根据公式(2-26)可得到：

$$P(h<1)=1-P(h \geqslant 1)=1-\mathrm{e}^{-\frac{400\times 1}{3600}}=1-0.895=0.105$$

即在实际车流中可能有 10.5%的车头时距小于 1 秒。但实际上这种状况应是不可能出现的，因为前后两车车头之间一般应有不小于 1 秒的极限车头时距。为了改正此不合理现象，可考虑一个最小间隔长度“C”，从分布曲线图上看，即将负指数分布曲线从原点 O 沿 x 轴向右移动 C 值(一般在 1.0~1.5s 之间)，此移位的负指数分布曲线则能更好地符合实际交通流状态。移位的负指数分布计算公式如式(2-27)，负指数分布曲线、移位的负指数分布曲线如图 2-7。

$$P(h \geqslant t)=\mathrm{e}^{-[(t-C)/(T-C)]} \tag{2-27}$$

式中：C 为车头间最小间隔(s)；T 为平均车头间隔(s)，为流率的倒数，$T=\frac{3600}{Q}=\frac{1}{\lambda}$。

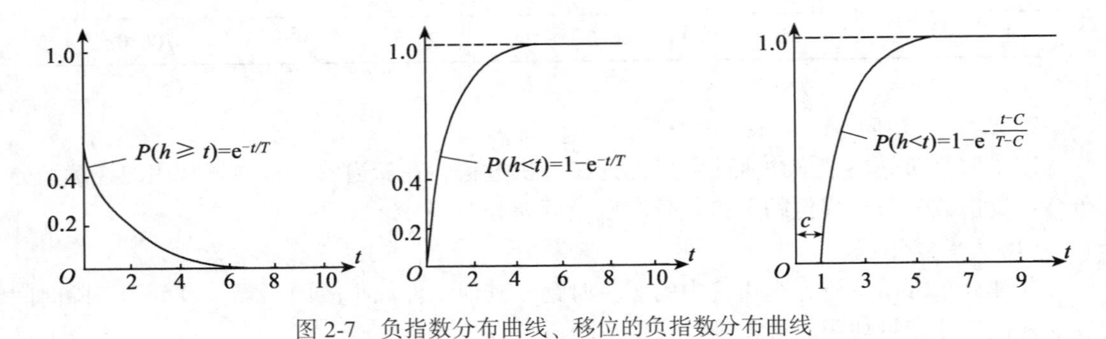

图 2-7 负指数分布曲线、移位的负指数分布曲线

【例 2-7】 在一不设信号灯管制的交叉口，次要道路上的车辆为能横穿主要道路上的车流，需要主要道路上的车流中出现大于或等于 6s 的车头时距。如果主要道路的流量为

1200(veh/h)，问车头时距等于或大于 6s 的概率为多少？如果考虑最小间隔长度 C 为 1.0s，则大于或等于 6s 的概率是多少？

解　由负指数分布有：

$$P(h \geqslant 6) = \mathrm{e}^{-\frac{1200\times 6}{3600}} = \mathrm{e}^{-2} = 0.135$$

由移位的负指数分布有：

因为
$$T = \frac{3600}{1200} = 3\ (\mathrm{s})$$

所以
$$P(h \geqslant 6) = \mathrm{e}^{-[(6-1)/(3-1)]} = \mathrm{e}^{-5/2} = 0.082$$

即根据负指数分布约有 13.5% 的车头时距等于或大于 6s，根据移位的负指数分布约有 8.2% 的车头时距等于或大于 6s。

(3) 横穿交通流安全间隔次数

行人或车辆横穿或汇入车流都需要寻找允许安全穿越或汇入的空隙，如果车流量为 Q，则在 1h 内可能出现 $h \geqslant t$（为允许安全穿越或汇入的时间间隔）的间隔累计次数为：

$$N = Q \cdot P(h \geqslant t) = Q \cdot \mathrm{e}^{-m} = Q \cdot \mathrm{e}^{-[(t-C)/(T-C)]} \tag{2-28}$$

【例 2-8】　在例 2-7 条件下，1h 内次要道路上有多少辆车能穿越主要道路上的车流？

解　由负指数分布有：

$$N = 1200 \times 0.135 = 162\ (\mathrm{veh/h})$$

由移位的负指数分布有：

$$N = 1200 \times 0.082 = 98\ (\mathrm{veh/h})$$

(4) 车流汇入理论：

次要道路上的车辆（车流）安全汇入主路车流，与主路车流间隔大小及欲汇入车流的长度有关，理论上是一个积分过程。假设车辆到达服从泊松分布，车头间隔服从负指数分布，则有：

$$N_Z = Q\frac{\mathrm{e}^{-q\alpha}}{1-\mathrm{e}^{-q\beta}}(\mathrm{veh/h}) \tag{2-29}$$

式中：N_Z——每小时主路车流吸纳的车辆数；

Q——原有主路交通量；

q——原有主路交通流率，$q=\frac{Q}{3600}$；

α——安全汇入所需的最小插车间隔(s)；

β——欲汇入车流的平均车头时距(s)。

分析：原有主路车流欲吸纳汇入车辆，只有当原有车流中出现那些大于或等于可汇入车辆的安全间隔（车头时距）时才行。设最小安全间隔为 α，而欲汇入的车辆平均车头时距为 β，则当原有车流中出现的车头时距 $t=\alpha+\beta$ 时，可能有 1 辆车汇入；当 $t=\alpha+2\beta$ 时，可能有 2 辆车汇入；依此类推，则在一小时内可能汇入的车辆数为：

$$N_z = Q_g \sum_{i=0}^{\infty}(i+1)\int_{\alpha+i\beta}^{\alpha+(i+1)\beta} f(t)\,\mathrm{d}t \tag{2-30}$$

式中：$f(t)$—— 主干路上车流概率分布的密度函数，$f(t)=q\cdot \mathrm{e}^{-qt}$，$q$ 为主干路交通流率，

$$q=\frac{Q_g}{3600}\ (\mathrm{veh/s})$$

Q_g ——主干路交通量(veh/h)，对上式积分，有：

$$N_z=Q_g\sum_{i=0}^{\infty}(i+1)\{\mathrm{e}^{-q(\alpha+i\beta)}-\mathrm{e}^{-q[\alpha+(i+1)\beta]}\}$$

$$=Q_g\cdot\mathrm{e}^{-q\alpha}\sum_{i=0}^{\infty}(i+1)\{\mathrm{e}^{-iq\beta}-\mathrm{e}^{-(i+1)q\beta}\}$$

$$=Q_g\cdot\mathrm{e}^{-q}\{(1-\mathrm{e}^{-q\beta})+2(\mathrm{e}^{-q\beta}-\mathrm{e}^{-2q\beta})+\cdots+n(\mathrm{e}^{-(n-1)q\beta}-\mathrm{e}^{-nq\beta})+\cdots\}$$

$$=Q_g\cdot\mathrm{e}^{-q\alpha}(1+\mathrm{e}^{-q\beta}+\mathrm{e}^{-2q\beta}+\cdots+\mathrm{e}^{-nq\beta}+\cdots)$$

设 $\rho=\mathrm{e}^{-q\beta}$，则原式为：

$$N_Z=Q_g\cdot\mathrm{e}^{-q\alpha}(1+\rho+\rho^2+\cdots+\rho^n+\cdots)=Q_g\,\mathrm{e}^{-q\alpha}\sum_{m=1}^{\infty}\rho^{m-1}$$

$\sum_{m=1}^{\infty}\rho^{m-1}$ 为等比数列前 n 项的和当 $m\to\infty$ 时的极限，

由等比数列求和公式可知，前 n 项的和为：

$S_m=\frac{1-\rho^m}{1-\rho}$，则当 $m\to\infty$ 时，可求极限：

$$\lim_{m\to\infty}S_m=\lim_{m\to\infty}\frac{1-\rho^m}{1-\rho}=\frac{1}{1-\rho}\lim_{m\to\infty}(1-\rho^m)=\frac{1}{1-\rho}\lim_{m\to\infty}\left[1-\frac{1}{\mathrm{e}^{q\beta m}}\right]=\frac{1}{1-\rho}$$

所以有公式(2-29)：

$$N_Z=Q\frac{\mathrm{e}^{-q\alpha}}{1-\mathrm{e}^{-q\beta}}$$

3. 分布的假设检验

前面我们说过，在一定条件下车流分布常服从泊松分布，而不是说“就是泊松分布”，这是因为实测频数或多或少与理论频数存在差异，这种差异除了实质性差异外还由于随机抽取样本的波动性。样本与总体之间总不免有所差异，其差异程度就是我们要考虑的问题。要是差异大到实际情况已不服从我们所设的分布，那么分布的假设自然就失去了实用意义。因此，这里就有一个对分布假设进行检验的问题。统计学家们建立了很多假设检验方法，这里介绍一种常用的检验方法，即 χ^2 检验法，其优点是不论事先假设的是怎样的分布函数，都可以利用它来检验一个总体是否以事先假设的函数为分布函数，因而应用较广。

统计量 χ^2 值用以表示实际的观测频数与理论的期望频数之间差异的程度，也就是反映样本与总体分布之间的差异程度，即：

$$\chi^2=\sum_{i=1}^{n}\frac{(O_i-E_i)^2}{E_i}\qquad(2\text{-}31)$$

或

$$\chi^2=\sum_{i=1}^{n}\frac{O_i^{\,2}}{E_i}-N\qquad(2\text{-}31')$$

式中：O_i 为第 i 组的观测频数；E_i 为第 i 组的期望频数；n 为观测值的分组数；N 为实测总次数。

对检验数据的要求：

①检验时的组数不得少于5组，实测总次数应不少于50；

②理论的期望频数小于5次的应与相邻组合并。

若数据满足要求，则根据式(2-31)或式(2-31′)计算得到χ^2统计量，再由问题给定的显著度α和自由度C查χ^2分布表得χ^2统计量的临界值χ^2_α。若$\chi^2<\chi^2_\alpha$，则接受原假设，否则拒绝原假设。

显著度$\alpha=1-$置信度，自由度$C=n-d-1$，d是假设分布的参数数目(二项式、泊松分布及负指数分布的d均为1)。

【例2-9】　对例2-5作假设检验(置信度为95%)。

解　对于表2-7所列例2-5的观测频数与理论频数值，根据χ^2检验对数据的要求，因为x为0的理论频数小于5，故将其与x为1的理论频数合并为一组，重新整理并列表计算如表2-8。

表2-8　**χ^2检验计算表**

k_i(组别)	X_j(各组超限车数)	O_i(观测频数)	E_j(理论频数)	$\frac{O_i^2}{E_i}$
1	0及1	16	11.4	22.45
2	2	20	26.0	15.40
3	3	34	34.2	33.80
4	4	22	22.5	21.50
5	5	8	5.9	10.85

则
$$\chi^2=\sum_{i=1}^{5}\frac{O_i^2}{E_i}-N=104.00-100=4.0$$

显著度
$$\alpha=1-0.95=0.05$$

自由度
$$C=5-1-1=3$$

由α、C查χ^2分布表(表2-9是部分摘录)得$\chi^2_{0.05}=7.82$，因为$\chi^2=4.0<\chi^2_{0.05}=7.82$，所以接受原假设，即可以用二项式分布预测道路上车速超限的车辆数。

表2-9　**χ^2分布表(摘录)**

α \ C	1	2	3	4	5	6	7	8	9
0.05	3.84	5.99	7.82	9.49	11.07	12.39	14.07	15.31	16.92
0.02	5.41	7.82	9.84	11.67	13.39	15.03	16.62	18.17	19.68
0.01	9.64	9.21	11.34	13.28	15.03	16.81	18.48	20.10	21.70
0.005	7.88	10.00	12.84	14.86	16.75	18.55	20.28	21.96	23.59

2.2.3 交通流排队理论

排队论是研究“服务”系统因“需求”拥挤而产生等待行列(即排队)的现象，以及合理协调“需求”与“服务”关系的一种数学理论，是运筹学中以概率论为基础的一门重要分支，也称为“随机服务系统理论”。这里，主要介绍排队论的基本概念、方法及其在交通流分析中的某些应用问题。

1. 排队论的基本概念

(1)“排队”单指等待服务的，不包括正在被服务的车辆；而“排队系统”既包括了等待服务的，又包括了正在接受服务的车辆。

例如，一队汽车在加油站排队等候加油，它们与加油站构成一个排队系统。其中尚未轮到加油而在依次排队等候的汽车行列，称为排队。所谓“排队车辆”或“排队(等待)时间”，都是仅指排队本身而言；如说“排队系统中的车辆”或“排队系统(消耗)时间”，则把正在接受服务的车辆也包括在内，后者当然大于前者。

(2)排队系统的三个组成部分

①输入过程。指各种类型的“顾客(车辆或行人)”按怎样的规律到来。通常有以下的输入过程，如：

定长输入——顾客等时距到达。

泊松输入——顾客到达时距服从负指数分布。这种输入过程最容易处理，因而应用最广泛。

爱尔朗输入——顾客到达时距服从爱尔朗分布。

②排队规则。指到达的顾客按怎样的次序接受服务。例如：

损失制——顾客到达时，若所有服务台均被占，则该顾客自动消失，永不再来。

等待制——顾客到达时，若所有服务台均被占，它们就排成队伍，等待服务。服务次序有先到先服务(这是最通常的情形)和优先权服务(如急救车、消防车)等多种规则。

混合制——顾客到达时，若队长小于某一长度 L，就排入队伍；若队长等于或大于 L，顾客就离去，永不再来。

③服务方式。指同一时刻有多少服务台可接纳顾客，每一顾客被服务了多少时间。每次服务可以接待单个顾客，也可以成批接待顾客，例如公共汽车一次就装载大批乘客。

服务时间的分布主要有如下几种：

定长分布——每一顾客接受服务的时间都相等。

负指数分布——各顾客接受服务的时间相互独立，服从相同的负指数分布。

爱尔朗分布——各顾客接受服务的时间相互独立，服从相同的爱尔朗分布。

为了叙述上的方便，引入下列记号：令 M 代表泊松输入或负指数分布的服务，D 代表定长输入或定长服务，E_K 代表爱尔朗分布的输入或服务。于是泊松输入或负指数分布服务、N 个服务台的排队系统可以写成 $M/M/N$；泊松输入、定长服务、单个服务台的系统可以写成 $M/D/1$。同样可以理解 $M/E_K/N$，$D/M/N$，…记号的含义。如果不附其他说明，则这种记号一般都指先到先服务、单个服务的等待制系统。

2. 单通道排队服务($M/M/1$)系统

此时，由于排队等待接受服务的通道只有单独一条，故称“单通道服务系统”(图2-8)。设顾客随机单个到达，平均到达率为 λ，则两次到达之间的平均间隔为 $\frac{1}{\lambda}$，从单通道接受服务后出来的输出率(即系统的服务率)为 μ，则平均服务时间为 $\frac{1}{\mu}$。比率 $\rho=\frac{\lambda}{\mu}$ 叫做交通强度或利用系数，要保持系统稳定状态即确保单通道排队能够疏散的条件是 $\rho<1$，即 $\lambda<\mu$。

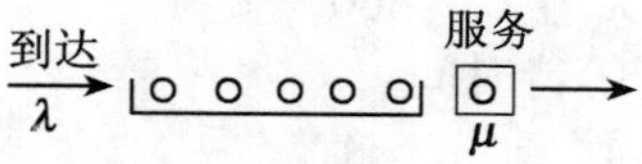

到达 λ → [○ ○ ○ ○ ○] [○] → 服务 μ

图 2-8　单通道服务系统示意图

在系统中没有车辆的概率：

$$P(0)=1-\rho \tag{2-32}$$

在系统中有 n 辆车的概率：

$$P(n)=\rho^n(1-\rho)=\rho^n P(0) \tag{2-33}$$

排队系统中车辆平均数：

$$\bar{n}=\frac{\rho}{1-\rho}\ (\text{veh}) \tag{2-34}$$

平均排队长度：

$$\bar{q}=\frac{\rho^2}{1-\rho}=\rho\cdot\bar{n}\ (\text{veh}) \tag{2-35}$$

排队系统中的平均消耗时间：

$$\bar{d}=\frac{1}{\mu-\lambda}=\frac{\bar{n}}{\lambda}\ (\text{sec}) \tag{2-36}$$

排队中的平均等待时间：

$$\bar{W}=\frac{\lambda}{\mu(\mu-\lambda)}=\bar{d}-\frac{1}{\mu}\ (\text{sec}) \tag{2-37}$$

【例 2-10】　某高速公路入口处设有一收费站，单向车流量为 300(veh/h)，车辆到达是随机的。收费员平均每 10s 完成一次收费并放行一辆汽车，符合负指数分布。试估计在收费站排队系统中的平均车辆数、平均排队长度、平均消耗时间以及排队中的平均等待时间。

解　这是一个 $M/M/1$ 系统，由题意知

$$\lambda=300\ (\text{veh/h})$$

$$\mu=\frac{3600}{10}=360\ (\text{veh/h})$$

$$\rho=\frac{\lambda}{\mu}=\frac{300}{360}=0.83<1$$

即该系统是稳定的。

则由(2-34)可得排队系统中车辆的平均数：

$$\bar{n}=\frac{\rho}{1-\rho}=\frac{\lambda}{\mu-\lambda}=\frac{300}{360-300}=5\ (\text{veh})$$

由(2-35)可得平均排队长度：

$$\bar{q}=\frac{\rho^2}{1-\rho}=\rho\cdot\bar{n}=5\times0.83=4.15\ (\text{veh})$$

由(2-36)可得排队系统中的平均消耗时间：

$$\bar{d}=\frac{1}{\mu-\lambda}=\frac{\bar{n}}{\lambda}=\frac{5}{300}\times3600=60\ (\text{s/veh})$$

由(2-37)可得排队中的平均等待时间：

$$\bar{W}=\bar{d}-\frac{1}{\mu}=60-\frac{1}{360}\times3600=50\ (\text{s/veh})$$

3. 多通道排队服务($M/M/N$)系统

在这种排队系统中，服务通道不止一条，根据排队方式的不同，又可以分为：

单路排队多通道服务：即排队仅一条队列而服务通道有若干条，排队中的头一辆车可视服务通道工作情况有选择地进入某一正等待提供服务的通道，如图2-9。

多路排队多通道服务：即每个通道各排一条队，每个通道只为其对应的那一队列车辆服务，车辆不能随意换队，这种情况相当于N个单通道排队服务系统，如图2-10。

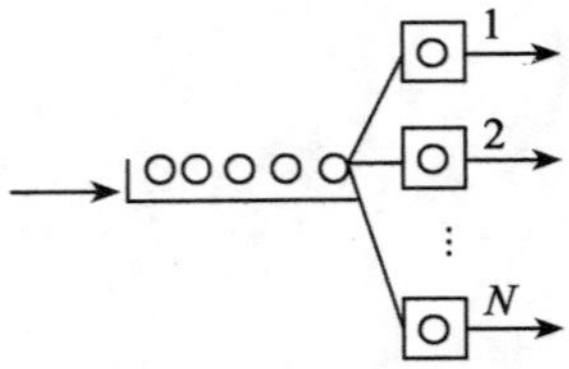

图2-9　单路排队多通道服务

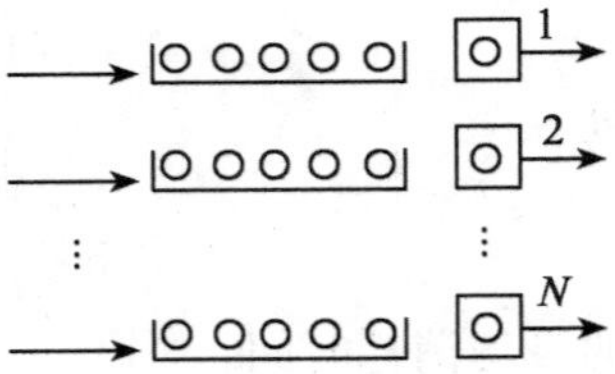

图2-10　多路排队多通道服务

对于多通道服务系统，保持系统稳定状态的条件不是$\rho<1$，而是$\frac{\bar{\rho}}{N}<1$。其中$\bar{\rho}$是各通道ρ的平均值。若考虑各通道ρ相等则$\bar{\rho}=\rho$。令λ为进入系统中的平均到达率，则对于单路排队多通道服务系统，存在下列关系式：

系统中没有车的概率：

$$P(0)=\frac{1}{\sum_{n=0}^{N-1}\frac{\rho^n}{n!}+\frac{\rho^N}{N!\ (1-\rho^n)}} \tag{2-38}$$

系统中有n辆车的概率：

$$P(n)=\frac{\rho^n}{n!}P(0),\qquad 当\ n\leqslant N-1 \tag{2-39}$$

$$P(n)=\frac{\rho^n}{N!\ N^{n=N}}P(0),\qquad 当\ n\geqslant N \tag{2-40}$$

排队系统中的平均车辆数：

$$\bar{n}=\rho+\frac{P(0)\rho^{N+1}}{N!\ N}\cdot\frac{1}{\left(1-\frac{\rho}{N}\right)^{2}} \tag{2-41}$$

平均排队长度：

$$\bar{q}=\bar{n}-\rho \tag{2-42}$$

排队系统中的平均消耗时间：

$$\bar{d}=\frac{\bar{n}}{\lambda} \tag{2-43}$$

排队中的平均等待时间：

$$\bar{W}=\frac{\bar{g}}{\lambda} \tag{2-44}$$

【例 2-11】 有一收费道路，高峰小时以 2400(veh/h)的车流量通过四个排队车道引向四个收费口，平均每辆车办理收费的时间为 5 秒，服从负指数分布。试分别按单路排队多通道服务和多路排队多通道服务计算各有关指标并比较之。

解 (1)按单路排队多通道服务计算：

$$\lambda=\frac{2400}{3600}=\frac{2}{3}\ (\text{veh/s})$$

$$\mu=\frac{1}{5}\ (\text{veh/s})$$

$$N=4$$

$$\bar{\rho}=\rho=\frac{\lambda}{\mu}=\frac{10}{3}$$

$$\frac{\bar{\rho}}{N}=\frac{5}{6}<1 \quad \text{系统稳定。}$$

于是，由公式(2-38)，系统中没有车的概率(计算过程从略)：

$$P(0)=0.0213$$

由公式(2-41)，排队系统中的平均车辆数(计算过程从略)：

$$\bar{n}=6.6$$

由(2-42)，平均排队长度：

$$\bar{q}=\bar{n}-\rho=6.6-3.3=3.3\ (\text{veh})$$

由(2-43)，排队系统中的平均消耗时间：

$$\bar{d}=\frac{\bar{n}}{\lambda}=\frac{6.6}{\frac{2}{3}}=10.0\ (\text{s/veh})$$

由(2-44)，排队中的平均等待时间：

$$\bar{W}=\frac{\bar{g}}{\lambda}=\frac{3.3}{\frac{2}{3}}=5\ (\text{s/veh})$$

(2)按多路排队多通道服务计算：

根据题意，可将到达的车流四等分，于是：

$$\lambda=\frac{2400\div 4}{3600}=\frac{1}{6}\ (\text{veh/s})$$

$$\mu = \frac{1}{5}\ (\text{veh/s})$$

$$\rho = \frac{\lambda}{\mu} = \frac{5}{6} < 1$$

即可按四个单通道排队情况，由 $M/M/1$ 系统的计算公式，得到：

$$\bar{n} = \frac{\rho}{1-\rho} = 5\ (\text{veh})$$

$$\bar{q} = \rho \cdot \bar{n} = 4.17\ (\text{veh})$$

$$\bar{d} = \frac{1}{\mu - \lambda} = 30\ (\text{s/veh})$$

$$\overline{W} = \bar{d} - \frac{1}{\mu} = 25\ (\text{s/veh})$$

将两种系统服务状态列表，如表 2-10。

表 2-10　　两种服务方式相应指标对比表

服务方式 / 服务指标	单路排队多通道服务	多路排队多通道服务
系统中的车辆数 $\bar{n}$ (veh)	6.6	5.0
平均排队长度 $\bar{q}$ (veh)	3.3	4.17
系统中消耗时间 $\bar{d}$ (s/veh)	10.0	30.0
平均排队时间 $\overline{W}$ (s/veh)	5.0	25.0

由表 2-10 可见，在服务通道数目相同时，单路排队优于多路排队，这在 $\bar{d}$、$\overline{W}$ 两项指标的比较中尤为显著。单路排队比多路排队分别减少了 67% 和 80%。因为多路排队多通道服务表面上到达车流量被分散，但实际上受着排队车道与服务通道一一对应的束缚。如果某一通道由于某种原因拖长了为某车服务的时间，显然就要增加在此通道后面排队车辆的等待时间，甚至会出现邻近车道排队车辆后来居上的情形。而单路排队多通道服务就要灵活得多，排在第一位的车辆没有被限制死非走某条通道不可，哪儿有空它就可以到哪儿去。因此，就整个系统而言，疏散反而比多路排队要快。这一结论对道路上的收费系统、车辆的等待装卸系统及其他方面的排队系统设计均具有指导意义。

2.2.4　跟驰理论简介

跟驰理论是运用动力学方法，研究在无法超车的单一车道上车辆列队行驶时，后车跟随前车的行驶状态的一种理论。它用数学模式表达机动车在跟驰过程中发生的各种状态，试图通过观察各个车辆逐一跟驰的方式来了解单车道交通流的特性。

1. 车辆跟驰特性分析

在道路上，当交通流的密度相当大时，车辆间距较小，车队中任一辆车的车速都受前车速度的制约，驾驶员只能按前车提供的信息采用相应的车速。我们称这种状态为非自由运行状态。跟驰理论就是研究这种运行状态车队的行驶特性。

非自由状态行驶的车队有以下三个特性：

①制约性。在一队汽车中，驾驶员总不愿意落后，而是紧随前车前进。这就是“紧随要求”。同时，后车的车速不能长时间地大于前车车速，只能在前车车速附近摆动，否则会发生碰撞。这是“车速条件”。此外，前后车之间必须保持一个安全距离，在前车制动后，前后两车之间应有足够安全的距离，从而有足够的时间供后车驾驶员作出反应，采取制动措施。这是“间距条件”。

紧随要求、车速条件和间距条件构成了一队汽车跟驰行驶的制约性，即前车车速制约着后车车速和两车间距。

②延迟性。从跟驰车队的制约性可知，前车改变运行状态后，后车也要改变。但前后车运行状态的改变不是同步的，后车运行状态的改变滞后于前车。因为驾驶员对前车运行状态的改变要有一个反应过程，需要反应时间。假设反应时间为 T，那么前车在 t 时刻的动作，后车在 $(t+T)$ 时刻才能做出相应的动作。这就是延迟性。

③传递性。由制约性可知，第一辆车的运行状态制约着第 2 辆车的运行状态，第 2 辆又制约着第 3 辆……第 n 辆制约着第 $n+1$ 辆。一旦第一辆车改变运行状态，它的效应将会一辆接一辆地向后传递，直至车队的最后一辆。这就是传递性。而这种运行状态的传递又具有延迟性。这种具有延迟性的向后传递的信息不是平滑连续的，而是像脉冲一样间断连续的。

2. 线性跟驰模型的建立

跟驰模型是一种刺激-反应的表达式。一个驾驶员所接受的刺激是指其前方导引车的加速或减速以及随之而发生的这两车之间的速度差和车间距离的变化；该驾驶员对刺激的反应是指其为了紧密而安全地跟踪前车所做的加速或减速动作及其实际效果。

假定驾驶员保持他所驾驶车辆与前车的距离为 $S(t)$，以保证在前车制动时能使车停下而不至于和前车追尾相撞。设驾驶员的反应时间为 T，在反应时间内，车速不变，这两辆车在时刻 t 的相对位置用图 2-11 表示，图中 n 为前车，$n+1$ 为跟随车。两车在制动操作后的相对位置如图所示。图中：

$x_i(t)$ ——第 i 辆车在时刻 t 的位置；

$S(t)$ ——两车在时刻 t 的间距，$S(t)=x_n(t)-x_{n+1}(t)$；

d_1——跟随车在反应时间 T 内行驶的距离，$d_1=T\cdot\dot{x}_{n+1}(t+T)$；

d_2——跟随车在减速期间行驶的距离，$d_2=\dfrac{[\dot{x}_{n+1}(t+T)]^2}{2\alpha_{n+1}(t+T)}$；

d_3——前车在减速期间行驶的距离，$d_3=\dfrac{[\dot{x}_n(t)]^2}{2\alpha_n(t)}$；

L ——停车后的车头间距；

$\dot{x}_i(t)$ ——第 i 辆车在时刻 t 的速度；

$\alpha_i(t)$ ——第 i 辆车在时刻 t 的加速度。

要使在时刻 t 两车的间距能保证在突然制动事件中不发生撞碰，则应有：

$$S(t)=x_n(t)-x_{n+1}(t)=d_1+d_2+L-d_3$$

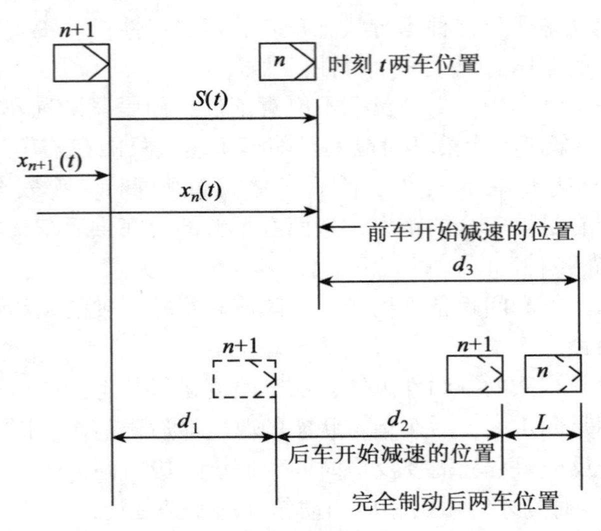

图 2-11　线性跟车模型示意图

假定 $d_2 = d_3$，则上式变为：

$$x_n(t) - x_{n+1}(t) = T \cdot \dot{x}_{n+1}(t+T) + L$$

上式对 t 微分，得

$$\dot{x}_n(t) - \dot{x}_{n+1}(t) = T \cdot \ddot{x}_{n+1}(t+T)$$

或

$$\ddot{x}_{n+1}(t+T) = \frac{1}{T}[\dot{x}_n(t) - \dot{x}_{n+1}(t)] \tag{2-45}$$

式中，$\ddot{x}_{n+1}(t+T)$ 为后车在时刻 $(t+T)$ 的加速度，称为后车的反应；$\frac{1}{T}$ 称为敏感度；$\dot{x}_n(t) - \dot{x}_{n+1}(t)$ 称为时刻 t 的刺激。这样，式(2-45)就可理解为：反应=敏感度 × 刺激。

若将 $\frac{1}{T}$ 用 α 表示，则式(2-45)为：

$$\ddot{x}_{n+1}(t+T) = \alpha[\dot{x}_n(t) - \dot{x}_{n+1}(t)] \tag{2-46}$$

此式称为线性跟车模型。

2.2.5　流体力学模拟理论

1955 年，英国学者莱特西尔(Lighthill)和惠特汉(Whitham)将交通流比拟为流体，对一条很长的公路隧道中的车辆运动状态进行研究，提出了流体力学模拟理论。该理论运用流体力学的基本原理，模拟流体的连续性方程，建立车流的连续性方程。把车流密度的疏密变化比拟成水波的起伏而抽象为车流波。当车流因道路或交通状况的改变而引起密度的改变时，在车流中产生车流波的传播。通过分析车流波的传播速度，以寻求车流流量和密度、速度之间的关系。因此，该理论又可称为车流波动理论。

流体力学模拟理论是一种宏观的模型。它假定在车流中各单个车辆的行驶状态与它前面的车辆完全一样，这是与实际不相符的。尽管如此，该理论在“流”的状态较为明显的场合，如在分析瓶颈路段的车辆拥挤问题时，有其独特的用途。

1. 车流连续方程

假设车流顺次通过断面Ⅰ和Ⅱ的时间间隔为 dt，两断面的间距为 dx，车流在断面Ⅰ的流入量为 q，密度为 k；车流在断面Ⅱ的流入量为 $q+dq$，密度为 $k-dk$。

根据质量守恒定律：　　流入量-流出量=数量上的变化

即：
$$[q-(q+dq)]dt=[k-(k-dk)]dx$$

化简得到：
$$-dqdt=dkdx$$

即：
$$\frac{dk}{dt}+\frac{dq}{dx}=0 \tag{2-47}$$

方程(2-47)表明，车流量随距离而降低时，车流密度随时间而增大。

2. 车流中的波

图 2-12 是由 8 车道路段过渡到 6 车道路段的半幅车行道平面示意图。由图可以看出，在 4 车道的路段(即原路段)和 3 车道的路段(即瓶颈段)，车流都是各行其道，井然有序。而在由 4 车道向 3 车道过渡的那段路段(即过渡段)内，车流出现了拥挤、紊乱，甚至堵塞。这是因为车流在即将进入瓶颈段时会产生一个方向相反的波。就像声波碰到障碍物时的反射，或者管道内的水流突然受阻时的后涌那样。这个波导致在瓶颈段之前的路段车流出现紊流现象。

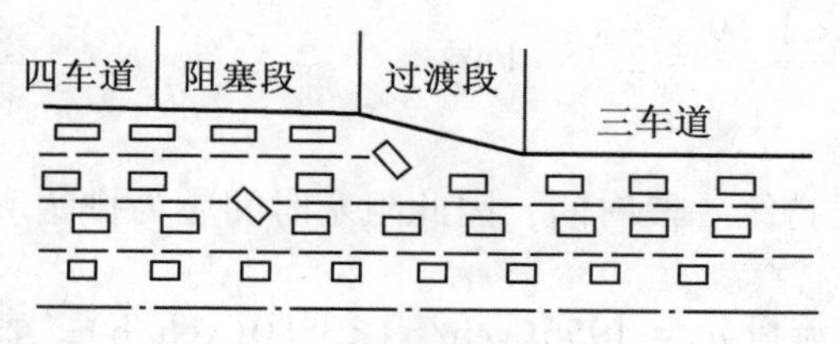

图 2-12　瓶颈处的车流波

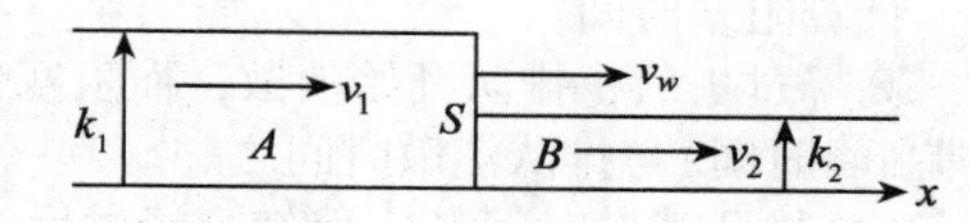

图 2-13　两种密度的车流运行情况

为讨论方便起见，取图 2-13 所示的计算图式。假设一直线路段被垂直线 S 分割为 A、B 两段。A 段的车流速度为 v_1，密度为 k_1；B 段的车流速度为 v_2，密度为 k_2；S 处的速度为 v_w，假定沿路线按照所画的箭头 x 正方向运行时速度为正，反之为负，并且：

v_1=在 A 区车辆的区间平均车速；

v_2=在 B 区车辆的区间平均车速。

则在时间 t 内横穿 S 交界面的车辆数 N 为：
$$N=(v_1-v_w)k_1t=(v_2-v_w)k_2t$$

即：
$$(v_1-v_w)k_1=(v_2-v_w)k_2$$

$$v_w=\frac{v_1k_1-v_2k_2}{k_1-k_2} \tag{2-48}$$

令 A，B 两部分的车流量分别为 q_1，q_2，且 $q=kv$

于是，上式变为：
$$v_w=\frac{q_1-q_2}{k_1-k_2} \tag{2-49}$$

3. 车流波动理论的应用

【例 2-12】 车流在一条 6 车道的道路上畅通行驶，其速度为 $v=80$(veh/h)，路上有一座 4 车道的桥，每车道的通行能力为 1940(veh/h)，高峰小时车流量为(单向)4200(veh/h)，在过渡段的车速降至 22(km/h)，这样持续了 1.69h，然后车流量减到(单向)1956(veh/h)。试估计桥前的车辆排队长度和阻塞时间。

解 计算排队长度：

(1)在能畅通行驶的车行道里没有阻塞现象，其密度为：

$$k_1=\frac{q_1}{v_1}=\frac{4200}{80}=53\ (\text{veh/h})$$

(2)在过渡段，由于该处只能通过 $1940\times 2=3880$(veh/h)，而现在却要通过 4200(veh/h)，故出现拥挤，其密度为：

$$k_2=\frac{q_2}{v_2}=\frac{3880}{22}=177\ (\text{veh/h})$$

由式(2-48)得：

$$v_w=\frac{q_2-q_1}{k_2-k_1}=\frac{3880-4200}{177-53}=-2.58\ (\text{km/h})$$

表明此处出现迫使排队的反向波，其波速为 2.58(km/h)。

因距离为速度与时间的乘积，故此处的平均排队长度为：

$$L=\frac{0\times 1.69+2.58\times 1.69}{2}=2.18\ (\text{km})$$

计算阻塞时间：

高峰过去后，排队开始消散，而阻塞仍要持续一段时间，因此阻塞时间应为排队形成(即高峰时间)与排队消散时间之和。

(1)排队消散时间 t'。已知高峰过后的车流量 $q_3=1956(\text{veh/h})<3880(\text{veh/h})$，表明通行能力已有富裕，排队已开始消散。

排队车辆数为：

$$(q_1-q_2)\times 1.69=(4200-3880)\times 1.69=541\ (\text{veh})$$

疏散车辆数为：

$$q_3-q_2=1956-3880=-1924\ (\text{veh})$$

则排队消散时间为：

$$t'=\frac{(q_1-q_2)\times 1.69}{|q_3-q_2|}=\frac{541}{1924}=0.28\text{h}$$

(2)阻塞时间 t

$$t=t'+1.69=0.28+1.69=1.97\text{h}$$

2.3 道路通行能力与服务水平

2.3.1 道路通行能力

1. 道路通行能力概述

道路通行能力是道路规划、设计及交通组织管理等方面的重要参数，它描述了道路交通设施的主要功能，是度量道路在单位时间内可能通过车辆(或行人)的能力。与交通量的含义不尽相同，交通量是指道路在单位时间内实际通过的或期望(预测)通过的车辆(或行人)数，而通行能力是道路在一定条件下单位时间内所能通过的车辆的极限数，是道路所具有的一种“能力”。交通量一般总是小于通行能力的。当道路上的交通量接近或等于通行能力时，就会出现交通拥挤或阻塞停滞现象。研究道路的通行能力，对于现有道路功能的评价、确定道路改建方案、改进交通管理和控制方式、规划新建道路及选择交叉口型式等都具有重要意义。

2. 通行能力定义

通行能力是指在现行通常的道路条件、交通条件和管制条件下，在已知周期(通常为15min)中，车辆或行人能合理地期望通过一条车道或道路的一点或均匀路段所能达到的最大小时流率。

通行能力的定义所指“通常的道路条件、交通条件和管制条件”，应理解为通行能力对被分析的交通设施的任何断面都是适用的。这些通常条件的任何变动将导致这项交通设施通行能力的变化。通行能力的定义还假定要具有良好的气候条件。

通行能力定义中的道路条件指的是城市道路或公路的线型几何特征如交通设施的种类及其环境、车道数、车道及路肩宽度、侧向净空、设计速度、平面及纵面线型和路面性质等。

交通条件指的是交通流特征，即车辆种类的分布、车道分布、交通量的变化以及交通流的方向分布等。

管制条件指的是交通控制设施的种类和设计以及交通管理规则等，如交通信号的位置、种类和配时以及交通标志、标线等影响通行能力的关键管制条件。

2.3.2 服务水平与服务交通量

1. 基本概念

服务水平是描述交通流的运行条件及其对汽车驾驶者和乘客感觉的一种质量测定标准，是道路使用者从道路状况、交通条件、道路环境等方面可能得到的服务程度或服务质量，如可以提供的行车速度、舒适、安全及经济等方面所能得到的实际效果。

服务交通量是在通常的道路条件、交通条件和管制条件下，在已知周期(通常为15min)中，当能保持规定的服务水平时，车辆(或行人)能合理地期望通过一条车道或道路的一点或均匀路段的最大小时流率。

不同的服务水平对应不同的服务交通量(即允许通过的最大小时流率)。服务等级高的道路车速高，车辆行驶自由度大，舒适与安全性好，但其相应的服务交通量就要小；反之，允许的服务交通量大，则服务水平就低。

2. 服务水平分级

服务水平是用来供车辆驾驶者对道路上的车流情况作出判断的一个定性的尺度，它所描述的范围要从驾驶者可自由地操纵车辆以他所需车速行驶的最高水平，直至道路上出现车辆拥塞现象，驾驶者不得不停停开开的最低水平。虽然车辆驾驶者一般缺乏有关道路交通流的知识，但他能感觉和意识到道路上交通量的变化，会影响车辆行驶的速度以及舒适、方便、经济和安全的程度。因此，评定服务水平的高低应包括下列各项因素：

①行车速度和行驶时间；②车辆行驶时的自由程度；③行车受阻或受限制的情况，可用每公里停车次数和车辆延误时间来衡量；④行车的安全性，以事故率和所造成的经济损失来衡量；⑤行车的舒适性和乘客满意的程度；⑥经济性，以行驶费用来衡量。

上述因素有些难以测定，不易操作，应用起来不方便，因此仅选取其中的交通密度、行车速度及服务交通量与通行能力之比等若干指标作为评定服务等级的主要影响因素。这几项指标既能直观准确地反映道路交通状况，又与其他评价影响因素有关，所以作为评价指标也是适宜的。

例如，美国交通研究委员会编写的《道路通行能力手册》将城市道路的服务水平分为A至F六个等级，对这六个等级的描述如下：

A级——自由流，交通流中车辆的操纵完全不受阻碍，信号交叉口的控制延误最小，平均行程速度通常是相应街道自由流速度的90%。

B级——稳定车流，交通流中车辆的机动性仅仅受到轻微限制，信号交叉口的控制延误不显著，平均行程速度通常是相应街道自由流速度的70%。

C级——仍为稳定车流，但车辆的行驶操纵能力可能受到较大限制，较长的排队或不利的信号联动导致车辆平均行程速度低至相应街道自由流速度的50%。

D级——接近不稳定流，交通流量稍有增加就会引起延误明显增大，行程速度大幅下降。平均行程速度大约是自由流速度的40%。

E级——不稳定车流，延误显著，平均行程速度仅为自由流速度的33%或更低。

F级——强制车流，车辆排队慢行，极易发生阻塞，速度通常是自由流速度的1/3～1/4。到极限时，车速和交通量都降至零。

表2-11是美国城市道路服务水平划分标准。

表2-11 **美国城市道路服务水平划分标准**

城市道路等级	Ⅰ	Ⅱ	Ⅲ	Ⅳ
自由流速度范围(km/h)	90～70	70～55	55～50	50～40
典型自由流速度(km/h)	80	65	55	45
服务水平	平均行程速度(km/h)			
A	>72	>59	>50	>41
B	56～72	46～59	39～50	32～41
C	40～56	33～46	28～39	23～32
D	32～40	26～33	22～28	18～23
E	26～32	21～26	17～22	14～18
F	≤26	≤21	≤17	≤14

根据以上六级服务水平的划分，使道路使用者能感受到某条道路是处于何种交通状态。对道路规划设计人员来悦，也可使他知道他所规划设计的道路将处于何种交通状态。

表 2-12　　信号交叉口服务水平

服务水平	停车延误(s/veh)	服务水平	停车延误(s/veh)
A	≤5.0	D	25.1~40.0
B	5.1~15.0	E	40.1~60.0
C	15.1~25.0	F	>60.0

表 2-13 是美国高速公路基本路段公路的服务水平标准(摘选)。

由表 2-13 可见，服务交通量是一些不连续值，而服务水平则代表了一组条件。由于服务交通量规定的是各级服务水平的最大值，这就在不同的服务水平之间规定了流量界限。

表 2-13　　美国高速公路基本路段服务水平

服务水平	最大密度(pcu/mi/ln)	自由流速度(mph)=70			自由流速度(mph)=65		
		最低速度(mph)	最大服务流率(mph)	最大(v/c)比	最低速度(mph)	最大服务流率(mph)	最大(v/c)比
A	10	70.0	700	0.318/0.304	65.0	650	0.295/0.283
B	16	70.0	1120	0.509/0.487	65.0	1040	0.473/0.452
C	24	68.5	1644	0.747/0.715	64.5	1548	0.704/0.673
D	32	63.0	2015	0.916/0.876	61.0	1952	0.887/0.849
E	37/40	60/58	2200/2300	1.000	56/53	2200/2300	1.000
F	***	***	***	***	***	***	***

注：①表中斜线前后的数据，前者为四车道标准值，后者为六车道或八车道标准值；
②v/c 为某级服务水平相应的最大交通量与通行能力之比值；
③ *** 为变化大，不稳定。

2.4　交通量、车速及交通密度调查

交通调查是交通工作的一个重要组成部分，它是交通规划、道路设计、交通管理与控制、交通安全及交通流理论研究的基础工作。可通过调查与分析，明确交通问题的性质，提出解决问题的方案；同时，还可在路网系统调查的基础上，分析交通变化规律，为建立交通流理论模型、交通预测模型等提供基础资料。交通调查内容很多，本节仅就交通量、车速和交通密度调查作简要介绍。

2.4.1　交通量调查

1. 交通量调查的种类

交通量调查，虽然是了解通过道路某断面的车辆数或行人数，但由于调查的目的不同，所选择的调查地点也不同，一般可分为以下几类：

①特定地点的交通量调查：这种调查是以研究交叉口设计、交通管理、信号灯控制为

主要目的。其特定地点有交叉口、路段以及建筑物出入口等。

②路网(区域)交通量调查：在调查区域内的路网上(或指定区域内)的主要交叉口和路段设置交通量调查点，了解路网(区域)内交通量组成及其变化。调查工作是在路网(区域)内所有调查点上同时进行的，有短期的和长期的调查。

通过交通量调查，不仅可以得到通过观测断面的道路交通量，而且还能得到如交通组成、交通运行及其变化规律(时变、方向分配、车道分配)等诸多有用的信息。

2. 调查地点与时间选择

(1)调查地点

根据调查目的和要求的不同，一般可选择下列场所：

①典型路段：在一个城市中，选择能够说明该城市交通特征的路段是很重要的。一般是分级选择，如快速路、主干路、次干路、支路等，同时应注意避开交叉口影响。

②主要交叉口：在城市中选择不同型式的交叉口，也可从交通角度选择不同位置、不同等级道路上的交叉口。

③大型建筑设施出入口：这里主要掌握对城市干道交通的影响，以采取必要而有效的管理措施。如市区内担负对外交通功能的车站、码头、货场；大型文体中心，商贸中心；大型厂矿、机关和学校等客货运交通集散中心，它们的进出交通对城市干道交通产生较大的影响和干扰，必须予以注意。

④特别指定的地点：如交通事故多发路段、需重点加以研究的(地区)路段等。

观测断面应选在车流稳定、观测视线清晰、不受干扰处。交叉口观测则在每个入口(或出口)处设置观测点，观测断面可选在停车线附近。

(2)调查时间

调查时间范围也应随调查目的而异。作为了解交通量常年变化趋势的一般性调查，必须选在正常交通流的时候进行。一年当中多选春秋季节，一周中多选从周二到周四进行观测，注意避开雨雪天和节假日。

调查时间区段，除按一年、一个月、一周等进行连续调查以外，还有如下几种：

①24 小时的昼夜观测：用于了解一天中交通量的时变情况。一般在周内选择正常工作日的 24 小时进行观测，其起讫时间可从早 7 时至次日早 7 时。

②昼间 12(或 16)小时观测：用于了解白天大部分时间的交通量变化情况，一般始于上午 7 时(或 6 时)，止于下午 7 时(或 10 时)。

③高峰小时观测：用于了解早、晚高峰小时的交通量变化情况，在高峰时间内进行 1~3 小时的连续观测。我国大城市早高峰时间一般出现在上午 7 时至 10 时，晚高峰在下午 4 时至 7 时。

在上述的交通观测中，一般要求至少每隔 15 分钟作出分段记录，必要时可以 5 分钟的间隔作出分段记录。有时根据需要也可按信号交叉口信号周期间隔计数以获得高峰小时系数或荷载系数。

交通量观测记录格式根据不同的调查目的和方法而有所不同。表 2-14 和表 2-15 仅为示例，其中表 2-14 中每隔 15 分钟的交通量计入下半格，而上半格为累计交通量。小计列中每行数值为本时间间隔内的车辆数。

表2-14　　　　　　　　　　　　**路段交通量调查记录**

日期______年______月______日(星期______)　天气______　地点______

方向______时间______　观测者______　记录者______　校核者______

时刻＼车种	小客车	普通货车	大型客车	大型货车	小计
6：00~6：15	19/19	2/2	0/0	1/1	22
6：15~6：30	44/25	9/7	2/2	4/3	37
6：30~6：45	62/18	12/3	6/4	12/8	33
6：45~7：00					
7：00~7：15					

表2-15　　　　　　　　　　**交叉口机动车流量观测统计表**

日期______　星　期______　天　气______

地点______　观测者______　记录者______　校核者______

时间＼车种＼方向	右转					直行					左转					三向合计
	客车		货车			客车		货车			客车		货车			
	小客车	大客车	二轴	三轴	大于三轴	小客车	大客车	二轴	三轴	大于三轴	小客车	大客车	二轴	三轴	大于三轴	
6：00~6：15 6：15~6：30 ⋮ (各车型)小计 客车(货车)合计 (客货车)合计																
附注	1. 本表用于交叉口，一个路口一表； 2. 本表车流量为驶入量。															

3. 交通量调查方法

(1)路旁测记法

在一些选定的观测站上，按不同的调查目的进行连续式或间歇式的观测记录。根据测记方法的不同可分为人工计数法和自动计数法两类。采用何种方法，主要取决于所获得的设备、经济技术条件以及要求的调查内容等。

①人工计数：这是一种目前在我国应用最广泛的方法，只要有一个或几个调查人员即可在指定地点路侧进行调查，组织工作简单，调配和变动地点灵活，使用的工具除必备的计时器(手表或秒表)外，一般只需要手动(机械或电子)计数器和其他记录用的笔和纸，

观测精度较高。缺点是调查人员体力消耗大，工作环境较差，且如果进行长期连续观测，则耗费较大，故一般最适合于作短期的交通量调查。

②自动计测法：发达国家已广泛采用自动计数装置进行交通量调查，自动计测仪由检测器、数字处理器和记录显示装置构成，它节省人工，使用方便，不受时间和气候等因素的影响，特别适合于需进行长期连续性观测的路段。我国目前也已开始应用自动计测仪进行交通量观测。目前国内外常用的自动计测仪有：

光电式计数器：由光源和光电管组成，当光源被车辆遮断而使光电管感知时接通继电器移动电笔进行记录。

感应式计数器：将检测线圈埋在路面下，使之感知路面上通过的汽车引起的磁场变化，记录车辆通过的数量。

超声波计数器：用超声波发生器发出超声波，使其在路面上反射，用拾波器拾回。行车遮断波反射，继电器关闭，电流接通，记录车辆通过数量。

气压式计数器：横过车行道铺设一密封的橡皮管，当车辆通过时，经压力开关将橡皮管中发生压力变化记录并累加起来，两次记录表示通过一辆汽车。

此外，还有红外线式、电接触式、雷达式等自动计数仪均可连续记录交通量。但多存在仅能单一记录通过车辆数，难以区分车种、车型等缺点，且容易受非机动车、行人干扰。在我国道路交通的复杂情况下往往还需辅以人工观测予以修正或补充。

(2)流动车测定法

此法系由英国道路研究所沃尔卓普(Wardrop)等在1954年提出，可同时获得某一路段的交通量、行驶时间和车速等数据，是一种较好的交通综合调查方法。

此法需要一辆测试车(小型面包车、工具车或小轿车、吉普车均可)、3~4名调查人员。其中一人记录与测试车对向开来的车辆数，一人记录与测试车同向行驶的车辆中被测试车超越的车辆数和超越测试车的车辆数，另一人记录行驶时间及停驶时间。选取合适的观测路段，其路段长度事先测定或自里程碑、地形图或有关单位获取。测试车在测试路段上连续往返行驶12~16次(即6~8个来回)。总的行驶时间，根据美国国家城市运输委员会的规定，主要道路每英里30min，次要道路每英里20min。

根据测试车在观测路段上往返行驶时记录的相应数据，可分别计算交通量、行车时间及车速。

①待测定方向上的交通量

$$q_c = \frac{X_a + Y_c}{t_a + t_c} \tag{2-50}$$

式中：q_c 为路段待测定方向上的交通量(单向，veh/min)；X_a 为测试车逆待测定方向行驶时，与测试车对向行驶(即顺待测定方向)的来车数(veh)；Y_c 为测试车在待测定方向上行驶时，超越测试车的车辆数减去被测试车超越的车辆数(即相对测试车在顺测试方向上的交通量)(veh)；t_a 为测试车逆待测定方向行驶时的行驶时间(min)；t_c 为测试车顺待测定方向行驶时的行驶时间(min)。

②平均行程时间

$$\bar{t}_c = t_c - \frac{Y_c}{q_c} \tag{2-51}$$

式中：$\bar{t}_c$ 为待测定路段的平均行程时间(min)。

③平均行车速度

$$\bar{V}_c = \frac{L}{\bar{t}_c} \times 60 \tag{2-52}$$

式中：$\bar{V}_c$ 为待测定路段的平均行车速度(单向，km/h)；L 为观测路段长度(km)。

【例 2-13】　测试车在长为 4km 的东西向路段上往返行驶 12 次，数据整理后如表 2-16,求东行和西行方向的车流量、行程时间及车速。

表 2-16　**流动车测试法观测统计表**

行驶时间 t (min)	与测试车对向行驶的来车数 x (veh)	超越测试车的车辆数减去被测试车超越的车辆数 x (veh)
东行 6 次	81.2	−0.5
西行 6 次	73.4	1.6

解　东行：

$$q_E = \frac{X_W + Y_E}{t_W + t_E} = \frac{73.4 + (-0.5)}{4.38 + 4.23} = 8.47\ (\text{veh/min}) = 508\ (\text{veh/h})$$

$$\bar{t}_E = t_E - \frac{Y_E}{q_E} = 4.23 - \frac{-0.5}{8.47} = 4.29\ (\text{min})$$

$$\bar{V}_E = \frac{L}{\bar{t}_E} \times 60 = \frac{4 \times 60}{4.29} = 55.9\ (\text{km/h})$$

西行：

$$q_W = \frac{X_E + Y_W}{t_E + t_W} = \frac{81.2 + 1.6}{4.23 + 4.38} = 9.61\ (\text{veh/min}) = 577\ (\text{veh/h})$$

$$\bar{t}_W = t_W - \frac{Y_W}{q_W} = 4.38 - \frac{1.6}{9.61} = 4.21\ (\text{min})$$

$$\bar{V}_W = \frac{L}{\bar{t}_W} \times 60 = \frac{4 \times 60}{4.21} = 57.0\ (\text{km/h})$$

4. 交通量调查资料整理

(1)汇总表

各种调查方法所获得的交通量资料，经过整理，都应列成总表以供各种分析研究之用。为保证资料使用的可靠性、完整性和科学性，汇总表应包括有时间(年、月、日、星期、上下午及小时等)、地点(路线、街道、交叉口等的名称、方向或车道)、天气、调查人员姓名等内容，必要时可绘制平面示意图或另附说明。

汇总表如表 2-14 和表 2-15 所示。

(2)柱状图(直方图)

柱状图(直方图)常用来表示观测期间交通量的变化，从中可看出交通量的变化趋势，高峰小时的出现，是否双峰型或其他类型，白天与夜间交通量的差异等。典型的形式如图2-14所示。一般横坐标为绝对单位时间，纵坐标为相应单位时间交通量，可以是绝对交通量，也可以是单位时间交通量占计算周期交通量的百分比。

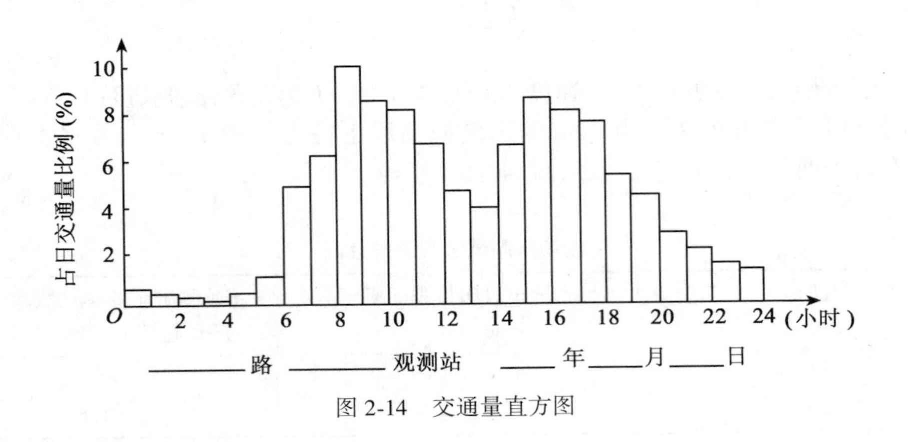

图2-14 交通量直方图

交通量小时变化、周日变化等也常用曲线图表示，如图2-2及图2-3所示。

(3)流量流向图

流量流向图常用来表示交叉口各向车辆的运行状况。图2-15为一典型的十字交叉口

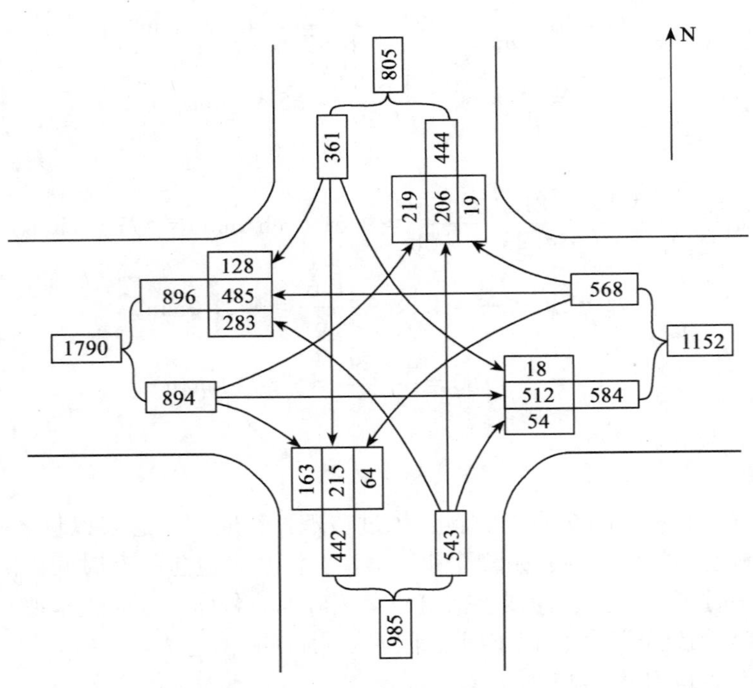

图2-15 交叉口流量流向分布图

流量流向图，由图可一目了然地看到交叉口的流量流向分布。通常根据高峰小时的当量交通量绘制。若机动车高峰与非机动车高峰不是同时出现，则应对机动车和非机动车高峰小时交通量分别绘制其流量流向图。

图 2-16 是某规划区域干道网上某种交通流量分布图，图中不同的线段宽度系按一定比例表示的路段交通量。

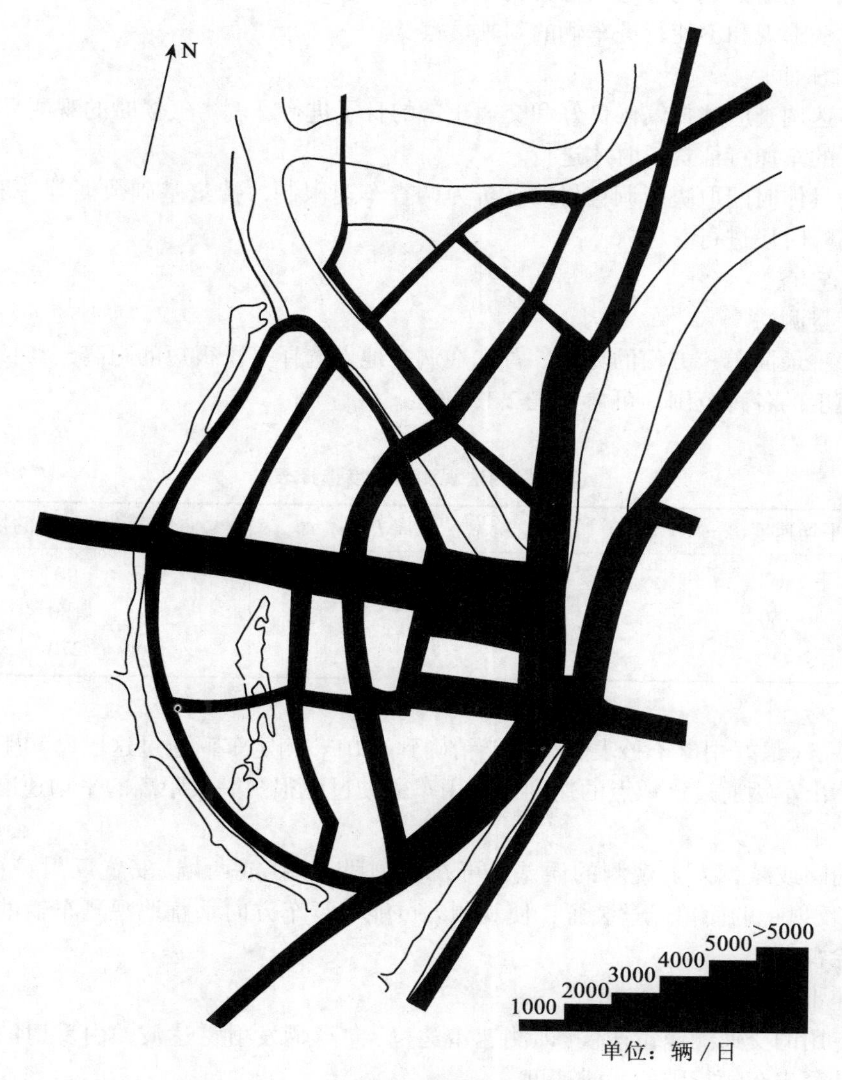

图 2-16　干道网交通流量分布图

2. 4. 2　车速调查

车速调查分为两种，一种是地点车速调查，另一种是行程(行驶)车速调查。

1. 地点车速调查

(1)调查地点

在城市道路上进行调查时，要选择远离交叉口的线型平顺路段，并且该处无公共汽车等路侧停车站，不受支路、里弄出入车辆或行人影响，对可能会发生排长队的交叉口入口引道上，应注意由于排队所引起的对车速的影响。

为了尽可能缩小观测者与设备对调查客观性的影响，选择地点时还应注意较隐蔽，尽可能避免群众围观和不使行进车辆的驾驶员察觉。

(2)调查时间

地点车速调查应选择气候良好和交通正常的日子进行，恶劣气候时的观测只有当需要这种条件下的车速特征资料时才进行。

调查的具体时间取决于调查目的。若为调查车速限制、搜集基础数据等一般性调查，应选择非高峰时段进行。

(3)调查方法

①人工量测法

这是一种最简单、方便的方法。首先在调查地点选择一段很短的距离，其长度根据交通流平均速度的各种范围，可参考表2-17确定。

表2-17 **人工量测法观测段长度选择表**

交通流平均速度(km/h)	选择观测距离 L(m)	s/m 换算为 km/h 的换算系数
<40	25	90
40~50	50	180
>65	75	270

当用秒表(最好用电子秒表，计时能精确到0.01s)测定车辆通过这段已知距离的时间后即可计算出车辆通过该地点的速度，即用车辆驶过此很短一段距离的平均速度代替其瞬时速度。

为了消除或减少人工观测的误差，可在观测段一端(或两端)安置反射镜(L形视车镜)，借助反射镜的简单光学装置，使观测人员能与行车方向垂直地观测车辆的到达和离去，以消除视差。

②测速雷达仪

利用专用的交通测速雷达仪(即测速雷达枪)向车辆发射雷达波，由反射波的多普勒效应，可计算出车辆行驶的瞬时速度。

③检测器法

基本上是利用观测交通量的检测器，稍作改进，通过对一定已知距离布置的两个检测器所记录到的车辆通过时间算得地点车速。由于一般无需对车速进行长期连续观测，所以通常用得不多。

此外还有电影摄影机法、间隔照相法及电视摄像机法等，根据按一定时间间隔拍摄的照片上同一车辆驶过的距离可算得车速。但这几种方法资料整理较繁琐，摄影地点也往往受到限制，费用较高，故一般多用于科学研究。

(4)对调查样本的要求

①抽样方法

在调查地点车速时，所有样本的观测均应是交通流在畅行的条件下随机抽样和有代表性的样本的观测。当交通量较小，观测人员可观测到90%以上的车辆时，无所谓抽样问题。当交通量较大时，则必须抽样调查，此时应注意以下几点：

a)抽样应是随机的，要避开特殊情况，如加速减速、停车等；b)当车队驶过时，一般只取第一辆车；c)当不分车种调查时，样本中各种车所占的比例应接近于交通流中实际各种车的比例。

②所需调查样本数

为了获得有一定精度要求的地点车速，在调查时必须选取足够数量的样本，以满足统计学上的要求。一般可根据下式计算所需样本数(观测车速的车辆数)：

$$N=\left(\frac{S\cdot K}{E}\right)^2 \tag{2-53}$$

式中：N为最少样本数；S为估计的样本标准差(km/h)；K为对应要求置信度的常数；E为速度估算的容许误差(km/h)。

根据有关分析，S与交通地区(城市、乡村等)和道路类型(双车道、四车道等)有关，取值范围在6.8~8.5之间，一般可取$S=8.0$(km/h)。当置信度为68.3%时，K取为1；当置信度为95.5%时，K取为2；当置信度为99.7;%时，K取为3。E的大小取决于平均车速所要求的精度，一般可采用E从±(1.5~2.0)(km/h)。

如果所关心的不是平均车速，而是某一百分位车速，则可用下式确定所需最小样本数：

$$N=\left(\frac{S\cdot K}{E}\right)^2\cdot\frac{2+U^2}{2} \tag{2-54}$$

式中：U为常数。对于平均车速，U取0；对于第15%或85%位车速，U取1.04。

考虑到观测操作中的不可知影响，样本数应取大于N，且在任何情况下N不得小于30。

2. 区间车速和行驶车速调查

道路上第二种平均速度的表示方式是区间平均车速或平均行驶车速，它们都是通过运行距离被在该距离的路线上若干次行程的平均运行时间相除后得到的。平均运行时间有时仅包括行程中实际运行时间，有时还包括延误的时间。区间平均车速和平均行驶车速都是研究整条路线畅通程度及发生延误的原因，或者分析整条道路通行能力的重要资料。通常区间车速总是小于行驶车速。

区间车速和行驶车速的调查，都是测定在已知长度的道路上总的行程时间和行驶时间，然后再算得速度。一般说来，任何路线上都可以进行调查，但路线长度一般要求大于或等于1.5km，以保证搜集的数据有意义。观测时间取决于调查目的。

此项调查目前最常用的方法有汽车牌照法和流动车测定法两种，分述如下：

(1)汽车牌照法

在确定的调查路线起、终点断面处，同时开动计时表，对进、出观测断面的两个方向的车辆分别记录车型、牌号及通过时间，在事先约定的调查结束时刻同时停表。车牌号码一般可只读最后三位数。若交通量较大，则可只读取最后一位数是“0”和“5”的车牌号码，即代表20%的抽样率。

现场调查结束后，再将起终点记录的同车型号码相互配对，根据同一车辆通过起、终点的时刻，得到行驶时间，则可计算出该车在观测路线上的平均车速。

如果调查人员有限，则可利用录音机，观测者向话筒报出车辆类型、车牌号码及通过时刻。在调查开始之前，先将日期、地点、观测路线及方向、天气、路段长度和调查人员姓名等进行录音，以便室内整理。

对于中途交叉口较多、出入交通量较大的路口或中途停车、存车多的区间，此种方法应慎用。因为牌照法不能直接记录到延误时间，只能获得行驶的总时间，因而无法分清总时间是行驶时间还是行程时间。

另外牌照法的有效率较低，查找到的配对车辆数与总观测车数相比能达到70%~80%就很不容易了。因此为了保证必要的有效样本数，观测的样本数要适当大一些。同时，此方法室内数据整理工作量较大，需要耗费较多人力和时间。现在多采用计算机辅助进行资料整理和计算工作。先对调查要素进行计算机编码，当获得观测资料后，按计算机编码要求输入有关数据，然后由计算机完成查找配对及一系列整理、计算工作并输出结果。这就大大提高了内业工作速度并保证了资料整理的精度。

外业观测记录工作也可利用便携式计算机进行。事先编制好相应的记录、整理和计算程序存入计算机，在调查现场，当车辆到达时，观测员向记录员报告有关信息，记录员按程序输入要求输入相应数据，当日调查结束后在室内将起终点两台计算机内存放的数据调出一并作内业资料整理分析工作。此方法现已在交通调查中广泛应用。

(2)流动车测定法

测量方法与流动车测交通量方法相同，只是在观测中增加延误时间的观测记录，以便分别计算区间车速和行驶车速。

3. 观测资料的分析

现以地点车速观测实例加以说明。表2-18是某次地点车速观测记录计算表。

(1)计算出各组车速的相应数据如表2-18所示。

表2-18 **车速观测资料统计表**

车速 V (km/h)	观测次数 f(次)	频率 (%)	累计频率 (%)	$f \cdot V$	V^2	$f \cdot V^2$
26	1	1	1	26	676	676
28	2	3	4	56	784	1568
30	5	6	10	150	900	4500
32	10	12	22	320	1024	10240

续表

车速 V (km/h)	观测次数 f(次)	频率 (%)	累计频率 (%)	$f \cdot V$	V^2	$f \cdot V^2$
34	11	14	36	374	1156	12716
36	16	20	56	576	1296	20736
38	14	18	74	532	1444	20216
40	13	16	90	520	1000	20800
42	3	4	94	126	1764	5292
44	4	5	99	176	1936	7744
46	1	1	100	46	2166	2110
$\sum$	80			2092		106604

①计算车速平均值：

$$\overline{V} = \frac{\sum f_i \cdot V_i}{\sum f_i} = \frac{2092}{80} = 36.28\ (\text{km/h})$$

②计算标准差：

标准差是概率分布中的一项重要参数，它反映了车速这一变量的离散程度。

$$\sigma = \sqrt{\frac{\sum f_i \cdot V_i^2}{\sum f_i} - V^2} = \sqrt{\frac{106604}{80} - 36.28^2}$$

$$= 4.04(\text{km/h})$$

③计算误差范围，它表征估算结果可能的误差范围：

$$E = \pm T_\alpha \cdot \frac{\sigma}{\sqrt{f_i - 1}}$$

式中：T_α 为系数，对于 95%的置信度，T_α 可取 2.0~2.9，此处 T_α 取 2.0，则

$$E = \pm 2 \times \frac{4.04}{\sqrt{80 - 1}} = \pm 0.91\ (\text{km/h})$$

④计算代表性车速：

$$\overline{V} \pm E = 36.28 \pm 0.91 = 35.40 \sim 37.20\ (\text{km/h})$$

(2)绘制车速频率图

根据表 2-18 中车速和观测次数的百分比两栏数据，可绘出车速直方图和频率分布曲线图如图 2-17。

如将表 2-17 中的车速和累计频率两栏数据绘成车速频率累计曲线，则如图 2-18 所示。从图中可以看到下列特征点：

①中位地点车速(50%)：表示在该车速以下行驶的车辆与在该车速以上行驶的车辆数相等；

②85%位车速：表示全部车辆的 85%是在此车速以下行驶，可用此车速作为道路的限

制最高车速；

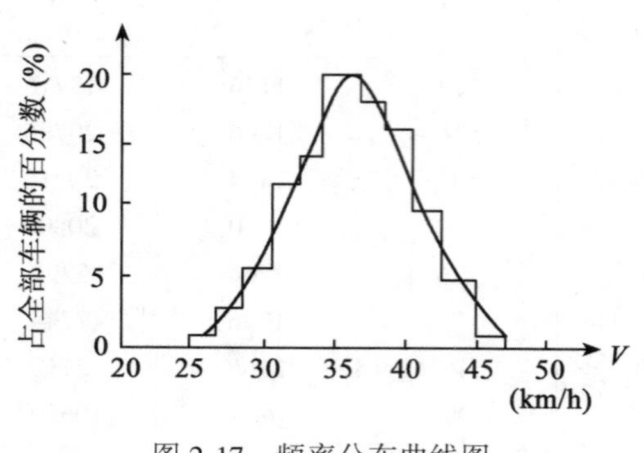

图 2-17　频率分布曲线图

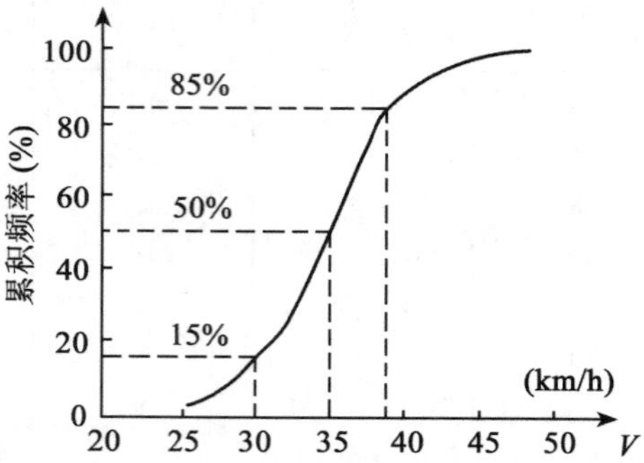

图 2-18　累计频率曲线图

③15%位车速：表示全部车辆的 15%是在此车速以下行驶，可用此车速作为道路的限制最低车速。

2.4.3　交通密度调查

根据定义，交通密度是瞬间值，实际观测交通密度有一定困难，下面简要介绍用某一时间段的交通密度平均值近似代替交通密度的观测方法，即出入量法，这是一种简单的求中途无出入车辆的交通密度的方法。

如图 2-19 所示，

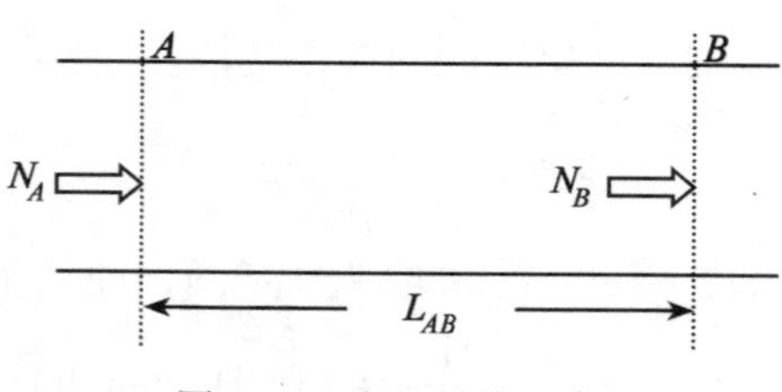

图 2-19　出入量法示意图

$$E(t)=N_A(t)+E(t_0)-N_B(t) \tag{2-55}$$

式中：$E(t)$ ——在 t 时刻 A、B 区间的车辆数；

$N_A(t)$ ——从观测开始时刻(t_0)到 t 时刻，通过 A 断面处的累计车辆数；

$E(t_0)$ ——观测开始(t_0)时，AB 区间内的原有车辆数；

$N_B(t)$ ——从观测开始时刻(t_0)到 t 时刻，通过 B 断面处的累计车辆数。

$E(t_0)$ 可用试验车法确定。试验车在 t_0 时刻从 A 断面出发，t_1 时刻到达 B 断面，在这段时间内通过 B 处的车辆数即为原始车辆数(相当于试验车将 AB 区间“挤空”了)。但这在 t_0 至 t_1 时段内无超车条件下才成立，若有超车，则按下式计算 $E(t_0)$ ：

$$E(t_0)=q+a-b \tag{2-56}$$

式中：q——从 t_0 到 t_1，通过 B 断面的车辆数；

a——试验车超车数；

b——试验车被超车数。

若已知 AB 区间的距离为 L_{AB}，则在 t 时刻 AB 区间的交通密度为：

$$K(t)=\frac{E(t)}{L_{AB}} \tag{2-57}$$

其他获取交通密度的方法还有如摄影摄像法，也可利用交通密度、交通量和车速的函数关系计算其大小。

思　考　题

1. 何谓交通体系、交通流、交通量？
2. 什么是年第 30 位小时交通量及第 30 小时系数？它有何意义及作用？
3. 交通量有哪些变化规律？
4. 交通量、车速及交通密度三者有何关系？从中能得到什么结论？
5. 车头时距与车头间距的意义及相互关系如何？
6. 交通流概率统计分布中常用的离散型分布和连续型分布有哪些？交通流分析中常见的离散型随机变量和连续型随机变量有哪些？
7. 何谓道路的通行能力和服务水平？
8. 车速调查资料分析时，85%、50%以及 15%位车速的含义是什么？有何用途？
9. 通行能力与交通量有何区别？

第3章　城市交通规划

3.1　城市交通规划的目的、意义和基本内容

3.1.1　概述

城市交通规划既是城市规划的重要组成部分，其自身又是一个完整、独立而复杂的系统。城市交通规划既要服从、服务于城市总体规划，同时又必须遵循自身运动、变化和发展的规律。为了使城市交通运输适应城市经济建设发展和人民生活需要，必须重视和做好城市交通规划工作。

城市交通规划与城市土地利用和社会经济条件等密切相关，在交通规划工作中应充分考虑交通体系与城市用地布局结构和建设发展间的相互作用和影响。同时，城市交通规划与国家长远经济政策、区域规划、城市的性质、结构及形态等有很大关系。所以，城市交通规划是一项涉及面广、内容丰富的系统工程。

具体而言，城市交通规划是指经过对城市交通的历史与现状调查，预测城市在未来的人口、社会经济发展和土地利用条件下对交通的需求，规划设计与之相适应的交通网络体系，以及对拟建立的交通网络体系编制实施建议、进度安排、财务预算和进行经济分析的工作过程。

在城市交通规划中，要对构成城市交通网络系统的各个子系统以及各子系统之间的组合、协调等做出规划设计。城市交通网络系统通常包括如下子系统：

①道路网系统：这是道路交通系统形成的基础。

②客运交通系统：客运交通系统又可分为公共交通系统和个体交通系统。公共交通系统一般由公共汽车、无轨电车和出租汽车等交通工具构成。

③货运交通系统：由专业货运交通和社会货运交通两部分组成。同时，城市主要货运线路以及货物流通中心的研究布局和规划设计也是必须考虑的。

④自行车交通系统：按照我国城市交通的特点，自行车交通占有相当重要的地位，建立一个连续完整的自行车交通系统是十分必要的。

⑤行人交通系统：由各种人行道、过街人行横道、过街天桥或地道等组成，特殊需要时，还包括步行街、步行区，以及自动传送带、垂直升降电梯等。随着城市交通量的增加，建立完善的行人交通系统已成为不可缺少的内容。

⑥快速交通系统：包括以通行汽车为主体的快速道路、高速道路所组成的系统，以及各种轨道快速交通系统。

各种交通子系统在城市中所能发挥的作用以及它们的需要程度或适应性，在城市综合交通规划中都要给予科学合理的布置与安排。

3.1.2　交通规划的目的和意义

城市交通规划的主要目的，在于分析和模拟规划区域交通状况及存在的问题，预测城市交通的发展趋势，依据城市规划对城市交通的要求，设计一个安全、高效、舒适、低公害和经济的科学合理的交通系统，以便为未来的、与社会经济发展相适应的各种用地模式服务，并作为规划决策和政策制定的依据。具体地说，交通规划的意义主要表现在以下几个方面：

(1)城市交通规划是实现城市交通现代化的基础

城市交通是城市形成和发展的基本因素之一，一个现代化的城市必须具有现代化的城市交通。按科学规律办事，在城市交通乃至城市的建设发展中避免盲目性和行政干预等影响，则交通规划是必不可少的。

(2)交通规划是建立完善交通运输系统的重要手段

通过交通规划协调五种运输方式(公路、铁路、水运、航空、管道)之间的联系，并对道路交通提出任务和要求，使之与其他运输方式密切配合，相互补充，共同完成运输任务。同时，可以排除过去那种单一、孤立道路系统规划中的某些偏见，如只注重路网的形式，不重视各种运输方式间的内在联系等。

(3)交通规划是解决道路交通问题的基本措施

因为交通问题是一个整体、综合性的问题，单从增加道路建设投资或提高交通管理水平是不能从根本上解决问题的，而必须与社会经济发展相适应，通过从人、车、路和环境诸方面综合考虑，促成工业、农业、商业、文化服务设施以及人口分布的合理布局，制定一个全面的有科学依据的交通规划才是根本的措施。

(4)交通规划是获得交通运输最佳效益的有效途径

因为道路建设投资的大小，车辆运输方式、路线的选择，车辆运营成本的高低以及交通管理水平的高低等都与交通规划密切相关，只有制定合理的交通规划，才能形成安全、畅通的交通运输网络，从而用最短的距离、最少的时间和费用，完成预定的运输任务和获得最优的交通运输效益。

3.1.3　城市交通规划的主要内容

一般来说，城市交通规划的过程分以下几个方面：

1. 总体设计

包括确定规划的目标、内容、指导思想、年限、范围，成立交通规划工作的组织机构，编制规划工作大纲。

2. 交通调查

交通调查是了解现状网络交通信息的必要手段，调查内容因规划层次及规划要求而异，一般来说，需进行以下调查：

(1)出行调查

出行调查包括居民出行调查、机动车出行调查、货物出行调查及公交月票调查等，其目的在于找出居民出行、机动车出行、货物出行及公交客流的现状空间分布规律及各交通方式的出行参数，为交通预测提供依据。出行调查在城市交通规划的交通调查中占有很重要的地位。

(2)道路交通状况调查

道路交通状况调查包括主要道路路段及交叉口各车型的流量、流向、流速调查。其目的在于了解现状交通网络的交通质量，并为规划网络服务质量标准的选定提供依据。

(3)公交线路随车调查

公交线路随车调查主要指调查每条公交线路各站点的上下乘客量及断面流量，其目的在于了解现状公交线路的服务状况(客流分布均匀性、方向均匀性、满载率等)，为公交线路的优化提供依据。

(4)社会经济调查

社会经济调查包括规划区域内各交通区的土地利用性质、各车型车辆的拥有量、工农业产值、人均国民收入、工农业布局、人口、规划期内可能的投资与布局等。其目的在于为交通预测提供必要的基础数据。

(5)其他交通方式的调查

对城市存在的其他交通方式(如轨道交通、水运交通等)进行调查，掌握其现状。

3. 交通需求预测

交通需求预测是分析将来城市居民、车辆及货物在城市内移动及进出城市的信息，将来的交通需求信息是确定城市交通网络规模的依据。一般来说，交通需求预测应包括：①社会经济发展指标；②城市人口及分布；③居民就业就学岗位；④居民出行发生与吸引；⑤居民出行方式；⑥居民出行分布；⑦交通工具拥有量；⑧客运车辆出行分布；⑨货运车辆出行分布等。

4. 方案制定

根据交通需求预测结果，确定城市交通综合网络及其他交通设施的规模及方案，力求达到城市交通系统的运量与运力的平衡。包括：①道路网络系统规划布局方案；②公共交通线网布局方案；③轻轨、地铁网布局方案(仅对大城市或特大城市)；④自行车交通网布局方案；⑤公共停车场布局方案；⑥城市对外出入口道路布局方案等。

5. 方案评价

对城市交通系统设计方案的评价应从技术与经济两个方面进行。包括：①交通网络总体性能评价；②道路交通网络流量预测及交通质量评价；③公共交通网客流量预测及交通质量评价；④交通网络经济效益评价；⑤交通环境评价等。

6. 信息反馈与方案调整

根据方案评价结果对规划方案进行必要的调整。方案的调整可以从几个层次进行：①局部路段、交叉口等级及规模的调整；②交通网络结构调整；③交通方式结构调整；④土地利用调整。一般来说，若只进行①、②两项调整，只需重新进行方案评价，可以不重作交通需求预测，但若进行了③、④中的任何一项调整，就需重新进行交通需求预测。

同时，应建立交通信息数据库。交通规划是一个动态的大系统，今天对未来所做的任何方案都不可能完美无缺，因此必须对交通系统进行观察监测，不断进行交通信息反馈，更新数据，修订交通模型和规划方案。

图3-1是城市交通规划工作内容框图。

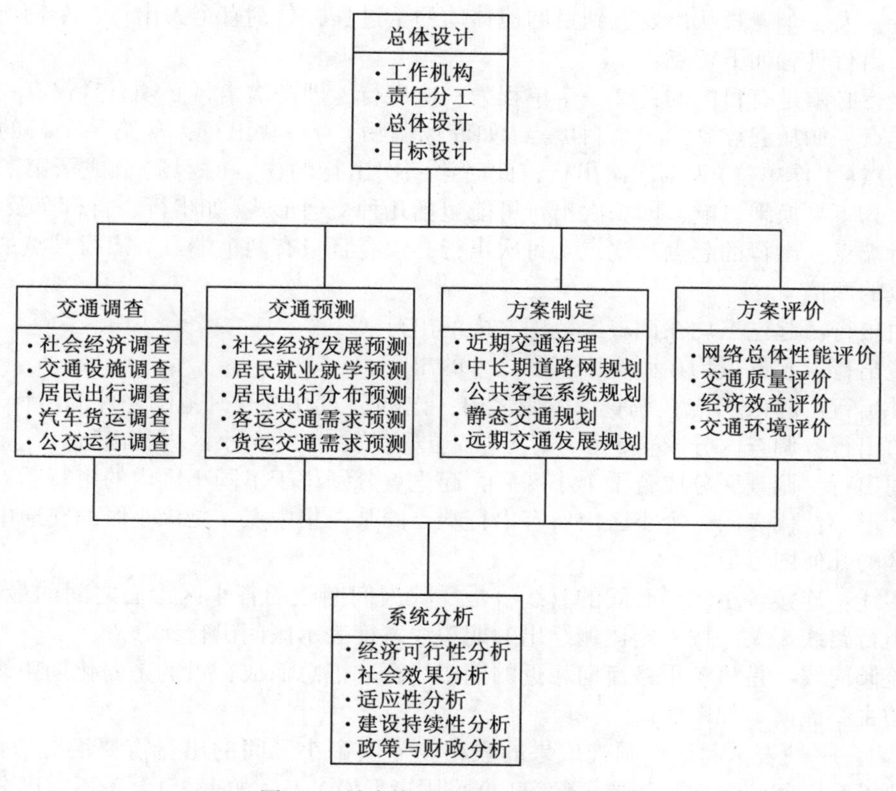

图3-1 城市交通规划工作内容框图

3.2 起讫点(OD)调查

起讫点调查，又称OD(Origin—Destination)调查，是一项为了解交通的发生和终止在有关区域所做的调查。根据OD调查成果预测交通发展的方法目前在国内外广泛地应用于土地利用——交通运输系统规划。

3.2.1 OD调查的目的及内容

1. OD调查的目的

OD调查的目的在于掌握与规划区域有关的交通现状；人、车和货物出行的起、终点和路径；出行目的、运输内容等情况。利用OD调查结果，结合土地利用、人口分布及经济指标等资料预测未来规划区域的交通需求，以作为交通规划和道路网规划的依据。

2. OD 调查的内容

(1)基本概念

起点：一次出行的出发地点。

讫点：一次出行的目的地点。

出行：人、车、货从出发点到目的地移动的全过程，分别有个人出行、车辆出行和货物出行。出行具有如下特点：

①出行必须是有目的的；②一个单程为一次出行，即一次出行必须有且仅有一个起点和一个讫点。如从起点到第一个目的点(如商场购物)为一次出行，从第一个目的点到第二个目的点(工作单位)为第二次出行，此时第一次出行的讫点(商场)就成了第二次出行的起点。③不受换乘影响，即一次出行可能包括几种交通形式(如步行、自行车及乘车)。

出行端点：出行的起点和讫点。每次出行必须有且只有两个端点，出行端点的总数为出行次数的两倍。

境内出行：起讫点均在调查区范围之内的出行。

过境出行：起讫点均在调查区范围之外的出行。

内外出行：起(讫)点在调查区范围之内，讫(起)点在调查区范围之外的出行。

区内出行：调查区分成若干个小区后，起讫点均在同一个小区内的出行。

区间出行：调查区分成若干个小区后，起讫点分别位于不同小区内的出行。

小区形心：代表同一个小区内所有出行端点的某一集中点，是该小区的交通中心，而非该小区的几何图形形心。

期望线：连接各小区形心间的直线，是反映人们期望的各小区形心之间的最短距离，与实际出行路线无关，按一定比例绘出的期望线宽度表示区间出行次数。

主流倾向线：是将若干条流向相近的期望线合并汇总而成，目的是简化期望线图，突出交通的主要流向。如图 3-2。

OD 表：一种表示起讫点调查成果的表格。当两个小区间的出行需要区分方向时(即不仅需要了解区间流量而且还要了解流向)采用矩形 OD 表，如表 3-1。若不需区分方向则可采用三角形 OD 表，如表 3-2。表中各要素 Q_{ij} 和 q_{ij} 为区间分布出行量，Q_{pi} 为小区发生出行量，Q_{Aj} 为小区吸引出行量，Q_{ii} 和 q_{ii} 为区内出行量。

表 3-1 **(矩形)OD 表**

O \ D	1	2	3	4	…	n	$Q_{Pi}=\sum_{j=1}^{n}Q_{ij}$
1	Q_{11}	Q_{12}	Q_{13}	Q_{14}	…	Q_{1n}	Q_{P1}
2	Q_{21}	Q_{22}	Q_{23}	Q_{24}	…	Q_{2n}	Q_{P2}
3	Q_{31}	Q_{32}	Q_{33}	Q_{34}	…	Q_{3n}	Q_{P3}
4	Q_{41}	Q_{42}	Q_{43}	Q_{44}	…	Q_{4n}	Q_{P4}
⋮	⋮	⋮	⋮	⋮		⋮	⋮
n	Q_{n1}	Q_{n2}	Q_{n3}	Q_{n4}	…	Q_{nn}	Q_{Pn}
$Q_{Aj}=\sum_{i=1}^{n}Q_{ij}$	Q_{A1}	Q_{A2}	Q_{A3}	Q_{A4}	…	Q_{An}	Q

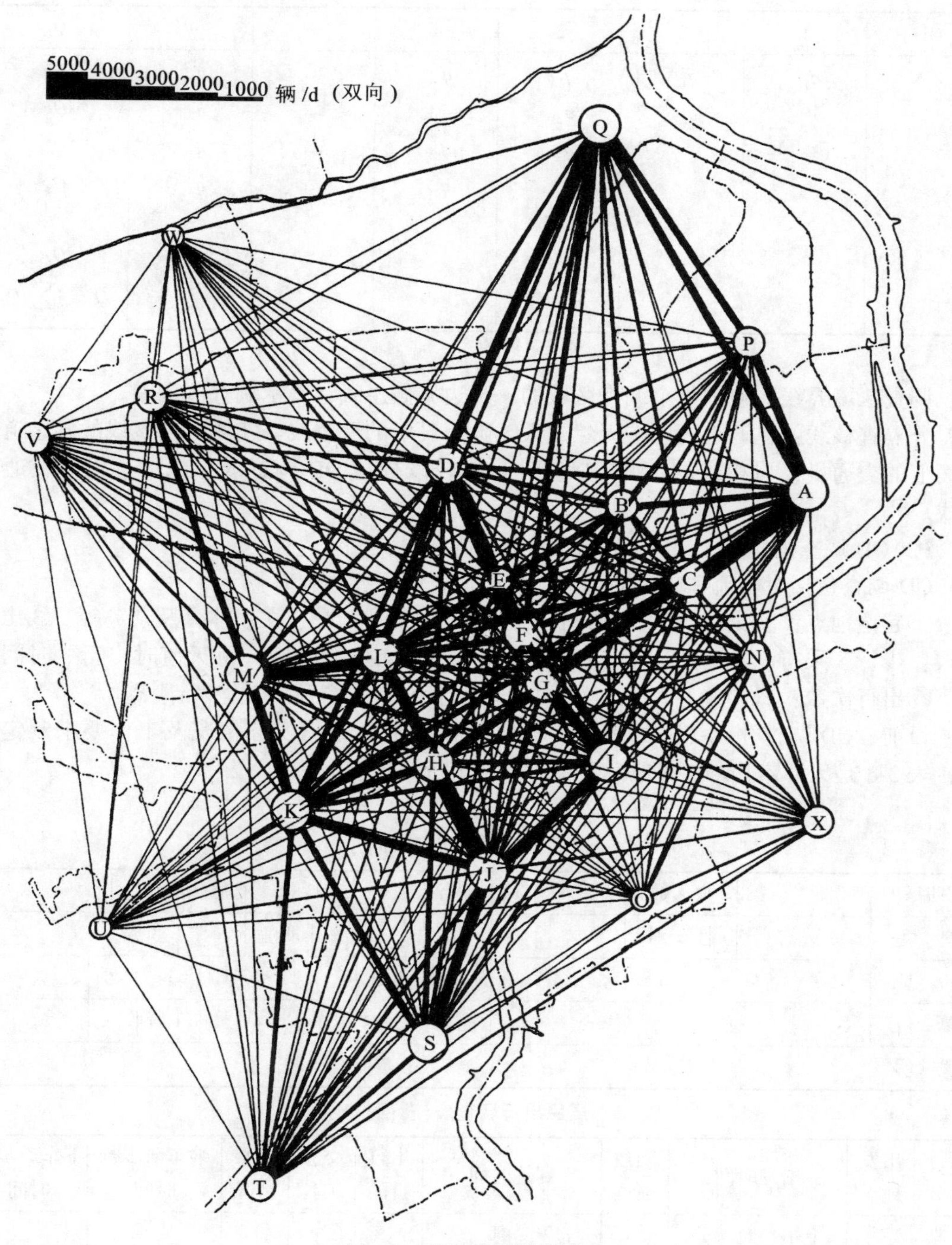

图 3-2　某市货运期望线图

表 3-2 **（三角形）OD 表**

OD	1	2	3	4	…	n	Q_i
	q_{11}	q_{12}	q_{13}	q_{14}	…	q_{1n}	Q_1
		q_{22}	q_{23}	q_{24}	…	q_{2n}	Q_2
			q_{33}	q_{34}	…	q_{3n}	Q_3
				q_{44}	…	q_{4n}	Q_4
					⋱	⋱	⋱
						q_{nn}	Q_n
							$Q=\sum_{i=1}^{n} Q_i$

调查区境界线：包围整个调查区域的一条边界假想线，表示调查区范围。

分隔查核线：在调查区内按天然或人工障碍设定的调查线，实测穿越该线的各条道路断面上的交通量，与相应的区间 OD 统计量比较以校核 OD 调查成果精度，也称交通越阻线。

（2）OD 调查内容

OD 调查包括对客流和货流的调查。客流调查的主要内容有：

①起讫地点；②出行目的，如工作、学习、购物、社交、文娱体育及杂务等；③出行方式：步行、乘行（公交车、出租车及自行车等）；④出行时间：每天何时出行、时间长短；⑤出行次数：日（年）平均出行次数；⑥出行距离：乘行距离及步行距离。

目前，OD 调查并无统一的表格，各地（城市）通常根据实际情况及工作要求制定表格。表 3-3 是天津市作 OD 调查时采用的居民出行调查表。

表 3-3 **居民出行调查表（正面）**

户编号		户人数		出行人数			调查表编号	
户　主		性　别		年龄		职业	职务	
住　址				所在派出所			编　　号	
单　位				地址			工资收入	
说　明								

居民出行调查表（背面）

出行次数	出发地点	出发时间	到达地点	到达时间	出行目的	交通工具	换乘情况	乘车前步行时间	下车后步行时间
1		上午　时　分		上午　时　分					
		下午　时　分		下午　时　分					
2									
3									

货流调查的主要内容有：

①货源点与吸引点的分布；②货流分类数量与比重；③货运方式分配。

表 3-4 是北京市货流流量流向调查表。

表 3-4　　　　　　　　　　　　**货流流量流向调查表**

日期	单位	车型	车号	出场时间		回场时间	
	起点及单位	经过主要道口	止点及单位	运　距	货　名	次　数	运　量
重驶情况							
空驶情况	出场时空驶：从　　经　　至　　，　　公里　　次						
	运输中空驶：从　　经　　至　　，　　公里　　次						
	回场时空驶：从　　经　　至　　，　　公里　　次						

3.2.2　OD 调查的步骤和方法

1. 调查前的准备工作

(1)划分交通小区并编号

将调查区域划分成若干个交通小区，对小区编号，同时还应编制按一定查找方式(如单位、街道名称等)制定的交通小区编码本。区分得小，则计算量大，但成果精细；区分得大，则计算量减少，但成果可能显得粗略，且可能掩盖区域内的交通特点。交通分区划分适当与否，对交通状况的分析研究关系极大。对于城市交通 OD 调查，可先将调查区大致分为市中心区、市区和郊区三部分，再结合土地开发强度、用地性质及布局、人口分布密度、主要干线的分布等，进一步将三部分细分。市中心区土地开发强度、人口分布密度均较大，出行需求大，则小区面积可小些；而郊区一般来说其土地开发强度、人口分布密度要小些，出行需求也相应要小些，则小区面积可大些。分区过程中应注意如下几点：

①小区的划分要充分利用河流、铁道等天然或人工屏障做边界，同时注意最好结合行政区划来分区；

②考虑到干道是汇集交通的渠道，因此一般不以干道作为分区界线，道路两侧同在一个交通区也便于资料整理；

③对于已作过 OD 调查的城市，不宜改变原已划分的小区；

④一个小区内的出行次数(区内出行)不超过全区域内出行总数的 10%~15%。

总之，应综合考虑人口、面积、行政单位、交通特点和自然条件等因素来划分交通小区。

(2)确定调查抽样率

根据城市规模、人口和区域划分，对居民进行抽样调查。当城市人口少于5万人时可按1/5抽样；5万~15万人时可按1/8抽样；15万~30万人时可按1/10抽样；30万~50万人时可按1/15抽样；大于100万人时可按1/25抽样。车辆调查也可确定一个合适的抽样率，根据调查方式(发卡片、路边询问等)以及调查区域(市中心、市区或郊区)等确定抽样率大小，也可全部调查。

(3)制备调查表格

根据抽样对象、调查方式、调查内容及要求而制定，目前并无统一表格。但总的来说，所制定的表格形式及所列调查项目应使填表人感觉清晰明了，易于回答，特别对于采用函调方式更应注意，不要给回答者有繁琐或不甚明了的感觉，以致可能影响数据的有效性和精度。一般来说，调查表格应包括以下三方面内容：

①人与家庭属性(如人口、性别、年龄以及职业等)；

②社会经济属性(如收入、居住条件以及拥有车辆等)；

③出行属性(出行方式、耗时以及出行次数等)。

(4)调查人员的组织与培训

调查结果质量的好坏、精度的高低与调查人员素质有很大关系，因此从调查人员的挑选开始就要严格要求。调查人员要具有工作责任心，要有一定的文化水平，身体健康并有一定的社会工作能力。要使调查人员清楚调查的目的、意义、具体要求和工作内容。对调查人员进行调查工作的模拟训练，必要时还应采取考试、考核等方法选择调查人员以及评定调查人员的工作能力。

(5)典型区域试点

这一步骤对初次进行OD调查的部门十分必要。此项工作可结合培训调查人员一起进行。OD调查在人力、财力和时间上都消耗很大，工作上的失误将造成较大的损失。因此，应在正式调查开始前，选择若干典型小区进行试点，从中发现问题，如表格是否合适，调查方法是否得当，小区划分、抽样率的确定等是否合理，等等，如有不足，应及时加以改进。

2. 实地外业调查

实地外业调查有多种方法，常用的有：

(1)家庭访问法

对调查区内的家庭，按确定的抽样率进行家庭访问，多用于居民出行调查。调查员当面了解被调查户中包括就学儿童在内的家庭成员全天出行情况。家访法是搜集居民出行资料最可靠的调查方法之一。

(2)发(收)表法

向被调查对象发放调查表并按时收回(或免费寄回)。客货流OD调查均可采用此法。注意表格中项目应用词明确，不生二义，最好不加说明就能看懂，必须注释时宜用括号加在项目旁边，但填表者一般无耐心看过多的这种说明。

(3)单位访问法

这种方法特别适合我国国情，可委托各单位工会或行政部门进行调查或派人员到单位进行访问调查。

(4)从电话簿上随机选取调查对象，先告之调查内容，约定时间报填。

(5)路旁询问法

在主要道路或城市入口的合适位置设调查站，请车停下，询问车辆的起讫点以及其他有关情况，可直接取得较为准确的资料。交通量大时按一定抽样率调查。询问应简明扼要，迅速准确，不使驾驶员产生反感情绪或车辆延误甚至阻塞。

此外，还有一些方法，如车辆牌照法、公交路线乘客调查、客货运输集散点调查等。

3. 调查结果汇总

OD 调查结果经整理后可汇总于 OD 表中，见表 3-1 和表 3-2。它是将所有调查的出行按起点和讫点所在区间分别计数，一并汇入该表，表 3-1 是 OD 调查分析的最基本表格，当出发和到达次数不等时，必须使用这种表格。若两点间的来往交通次数在一天内大致相等(或不需要区分方向交通量)时，也可使用表 3-2 的形式。需要说明的是：

①表 3-1 和表 3-2 中的元素关系：

$$Q_{ii} = q_{ii}, \qquad q_{ij} = 2\,Q_{ij} = 2\,Q_{ji}$$

②表 3-2 中 q_{ii} 与 Q_i 的关系：

$$Q_i = 2q_{ii} + \sum_{j=i+1}^{n} q_{ij}$$

除 OD 表成果外，还可根据调查得到的资料分析其他十分有用的信息，如个人和车辆的平均出行次数，出行距离，不同年龄、职业的出行特点，货运分析(货类比重、实载率等)等。

例如，天津市于 1981 年 7 月进行了居民出行调查。在全市划分的 87 个小区中按总数的 3%抽样，全市共抽出 2.2 万户，被调查人数 7.2 万人。调查采用家庭访问法，除学龄前儿童外一律为调查对象。调查表回收率为 91.2%。根据其中三个交通小区抽样调查所得数据分析，得出下列出行参数：

人均每天出行次数为 2.5 次；城市总出行量中，不同出行方式所占比例：自行车 46.98%，公交车 10.6%，步行 39.31%，其他 3.04%；不同出行目的所占出行量比例：工作出行 88.15%，文化生活 7.34%，学习 4.51%；不同职业出行次数：工人每人每天 2.45 次，干部 2.35 次，学生 3.04 次，家务劳动者 1.71 次，其他 1.59 次，等等。

3.3　远景交通量预测

现状出行量一般是通过 OD 调查获得的，通过对 OD 调查资料的整理、统计和分析，可以掌握被调查区域的出行分布与规律，这种出行反映在道路上，将随着不同的交通方式而具有不同的交通量。

远景交通量的预测是一件很复杂的工作，一般可按下列程序进行：

①出行产生：预测远景年限各小区的出行量；②出行分布：计算各小区之间的出行交换量；③交通方式的选择：预估各小区之间将采用的交通方式及其所占比重；④交通量分配：将区间交通量分配到相关道路上去作为交通、道路网规划的依据。

3.3.1 出行产生

出行产生是某区域人或车的出行总量(即出行端点数)，常以人次/日或车次/日为统计单位。

出行的端(起讫点)又分为生成端和吸引端，其端点数即为出行发生交通量和出行吸引交通量。例如表3-1中，Q_{Pi} 是 i 区的发生交通量，而 Q_{Aj} 是 j 区的吸引交通量。

交通发生或吸引是与区域的概念密切联系在一起的，发生交通量或吸引交通量与区域的经济、人口、土地利用、汽车保有量等密切相关。为了预测各小区的将来发生和吸引交通量，就需要建立现在条件下两者的数学关系，并且假定这种关系在将来也不会有实质性的改变。

推算将来的各区发生和吸引交通量的方法大致有三类：增长率法、强度指标法和相关分析法。

1. 增长率法

如果能确定各小区交通发展速度，且此发展速度以年增长率 r_i 和 r_j 表示，则可由下式得到将来的发生量 Q'_{Pi} 和吸引量 Q'_{Aj}。计算公式如下：

$$\left.\begin{aligned} Q'_{Pi} &= Q_{Pi}(1+r_i)^n \\ Q'_{Aj} &= Q_{Aj}(1+r_j)^n \end{aligned}\right\} \tag{3-1}$$

式中：n 为规划年限。

2. 强度指标法

强度指标法也叫原单位系数法，就是采用社会经济指标体系中的易测指标，分析基年每单位指标生成交通量，然后乘以该指标的将来预测值，从而得到将来生成交通量的一种方法。本方法假定每单位社会经济指标生成的交通量在现在和将来都是不变的。

常用的强度指标有：①每人产生的交通量；②每辆汽车产生的交通量；③各种用地单位面积产生的交通量；④其他社会经济指标产生的交通量(如单位工、农业产量发生的交通量，商品销售额发生的交通量等)。其公式为：

$$Q'_{Pi} = \frac{Q_{Pi}}{E_i} \cdot E'_i \tag{3-2}$$

式中：E_i，E'_i 分别为现在和将来的社会经济指标，其中 E'_i 一般可采用时间序列趋势外推法或回归分析法等方法先行预测得到。

3. 相关分析法

所谓相关分析法，就是对发生交通量与人口、经济、土地利用等进行相关分析，建立发生(吸引)交通量模型，利用模型求得将来发生或吸引交通量的一种方法。

一种常用的相关模型是一元或多元线性回归模型：

$$y = \alpha + \beta_1 x_1 + \beta_2 x_2 + \cdots + \beta_n x_n \tag{3-3}$$

式中：y 为因变量(发生交通量或吸引交通量)；$x_i(i=1, 2, \cdots, n)$ 为自变量(人口、经济、汽车保有量等)；α 为回归常数项；$\beta_i(i=1, 2, \cdots, n)$ 为回归系数。

下面的指数几何式是预料今后汽车会迅速增加时所用的式子：

$$y = \alpha \cdot x_1^{\beta_1} \cdot x_2^{\beta_2} \cdots x_n^{\beta_n} \tag{3-4}$$

选用的变量 $x_i(i=1, 2, \cdots, n)$ 指标通常为人口、就业人口、工业产值、人均收入、商品零售额、汽车保有量等。

用上述计算方法确定的生成模式，用以反映现在生成交通量和人口、经济、土地利用等指标间的关系是很适合的。在推算未来生成交通量时，假定这些式子的系数不变，将已经另行预测的未来年度社会经济指标代入生成模型，即可推算未来年度的生成交通量。

3.3.2　出行分布

1. 出行分布的含义

出行分布一般指各交通小区相互间的人或车的出行数(或称OD交通量)。预测出行分布，就是根据现状出行分布(OD交通量)和预测的将来出行产生量(包括出行发生量和出行吸引量)推算将来的区间出行分布。

通过上一步骤(出行产生)的计算，已经得到将来OD表上的发生交通量 Q'_{Pi} 和吸引交通量 Q'_{Aj}，如表3-5的最末一列和最末一行。

表3-5　**将来OD表**

O \ D	1	2	3	…	j	…	n	$\sum$
1	Q'_{11}	Q'_{12}	Q'_{13}	…	Q'_{1j}	…	Q'_{1n}	Q'_{P1}
2	Q'_{21}	Q'_{22}	Q'_{23}	…	Q'_{2j}	…	Q'_{2n}	Q'_{P2}
3	Q'_{31}	Q'_{32}	Q'_{33}	…	Q'_{3j}	…	Q'_{3n}	Q'_{P3}
⋮	⋮				⋮		⋮	⋮
i	Q'_{i1}	Q'_{i2}	Q'_{i3}	…	Q'_{ij}	…	Q'_{in}	Q'_{Pi}
⋮	⋮	⋮	⋮		⋮		⋮	⋮
n	Q'_{n1}	Q'_{n2}	Q'_{n3}	…	Q'_{nj}	…	Q'_{nn}	Q'_{Pn}
$\sum$	Q'_{A1}	Q'_{A2}	Q'_{A3}	…	Q'_{Aj}	…	Q'_{An}	Q'

将来的总出行数：

$$Q' = \sum_{i=1}^{n} Q'_{Pi} = \sum_{j=1}^{n} Q'_{Aj} \tag{3-5}$$

现在的任务是要推算未来的区间分布交通量 Q'_{ij}。

2. 推算方法

分布交通量的推算方法大致可分为两类，一类是由现状出行分布和增长系数计算出将来出行分布，称之为“现在模式法”；另一类是考虑区间距离、时间或费用等因素和交通量的关系求算将来分布交通量，称之为“综合模式法”。

以上两类方法一般均以迭代计算逐步收敛的方式逼近规定的精度要求。

(1)现在模式法

现在模式法是假定将来的出行模式与现状基本相同，所不同的仅仅是出行数量会随着出行发生区及出行吸引区的发展而增加。

具体方法是，先从已知的现在 OD 交通量和交通发生、吸引量的增长率(即增长系数)求出 OD 交通量的近似值，并进行收敛计算，直至满足收敛精度要求的近似值，即为将来 OD 交通量。一般有以下几种模型：

①均衡增长系数法

对现在的分布交通量乘以同一发展倍数 F，求出将来的分布交通量，即

$$F = \frac{Q'}{Q} \tag{3-6}$$

$$Q'_{ij} = F \cdot Q_{ij} \tag{3-7}$$

此方法不需进行收敛计算，但因过于粗略，现在已很少使用。

②平均增长系数法

这是考虑到预估各区所产生的发生量与吸引量的增长系数各不相同，将现有的区间出行量乘以发生区和吸引区的平均增长系数，并进行收敛计算，最后求得将来区间分布交通量。

小区 i，j 的交通发生量和吸引量的增长系数分别为：

$$\left.\begin{aligned} F_i &= \frac{Q'_{Pi}}{Q_{Pi}} \\ G_j &= \frac{Q'_{Aj}}{Q_{Aj}} \end{aligned}\right\} \tag{3-8}$$

假定 Q'_{ij} 与 F_i，G_j 的平均值成正比，根据下式求出第一次近似值：

$$Q'^{(1)}_{ij} = Q_{ij} \cdot \frac{F_i + G_j}{2} \tag{3-9}$$

通常由第一次计算得到的各小区交通发生量 $\sum_{j=1}^{n} Q'^{(1)}_{ij}$ 和交通吸引量 $\sum_{i=1}^{n} Q'^{(1)}_{ij}$ 与出行产生中得到的 Q'_{Pi} 和 Q'_{Aj} 不可能一致，相差值要通过反复迭代计算来消除(即收敛计算)。于是重新设定各小区的增长系数为：

$$F_i^{(1)} = \frac{Q'_{Pi}}{Q'^{(1)}_{Pi}}$$

$$G_j^{(1)} = \frac{Q'_{Aj}}{Q'^{(1)}_{Aj}}$$

按下式计算第二次近似值：

$$Q'^{(2)}_{ij} = Q'^{(1)}_{ij} \cdot \frac{F_i^{(1)} + G_j^{(1)}}{2}$$

如此反复计算，直到 $F_i^{(m)} = 1.00$，$G_j^{(m)} = 1.00$。在实际工作中，可预先给定一个判定值 ε(一个微小正数)，只要 $|F_i^{(m)} - 1.00| < \varepsilon$ 且 $|G_j^{(m)} - 1.00| < \varepsilon$，则计算即告完成。

【例 3-1】 已知 1，2，3 三个区的现状分布交通量以及远景各小区发生和吸引交通量，见表 3-6。按平均增长系数法计算 1，2，3 区的将来分布，收敛精度 ε 取 0.05。

解　由表 3-6 可知各小区增长系数分别为(由公式(3-8))：

$$F_1 = G_1 = 2, \quad F_2 = G_2 = 3, \quad F_3 = G_3 = 1$$

则由公式(3-9)有：

$$Q'^{(1)}_{11} = 0,\ Q'^{(1)}_{22} = 0,\ Q'^{(1)}_{33} = 0$$

$$Q'^{(1)}_{12} = Q_{12} \times \frac{F_1 + G_2}{2} = 10 \times \frac{2+3}{2} = 25$$

$$Q'^{(1)}_{13} = Q_{13} \times \frac{F_1 + G_3}{2} = 20 \times \frac{2+1}{2} = 30$$

$$Q'^{(1)}_{21} = Q_{21} \times \frac{F_2 + G_1}{2} = 10 \times \frac{3+2}{2} = 25$$

$$Q'^{(1)}_{23} = Q_{23} \times \frac{F_2 + G_3}{2} = 15 \times \frac{3+1}{2} = 30$$

同理，$Q'^{(1)}_{31} = Q'^{(1)}_{13}$，$Q'^{(1)}_{32} = Q'^{(1)}_{23}$

上述计算结果列于表 3-7。

表 3-6　**扩大 OD 表(Ⅰ)**

O \ D	1	2	3	Q_{Pi}	Q'_{Pi}
1	0	10	20	30	60
2	10	0	15	25	75
3	20	15	0	35	35
Q_{Aj}	30	25	35	90	
Q'_{Aj}	60	75	35		170

表 3-7　**扩大 OD 表(Ⅱ)**

O \ D	1	2	3	Q_{Pi}	Q'_{Pi}
1	0	25	30	55	60
2	25	0	30	55	75
3	30	30	0	60	35
Q_{Aj}	55	55	60	170	
Q'_{Aj}	60	75	35		170

由表 3-7 可知：

$$F^{(1)}_1 = G^{(1)}_1 = \frac{60}{55} = 1.09$$

$$F^{(1)}_2 = G^{(1)}_2 = \frac{75}{55} = 1.36$$

$$F^{(1)}_3 = G^{(1)}_3 = \frac{35}{60} = 0.58$$

即

$$|F^{(1)}_i - 1.00| \nless \varepsilon,\ |G^{(1)}_j - 1.00| \nless \varepsilon$$

需要迭代计算。以 $F^{(1)}_i$，$G^{(1)}_j$ 作为第二次近似计算时的增长系数，以表 3-7 中的出行分布作为第二次近似计算的“现状分布”，于是有：

$$Q'^{(2)}_{12} = Q^{(1)}_{12} \times \frac{F^{(1)}_1 + G^{(1)}_2}{2} = 25 \times \frac{1.09 + 1.36}{2} = 30.62$$

$$Q'^{(2)}_{13} = Q'^{(1)}_{13} \times \frac{F^{(1)}_1 + G^{(1)}_3}{2} = 30 \times \frac{1.09 + 0.58}{2} = 25.05$$

$$Q'^{(2)}_{23} = Q'^{(1)}_{23} \times \frac{F^{(1)}_2 + G^{(1)}_3}{2} = 30 \times \frac{1.36 + 0.58}{2} = 29.10$$

本题中，$Q'^{(2)}_{21} = Q'^{(21)}_{12}$，$Q'^{(2)}_{31} = Q'^{(2)}_{13}$，$Q'^{(2)}_{32} = Q'^{(2)}_{23}$

根据以上计算结果列出表 3-8。

经计算可知，仍有 $|F^{(2)}_i - 1.00| \not< \varepsilon$，$|G^{(2)}_j - 1.00| \not< \varepsilon$

与上面算法相同，再以 $F^{(2)}_i$ 与 $G^{(2)}_j$ 作为第三次近似计算的各小区增长系数，以表 3-8 中的出行分布作为第三次计算的“现状出行分布”，继续进行迭代计算直到满足收敛精度要求为止。本题经过 9 次迭代后方达到要求，其分布如表 3-9。

表 3-8 **扩大 OD 表(Ⅲ)**

D / O	1	2	3	Q_{Pi}	Q'_{Pi}
1	0	30.62	25.05	55.67	60
2	30.62	0	29.10	59.72	75
3	25.05	29.10	0	54.15	35
Q_{Pi}	55.67	59.72	54.15	169.54	
Q'_{Pi}	60	75	35		170

表 3-9 **扩大 OD 表(Ⅳ)**

D / O	1	2	3	Q_{Pi}	Q'_{Pi}
1	0	49	13	62	60
2	49	0	23	72	75
3	13	23	0	36	35
Q_{Aj}	62	72	36	170	
Q'_{Aj}	60	75	35		170

表 3-10 **将来 OD 表**

D / O	1	2	3	Q'_{Pi}
1	0	50	10	60
2	50	0	25	75
3	10	25	0	35
Q_{Aj}	60	75	35	170

若取 $\varepsilon = 0.005$，则需 28 次迭代，最后结果如表 3-10。

上例仅为三个小区之间的出行分布计算，其计算工作量已是相当大的了。实际工作中多是几十个小区之间的分布计算，则非借助计算机不可。

③底特律法

底特律法假定 i 区与 j 区之间的交通量同 $\frac{F_i \cdot G_j}{F}$ 成比例增加，其中 $F = \frac{Q'}{Q}$。按下式求出分布交通量的第一次近似值：

$$Q'^{(1)}_{ij} = Q_{ij} \cdot \frac{F_i \cdot G_j}{F}$$

和平均增长系数法一样，对 Q'_{ij} 进行收敛计算。底特律法计算过程见图 3-3。

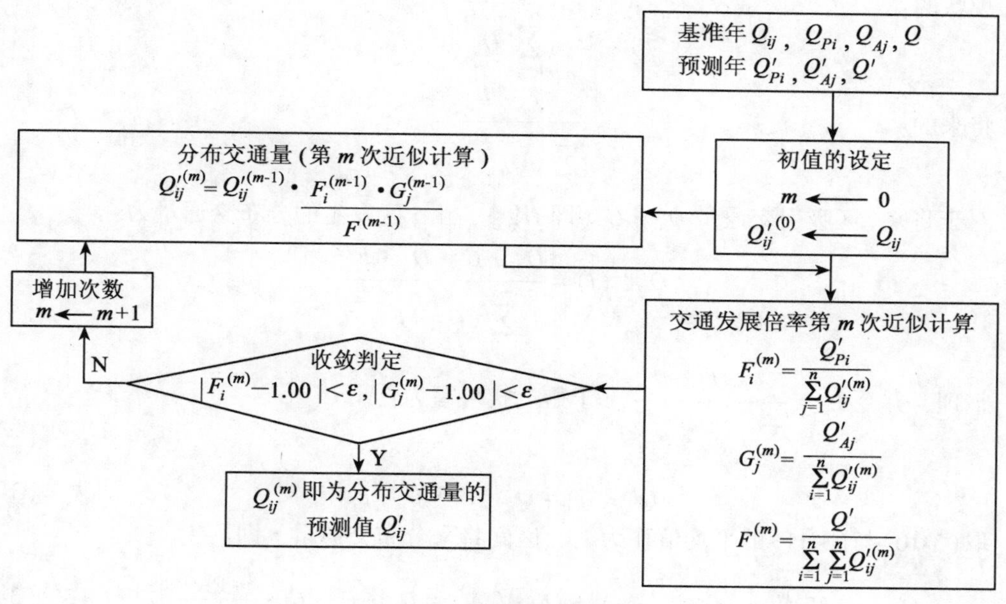

图 3-3　底特律法计算框图

④弗雷特法

弗雷特法认为两交通小区间的将来出行量不仅与两小区自身的发展相关，而且与规划区域内所有小区的发展有关。同时，用一个"区域分布系数"来表征 j 区对 i 区发生交通量的吸引比例以及 i 区对 j 区吸引交通量的发生比例。具体推导如下：

以 i 区作为发生区，则 j 区的吸引比例（区域分布系数）为：

现状的：$$\frac{Q_{ij}}{\sum_{j=1}^{n} Q_{ij}}$$

将来的：$$\frac{Q_{ij}\cdot G_j}{\sum_{j=1}^{n}(Q_{ij}\cdot G_j)}$$

对于将来 i 区发生交通量 $Q_{Pi}\cdot F_i$（即 Q'_{Pi}），被 j 区吸引的分布交通量为：

$$Q'^{(1)}_{ij}(i)=\frac{Q_{Pi}\cdot F_i\cdot Q_{ij}\cdot G_j}{\sum_{j=1}^{n}(Q_{ij}\cdot G_j)}$$

整理，并令 $L_i=\frac{Q_{Pi}}{\sum_{j=1}^{n}(Q_{ij}\cdot G_j)}$，于是上式可写为：

$$Q'^{(1)}_{ij}(i)=Q_{ij}\cdot F_i\cdot G_j\cdot L_i \tag{3-10}$$

以 j 区作为吸引区，则 i 区的发生比例(区域分布系数)为：

现状的：

$$\frac{Q_{ij}}{\sum_{i=1}^{n} Q_{ij}}$$

将来的：

$$\frac{Q_{ij} \cdot F_i}{\sum_{i=1}^{n} (Q_{ij} \cdot F_i)}$$

对于将来 j 区吸引交通量 $Q_{Aj} \cdot G_j$ (即 Q'_{Aj})，由 i 区发生的分布交通量为：

$$Q'^{(1)}_{ij}(j) = \frac{Q_{Aj} \cdot G_j \cdot Q_{ij} \cdot F_i}{\sum_{i=1}^{n} (Q_{ij} \cdot F_i)}$$

整理，并令 $L_j = \frac{Q_{Aj}}{\sum_{i=1}^{n} (Q_{ij} \cdot F_i)}$，于是上式可写为：

$$Q'^{(1)}_{ij}(j) = Q_{ij} \cdot F_i \cdot G_j \cdot L_j \tag{3-11}$$

取(3-10)与(3-11)的平均值作为 i，j 区间将来分布交通量，即：

$$Q'^{(1)}_{ij} = \frac{1}{2}[Q'^{(1)}_{ij}(i) + Q'^{(1)}_{ij}(j)] = Q_{ij} \cdot F_i \cdot G_j \cdot \frac{L_i + L_j}{2} \tag{3-12}$$

同样地，此方法也需作迭代收敛计算，其计算框图如图 3-4。

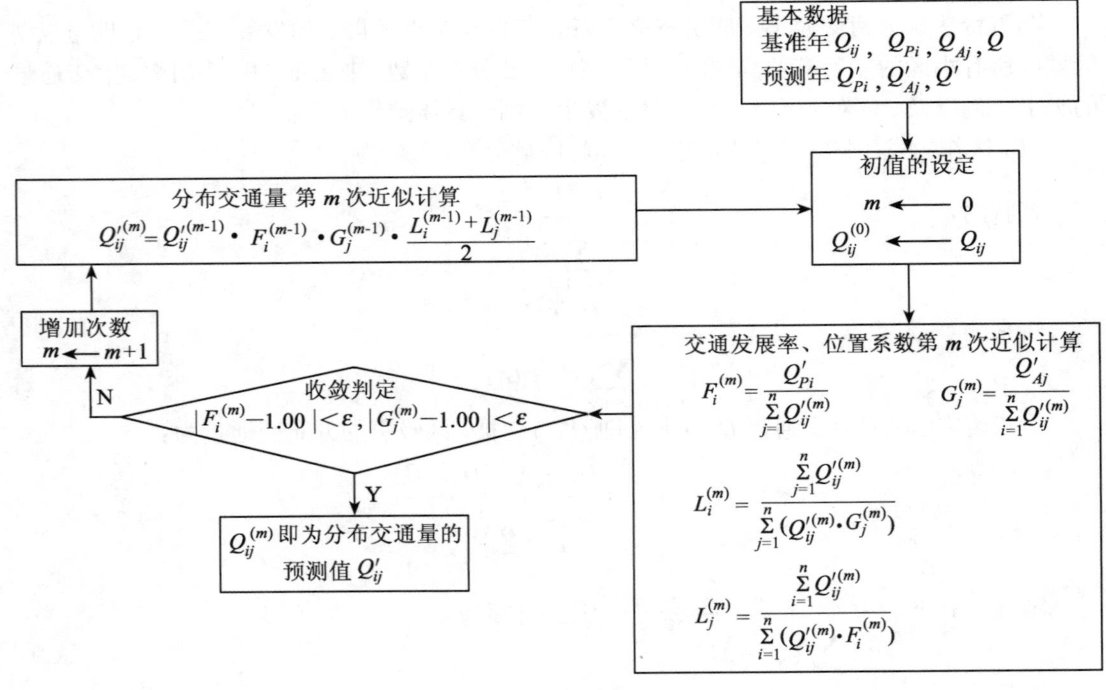

图 3-4　弗雷特法计算框图

【例 3-2】 已知 1，2，3 三个区的现状分布交通量以及远景各小区的发生和吸引交通量，见表 3-11。按弗雷特法计算各小区将来分布交通量，收敛精度 ε 取 0.01。

表 3-11　　**扩大 OD 表（Ⅰ）**

O \ D	1	2	3	Q_{Pi}	F_i	Q'_{Pi}
1	60	100	200	360	1.5	540
2	90	80	300	470	1.4	658
3	180	320	100	600	1.6	960
Q_{Aj}	330	500	600	1430		
G_j	1.5	1.4	1.6			
Q'_{Aj}	495	700	960			

解　由 L_i 和 L_j 的表达式可先算得：

$$L_{i=1}=\frac{360}{60\times1.5+100\times1.4+200\times1.6}=0.655$$

$$L_{j=1}=\frac{330}{60\times1.5+90\times1.4+180\times1.6}=0.655$$

$$L_{i=2}=\frac{470}{90\times1.5+80\times1.4+300\times1.6}=0.646$$

$$L_{j=2}=\frac{500}{100\times1.5+80\times1.4+320\times1.6}=0.646$$

相仿地，可算得 $L_{i=3}=0.683$，$L_{j=3}=0.682$。于是，根据公式(3-12)可计算分布交通量的第一次近似值：

$$Q'^{(1)}_{11}=60\times1.5\times1.5\times\frac{0.655+0.655}{2}=88$$

$$Q'^{(1)}_{12}=100\times1.5\times1.4\times\frac{0.655+0.646}{2}=137$$

$$Q'^{(1)}_{13}=200\times1.5\times1.6\times\frac{0.655+0.682}{2}=321$$

相仿地，可算得 $Q'^{(1)}_{21}=123$，$Q'^{(1)}_{22}=101$，$Q'^{(1)}_{23}=446$，$Q'^{(1)}_{31}=289$，$Q'^{(1)}_{32}=476$，$Q'^{(1)}_{33}=175$。将以上计算结果整理得表 3-12。

表 3-12 中的 $F_i^{(1)}$ 和 $G_j^{(1)}$ 可由表中本行和本列的 $\sum'/\sum$ 得到。从表 3-12 可以看到，第一次近似值 $\left(\sum\right)$ 已经很接近给定值 $\left(\sum'\right)$ 了，但并不满足题目给定的收敛精度，故需作迭代计算。以表 3-12 之数值作为“现在 OD 分布”，则与前相仿有：

$$L^{(1)}_{i=1}=\frac{546}{88\times0.99+137\times0.98+321\times1.019}=0.995$$

$$L^{(1)}_{j=1}=\frac{500}{88\times0.989+123\times0.982+289\times1.021}=0.994$$

表 3-12　　**扩大 OD 表(Ⅱ)**

O \ D	1	2	3	Q_{Pi}	Q'_{Pi}	$F_i^{(1)}$
1	88	137	321	546	540	0.989
2	123	101	446	670	658	0.982
3	289	476	175	940	960	1.021
Q_{Ai}	500	714	942			
Q'_{Ai}	495	700	960			
$G_j^{(1)}$	0.990	0.980	1.019			

同理可算得：

$$L_{i=2}^{(1)} = 0.992, \quad L_{j=2}^{(1)} = 0.991$$
$$L_{i=3}^{(1)} = 1.010, \quad L_{j=3}^{(1)} = 1.010$$

于是：

$$Q'^{(2)}_{11} = Q'^{(1)}_{11} \cdot F_1^{(1)} \cdot G_1^{(1)} \cdot \frac{L_{i=1}^{(1)} + L_{j=1}^{(1)}}{2} = 88 \times 0.989 \times 0.99 \times \frac{0.995 + 0.994}{2} = 86$$

$$Q'^{(2)}_{12} = Q'^{(1)}_{12} \cdot F_1^{(1)} \cdot G_2^{(1)} \cdot \frac{L_{i=1}^{(1)} + L_{j=2}^{(1)}}{2} = 137 \times 0.989 \times 0.98 \times \frac{0.995 + 0.991}{2} = 132$$

$$Q'^{(2)}_{13} = Q'^{(1)}_{13} \cdot F_1^{(1)} \cdot G_3^{(1)} \cdot \frac{L_{i=1}^{(1)} + L_{j=3}^{(1)}}{2} = 321 \times 0.989 \times 1.019 \times \frac{0.995 + 1.010}{2} = 324$$

同理可算得其他区间分布交通量的第二次近似值，结果整理如表 3-13。

表 3-13　　**扩大 OD 表(Ⅲ)**

O \ D	1	2	3	Q_{Pi}	Q'_{Pi}	$F_i^{(2)}$
1	86	132	324	542	540	0.996
2	119	96	447	658	658	0.994
3	293	477	184	960	960	1.006
Q_{Aj}	498	705	955			
Q'_{Aj}	495	700	960			
$G_j^{(2)}$	0.994	0.993	1.005			

从表 3-13 看到，计算结果已满足规定的收敛精度要求：$|F_i - 1| < \varepsilon = 0.01$，$|G_j - 1| < \varepsilon = 0.01$。分布计算到此结束。

(2)综合模式法

这里主要介绍重力模型法。

交通规划中应用的重力模型源于牛顿的万有引力定律。假定某发生区的出行量，其分布受其他区对它的吸引程度的影响。被其他区吸引的程度是和这些区的土地利用程度成正比，和出行阻力(典型的出行阻力的度量方法是距离、旅途时间或出行费用等)成反比。

①基本重力模式

基本重力模式形式如下式：

$$Q'_{ij} = K \cdot Q'^{\alpha}_{Pi} \cdot Q'^{\beta}_{Aj} \cdot D^{-\gamma}_{ij} \tag{3-13}$$

式中：D_{ij} 为 i 区和 j 区的行驶距离或行驶时间；K，α，β，γ 为系数，一般利用现在交通量 OD 表和现在距离或时间 OD 表，用最小二乘法确定。

用将来的发生和吸引交通量 Q'_{Pi}，Q'_{Aj} 代入式(3-13)，即可确定出分布交通量的第一次近似值，然后与增长系数法类似，再确定增长率进行收敛计算直至满足精度要求。基本重力模式的计算过程见图 3-5。

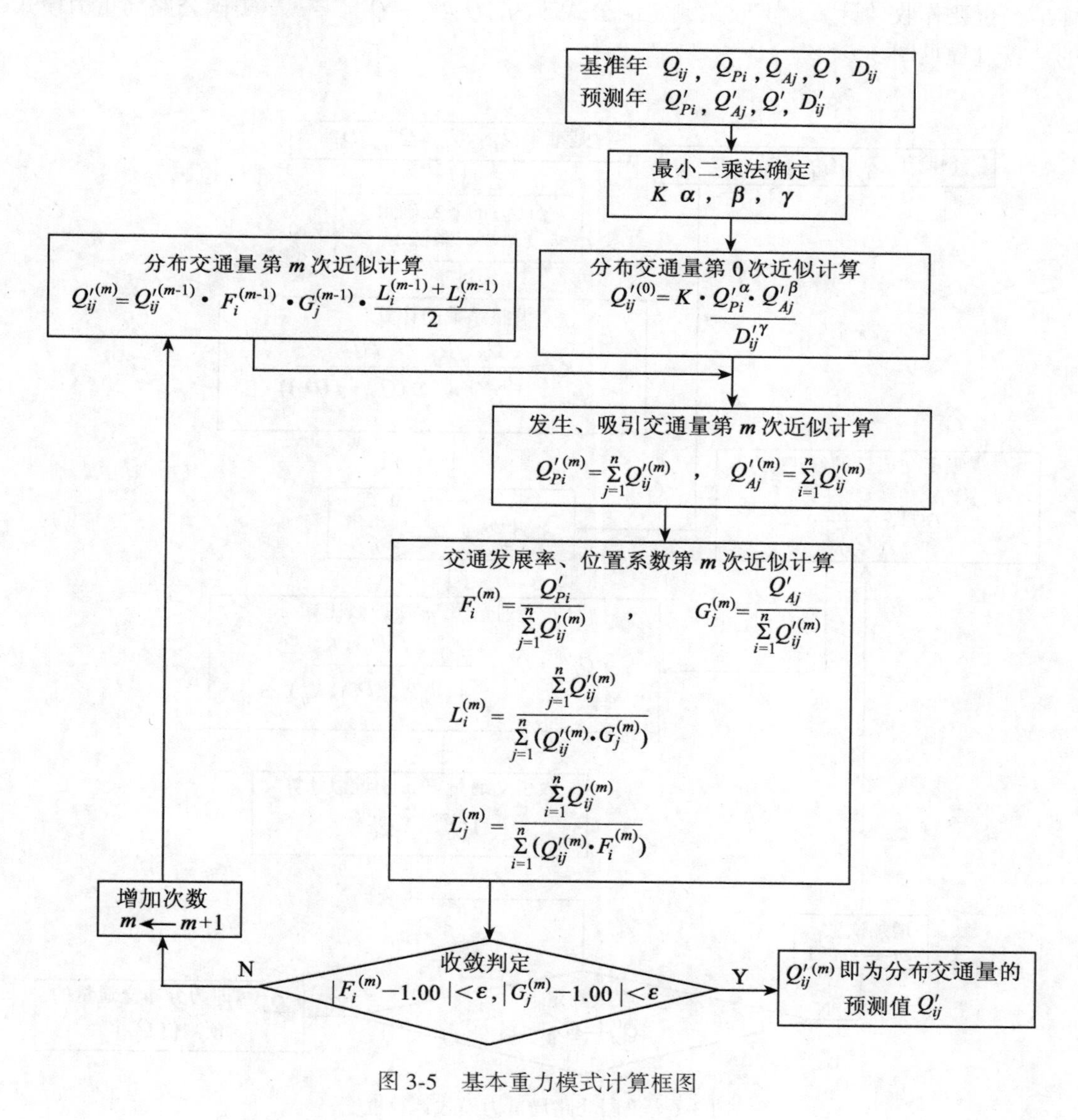

图 3-5　基本重力模式计算框图

②美国公路局重力模式

美国公路局提出的重力模式如下：

$$Q'_{ij} = Q'_{Pi} \cdot Q'_{Aj} \cdot \frac{D_{ij}^{-\gamma} \cdot K_{ij}}{\sum_{j=1}^{n} Q'_{Aj} \cdot D_{ij}^{-\gamma} \cdot K_{ij}} \tag{3-14}$$

式中符号意义同前。γ 的取值，一般先假定一个数学模式计算，并参照类似区域的数值比较确定。也可根据现在 OD 表用最小二乘法确定。K_{ij} 是从 i 区向 j 区出行的调整系数，先令 $K_{ij}=1$，用式(3-14)求出交通量，并以它除 Q'_{ij}，即用 $\dfrac{Q'_{Pi} \cdot Q'_{Aj} \cdot D_{ij}^{-\gamma}}{\sum_{j=1}^{n} Q'_{Aj} \cdot D_{ij}^{-\gamma}}$ 除 Q'_{ij} 即得到 K_{ij}。同样地，也要作收敛计算，但收敛判定的公式改为 $|Q'^{(m)}_{Aj} - Q'_{Aj}| < \varepsilon$。美国公路局重力模式的计算过程见图 3-6。

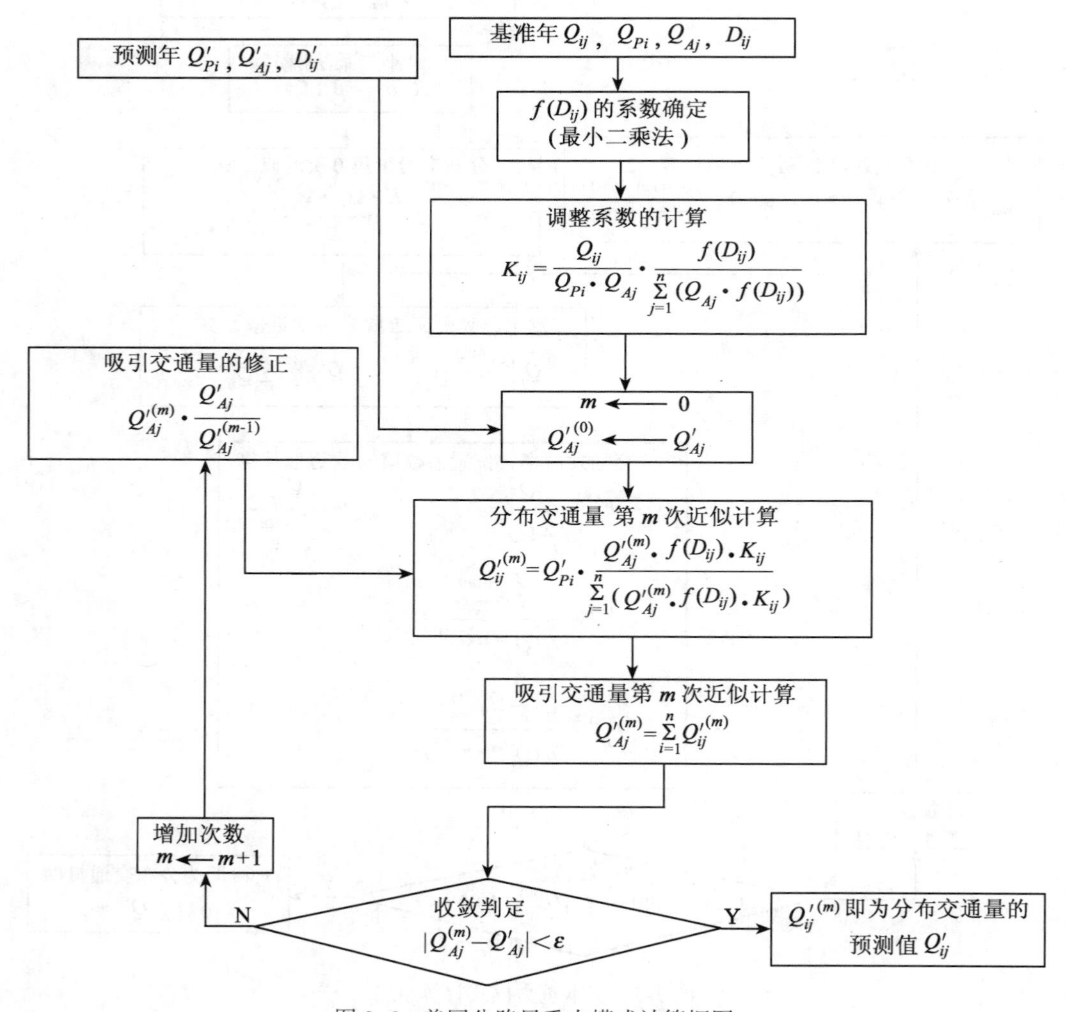

图 3-6　美国公路局重力模式计算框图

重力模型法考虑因素较全面，且当没有完整的现状OD资料时，亦可推算将来出行分布；对于联系各区之间的出行距离和时间的变化，出行量能灵敏地反映出来。但该方法有一个很大的很明显的缺陷，即行驶距离或时间越短，交通量越趋近于无穷大。显然此方法不适用于短路程出行分布计算，若采用此法则，则交通小区划分不能太小。

关于出行分布计算方法，欧美、日本等国研究甚多，也相应地提出了另一些模型，如“介入机会模型”、“竞争机会模型”等，详细内容可参阅有关交通工程的专著或教材。

3.3.3　交通方式划分

在计算了各交通小区之间的出行分布之后，需进行交通方式划分，将出行量转换成不同交通方式的交通量，从而可进一步在道路网上进行交通量的分配。交通方式也可理解为交通工具，所谓交通方式划分，即指出行量在不同交通工具之间的划分。

交通方式，国外主要分为公共交通和私人交通两大类，公共交通如公共汽(电)车、地铁和轻轨等，私人交通则主要指私人小汽车。我国城市自行车交通和步行交通在个人出行中占有相当的比重。

交通方式划分，通常先根据所建立的交通方式分担率模型，预测各交通方式不同的分担率，然后再乘以发生吸引交通量(或分布交通量)，从而得到各交通方式的分担交通量。

1. 交通方式划分模型的影响因素

(1)出行特征

包括交通目的、行程时间、交通费用、舒适程度和安全程度等。不同的目的导致不同的选择。如上下班强调快速，游览则期望舒适。购物一般喜欢步行，公务就以乘车居多。行程时间是指由出发点到目的地所需时间，有时这是评价交通方式的首要条件。与费时常构成一对矛盾的往往是费钱，应综合分析，不能孤立对待。随着人民生活水平的提高，出行的舒适性和安全性得到了更大的重视，而交通费用的影响则相对下降。

(2)个人及家庭特征

指职业、性别、年龄、收入、支出、家庭成员数和住房条件等。

(3)地区特征

指城市规模、居民密度、停(存)放车条件以及交通条件等。

(4)时段特征

由不同时段(如上、下班高峰时段)，结合道路阻塞、交通目的等条件，往往对交通方式的选择产生影响。

(5)交通方式特征

指各种交通方式的速度、载客量、机动性、准时程度等。

2. 交通方式划分模型

一般常用的有转移曲线模型、概率模型和回归模型等。

(1)转移曲线模型

较为简单、直观的交通方式划分预测模型是转移曲线图。美国、英国及加拿大等国家都有较成熟的公共交通与私人交通的转移曲线。

转移曲线是根据大量的调查统计资料绘出的各种交通方式的分担率与其影响因素间的

关系曲线，利用转移曲线可直接查出各交通方式的分担率。

如图 3-7 是美国交通运输研究公司建立的华盛顿公共交通与私人交通的转移曲线。该模型含有 5 个变量：出行者的经济条件、出行目的、两种方式所需行程时间的比值、两种方式所需费用的比值和两种方式的非乘车时间的比值。后三个变量简称为行时比、费用比和服务比。均是以公共交通为分子，私人交通为分母。由图可见，收入越高，乘公交车的就越少。

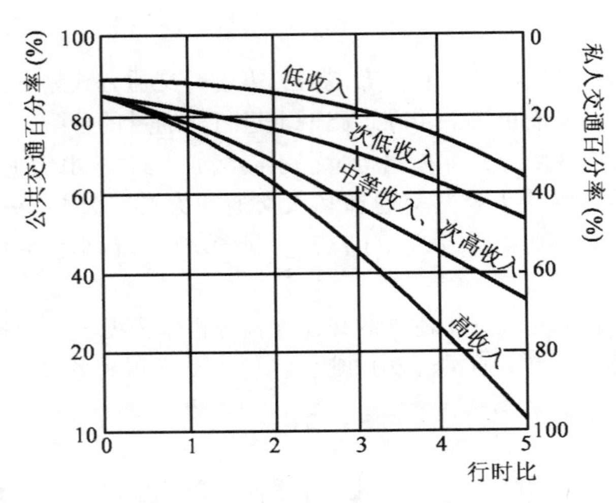

图 3-7　交通方式转移曲线

(2) 概率模型

概率交通方式预测模型假定交通方式选择是以各种交通方式所需的时间、费用等阻抗参数构成的各种交通方式的阻抗大小为基础，以一定的概率关系进行，其函数形式如下：

$$P_{ijm}=\frac{e^{-\theta\cdot R_{ijm}}}{\sum_{k}e^{-\theta\cdot R_{ijk}}} \tag{3-15}$$

式中：P_{ijm} ——交通区 i 到交通区 j，交通方式 m 的分担率；

θ ——待定参数；

R_{ijm} ——交通区 i 到交通区 j，交通方式 m 的交通阻抗；

R_{ijk} ——交通区 i 到交通区 j，交通方式 k 的交通阻抗。

R_{ijk} 反映的是交通使用者在选择交通方式时所考虑的各种因素及其重要性，如果取 R_{ijk} 与各阻抗因素间呈线性关系，即：

$$R_{ijk}=\sum_{n}a_n\,y_{ijkn} \tag{3-16}$$

式中：a_n ——系数，根据调查资料利用最小二乘法确定；

y_{ijkn} ——交通区 i 到交通区 j，第 k 种交通方式，第 n 种阻抗因素的值。

将式(3-16)代入式(3-15)，则有：

$$P_{ijm} = \frac{e^{-\theta \sum_n a_n \cdot y_{ijmn}}}{\sum_n e^{-\theta \sum_n a_n \cdot y_{ijkn}}} \tag{3-17}$$

待定系数 θ 应根据现状调查资料，采用试算解法进行拟合确定。

(3)重力模型的转换型

将重力模型中的阻抗函数变为各种交通方式的阻抗，可得到如下形式的重力模型转换型交通方式预测模型：

$$T_{ijm} = P_i \frac{A_j I_{ijm}^{-b}}{\sum_j \sum_m A_j I_{ijm}^{-b}} \tag{3-18}$$

式中：T_{ijm} ——从交通区 i 到交通区 j，第 m 种交通方式的交通量；

P_i ——交通区 i 的交通产生量；

A_j ——交通区 j 的交通吸引量；

I_{ijm} ——从交通区 i 到交通区 j，第 m 种交通方式的阻抗；

b ——待定系数。

如果是在两种交通方式之间进行选择，则上式可变为：

$$m_t = \frac{I_{ijt}^{-b}}{I_{ijt}^{-b} + I_{ija}^{-b}} \times 100\% \tag{3-19}$$

式中：m_t —— t 种交通方式的分担率；

I_{ijt}，I_{ija} ——分别为交通方式 t 和交通方式 a 的阻抗；

b ——待定系数，其值的标定同概率模型。

(4)回归模型

该模型是通过建立交通方式分担率与其各相关因素之间的回归公式，作为预测交通方式模型，显然，这种模型需要大量的现状调查数据资料才能建立。

3.3.4　道路网交通量分配

在选择了交通方式，将各分区间的出行量换算成交通量之后，再根据一定的原则将其分配到路网上的相关道路上去，这即是所谓的交通量分配。

步行和骑自行车一般总是选择最短路线，因此，交通量分配理论不以它们为研究对象，而只以机动车为探讨对象。

目前国内外常采用的交通量分配方法有最短路径分配法、多路径分配法等。下面对这两种方法作一简单介绍。

1. 最短路径分配法

(1)全有全无法

全有全无法是一种静态的交通分配方法。在该分配方法中，取路权(两交叉口之间的出行时间)为常数，即假设车辆的路段行驶车速不受路段和交叉口交通负荷的影响。每一OD 点对的 OD 量被全部分配在连接该 OD 点对的最短路径上，其他路径未分配交通量。这种分配方法计算简单，但与实际交通状况有差距。全有全无法的工作步骤如下：

①计算路权，即确定路段行驶时间；②确定各区间的最短路径；③按全有全无分配原

则作各OD点对间交通量分配；④求每一路段各OD点对分配交通量之和。

全有全无法计算程序框图如图3-8。

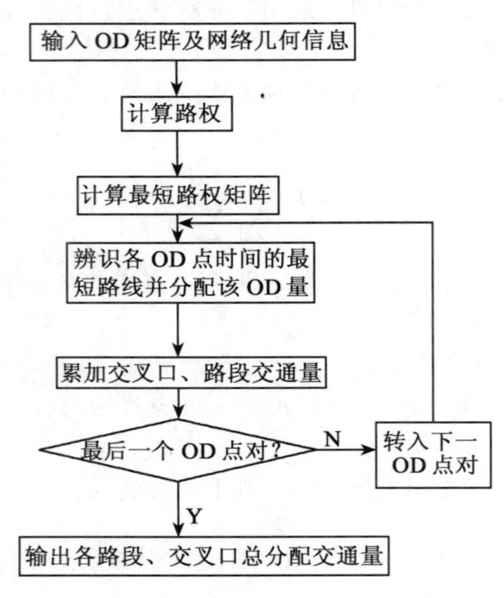

图3-8 全有全无法计算框图

【例3-3】 现有一个联系4个交通小区的道路网，如图3-9所示。图中"△"表示各区交通中心，"○"表示交叉口(即路段节点)。已知出行分布情况如表3-14所列，各小区之间的行驶时间已注于图3-9中，试确定各小区之间路段上的交通量。

表3-14 **某小区OD表**

O \ D	1	2	3	4
1	0	1000	5000	3000
2	4000	0	3000	4000
3	5000	6000	0	1000
4	2000	1000	3000	0

解 ①确定路段行驶时间

对于现状网络的交通分配，可根据现状网络实测的路段车速与路段长度确定。对于规划网络的交通分配，可根据设计车速确定运行车速后再根据路段长度确定路段行驶时间。本例中计算从略，结果已注于图3-9中。

②确定各小区间的最短路径

分别从各出发区至到达区按行驶时间最少来确定最短路径，以1⇌2为例：

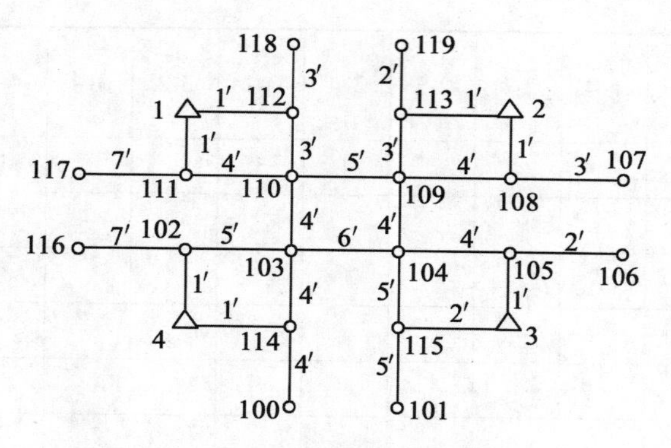

图 3-9　某区域道路网图

可能路径	行驶时间(分钟)
1→111→110→109→108→2	15
1→112→110→109→113→2	13
1→111→110→109→113→2	14
1→112→110→109→108→2	14

则 1→2 的最短路径为(2→1 同 1→2)：

1→112→110→109→113→2

同理可确定其他各小区间的最短路径如下：

1→3： 1→112→110→109→104→105→3

1→4： 1→112→110→103→114→4

2→3： 2→113→109→104→105→3

2→4： 2→113→109→110→103→114→4

3→4： 3→105→104→103→114→4

3→1 同 1→3，4→1 同 1→4……

③按全有全无原则分配交通量

分配结果见表 3-15。

表 3-15　　各路段出行负荷总表　　(单位：千辆)

路段 \ 出行区间	1-2	1-3	1-4	2-1	2-3	2-4	3-1	3-2	3-4	4-1	4-2	4-3	合计
1-112	1	5	3	4			5			2			20
113-2	1			4	3	4		6			1		19
117-111													
111-110													

续表

出行区间 / 路段	1-2	1-3	1-4	2-1	2-3	2-4	3-1	3-2	3-4	4-1	4-2	4-3	合计
110-109	1	5		4		4	5			1			20
109-108													
108-107													
116-102													
102-103													
103-104									1			3	4
104-105		5			3		5	6	1			3	14
115-3													
4-102													
111-1													
114-103			3			4			1	2	1	3	14
103-110			3			4				2	1		10
110-112	1	5	3	4			5			2			20
101-115													
115-104													
104-109		5			3		5	6					19
109-113	1			4	3	4		6			1		19
113-119													
3-105		5		3		5	6	1				3	23
108-2													

表 3-15 的纵向第一列为该题路网中的全部路段(因篇幅所限，有少数路段未列上)，横向第一行为各分区的区间流向。从前面已确定的各区间最短路径中找到某路段所属的出行分布区间，将其区间 OD 量填入表内相应栏中。如 1-112 路段，1⇌2、1⇌3、1⇌4 的最短路径均有该路段，则将 $Q_{12}=1000$，$Q_{13}=5000$，$Q_{14}=3000$，$Q_{21}=4000$，$Q_{31}=5000$ 及 $Q_{41}=2000$ 填在表内相应区间栏中。其余各路段分配与此相同。

④累计各路段交通量

表 3-15 的最后一列则为每条路段的累计分配交通量。

从表 3-15 看到，在全路网共 28 条路段中，分配到交通量的仅有 12 条，其余 16 条路段的交通量均为零(没有分配到交通量)。同时，在确定最短路径时，行驶时间是常数，没有考虑因交通量的变化，行驶时间也将发生变化，则最短路径可能发生变化，即是作静态分配。显然这与实际交通状况是不相符的。

(2)容量限制法

容量限制分配是一种动态的交通分配方法，它考虑了路权与交通负荷之间的关系，更符合实际情况。

容量限制分配有容量限制-增量加载分配和容量限制-迭代平衡分配两种形式。

采用容量限制-增量加载分配模型分配出行量时，需先将 OD 表中的每一个 OD 量分解成 K 部分，即将原 OD 表($n \times n$)分解成 K 个 OD 分表($n \times n$)，然后分 K 次用最短路分配模型(如全有全无法)分配 OD 量，每次分配一个 OD 分表，并且每分配一次，路权修正一次(即路段的行驶时间随交通量而变化)，直到把 K 个 OD 分表全部分配到路网上。表 3-16是根据不同的分配次数 K 确定的每次分配 OD 量的比例。

表 3-16　**分配次数 K 与每次的 OD 量分配率(%)**

分配顺序 / K	1	2	3	4	5	6	7	8	9	10
1	100									
2	60	40								
4	40	30	20	10						
5	30	25	20	15	10					
10	20	20	15	10	10	5	5	5	5	5

采用容量限制-迭代平衡分配方法分配出行量时，不需要将 OD 表分解，而是先假设网络中各路段流量为零，按零流量计算路权，并分配整个 OD 表，然后按流量分配后的路网交通状况再计算路权并重新分配整个 OD 表，将前后两次计算和分配的路权及流量进行比较，若满足迭代精度要求，则停止迭代，获得最后的分配交通量，若不能满足迭代精度，则根据新分配的流量重新计算路权，重新分配，直至满足迭代精度要求为止。

增量加载分配与迭代平衡分配的原理是基本相同的，但迭代平衡法无法事先估计迭代次数及计算工作量，且对于较复杂的交通网络，可能会因为个别路段的迭代精度无法满足要求而使迭代进入死循环。增量加载分配最大的优点是能事先估计分配次数及计算工作量，便于上机安排。一般采用 5 次分配比较适宜，即取 $K=5$。

2. *多路径分配法*

(1)静态多路径分配法

分配模型：

由出行者的路径选择特性可知，出行者总是希望选择最合适(最快、最方便、最便宜、最安全舒适等)的路线出行，称之为最短路因素。但由于交通网络的复杂性及交通状况的随机性，出行者在选择出行路线时往往带有不确定性，称之为随机因素。这两种因素存在于出行者的整个出行过程中。因此可以认为两交通小区之间的交通，除了具有最短路径的通过可能性，还存在通过其他路径的可能性，这种可能性可用路线选择概率来描述，即区间交通量要根据通过各条路径的概率来进行分配，于是分配的结果就不是唯一一条最短的路径，而是把交通量分配到大部分路径上。

常用的路径选择模型如下式：

$$P_K = \frac{\exp(-\theta \cdot t_K/T)}{\sum_{i=1}^{m} \exp(-\theta \cdot t_i/T)} \tag{3-20}$$

式中：P_K 为第 K 条出行路径上的分配概率；θ 为分配参数；t_i 为第 i 条出行路径的行驶时间；t_K 为第 K 条出行路径的行驶时间；T 为各出行路径的平均行驶时间；m 为有效出行路径条数。

一般来说，交通网络都比较复杂，每两个小区之间常有很多不同的出行路线，尤其是长距离出行。因此，用本模型分配时，首先必须确定每个 OD 点对间的有效路段及有效出行路线。所谓有效路段是路段终点比路段起点更靠近出行终点的路段，即沿该路段前进能更接近出行终点。对于路段 (i, j)，若 $L_{\min}(j, s) \leqslant L_{\min}(i, s)$，其中 i，j 分别为路段起止点，s 为出行路径终点，L 为以行驶时间表示的路段长度，则该路段为有效路段。有效出行路线必须由有效路段组成，每一 OD 点对的出行量只在它相应的有效出行路线上进行分配。

分配模型中的 θ 为无量纲参数，它与可供选择的有效出行路线条数有关。一般认为，两路选择时，θ 取 3.00～3.50，三路选择时，θ 取 3.50～3.75。

【例 3-4】 如图 3-10 所示，1、2 两个小区由 7 个路段连接，路旁数据为零流量时的行驶时间(分钟)，从 1 区到 2 区的分布交通量 $Q_{12}=3000$ 辆/日。请在该路网上进行分配，θ 取 3.3。

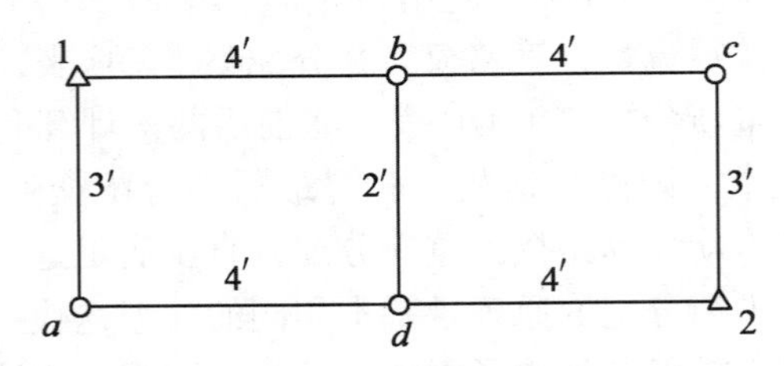

图 3-10　某小区路径示意图

解　由图可知，从 1 区到 2 区有三条出行路径 $1ad2$，$1bc2$ 和 $1bd2$。首先判别有效路段，根据判别原则可知本例三条出行路径均由有效路段所组成(如路段 $(1, b)$，有 $L_{\min}(b, 2)=6'$，$L_{\min}(1, 2)=10'$，即 $L_{\min}(b, 2) < L_{\min}(1, 2)$，则路段 $(1, b)$ 为有效路段)。

出行者离开 1 区时先在出行路线 $1ad2$，$1b \to 2$(该路行驶时间为 $(10+11)/2=10.5\text{min}$)两路上选择。

$$T = \frac{11 + 10.5}{2} = 10.75\ (\text{min})$$

$$P_{1ad2}=\frac{\exp(-3.3\times 11/10.75)}{\exp(-3.3\times 11/10.75)+\exp(-3.3\times 10.5/10.75)}=0.4617$$

$$P_{1b\to 2}=1-P_{1ad2}=0.5383$$

则路段 $1a$，ad 上的分配交通量为 3000×0.4617＝1385(veh/d)

而路段 $1b$ 的分配交通量为 3000×0.5383＝1615(veh/d)

对分配在出行路线 $1b\to 2$ 上的交通量还要作第 2 次分配(即在 $b\to 2$ 间的分配)，从 b 到 2 有两条可供选择的路径 $bd2$，$bc2$，与上面同法，可得

$$P_{bd2}=0.6243,\quad P_{bc2}=0.3757$$

所以路段 bc 和 $c2$ 的分配交通量为：

$$1615\times 0.3757=607\ (\text{veh/d})$$

路段 bd 的分配交通量为：

$$1615-607=1008\ (\text{veh/d})$$

而路段 $d2$ 的分配交通量则为：

$$1385+1008=2393\ (\text{veh/d})$$

(2)动态多路径分配法

在静态多路径分配模型中，认为路段行驶时间为一常数，这与实际的交通状况不相符。路段行驶时间与路段交通负荷有关，在动态的多路径分配模型中，考虑了路权与交通负荷之间的关系，使分配结果更加合理。

与容量限制分配方法一样，动态多路径分配有动态多路径-增量加载分配和动态多路径-迭代平衡分配两种形式。这两种形式的分配程序步骤与容量限制分配方法相应的两种形式基本相同，只是在每次具体分配 OD 量时所用的是概率分配模型式(3-20)而非最短路模型。

一般说来，静态的分配方法适用于非拥挤型网络的交通分配，动态的分配方法适用于拥挤网络的交通分配。当然，对于非拥挤网络，也可用动态方法分配，且其结果与静态方法较接近，也就是说动态分配方法对于任何网络的交通分配都是适用的。

3.4　城市道路上的客货运交通规划

城市道路交通规划是一项综合性的、复杂的工作。交通规划应树立动态规划设计思想，使城市道路交通在促进和发展方面与社会经济活动融为一体。完善的、科学合理的城市交通将充分显示城市的美与活力，而城市道路交通体系规划是城市交通规划的重要内容。通过前节所述之远景交通量预测方法，可以基本了解和把握一个城市的现状交通及其发展趋势，在此基础之上提出城市道路交通规划方案。

3.4.1　城市道路交通规划体系

根据我国城市交通状况及国情，针对人、车、路在城市里的特征，对于城市道路交通来说，应通过规划设计建立以下城市道路交通体系：

①公共客运交通体系；②自行车交通体系；③步行交通体系；④货运交通体系。

对于不同的城市，公共交通、汽车个体交通、自行车交通和货运交通对城市交通的影响是不同的，应当根据城市的具体特点和条件建立与之相适应的城市道路交通体系。

3.4.2 城市道路交通规划

1. 城市公共客运交通规划

(1)城市居民流动的特征

城市居民为了从事生产和文化生活，每天要出门活动，在城市道路上产生了人流。由于活动距离远近不同，其中部分是要求乘车前往的，就产生了客流。

乘客在流动过程中具有数量和距离，它们的乘积称做客运周转量(M)。对整个城市而言，全市一年的客运周转量可用下式表示：

$$M_{年} = P \cdot L_{乘} \quad (人次 \cdot km/y)$$

式中：P 为全市一年内要求乘车的总人数(人次/y)，即客运量；$L_{乘}$为全市居民的平均乘距(km)。

年客运周转量越大，要求配备的公交客运车辆越多，则客运企业的规模越大，因而所占用和消耗的费用也越多。若能在保证城市居民有方便的客运交通条件下减少不必要的客运周转量，则对于国家、客运企业和居民个人在资金、人力、物力及时间上的节约是显而易见的。因此，有必要研究居民的流动特征，寻求其规律。

①居民流动强度

居民流动强度即全市居民一年内出行次数总和除以全市居民总人口数。城市居民中，由于年龄、性别、职业等特征的不同，不同的人每天出门从事各种活动的目的和次数也不同。若将全市居民一年内出门流动次数(出门活动一次按来回流动两次计)的总和平均分摊给每个居民，则可得到居民出行流动强度($P_{出}$)。它表示居民一年平均出门流动的次数(次/人年)。这个数值通常是对居民进行抽样调查(如居民出行 OD 调查)统计汇总而得的。$P_{出}$在一个时期内是比较稳定的，随着城市规模和人民生活水平的提高，其值的变化有一定规律。

②居民乘车流动强度

居民乘车流动强度即全市居民一年内乘公共交通出行次数总和除以全市居民总人口数。是指平均分摊给每个居民一年内出行流动时使用公共交通的次数(乘次/人年)，用$P_{乘}$表示。影响居民乘车流动强度的因素很多，例如：城市性质与规模、功能分区和分布、居民出行距离、居民生活水平以及城市公共交通发达程度等。

③居民流动范围

不论有无公共交通，不论从事哪种活动，居民基本上总是就近活动的。按活动次数看，也是近的多，远的少。合理的规划应使大多数居民通常总是就近活动，以减轻对城市交通的影响。

在许多城市，由于生产发展，在市郊建设了不少企、事业单位，而居住新村及生活服务设施未能相应及时配套；同样地，现在许多城市在市郊建设大量的住房，考虑到不同地段房价的差异，许多人选择在城市外围地区购置较低价格的住房，结果职工虽能乘公共交通工具上下班，但每天往返较长距离，路途费时太多，且造成公共交通大量单向、时间集中的客运，使公交设备利用率较低。这种现象是需要注意并加以改善的。

居民从事文化生活活动时，也是以就近活动为原则。例如根据若干大城市的调查，市级及区级文化商业服务设施（如商店、影剧院、公园和体育场馆等）吸引居民的情况，市级设施的服务范围主要在10km以内，居民活动多是在节假日；区级设施的服务范围主要在4km以内。认识这个规律很重要，尤其在布置市级大型公共建筑（如体育设施、公园等）时，就应预先考虑其设施的规模和容量能与其服务范围相适应，以免造成服务容量的不足或过剩而给居民生活带来不便或造成资源资金的浪费。

④出行时间

居民出行时间（T）是指他出门活动时从出发地到目的地所用的时间。出行时间可以是步行或骑自行车的时间，也可以是乘公共交通的时间，后者称为交通时间。

交通时间（$T_{交}$）由下列几部分组成：

$$T_{交} = t_{步1} + t_{候} + t_{车} + t_{步2} \quad (\text{min}) \tag{3-21}$$

式中：$t_{步1}$为乘客从出发地步行到公共交通车站的时间（min），$t_{步1}=\frac{l_{步1}}{V_{步}}$。$l_{步1}$为该段步行的距离，它与公共交通路线系统的布局有关。$V_{步}$为步行速度（km/h）；$t_{候}$为乘客在停靠站的候车时间（min），一般可取行车间隔时间（$t_{间}$）之半；$t_{车}$为乘客在车上所用时间（min）。它的大小取决于乘客乘车的距离（$l_{车}$）和车辆的运送速度（$V_{送}$）（$V_{送}$是包括停靠站上下乘客时间在内的公交车平均运送速度）；$t_{步2}$为乘客下车步行到目的地的时间（min），$t_{步2}=\frac{l_{步2}}{V_{步}}$。$l_{步2}$为该段步行的距离。

从以上分析可以看出，影响居民流动范围的因素不仅是距离，更主要的是居民的出行时间。有些居民工作或文化娱乐活动的地点离家较远，但由于有了方便的公共交通或其他的代步交通工具，使他们的活动较频繁，且出行时间也不多。对于这种现象，如果用出行距离来分析居民活动人数分布规律就难以解释；而用出行时间来分析，就更能说明居民“就近（时距）活动”的规律。

⑤步行范围和自行车活动的范围

居民出门到某一地点，如果步行和乘车所用的时间相等，则在这段时间内所到达的距离范围称为步行范围（$L_{步}$）。在这个范围内，居民通常是步行的（因为既省时又省钱）。

步行范围（$L_{步}$）的大小可根据前面所述的内容确定：

设

$$T_{步} = T_{交}$$

$$T_{步} = \frac{60 \cdot L_{步}}{V_{步}} = \frac{(l_{步1} + l_{车} + l_{步2})60}{V_{步}} \quad (\text{min}) \tag{3-22}$$

$$T_{交} = \frac{(l_{步1} + l_{步2})60}{V_{步}} + t_{候} + \frac{60 \cdot l_{车}}{V_{送}} \quad (\text{min}) \tag{3-23}$$

由以上两式即可解得$T_{步}$及$L_{步}$。

如根据公共交通规划中常用的数据（$l_{步1}=l_{步2}=0.35\text{km}$，$V_{步}=4\text{km/h}$，$V_{送}=16\text{km/h}$，$t_{间}=7\text{min}$，$l_{车}$至少一站，最短约0.3km），代入，则$T_{交}=T_{步}$约15min，$L_{步}$为1km左右。

同理，如果居民骑自行车出门所花的时间等于乘公共交通车辆所用时间，则他多半会骑车出门。这样也就可以求得自行车的活动范围 $L_{自}$。

设 $$T_{自} = T_{交}$$

$$T_{自} = \frac{60 L_{自}}{V_{自}} = \frac{(l_{步1} + l_{车} + l_{步2})60}{V_{自}} \quad (\text{min}) \qquad (3\text{-}24)$$

由此式及(3-23)式可得到 $L_{自}$ 及 $T_{自}$。

如果根据前面已列出的数据及 $V_{自} = 10 \sim 12\text{km/h}$，代入，则当 $V_{自} = 12\text{km/h}$ 时，$L_{自} = 9.1\text{km}$，$T_{自} = 45\text{min}$，这就是常见的男职工上班骑车的情况。如果是女职工，$V_{自} = 10\text{km/h}$，则 $L_{自} = 5.1\text{km}$，$T_{自} = 30\text{min}$。

掌握了居民的活动特点，在某种场合下，例如在大型体育场馆观众疏散时，车少人多的现象较严重，就可以对行程不同的观众，人为地控制他们的步行时间和候车时间，对远程的观众给予直达快车，对近程的观众则适当增加其非车内时间，以扩大他们的步行范围，减少乘车人数，减轻公共交通过重的负担。当然，更重要的是将居民每天要去的工作和文化生活服务场所布置在步行范围内。

同理，在自行车交通过于繁重的城市里，如果打算用增加公交车辆数的方法来减少自行车交通量，则首先应该从提高公交车辆的运送速度着手，同时也缩短乘客的非车内时间，使他们的交通时间大大少于骑车所花的时间，从而缩小自行车活动的范围，减少自行车的出行次数。反之，如果没有快速方便的客运交通工具来有效地减少交通时间，而只是在自行车交通拥塞的街道上再增加公交车辆，则只能加重相互在道路上的干扰，使车速降低，公交车的行车秩序变坏，结果反而会使自行车有增无减。

⑥出行距离与使用交通工具的关系

居民每天出门从事各种活动时，所采用的交通方式主要是步行、骑自行车和乘公交车，其他的交通方式为数甚少。

居民在步行范围内(即15min或1km以内)基本上是不乘车的，随着出行距离增大，愿意步行的人就减少，到一定距离后，步行时间太长或体力消耗太多，就要求以车代步。

在自行车交通比较发达的情况下，不少是骑车代步，尤其在三四千米范围内，骑车比乘公交车更省时间，体力消耗也不大。因此，在短距离出行时骑车比例较高，只是在距离继续增加后，骑车率才逐渐降低。

对于乘公共交通车辆的人，随着出行距离加大，乘车人数占出行人数的比例就大为增加即乘车率越来越高。

影响步行率、骑车率和乘车率的因素很多，例如居民出行时间、公共交通发达程度、服务水平和票价、道路交通状况、城市自行车拥有量、城市地形、天气和季节等，都能使之发生变化。由于各个城市的特点不同，骑车率和乘车率也各异，其数值的确定可以通过居民出行分布抽样调查(即居民出行OD调查)获得。表3-17是我国某城市20世纪80年代初进行的居民出行调查所得的数据，它表明不同出行目的利用各种交通方式的比重(以百分数计)。

表 3-17　　不同目的利用不同交通方式的比重表

出行目的		上班	公务	上学	生活	文化	回程	综合
交通方式	公交车	42.89	44.36	9.56	12.55	18.12	27.93	27.73
	自行车	20.05	16.54	3.07	5.82	7.66	12.51	12.49
	步行	32.25	31.48	87.08	81.06	73.54	58.23	58.44
	其他	1.81	7.62	0.29	0.57	0.68	1.33	1.34
合计		100	100	100	100	100	100	100

表 3-18 是同时得到的出行距离与步行率、骑车率及乘车率的关系。

表 3-18　　出行距离与步行率、骑车率及乘车率的关系

出行距离(km)	0~1	1~2	2~3	3~4	4~5	5~6	6~7	7~8	8~9	9~10	>10
步行率(%)	95	40	4	0	0	0	0	0	0	0	0
骑车率(%)	4	26	40	30	24	18	13	8	5	2	1
乘车率(%)	1	34	56	70	76	82	87	92	95	98	99

(2)城市公共客运交通规划

城市客运交通按其形式可分为街道上的客运交通和街道以外的客运交通。在街道上行驶的客运交通主要是公共汽车，在一些大城市还有无轨电车和有轨电车，它们在城市街道上都按各自规定的线路行驶，形成公共交通网络，此外还有出租汽车等辅助性的客运工具。

街道以外的客运交通有如轨道交通、水运交通等。这里只讨论街道上的公共客运交通。

城市公共客运交通的规划问题主要是确定城市公共客运交通车辆数和客运交通路线网。下面分别予以讨论。

①公交客运路线上行驶车辆数的确定

如果知道了某条路线上一天的双向客运周转量，就可以估算出完成这些客运任务所需的公交车辆数：

$$W_{行} = \frac{M_{日双向}}{M_{日效}}(\text{veh}) \tag{3-25}$$

式中：$W_{行}$为行驶在路线上的车辆数(辆)；$M_{日双向}$ 为路线上的日双向客运周转量(人·km/d)；$M_{日效}$ 为一辆公交客车一天的有效生产率，$M_{日效}=m\cdot\eta_{日}\cdot V_{营}\cdot h$（人·km/(veh·d)）；$m$ 为额定载客量(人/veh)；$\eta_{日}$为公交客车一天的平均满载系数；$V_{营}$为公交客车运营速度(km/h)；h 为一辆公交客车一天的工作时间，通常为 12~16 小时。

公共交通是按一定的行车间隔时间($t_{间}$)准时地沿规定路线来回行驶的，利用上面客运周转量所算得的车辆数($W_{行}$)必须保证满足 $t_{间}$这个规定的要求，检验方法如下式：

$$t_{间} = \frac{2\cdot l_{线}\cdot 60}{W_{行}\cdot V_{营}}(\text{min}) \tag{3-26}$$

式中：$l_{线}$为路线长度(km)；其余符号同前。

如果计算得到的$t_{间}$与规定的$t_{间}$相差较多时，则需调整车辆数，以保证既满足客运任务又满足行车间隔规定时间。

由此可知，决定公交路线上的行驶车辆数有两个条件，即：①能完成客运任务；②能按$t_{间}$在路线上周转。

上面算得的车辆数是为了运送公交路线上的客流所必须配备的行驶车辆。实际上，考虑车辆在运营过程中经常要轮流进行保养和修理及其他因素，因此实际配置的公交车辆还应多于计算所得的行驶车辆数，即：

$$W_{在册} = \frac{W_{行}}{\gamma} \quad (\text{veh})$$

式中：γ为车辆利用率，通常在0.9左右。

②公共客运交通路线规划

居民在市内各人流集散点之间相互流动，公共客运交通是联系其间往来的主要运输形式，规划公共客运交通的目的是使居民出行能减少非生产性时间，确保乘客安全方便迅速地出行。

规划原则和方法：开辟公交路线时，应该分清服务对象的性质、不同出行目的的流量和流向。尤其对近期开辟的路线，应首先满足主要出行目的的乘车需求，在主要人流集散点之间，尽可能开辟直接的公共交通路线来沟通，比如体育场馆、影剧院、旅游胜地等可按需要开辟专用线，同时应注意路线要与主要客流流向一致，最好使整条路线客流量分布均匀，并与路线的运载能力相适应。

在旧城中新开辟的公交线路，常常根据这两条原则和居民出行调查资料，在可能行驶公交车辆的道路上先大致定出走向，实施后再根据对乘客的吸引情况进一步修改路线。

对于新规划或新建城市的公共交通路线系统规划，可按城市用地、出行生成、出行分布、选择交通方式及远景交通量分配，在平面图上分别对各类性质的吸引点和出发点，粗略地作出人流或客流相互流动的直线联系图，再结合规划的干道网，将每两点之间的空间直接联系客流归并到实地的道路上去(有时感到道路网中的个别路段不够合理，也可以根据客流来修改干道走向)，如图3-11所示。归并的原则是使其由空间距离变为实地距离时的增量最小。再综合各类性质的实地联系图，就能得出客流分布比较集中的一个公交网络系统。

但是，不论是新城还是旧城，公共交通路线规划的数量总得有一个范围，既不能过于密集，也不能过于稀疏。因此，对于路线规划应该有可遵循的指标，即公共交通路线系统规划指标。

a)公共客运交通路线网密度：

$$\delta = \frac{L_{网}}{F} \quad (\text{km/km}^2) \tag{3-27}$$

式中：δ为公共客运交通路线网密度；$L_{网}$为公共客运交通路线的道路中心线长度(km)；F为公共客运交通服务的城市用地面积(km^2)。

在一个人口数量稳定的城市里，客运周转量基本上稳定，这样，为完成客运任务的公

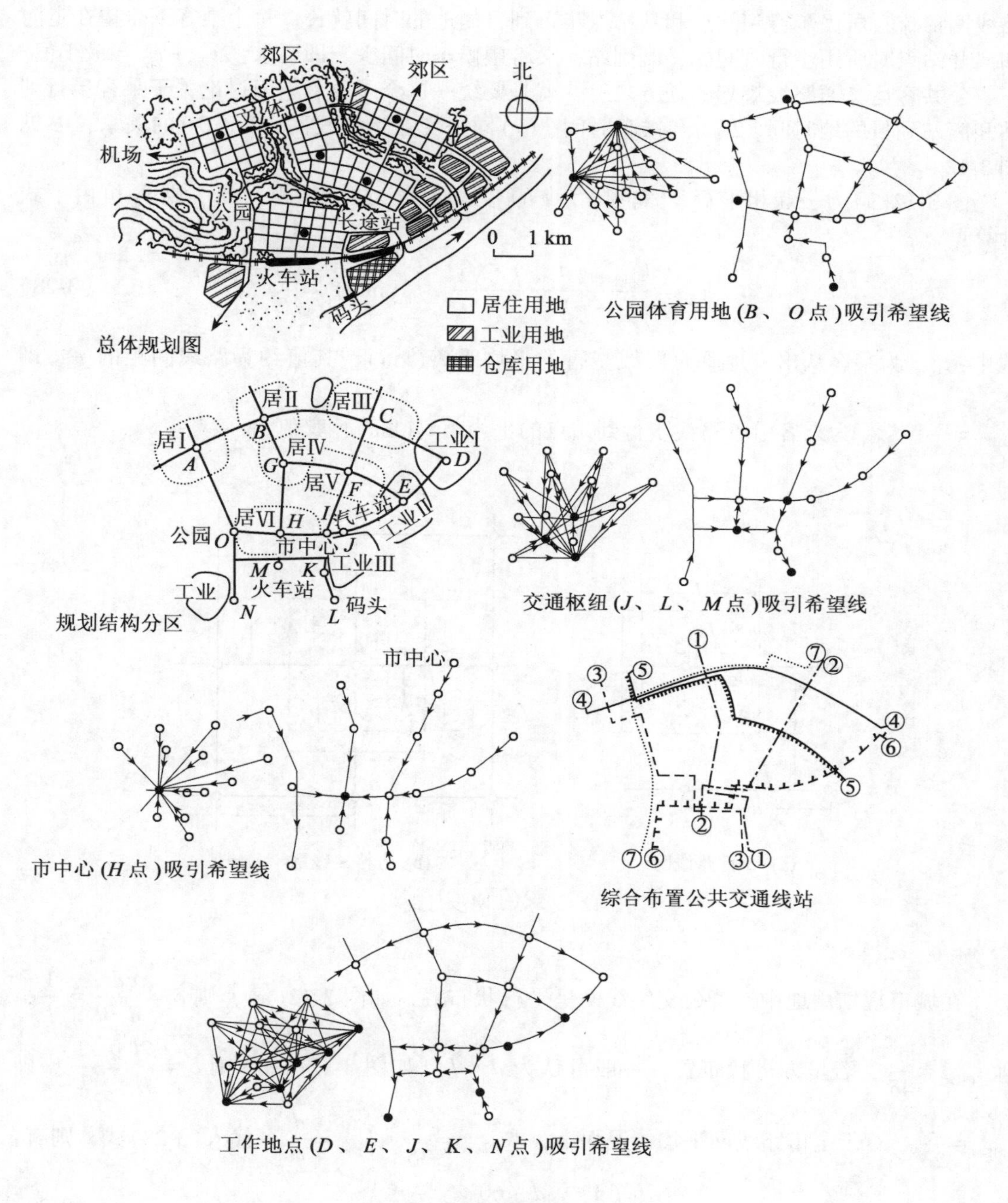

图 3-11　公交路线规划分析图

交车辆数也基本上确定了。这时，若公共交通路线越多(即 δ 大)，则每条路线所服务的城市面积就越小，居民出门步行到站点和从站点步行到目的地的时间也就越短。但公交路线越多，每公里路线上所能分摊到的公交车辆数就越少，使行车间隔时间增长，居民候车时间也越长。反之，路线少(即 δ 小)，行车间隔时间就短，候车时间也短。但由于公交路线网稀疏，居民步行到站点和从站点步行到目的地的时间就长。每个乘客都希望在走向和离开站点时所用步行时间少，既到站，又希望候车时间少。即要求：$2t_{步}+t_{候}=$ 最小值。

公共客运交通路线规划的任务之一，就是要统一这个矛盾。下面讨论关于乘客步行到站和离站到目的地时间($2t_{步}$)与候车时间($t_{候}$)同公交客运路线网密度(δ)的关系，参见图 3-12。

图 3-12(a)为一互相平行、其间隔为 l 的客运路线，站点间距为 d。则 $t_{步}$ 可由下式计算：

$$t_{步}=\frac{(l_{向线}+l_{向站})\cdot 60}{V_{步}} \quad (\min) \tag{3-28}$$

式中：$l_{向线}$ 为乘客从出发地垂直路线步行的平均距离(km)，其值约为路线间距的$\frac{1}{4}$，即 $l_{向线}=\frac{l}{4}$。$l_{向站}$ 为乘客沿着路线步行到站点的平均距离(km)，其值为$\frac{d}{4}$。

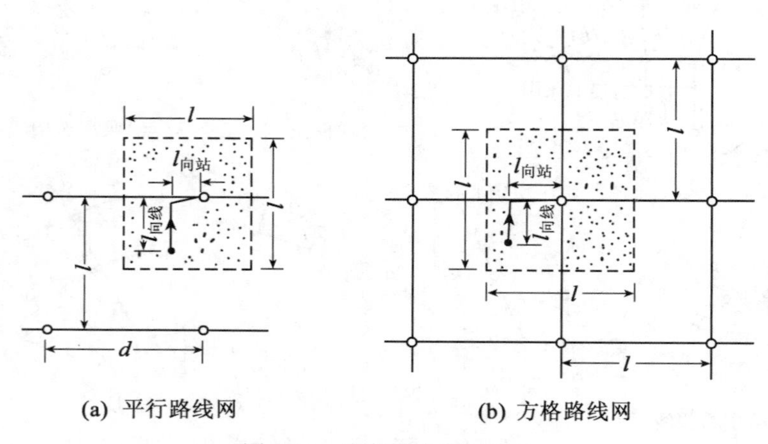

(a) 平行路线网　　(b) 方格路线网

图 3-12　公交线网步行距离

在城市规划用地中，若公交路线网呈平行状布置，如图 3-12(a)，则 $\delta=\frac{d}{d\cdot l}=\frac{1}{l}$，即 $l_{向线}=\frac{1}{4\delta}$；若呈方格状布置，一般可认为 $d=l$，如图 3-12(b)，则 $\delta=\frac{2l}{l^2}=\frac{2}{l}$，即 $l_{向线}=\frac{1}{2\delta}$。对于全市路线网平均情况而言，取 $l_{向线}=\frac{1}{3\delta}$，$l_{向站}=\frac{d}{4}$，代入(3-28)式，则有：

$$t_{步}=\left(\frac{1}{3\delta}+\frac{d}{4}\right)\frac{60}{V_{步}} \quad (\min) \tag{3-29}$$

乘客平均候车时间($t_{候}$)取行车平均间隔($t_{间}$)之半，则由式(3-26)可得：

$$t_{候}=\frac{1}{2}t_{间}=\frac{l_{线}\cdot 60}{W_{行}\cdot V_{营}} \quad (\min) \tag{3-30}$$

对于全市公交客运路线网，其路线总长度：

$$L_{线} = F\delta\mu \quad (\mathrm{km}) \tag{3-31}$$

式中：μ 为公交路线网的路线重复系数，且 $\mu = \dfrac{L_{线}}{L_{网}} > 1$，一般可取1.2～1.5；其余符号同前。

则对于全市公交线网而言，其平均候车时间有：

$$t_{候} = \frac{F \cdot \delta \cdot \mu \cdot 60}{W_{行} \cdot V_{营}} \quad (\mathrm{min}) \tag{3-32}$$

由以上分析可见，公交路线网密度 δ 与 $t_{步}$ 和 $t_{候}$ 有关，即 $t_{步}$ 和 $t_{候}$ 是 δ 的函数，若取两者之和的最小值，可以求对密度的一阶导数并令其等于零，即可得到最佳密度（$\delta_{佳}$）值，即

$$\frac{\mathrm{d}(2t_{步} + t_{候})}{\mathrm{d}\delta} = 0$$

则

$$\delta_{佳} = \sqrt{\frac{2W_{行} V_{营}}{3F\mu V_{步}}} \quad (\mathrm{km/km^2}) \tag{3-33}$$

根据城市规模不同，$\delta_{佳}$ 也不是一个唯一值。对于大城市或城市中心区，居民密度高、客流集散点多，不仅路线重复系数大，而且其密度值（δ）也应该取大一些。反之，中小城市或城郊地区则宜取小一些。我国的《城市道路交通规划设计规范》要求在市中心区 δ 值应达到3～4km/km²，在城市边缘区应达到2～2.5km/km²。

b）公共客运交通路线长度与条数

全市公共客运交通路线总长度可由式(3-31)及式(3-27)大致确定：即 $L_{线} = F\delta\mu = L_{网} \cdot \mu$。

从实践经验可知，路线过短，会造成乘客换车过多而不方便。同时，也会造成车辆在路线起终点站停歇时间相对增加而降低运营速度。反之，若路线太长，则会造成沿线客流不均匀，行车间隔时间不准确，使得公交车辆的运载能力难以充分利用，并使乘客候车时间增长。因此，公交路线的平均长度（$l_{线}$）常根据城市规模和形状来考虑，可取其城市直径（中、小城市）或半径（大城市）为平均路线长度；也可参照路线上乘客上下车交替情况确定路线长度，它约为乘客平均乘距的2～3倍。通常，市区路线长度在8～12km，郊区路线长度视实际情况而定。

于是，可估算出全市公交客运路线的条数（n），即：$n = \dfrac{L_{线}}{l_{线}}$。

根据以上控制指标及客流调查分析图，则可进行全市公共客运交通路线规划。

（3）站点布置

①停靠站

停靠站的布置会影响车辆的运行速度、乘客的步行距离和道路的通行能力等。停靠站布设应注意两个问题：一是停靠站之间的距离，二是停靠站沿街布置形式。在此只从规划角度论述站距的合理指标。

根据公交乘客心理分析可知，在公交车上的乘客总希望车辆尽快到达目的地，中途最好不停车；而对于路线中途要上下车的乘客则希望车站离出发地或目的地很近，以使步行时间最短，即要求站距短一点（多设站）好。可见车上车下的出行者对站点布设的距离要

求是不同的，但他们的目的都一样，即希望出行的途中所用时间最少，也就是：

$$2t_{步} + t_{车} = 最小值$$

其中：$t_{步}$即式(3-28)所示；$t_{车}$为乘客在车上行程为$L_{乘}$时所用的时间，且

$$t_{车} = \frac{60L_{乘}}{V_{送}} = \frac{60L_{乘}}{V_{行}} + \left(\frac{L_{乘}}{d} - 1\right)t_{上下} \quad (\text{min}) \tag{3-34}$$

$V_{送}$为车辆的运送速度(km/h)；$V_{行}$为车辆的行驶速度(km/h)，二者的区别在于前者包括进出车站上下乘客的时间在内，后者仅为在各站之间正常行驶所用时间；$L_{乘}$为乘客平均乘距(km)；d为平均站距(km)；$t_{上下}$为车辆每次在站点平均上下乘客的时间(min)。

若要得到用时最短的最佳站距，则可由下式求算：

$$\frac{\mathrm{d}(2t_{步} + t_{车})}{\mathrm{d}d} = 0$$

将前面给出的$t_{步}$和$t_{车}$表达式代入上式；经求导计算得到最佳站距表达式如下：

$$d_{佳} = \sqrt{\frac{V_{步} \cdot L_{乘} \cdot t_{上下}}{30}} \quad (\text{km}) \tag{3-35}$$

实际上，在市区道路上布设公交站点时，其站距还要受道路系统、沿线用地性质和交叉口间距等的影响，因此在整条路线上，站距是不等的。市中心区，客流密集，乘客上下车频繁，则站距宜小些；城市边缘地区，站距可大些；而郊区可更大些。我国的《城市道路交通规划设计规范》要求，可按市区站距500~800m，郊区800~1200m设置公交车站。

②始末站

公共客运交通路线的始末站是车辆掉头之处，要有可供车辆回转用地。此外，还应考虑行车调度人员、司售人员的工作和休息场地以及停放部分车辆的场地以供夜间或平峰时暂时停放车辆。

《城市道路规划设计规范》规定，公共汽车和电车的始末站应设置在城市道路以外的用地上，每处用地面积按1000~1400m^{2}计算(有自行车存车换乘的应另外附加面积)，回车场的最小宽度应满足公交车辆最小转弯半径需要，公共汽车为25~30m，无轨电车为30~40m。

(4)出租汽车规划

出租汽车在城市客运中起着辅助的作用，尽管它完成的城市客运量远不及公共交通客运，但它对方便广大城市居民的出行活动却起着公共交通所不能起的作用。出租汽车能根据乘客的要求随时作户到户的客运，快速灵活方便，运营速度平均可达30(km/h)，远比公交客车快捷。

出租汽车的服务方式主要有：①路抛制，出租车在市内道路上慢速行驶或在某些人流集散较多的地方停放，车辆随乘客的需要随时停车服务；②电话叫车，由出租汽车总调度站从最靠近乘客的服务站派车前往服务；③乘客上服务站叫车；④预约登记。其中以路抛制最为灵活方便，目前我国大多数城市都以此形式为主。

出租汽车规划，一是确定出租汽车数量，二是考虑出租汽车交通对城市道路交通系统的影响。

应根据城市交通特点、社会经济发展、城市规模及形态等确定城市应拥有的出租汽车

数量，随着城市经济和建设的发展、人民生活水平的提高，出租汽车交通将稳步发展。我国《城市道路交通规划设计规范》规定，大城市每千人不宜少于 2 辆，小城市每千人不宜少于 0.5 辆，中等城市可在其间取值。

出租汽车为了方便居民乘车，应能随时随地提供服务，故宜实行路抛制与电话叫车等方式相结合的服务形式。它除了要用现代化的通信联络设备外，对道路的要求是：能让出租汽车在路上正常流动和沿街停抛，并且对道路上的正常交通干扰不大。这就要求有相适应的机动车道路系统、较宽敞的横断面以及静态交通设施。因此，在规划城市道路和交通时，不仅要考虑沿街停车问题，还应该在人流集散较多的车站、码头、商业服务中心、文化娱乐场所以及居住小区中心附近，设置一定数量的停车道、停车场和小广场，供出租汽车停放和乘客上下、候车之用。同样，出租汽车的保养和修理也可以在集中的地方进行。这些建筑的用地以及出租汽车对道路交通的影响，在城市交通规划中都应事先给予应有的考虑和安排。

2. 自行车交通规划

(1) 自行车交通的特点

自行车交通是我国私人个体交通的主要部分。可以说，自行车在我国人民生活中占有很重要的地位。根据国民经济发展情况和人民生活水平，自行车还将要伴随人们很长一段时间。由于自行车交通对城市交通的影响很大，因此，要做好城市交通规划不能不考虑自行车交通问题。

自行车交通的优点是吸引人们选择自行车出行方式的重要因素。诸如以下优点是被人们所公认的：①自行车是“门到门”的连续性交通工具。②自行车是一种机动灵活的个体交通工具。在时间上机动灵活，主动自如。它对道路要求较低，甚至可走街串巷，在空间上也能做到机动灵活。自行车价格便宜，维修容易，不要燃料，受外部的牵制因素少，因此，在使用上也是机动灵活的。③自行车是一种无环境污染的“绿色”交通工具。自行车无噪声、无废气，是所有交通工具中对环境影响最小的一种。

然而，自行车交通的缺点也是很明显的：①速度较慢，载客少，效率低。②缺乏防护设施，易受外界自然条件影响，如严寒冰雪、风雨炎热都会使自行车出行受到限制。③如若组织管理不当，自行车交通与机动车交通及行人交通之间将产生严重的相互干扰和影响，以致降低道路通行能力，增加交通延误。

有人将自行车行驶比喻为一种蛇形运动，稳定性差，危险性大；把它对城市交通的影响说成是“交通公害”。这些说法无非反映出人们对自行车交通的忧虑，深深感到应对自行车交通给予足够的重视，对自行车交通进行深入研究，掌握自行车交通的规律，确定有关自行车交通规划、设计、管理的参数，合理协调自行车交通的比重，建立自行车交通体系，明确自行车交通政策。以上这些工作将直接关系到能否科学地规划治理城市的交通问题。

(2) 自行车交通的调查分析

为了掌握自行车交通在城市内的流动特点和规律，需要作自行车流量流向调查和分析工作，其基本方法与调查机动车的方法相似。

①调查各主要路段断面的自行车双向流量。可按每 15 分钟一个时段进行统计，调查

高峰小时或全日各小时的自行车流量。根据调查的路段流量，可以绘出全市自行车流量图。

②调查全市或主要交叉口的自行车流量流向。在一个交叉口，记下每个路口通往其余路口的自行车交通量，汇总各路口来的交通量就是路口流出量。经过校核，流入交叉口的总量等于流出交叉口的总量，即可绘制交叉口分向流量图。

③调查市内各典型企事业单位的职工骑车率及为工作和生活活动骑车出行的范围(即自行车 OD 调查)。对于远景自行车流量的估计，可以通过远期居住区规划、居住人数分布、工业区的规划等方面，根据骑车率大致估计出高峰时的自行车流量，再按照规划的道路系统，将自行车流量分配到相应道路上去，并绘出流量图，作为远景自行车道设计的参考依据。

(3)自行车道的规划设计

①自行车道路

自行车道路网规划应由单独设置的自行车专用路、城市干路两侧的自行车道、城市支路和居住区内的道路共同组成一个能保证自行车连续交通的网络。

大、中城市干路网规划设计时，应使自行车与机动车分道行驶。

自行车单向流量超过 10000veh/h 的路段，应设平行道路分流。在交叉口，当每个路口进入的自行车流量超过 5000veh/h 时，应在道路网规划中采取自行车的分流措施。

自行车专用路应按设计速度 20km/h 的要求进行线型设计。自行车道路的交通环境设计，应考虑安全、照明、遮阴等设施。

自行车道路网密度与道路间距，宜按表 3-19 规定采用。

表 3-19　**自行车道路网密度与道路间距**

自行车道路与机动车道的分隔方式	道路网密度(km/km^2)	道路间距(m)
自行车专用路	5~2.0	1000~2000
与机动车道之间用设施隔离	3~5	400~600
路面画线	10~15	150~200

自行车道路路面宽度应按车道数的倍数计算，车道数应按自行车高峰小时交通量确定。自行车道路每条车道宽度宜为 1m，靠路边和靠分隔带的一条车道侧向净空宽度应加 0.25m。自行车道双向行驶的最小宽度宜为 3.5m，混合有其他非机动车的，单向行驶的最小宽度应为 4.5m。

②自行车停车场

自行车停车场和汽车停车场一样均属静态交通用地规划范围，应纳入城市规划中，不可忽视。建筑设施前均应有自行车停车场，公共场所也应该设立社会性自行车停车场和自行车换乘公共交通的停车场。

③其他

自行车道的路面：应专门铺筑，要求平整舒适，以吸引骑车人。为保护路面结构层，两侧宜铺缘石。

推车坡道：在丘陵地区或立体交叉处，上下两条自行车道之间会有较大的高差，为了缩短过长的绕行路程，可在其间直接采用推车的坡道。坡道可以做成整块斜坡式，也可做成中间为踏步两旁是上下行推车的斜坡。坡道表面宜粗糙、防滑；踏步面宜略向外倾斜，以免积水结冰。

排水系统：自行车道的排水系统应该与城市地面排水和城市干道排水系统统一考虑。

总之，根据我国实际国情，在机动车交通不断发展的同时，也应该对自行车交通的发展和规划予以充分重视，使自行车交通在城市交通系统中发挥积极健康的作用。

3. 步行交通规划

步行交通系统规划应以步行人流的流量和流向为基本依据，因地制宜地采用各种有效措施，满足行人活动的要求，保障行人的交通安全和交通连续性。

步行交通系统主要包括人行道、人行天桥、人行地道、商业步行街等，它们应与居住区的步行系统，与城市中车站、码头集散广场，城市游憩集会广场等的步行系统紧密结合，构成一个完整的城市步行系统。这里仅介绍商业步行街区的交通规划，其他步行设施(如人行道)的规划设计内容可见第5章。

随着城市经济建设迅速发展，城市中心区的交通压力增大，经常出现交通阻塞，交通事故上升，交通环境恶化。为保证行人安全、购物方便、改善环境，国内外许多城市都在市中心区开辟定时限制或严禁机动车辆驶入的商业步行街，收到了较好的使用效果。

商业步行街(区)规划主要考虑的问题有：

(1)步行街(区)内步行系统、道路横断面组合要适应步行交通需要

应保证步行者在时空上不受动、静态机动车交通的干扰，能通畅穿越步行街。因此，步行区内的道路应结合地形、现状和商业文化设施对人流的吸引等，有机协调地布置主街和环通疏导的支路，起疏导作用的支路间距不得大于160m。

步行主街的路幅宽度，主要取决于节假日高峰小时平均人流量、临街建筑高度等，一般可采用10~15m，并应满足清扫车、送货车、消防车、救护车及警车等特殊车辆的进入需要。

商业步行区内步行道路和广场的面积，可按每平方米容纳0.8~1.0人计算，商业步行区内可借后退红线等措施来布置小型广场以供人们停伫休憩、漫步观赏之用。

商业步行街(区)进出口，应设置定时禁止机动车(或包括自行车)进入的醒目标志，有条件时，宜局部用彩色混凝土铺装并布置斜坡式台阶。进出口两侧干道转角处的人行道，宜局部加宽并设护栏，以利于人流通畅进出步行街(区)。

(2)与周围服务地区应有便捷客运交通相联系

商业步行街(区)与规划的服务地区内应有便捷的客运交通联系。商业步行街(区)距城市次干道的距离不宜大于200m，步行街(区)进出口距公共交通停靠站的距离不宜大于100m。

旧城商业改造时，应结合路网调整，局部邻近街道拓宽，改造线型，组合成环形或半环绕越路，以便将原商业街通行的公共交通和其他客货车流转移到环形绕越路上去。若环形绕越路的通行能力不能满足转移过来的双向机动车交通量，则可组织单向环形绕越。

(3)停车场的合理布置

商业步行街(区)进出口附近，应结合用地现状条件和节假日交通量，布置相应规模的机动车和非机动车停车场或多层停车库，其距步行街(区)进出口的距离不宜大于100m。

4. 货运交通规划

城市货运是指城市市区内部的货运。主要包括：城市中的货物由一地到另一地的运输、运进或运出城市的货物在市区各地与对外交通运输枢纽点(集散点)之间的运输。

(1)几个基本概念

货运研究的对象是货物的流动，包括货物的种类、货物流动的方向以及流动量的大小等。城市中的货物种类很多，各生产和运输部门的货物分类方法也不尽相同。简略地看，城市货物大致可归为以下三类：

①同工业生产有关的货物：如工业生产的原材料、燃料、产品和工业废料等，这类货物的数量取决于工业企业的性质、规模、工艺过程和自动化程度等。由于生产力不断发展，货物在品种和数量上经常发生变化，但其运量、运输方向在一定时期内基本上是稳定的。运送这类货物的方式有铁路、汽车运输以及水路运输。在市内运量中主要是汽车运输承担。

②同居民生活有关的货物：如生活必需的各种食品、日用生活品、燃料以及生活废弃物等。此类货物的数量与居民人口和流动人口有关，在一定时期内比较稳定；随着居民生活水平的提高以及生活方式的改变，货物数量也有相应的变化。

③同基本建设有关的货物：城市基本建设所需的建筑类材料和建筑垃圾等。这类货物的运量在市内货运中常占有很大的比重，而且其流向也常是多变的。

在研究城市货运时，首先要弄清各种货物流动过程的发货点和收货点，若再能调查到各种货物在其间流动的数量和距离等数据，便可算出货物的货运量和货运周转量。

货运量：货物的数量是城市货物运输中的一个基本数据，在货运中常用货运量来表示。所谓货运量是指在单位时间内，计及重复运输系数后的被运货物的数量，常以吨/年计。例如一吨货物由码头运到仓库，再由仓库运到批发商店，然后再被转运到销售点，虽然此时被运货物的重量是一吨，但重复运输系数为3，故货运量为3吨/年。重复系数越大，表示货物被转运次数越多，这样就会增加装卸转运工作量，延长运送货物的时间，甚至会增加货物的损耗和成本，因此，应尽量减少不必要的重复运输。货运量可以通过货流调查得到，但对于新城市规划货运交通，其货运量较难以确定，只能根据城市用地经济发展规模和规划、人口增长等进行估算。

货运周转量：货运量并不能全面反映货运工作状况，例如一吨货物被运送1km和10km，它们的货运工作量显然不同。因此在分析货运交通时还有一个重要的概念，即货运周转量。所谓货运周转量是用货运量与其运距的乘积来表示，以(吨·km)/年计(当取各种货物运送距离的平均值表示运距时，即为平均运距，以km计)。对于在市内相互流动的货物，平均运距与市区的大小、主要的发货点和收货点位置有关。对于运进和运出城市的货物，平均运距除与上述因素有关外，还与对外运输枢纽点与市内主要发货点和收货点的相对位置有关。据统计，我国特大城市主要货物平均运距约在10km以上，大城市在

6~9km，中等城市在3~5km。在交通规划中应尽量缩短城市货物的平均运距，即减少货运周转量，从而减轻道路交通负荷。

由此看来，货运量和运距是货运工作的依据，不论是进行货运的组织管理还是规划设计，都必须首先取得这些基本数据。以此为基础，对城市货运的现状和发展进行分析预测，提出满足其运输需求的必需货车数量、与之相适应的道路交通网络以及对道路的技术要求等。

(2)货运调查

货运资料的获取除了用一些参考的定额或经验值来估算外，更重要的是进行货流调查，由此可以得到较全面和准确的数据资料。

①调查内容

a)货流OD调查；b)目前货运中存在的问题和意见，如货源点与吸引点的布局合理性、目前路网的适应性、对城市交通、环境等的影响和干扰等；c)各产、销、储、运单位今后的发展趋势和规模，对货运交通的要求等以及其他方面的问题。

②资料整理

a)现状货流图。在城市平面图(1：5000~1：20000)上找出和标明与某一货种有关的各发货点和收货点位置，根据货物运输时实地所经过的道路将它们相连，将货运量作为宽度，取一定的比例沿所经路线绘成货流图。所形成的各条状面积即为发货点与收货点间所具有的货运周转量。

b)货流调查分析报告。主要内容有现状货运中存在的问题和远景货运在时间、数量、地区上的变化等情况以及改善的措施。

c)远景货流图。与现状货流图绘制过程相同，绘制远景货流图，为货运交通规划和道路网规划提供依据。

(3)货运车辆数

货运车辆数的估算，取决于货物运输的组织管理方式以及货运量和货运周转量的大小。

市内所需各种货运车辆数($W_{行}$)，可根据各种货物的年货运周转量($W_{年}$)及车辆的有效生产率来计算：

$$W_{行} = \frac{M_{年}}{M_{年效}} \quad (\text{veh}) \tag{3-36}$$

一辆标准货车一天的有效生产率：

$$M_{日效} = A \cdot \varepsilon \cdot V_{营} \cdot \beta \cdot h \qquad (\text{t} \cdot \text{km/d})$$

一辆标准货车一年内的有效生产率：

$$M_{年效} = A \cdot \varepsilon \cdot V_{营} \cdot \beta \cdot h \cdot C \quad (\text{t} \cdot \text{km/y}) \tag{3-37}$$

式中：A为一辆标准货车额定载重量；ε为实载率；$V_{营}$为货运车辆的运营速度；β为有效行程系数，它是载货行程与完成运货任务所行驶的总行程之比，一般$\beta = 0.5 \sim 0.6$，h为一辆货车每天平均工作小时数；C为一辆货车一年平均工作天数。

$W_{行}$只是为完成货运任务($W_{年}$)之必需最低的车辆数，考虑车辆的完好率、维修、保养以及运输管理、车辆调度等因素影响，实际拥有的车辆数应略大于$W_{行}$，即：

$$W_{在册} = \frac{W_{年}}{\gamma} \quad (\text{veh})$$

式中：$W_{在册}$ 为在册标准货车车辆数；γ 为车辆利用率，一般可取 0.9。

另外，作为货运车辆的估算，也可根据《城市道路交通规划设计规范》给出的，按规划城市人口每 30～40 人配置一辆标准货车。

(4)交通干道上的货运交通

货运道路应能满足城市货运交通的要求，以及特殊运输、救灾和环境保护的要求，并与货运流向相结合。

当城市道路上高峰小时货运交通量大于 600 辆标准货车，或每天货运交通量大于 5000 辆标准货车时，应设置货运专用车道。货运专用车道应满足特大货物运输的要求，大、中城市的重要货源点与集散点之间应有便捷的货运道路，大型工业区的货运道路不宜少于两条。

当昼夜过境货运车辆大于 5000 辆标准货车时，应在市区边缘设置过境货运专用车道。

根据现状货流图和远景规划的货流图，可以确定今后市内主要货流所希望经行的路线，如果再掌握了货运线上主要货物的性质(货类)、货流量、主要货运车辆的种类等有关资料，就可以对路线所经过的道路在线型、宽度、净空、交叉口、路面和桥涵等方面提出相应的要求，也可据此对可能给沿线环境、居民生活产生的影响做出评估。

3.5 轨道交通规划

改革开放以来，我国经济快速、持续稳定地增长，增强了城市的综合实力，加快了城市化进程。城市人口的集聚，面积的扩大，出行总量和距离的增加，使得常规的公共汽车、电车已无法满足城市居民的出行需求，要求单一化的城市平面交通向多元化的立体交通发展。现在，大城市、特大城市已把建设大容量的快速轨道交通作为解决城市交通问题的最主要的技术政策。

3.5.1 轨道交通的演变

19 世纪的重大发明使人类的生活发生了巨大变化，电不仅解决了照明问题，而且很快应用到交通运输领域。用电来驱动车辆沿着轨道行驶，就成为有轨电车。作为公共交通的工具，希望能多载一些乘客，在轨道上可以像火车一样，由几节车厢连接起来行驶，这为发展城市轨道公共交通创造了有利条件。

世界上第一辆有轨电车于 1881 年诞生在柏林。有轨电车作为公共交通工具，逐渐为大众所接受，并很快得到广泛使用，在 20 世纪初期已经成为城市交通的主要方式。以美国为例，1912 年全国拥有 2.5 万以上人口的 376 个城市中，有 370 个城市采用有轨电车作为城市公共交通工具，有轨电车的数量最多达到 8 万多辆，线路长度达到 25000km。

有轨电车诞生后不久，很快便传入中国。1908 年 3 月 5 日，上海第一条长 6km 的有轨电车路线正式通车营业。

到了 20 世纪 50 年代，随着汽车工业的发展，给城市交通带来很大的影响。一方面愈来愈多的人拥有私人汽车，使私人交通的比重不断增加，公共交通的比重相应下降。另一方面，一些地方政府认为有轨电车的噪声大，舒适性差，灵活性不够，技术性能已跟不上客观要求。一些公共交通的经营者也认为发展公共汽车会比有轨电车更加经济。在这种情况下，有轨电车开始萎缩。由于缺乏投入，有轨电车的技术得不到提高，导致许多城市的有轨电车遭到废弃。伦敦、纽约等大城市先后在20世纪50年代和60年代完全取消了有轨电车。然而，有轨电车在有些国家仍受到重视，前苏联和东欧国家的有轨电车负担城市客运的比例虽有所下降，但绝对数量仍继续增加。西欧的有些国家如德国、瑞士等，有轨电车也始终保持一定的地位。上海于1975年拆除了最后一条有轨电车路线。我国东北几个城市仍保留着有轨电车，但在城市公共交通中所占的比重则已降到最低的水平。

有轨电车在街道上消失以后，人们不久便发现，这些腾出来的道路空间很快被汽车挤满。私人汽车的迅猛发展，造成城市道路交通阻塞，大气严重污染，对城市的生活质量和经济发展带来不可估量的后果，促使人们不得不重新研究城市交通的政策，即如何才能改善城市的生态环境，保证城市的可持续发展。人们重新认识到轨道交通的运能大而占用道路面积小，是解决交通走廊大客流的有效方式，而且电气交通不排放有害气体，有利于改善城市环境。那些保留有轨电车的城市，积极采用先进的技术来改造老式的有轨电车，以适应现代城市的要求。没有有轨电车的城市则因地制宜地建造现代化的轻轨交通，有的利用已废弃的城市铁路来建造轻轨交通，使被搁置的资源得到充分利用，又可以节省投资费用。轻轨交通的概念在20世纪70年代提出并逐步为交通专家接受，也受到乘客的欢迎。由于其适应性很强，因此发展前景广阔，正方兴未艾。无论是发达国家还是发展中国家，许多城市都已建成或计划建造轻轨交通。我国也有不少城市正对轻轨交通进行可行性研究，有的已列入计划。近年来，基于绿色交通理念，有轨电车也重新得到人们的重视，国内外许多城市开始关注有轨电车交通的建设。

地下铁道最早诞生于伦敦。1863年，伦敦在市中心环路下面修建隧道，让火车在隧道中通行。但是火车的烟雾在隧道中弥漫，尽管有通风井，仍然难以解决，因此无法建造更长距离的地下铁道。直到1890年，伦敦才建成电力牵引的地下铁路，长6.5km，设有8座车站。经过一个多世纪的不断发展，目前，伦敦地铁的总长度达到392km，每天平均运送乘客200多万人次。巴黎第一条地铁于1900年建成，沿香榭丽舍大街由西向东，长约10km，目前地铁线网总长338km。纽约地铁始建于1904年，目前的规模达到411km。东京地铁始建于1927年，目前的规模为242km。莫斯科地铁始建于1935年，目前的规模为274km。这些都是世界上规模最大的地铁网络。从客运量来看，最高的是东京地铁，每天平均运送700万人次，其次是莫斯科地铁，每天平均运送也接近700万人次。柏林的第一条地铁建于1902年，这条长约9km的地铁线路主要架设在建筑规划线宽度不小于30m的街道上的金属高架桥上，只有线路的尾端修筑了很短一段隧道。这是世界上最早的高架地铁。

我国第一条地铁于1969年在北京建成(图3-13)，以后二十多年间，在天津、上海和广州相继建成地铁。香港地铁从1979年开始通车营业，尽管目前线路总长只有43.5km，但是客运强度非常高，每天平均运送240万人次，客运强度达到每公里5.5万人次，居世界第一，成为利用率最高的公共交通系统。由于地铁建设耗资巨大，建设周期又很长，因此发展的速度受到很大的制约。近年来，随着经济的发展和城市交通发展的需要，我国许多特大城市也已开始了地铁的规划和建设。

图 3-13　北京的地铁

根据城市的具体情况，不同形式的轨道交通，例如轨道缆车、独轨交通等，可以适应城市地形条件和道路状况的要求。科学技术的发展使得轨道交通达到新的水平，例如无人驾驶的自动化导向交通、不接触轨道的磁浮交通等成为现实。城市轨道交通正在不断出现新的系统。

3.5.2　轨道交通的种类

轨道交通的名称有的沿用习惯名称或简称，往往不能确切地表达其性质和功能。有轨电车并不代表所有在轨道上运行的电气交通，地下铁道并不一定完全建造在地下，轻轨交通并不是指所使用的钢轨是轻质的。轨道交通的分类应当按照其作为公共交通的服务水平和运行方式来加以界定，最主要的是运送能力和运送速度两项指标。

运送能力是指在高峰时间一条线路能满足的最大客流量，用单方向高断面每小时通过的最大乘客人数来表示。运送能力主要取决于列车的载客量和行车密度。假设高断面最大客流量为单向每小时 20000 人，列车的载客量为 1000 人，那么该断面要求每小时通过 20 趟列车，才能将所有的乘客运走。这意味着每隔 3min 要有一趟列车。显然，列车的载客量愈大，行车间隔时间愈短，则运送能力愈大。

运送速度是指车辆从起点站到达终点站的平均速度。这个速度首先取决于车辆在行驶中能够达到的最高速度，以及车辆在启动时的平均加速度和进站时的平均减速度。这些指标都取决于车辆的性能。运送速度还取决于站距的长短，站距越短，则加速和减速所花去的时间在总的行驶时间中所占的比例越大，那么平均速度就越低。如果行驶中遇到阻碍而减速，甚至停车，那么，平均速度还要降低。运行中车辆停站时间的长短也影响其运送速度。所以，运送速度一方面取决于车辆的性能，另一方面取决于运行条件。

表3-20是城市各种公交形式的特征指标对照。

表3-20　　城市各种公交形式特征指标对照表

城市公交形式	线路结构特征	一般列车编组数	单向客运量（人次/h）	运行速度（km/h）	一般站距（km）
地铁	以隧道为主	2~8	3万~8万	35~40	1
轻轨	以高架和地面为主	21~44	1万~3万	30~35	1
有轨电车	城市道路	1~4	1万以下	15~20	0.6
公共汽车 无轨电车	城市道路	1	6000~8000	12~20	0.6

有轨电车是指电力驱动的车辆在敷设于市区街道中的轨道上行驶的轨道交通系统，其特点是与其他交通方式混合行驶（图3-14）。通常是单节车辆或由2节车辆组成的短列车运行，其运送能力在2000~5000人/h。由于与其他交通方式混合行驶，其运送速度一般在15~20km/h，在交通条件恶劣的情况下，还可能低于15km/h。

图3-14　维也纳的有轨电车

地下铁道是一种载客量大、快速准点、舒适安全的轨道交通系统。市区内大部分在地下隧道中行驶，车站也设在地下。根据实际情况，可以有高架区段和地面区段，以节约投资，但必须是全封闭的。为了更确切地加以界定，国际上使用重型轨道交通系统（heavy rail transit，HRT）或快速轨道交通系统（rail rapid transit，RRT）的名词，并且做出明确的定义。这种交通系统应当具有以下特征：

①以电力为牵引动力；

②有专用车道，不论是地下、地面或高架，均与其他交通完全隔离；

③车站都是沿线设置，车站的站台高度与车厢地板面相当，乘客可以直接跨入车厢；

④使用载客量较大的车辆；

⑤由多节车辆组成列车运行，地铁列车的编组根据客流的要求，最多为6～8节，其运送能力在3万～6万人/h，运送速度一般在32～40km/h。

轻轨交通是一种中容量的轨道交通系统，介于有轨电车与地铁之间，其覆盖范围较大，灵活性也很大。轻型轨道交通系统(light rail transit，LRT)是相对于重型轨道交通系统而言的，它具有以下特征：

①以电力为牵引动力；

②整条线路可以包括地面、高架或地下区段，地下区段仅限于必要的地方，通常距离比较短；

③可以有专用道，也可以在地面与其他交通方式混合行驶，为了保证一定的运送速度，在平交道口采用优先通行的交通信号系统；

④车站沿线设置，站台高度可以与车厢地板面相当，也可以是较低的站台，或在地面上直接上下客；

⑤由多节车辆组成列车运行，通常不是很长的列车；

⑥车辆可以采用铰接的结构，轻轨列车的编组一般不超过4辆(图3-15)，其运送能力在5000～30000人/h，运送速度一般在25～35km/h。可以看出，轻轨交通的最低水平接近于有轨电车，最高水平接近于地铁。

图3-15　轻轨列车

独轨交通(monorail system)是一种全线高架的轨道交通系统，其基础结构是架空的T形或I形导轨梁，同时起承载、导向和稳定的作用，占用的空间较小。车辆由若干节车厢组成，在轨道梁上部行驶的称为跨座式独轨交通，在轨道梁下部行驶的称为悬挂式独轨交通。车辆的走行部分由橡胶驱动轮和导向轮组成，因此噪声较小。独轨交通的运送能力在5000~20000人/h，运送速度一般在30~40km/h。

自动化导向交通(automated guide way transit，AGT)是一种无人驾驶、全自动运行的轨道交通，在专门制作的混凝土通道内行驶，其导向轨布置在走行轨的两侧或中部。它通常是高架的，完全与其他交通隔离。日本认为AGT的运送能力在4000~16000人/h比较合理，运送速度一般在30~35km/h。

磁浮交通系统(magnet system)是一种利用电磁力作用使车轮浮在轨道上行驶的客运交通系统，其驱动方式不是依靠车轮与轨道之间产生的牵引力来驱动车辆前进，车轮只起静止支承作用，通常采用直流电机作为动力，利用感应原理推动车辆前进。由于此系统的车辆与导轨之间不产生摩擦，因此可以达到高速行驶的要求，为此，系统必须全封闭，通常为架空的。磁浮交通系统的研制目标是以高速铁路为竞争对象，其最高车速已达到500km/h。其应用在城市轨道交通，可以根据实际需要满足较高的运行速度和较好的爬坡能力，目前还应用不多，我国上海在2003年建成世界上第一条商用磁悬浮列车线，标志着我国在此领域已进入世界先进行列。

缆索轨道交通(cable railway)是一种由钢索牵引车辆在轨道上行驶的交通系统。车辆本身不带有动力，钢索设在两条钢轨之间，低于地面，其牵引动力装置一般设在位于线路中心位置的固定地点。车辆的尺寸和外形与有轨电车差不多，由于车辆的牵引力不受车轮与轨道之间粘着条件的限制，所以适合于坡度较大的道路系统。

3.5.3　轨道交通的规划

轨道交通与地面混合行驶的公共交通相比，具有运能大、速度快、污染低、安全、准点、舒适等优点，但是由于它投资大，建设时间长，在规划和实施中还会受到一定的制约。轨道交通的发展在很大程度上决定于城市的经济发展、生活质量、生态环境等方面的要求。在进行轨道交通的规划时，应当考虑以下一些原则：

(1)轨道交通是城市重要的基础设施之一，线路规划应符合城市总体规划的要求。网络布局必须与城市用地布局密切结合，与城市发展形态相一致。

(2)轨道交通线路的走向应符合客流集中的交通走廊，通常是连接一些重要的客流集散点，如铁路车站、汽车客运站、航空港、航运港等交通枢纽，大型商业、经济活动中心，体育场、博览会等重要文体活动中心，以及规模较大的住宅区等。

(3)轨道交通系统是城市综合交通的有机组成部分，轨道交通作为城市交通的骨干，需要其他方式的交通相互配合，才能获得最大的整体效益。轨道交通的主要车站都是大量客流的集散点，需要公共汽车之类的线路与之连接，使其服务范围扩大到更大的覆盖面。在规划时应充分考虑轨道交通与其他公共交通的换乘。

(4)为了缓解市中心区的交通拥挤，更要鼓励外围地区的乘客使用私人交通工具，再转乘轨道交通进入市区。因此，在一些关键车站还应考虑轨道交通与私人交通(私人汽车、自行车等)的换乘设施。

(5)随着生态城市群的出现，快速便捷的轨道交通可以增加卫星城与中心城之间的吸引力。不同城市有不同的特点、不同的形态，城市轨道交通网络的规划也要与城市的特点相结合。根据国内外的经验，城市轨道交通网络大多由以下一些基本形式组合而成：

①单线型　仅在城市繁忙地区、客流明显集中在某一方向时才适用，有通过市中心的径向线和半径线。

②环线型　通常适用于城市中心，用于联络通过城市中心的径向线和半径线，可以较好地组织换乘。

③十字形　两到三条城市轨道交通线呈十字交叉通过城市，通常适用于组团式城市。城市街道呈网格状，主要客流方向集中在两到三个方向。此种形式可以发展成为井字形或网格形的路网。

④三角形　至少有三条线路相互交叉，在城市中心地区呈三角形，并形成几个换乘站。这种路网形式比较适合单中心城市。

⑤辐射形　通常由多条城市轨道交通线布置于城市主城区并向城市郊区辐射，形成不规则的网状结构，其交汇点是大型换乘中心。城市中心与外围的联系十分方便。

⑥网格形　通常由多条城市轨道交通线路覆盖城市主城区并延伸至城市郊区，形成棋盘网格形，交汇点是换乘中心。市区换乘方便，市中心与市郊联系方便。

图 3-16 和图 3-17 分别为武汉市和北京市轨道交通的网络规划及网络示意图。

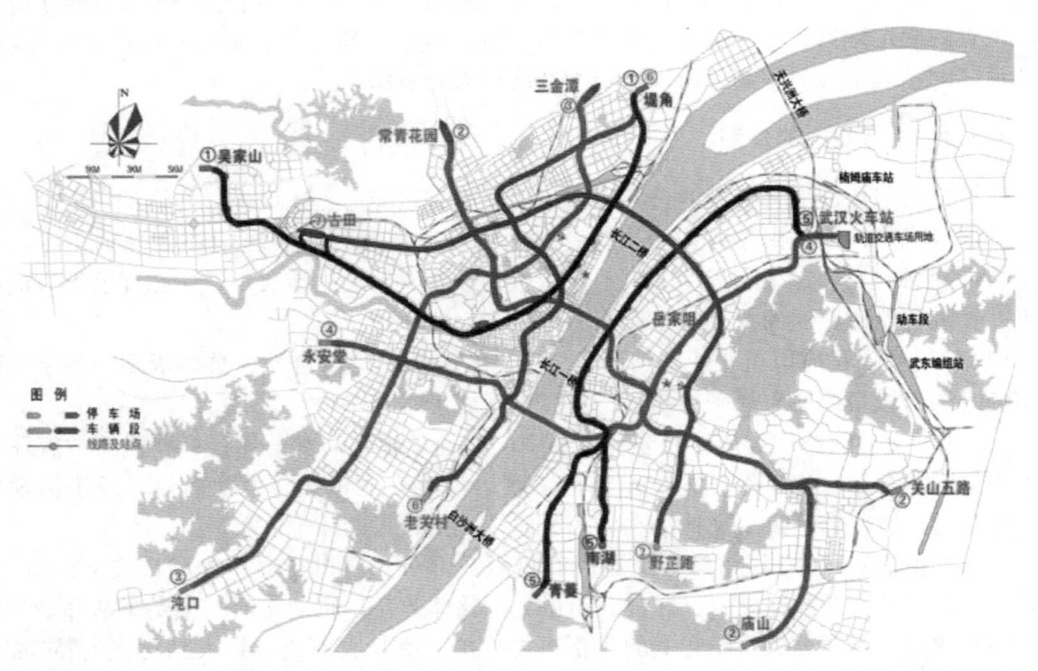

武汉市轨道交通线网由 7 条线组成，线网总长约 220km，设站 182 座，车辆基地 3 个。线网从结构上分为三个层次。

图 3-16　武汉市轨道交通网络规划图(远景年)

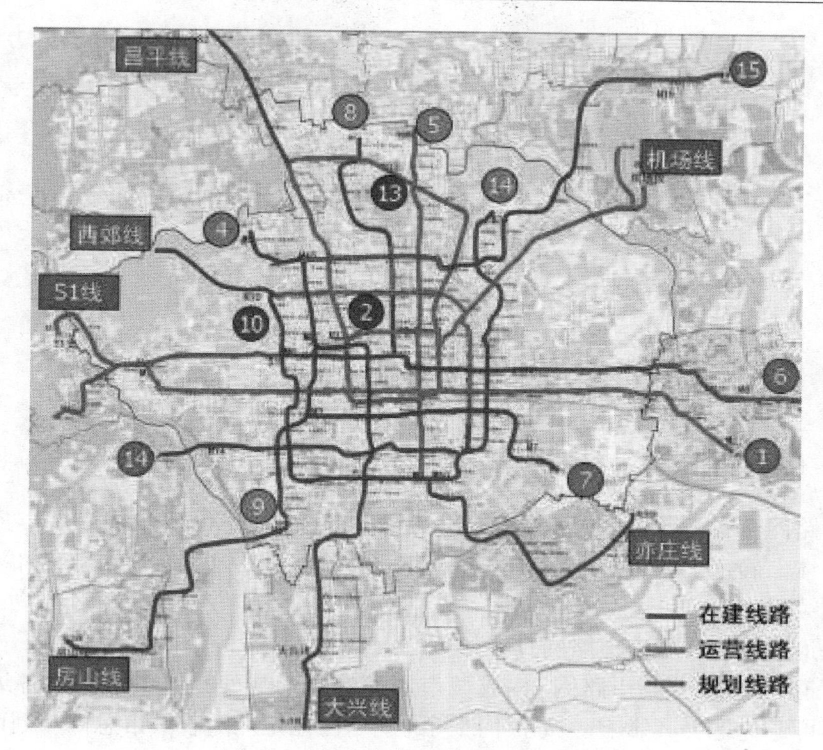

图 3-17　北京市轨道交通网络示意图

轨道交通网络中的线路可按照客流需求和客观条件选择不同类型的轨道交通，包括地铁、轻轨、独轨交通等。随着自动化技术日趋成熟和实用化，自动化导向交通的发展前景也是很乐观的。

对于特大城市来说，往往需要规模较大的轨道交通网络才能满足客运的需求。而网络的建设需要巨大的资金投入和较长的建设时期并涉及城市发展建设的诸多方面，因此，做好轨道交通网络规划十分重要。

思　考　题

1. 城市交通规划的目的、意义和主要内容是什么？
2. 为什么要进行 OD 调查？
3. 出行具有什么特性？
4. 如何考虑划分 OD 小区？
5. 远景交通量的预测步骤及主要内容是什么？
6. 城市公共客运交通规划主要解决什么问题？
7. 决定公交路线上的行驶车辆数的条件是什么？
8. 公交客运路线规划的原则是什么？
9. 商业步行街区规划应考虑哪些问题？
10. 货运规划的主要内容是什么？

第4章　城市道路网规划

4.1 概　　述

4.1.1 城市道路网特点

城市道路网由各类各级城市道路(不包括居住区内的道路)所组成，城市道路网一经形成，就大体上确定了城市用地布局和土地利用的轮廓，并且其对城市建设和发展的影响将会一直延续下去。

与其他道路相比，城市道路网具有如下特点：

①城市道路网(主要指干路网)构成城市用地的基本骨架，城市规划中各地块的使用和发展将不可避免地受其影响。城市干路网的规划往往是伴随着城市总体规划而形成并完善，在城市总体规划阶段，就必须对城市干路网作出相应考虑和安排，以适应城市用地布局需要，而干路网的进一步改善和完善，又将促进和推动城市用地开发建设。

②城市路网功能多样，道路组成复杂。公路网一般只考虑机动车交通，而城市路网上的交通组成复杂，各种机动车、非机动车、行人共同利用路网空间实现其出行。城市路网除了交通功能外，还兼有其他多种功能，如形成城市结构功能、公共空间(公用设施布置空间、通风、采光等)功能、防灾救灾功能等。多种功能的需要对城市路网提出与公路网不尽相同的要求，如路网中各类各级道路的密度、道路横断面组成、交叉口类型等，均应体现城市交通特点。

③景观艺术要求高。城市干路网是城市用地的骨架，城市总平面布局是否美观、合理，在很大程度上首先体现在道路网，特别是干路网的规划布局上。有秩序、富有韵律的、协调的城市道路网络以及道路两侧的建筑物、自然景观及人文景观等将构成一副美好和谐的城市画卷。完善、合理的城市道路网络也从一个侧面体现和反映了城市精神文明和物质文明的程度。

城市道路网规划是城市交通规划的继续、发展和深入。根据城市发展总体规划及城市交通规划对城市各用地分区间的道路交通需求，建立结构合理、主次分明、功能良好，完整、通畅的城市道路网络，对促进和加快城市建设与发展具有极其重要的意义。在进行城市道路网规划时，要认真考虑实施规划的可能性，通过对城市的规模、性质、形态、交通特点、城市经济发展和建设财力以及工程技术能力和水平等多方面的深入调查研究和综合分析，结合各种规划构思，提出若干备选方案，再经过社会、经济、技术及环境等方面效益的评价比较，分析各方案的优劣，以供决策。

在城市道路网的规划设计中，应确定城市道路网结构形式；确定干道性质、走向及红线宽度；确定道路横断面形式、交叉口位置和形式；确定停车场布置以及路网图的绘制和规划说明书的编写等。

城市道路网规划应以城市交通规划中对城市客货运输的预测分析为依据，以国家有关规范、编制办法为准，满足要求的各项规划技术指标。

4.1.2　城市道路网规划的基本要求

1. 满足城市道路交通运输需求

城市道路网络是城市综合交通体系中的一个子系统，道路网中各条道路的性质与功能必须同道路在系统中的地位以及道路两侧用地的规模和性质相适应，力求做到使城市各分区之间有方便、迅速、安全和经济的交通联系，形成全市道路交通干道系统，满足城市中的长距离、以速度为主要要求的出行；在城市各分区内部形成工作、生活性道路，满足主要以交通容量为要求的短距离出行，方便城市客货流的集散。

我国城市道路中的快速路和主干路在道路网系统中主要起"通"的作用，要求通过的机动车具有较高的行驶速度；次干路兼有"通"和"达"的功能，在次干路两侧一般都有大量的沿街商贸、文化卫生等城市公共服务设施，并且次干路与支路直接相连，对于城市客货流运输在支路上的集散以及在快速干道上的运输起到承接转换的作用，因此希望次干路能具有较大的交通容量，而对机动车行驶速度则不能有过高要求；支路主要起"达"的作用，它深入到城市各分区内部，交通过程中最初的"集"和最终的"散"是支路的主要功能。

2. 满足城市用地布局要求

城市道路网系统规划应结合城市用地规划，为城市建设发展创造良好的条件。城市道路可成为划分城市各分区、组团或各类城市用地的界限，形成城市用地分区布局的"骨架"。道路网分割的城市用地及分区形态应有利于城市总体规划对用地的分配，满足各类用地的基本要求(如不宜将用地分割成狭长或畸形地块)；有利于组织城市的景观，结合城市绿地、水体、地貌特征等，形成自然、协调的城市风貌，给人以浓烈的生活气息、丰富的动感和美好的感受。

3. 城市道路的布局应考虑结合城市的通风和日照，并尽可能使建筑用地取得良好的朝向

城市道路就是城市的风道，因此主要道路的走向既要有利于城市通风(如可使城市主干道走向平行于该城市夏季主导风向)，又要考虑有利于抵御冬季寒风或夏季台风等灾害性风的正面袭击，道路的走向还要为两侧建筑布置创造良好的日照条件。

4. 满足各种市政工程管线布置的要求

城市市政工程管线常常沿城市道路敷设，各种管线的平纵面走向和埋设要求都与道路网布局密切相关。因此在道路网规划时应充分考虑满足工程管线的布置要求，为其提供必需的布置空间。

此外，城市道路网规划应能适应城市将来的扩展、交通结构的变化和要求，具有一定的超前性；要认真考虑实施规划的可能性，通过对城市的地形、地物，工程技术能力水平，城市经济发展特点以及建设财力等多方面的深入研究、分析，作出科学、合理的规划方案。

4.2 城市道路的功能及分类分级

与其他道路，如公路、矿区道路、林区道路等相比较，城市道路的功能更多一些，其组成也更为复杂，有着与其他道路明显不同的特点。根据《城市道路设计规范》(CJJ 37-90)的定义，城市道路是指大、中、小城市及大城市的卫星城规划区内的道路、广场、停车场等，不包括街坊内部道路和县镇道路。城市道路与公路以城市规划区的边线为分界线，在城市道路与公路之间应设置适当的进出口道路作为过渡段，过渡段的长度可根据实际情况确定，其设计车速、横断面布置、交通设施、照明等可参照"规范"及公路的有关设计标准和规范。

4.2.1 城市道路的功能

城市道路是城市人员活动和物资运输必不可少的重要设施。同时，城市道路还具有其他许多功能，例如，能增进土地的利用、能提供公共空间并保证生活环境，具有抗灾救灾功能等。城市道路是通过充分发挥这些功能来保证城市居民的生活、工作和其他各项活动的。目前，城市中存在的许多问题无不与城市道路的规划建设及管理的不完善有关联。

在城市道路规划及设计时，必须充分理解它的功能和作用。城市道路的功能，随着时代的变化、城市规模和性质的不同，表面上或许有所差别，但就其本质来说，它的功能并没有改变，主要有以下4个方面的功能：

1. 交通设施的功能

所谓交通设施功能，是指由于城市活动产生的交通需要中，对应于道路交通需要的交通功能。而交通功能又可分为纯属交通的交通功能和沿路利用的进入功能。交通功能不难理解，是指交通本身，如汽车交通、自行车交通、行人交通等；进入功能则是指交通主体(汽车、自行车及行人等)向沿路的各处用地、建筑物等出入的功能。一般来说，干线道路主要具有交通功能，利用干线道路的交通大多是较长距离的或过境的交通。与沿线的住宅、公建设施直接连接的支路或次干路则体现了进入功能，在不妨碍城市道路交通的情况下，路上临时停车装卸货物以及公共交通停靠等也属于这种功能。

2. 公共空间功能

作为城市生活环境必不可少的空间，公共空间有道路、公园等。近年来，随着城市建设的高速发展，城市土地的利用率越来越高，再加上建筑物的高层化，城市道路这一公共空间的价值显得更为可贵。这表现在除采光、日照、通风及景观作用以外，还为城市其他设施提供布置空间，如为电力、电信、燃气、自来水管及排水管等的供应和处理提供布置空间。

在大城市或特大城市中，地面轨道交通、地下铁道等也往往敷设在城市道路用地内，在市中心或大交叉口的下面也可埋设综合管道等设施。此外，电话亭、火灾报警器等也有沿街道设置的。

3. 防灾救灾功能

这一功能包括起避难场地作用、防火带作用、消防和救援活动用路的作用等。

在出现地震、火灾等灾害时，在避难场所避难，具有一定宽度的道路可作为避难道使用。此外，为防止火灾的蔓延，空地或耐火构造极为有用，道路和具有一定耐火程度的构造物连在一起，则可形成有效的防火隔离带。

4. 形成城市结构功能

从城市详细规划的步骤来看，第一步便是进行道路网及道路红线的规划，这便足以说明城市道路在形成城市骨架中的作用。从城市规模来看，主干路是形成城市结构骨架的基础设施，对于小一些的区域，道路则起着形成邻里居住区、街坊等骨架的作用。

从城市的发展来看，城市是以干路为骨架，并以它为中心向四周延伸。从某种意义上说，城市道路网决定了城市用地结构。反之，城市道路网的规划，也取决于城市规模、城市用地结构及城市功能的布置，两者相互作用，相互影响。

可将上述城市道路功能整理分类如下。

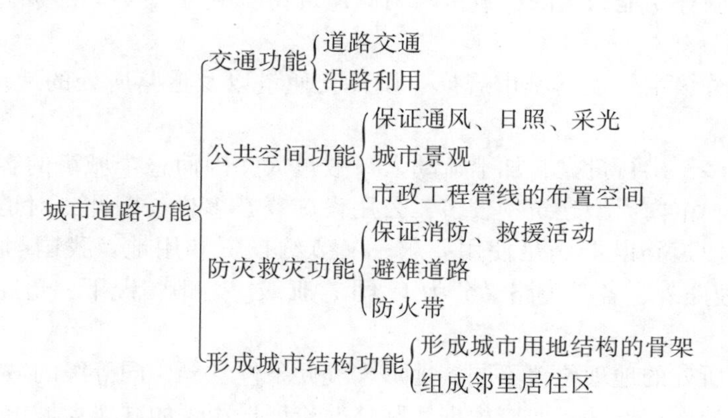

4.2.2 城市道路的分类分级

1. 城市道路的分类分级的目的

要实现城市道路的4个基本功能，必须建立适当的道路网络。在路网中，就每一条道路而言，其功能是有侧重面的，这是在城市规划阶段就已经赋予的。也就是说，尽管城市道路的功能是综合性的，但还是应突出每一条道路的主要功能，这对于保证城市正常活动、交通运输的经济合理以及交通秩序的有效管理等诸方面，都是非常必要的。

进行城市道路分类分级的目的在于充分实现道路的功能价值，并使道路交通运输更加有序，更加有效，更加合理。

功能不分、交通混杂的道路系统，对一个城市的交通运输发展是相当有害的。现代城市道路必须进行明确的分类分级，使各类各级道路在城市道路网中能充分发挥其作用。

2. 我国城市道路分类

我国的《城市道路设计规范》依据道路在城市道路网中的地位和交通功能以及道路对沿路的服务功能，将城市道路分为四类，即城市快速路、城市主干路、城市次干路和城市支路。

①城市快速路完全是为机动车辆交通服务的，是解决城市长距离快速交通的汽车专用道路。快速路应设中央分隔带，在与高速公路、快速路和主干路相交时，必须采用立体交

叉形式，与交通量不大的次干路相交时，可暂时采用平面交叉形式，但应保留修建立体交叉的可能性。快速路的进出口采用全部控制或部分控制。

在规划布置建筑物时，在快速路两侧不应设置吸引大量人流、车流的公共建筑物出入口，必须设置时，应设置辅助道路。

②城市主干路是以交通功能为主的连接城市各主要分区的干线道路。在非机动车较多的主干路上应采取机动车与非机动车分行的道路断面形式，如三幅路、四幅路，以减少机动车与非动车的相互干扰。

主干路上平面交叉口间距以800~1200m为宜，道路两侧不应设置吸引大量人流、车流的公共建筑物出入口。

③次干路是城市区域性的交通干道，为区域交通集散服务，兼有服务功能，配合主干路组成城市干道网络，起到广泛连接城市各部分及集散交通的作用。

④支路是以服务功能为主的，直接与两侧建筑物、街坊出入口相接的局部地区道路。

3. 城市道路分级

城市道路的分级主要依据城市规模、设计交通量以及道路所处的地形类别等来进行划分。

大城市人口多，出行量大，加上流动人口数量大，因而整个城市的客货运输量比中、小城市大。另外，市内大型建筑物较多，公用设施复杂多样，因此，对道路的要求比中、小城市高。为了使道路既能满足使用要求，又节约投资和用地，我国《城市道路设计规范》规定，除快速路外，各类道路又分为Ⅰ、Ⅱ、Ⅲ级。一般情况下，道路分级与大、中、小城市对应。

我国各城市所处的地理位置不同，地形、气候条件各异，同等级的城市其道路也不一定采用同一等级的设计标准，而应根据实际情况论证选用。如同属大城市，但位于山区或丘陵地区的城市受地形限制，达不到Ⅰ级道路标准时，可经过技术经济比较，将技术标准作适当变动。又如一些中小城市，若系省会、首府所在地，或特殊发展的工业城市，也可根据实际需要适当提高道路等级。要强调的是，无论提高或降低技术标准，均需经过城市总体规划审批部门批准。各类各级道路的主要技术指标见表4-1。

表4-1 **我国各类各级城市道路主要技术指标**

项目 类别	级别	设计车速（km/h）	双向机动车车道条数	机动车道宽（m）	分隔带设置	道路横断面形式
快速路	/	80,60	≥4	3.75	必须设	二幅路
主干路	Ⅰ	60,50	≥4	3.75	应设	一、二、三、四幅路
	Ⅱ	50,40	≥4	3.75	应设	一、二、三幅路
	Ⅲ	40,30	2~4	3.50~3.75	可设	一、二、三幅路
次干路	Ⅰ	50,40	2~4	3.75	可设	一、二、三幅路
	Ⅱ	40,30	2~4	3.50~3.75	不设	一幅路
	Ⅲ	30,20	2	3.50	不设	一幅路

续表

项目 类别	级别	设计车速 (km/h)	双向机动车 车道条数	机动车道宽 (m)	分隔带设置	道路横断面形式
支路	Ⅰ	40,30	2	3.50~3.75	不设	一幅路
	Ⅱ	30,20	2	3.50	不设	一幅路
	Ⅲ	20	2	3.50	不设	一幅路

注：在条件许可时，设计车速宜采用大值。

4.3　城市道路网结构形式

所谓城市道路网结构形式是指城市道路网的平面投影几何图形。城市道路网结构形式是根据城市发展需要，为满足城市规模、形态、用地布局、城市交通及其他要求而形成的。根据各城市具体条件的不同，城市道路网也将具有不同的结构形式。

国内外常见的城市道路网结构形式可抽象归纳为三种基本类型：方格网式、放射环式和自由式。

1. 方格网式路网

如图 4-1(a)所示。

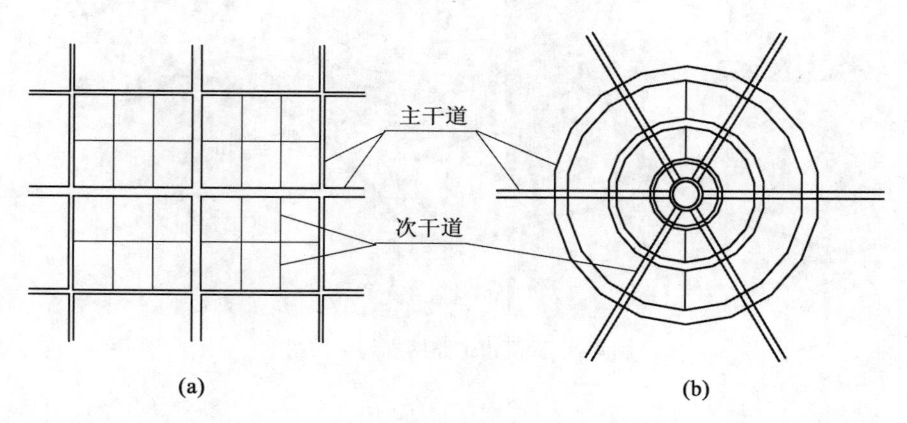

图 4-1　城市干道网类型

方格网式路网(又称棋盘式道路网)适用于地势平坦地区的中、小城市。它划分的街道整齐，有利于沿街建筑布置。这种路网上交通分散，灵活性大。缺点在于道路功能不易明确，交叉口多，对角线方向的交通不便。我国许多大城市的老城区均是此结构形式。

2. 放射环式路网

如图 4-1(b)所示，由市中心四周引出若干条放射干道，并在各条放射干道间连以若干条环形干道。这种路网的优点是有利于市中心区与各分区、郊区、市区外围相邻各区之间的交通联系，在明确道路功能上有其优点。缺点是容易将各方向交通引至市中心，造成市中心交通过于集中，交通灵活性不如方格网式路网。如在小范围采用放射环式路网，则可能形成许多不规则街坊，交叉口不易处理，不利于建筑布置。此种结构形式适用于大、特大城市。图 4-2 是武汉市“十二五”交通规划的道路网结构图，从图中可以看到明确的放射环式路网布置结构。

为了分散过于集中的市中心区交通，应在城市布局上避免形成过于集中的功能中心，亦可将某些放射干道布置止于二环(中环)或三环(外环)上，而不在市中心(内环)汇合。

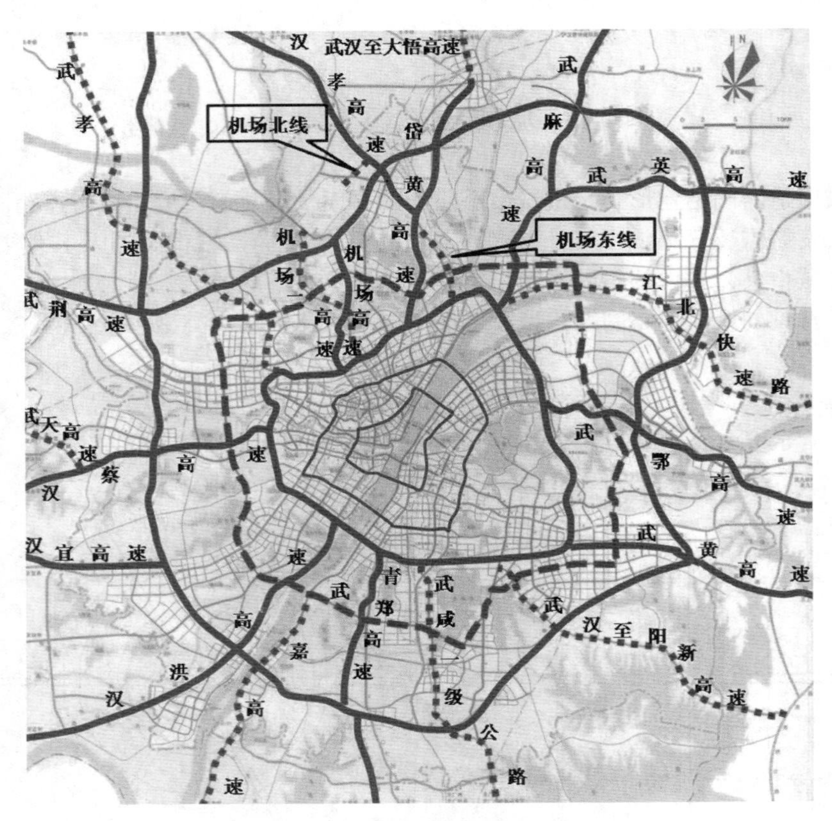

图 4-2　武汉市道路网规划结构图

3. 自由式路网

自由式路网一般是由于城市地形起伏，道路结合地形变化呈不规则形状而形成的。其主要优点是不拘一格，充分结合自然地形，线型生动活泼，对环境和景观破坏较少，可节约工程造价。如果综合考虑城市用地布局、建筑布置、道路工程及创造城市景观等因素，精心规划，在取得较好交通效果和经济效果的同时，也能形成生动活泼和丰富的景观效果。缺点在于绕行距离较大，不规则街坊多，建筑用地较分散。此类路网常见于地形起伏较大的山区与丘陵地带的城市，如我国的重庆、青岛等(图 4-3)。

以上三种基本形式常常又组合在一起，即形成混合型，该结构常根据城市发展实际需要逐步形成，因地制宜、扬长避短，合理组织分配交通，如中心城区布置(或保留)方格网式结构，各分

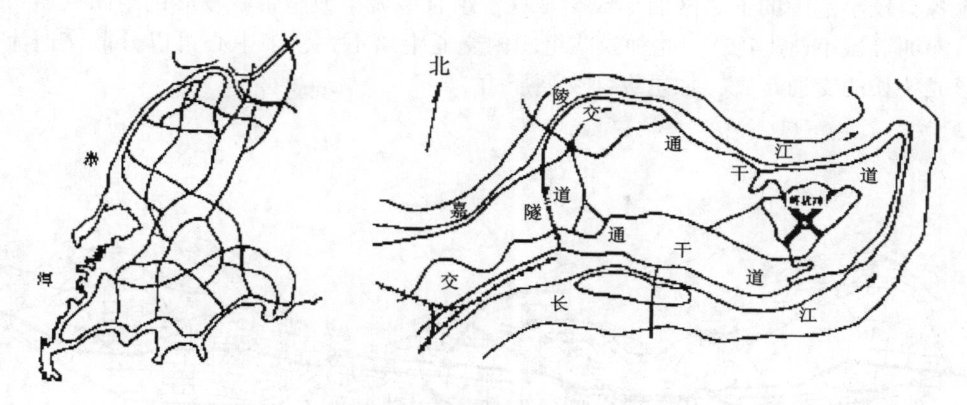

图 4-3　自由式道路网示意图

区、郊区、城区及外围可用放射环和(或)自由式结构加以组织。国内许多特大城市在 20 世纪 80 年代以来经历了近二十年的城市现代化发展后已逐步形成此类道路网形式。

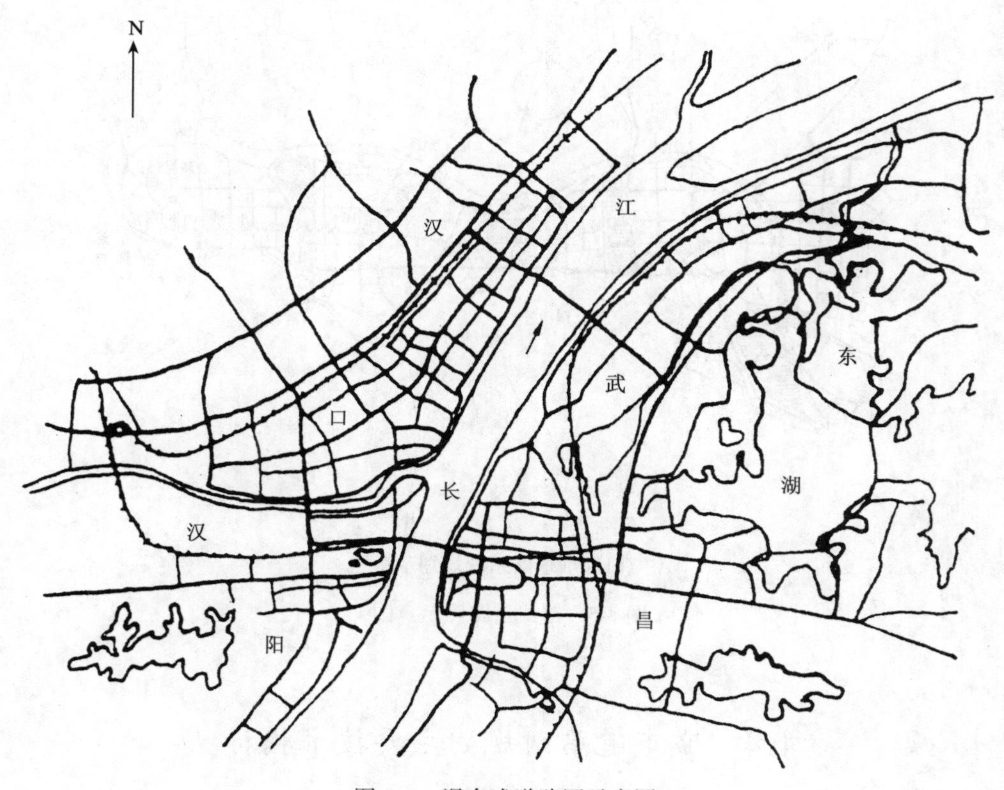

图 4-4　混合式道路网示意图

还有一种常见的链式道路网，由一两条主要交通干道作为纽带(链)，好像脊骨一样联系着各类较小范围的道路网而形成。常见于组合型城市或呈带状发展的组团式城市，如兰州、深圳等城市(图 4-5)。此种模式组团内交通距离不大，多中心可以分散交通流；但也易形成狭长的交通走廊，加重纵向交通压力。

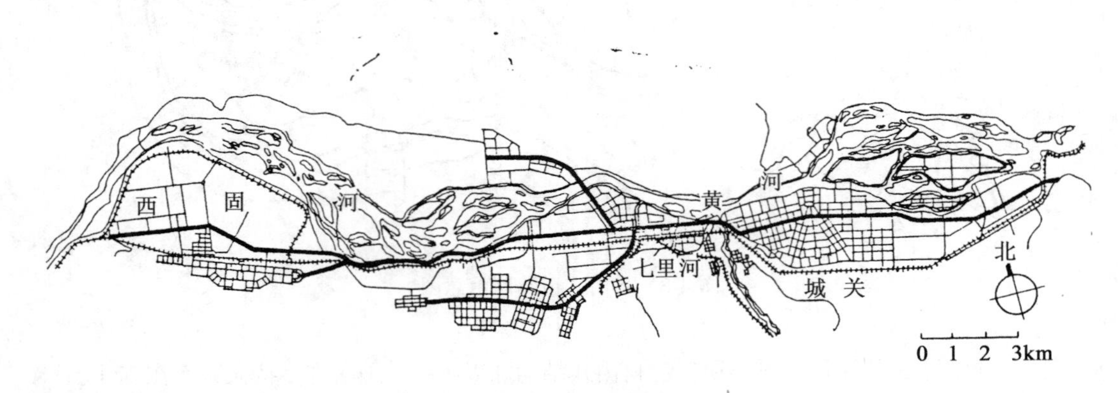

(a) 兰州早期规划道路网示意图

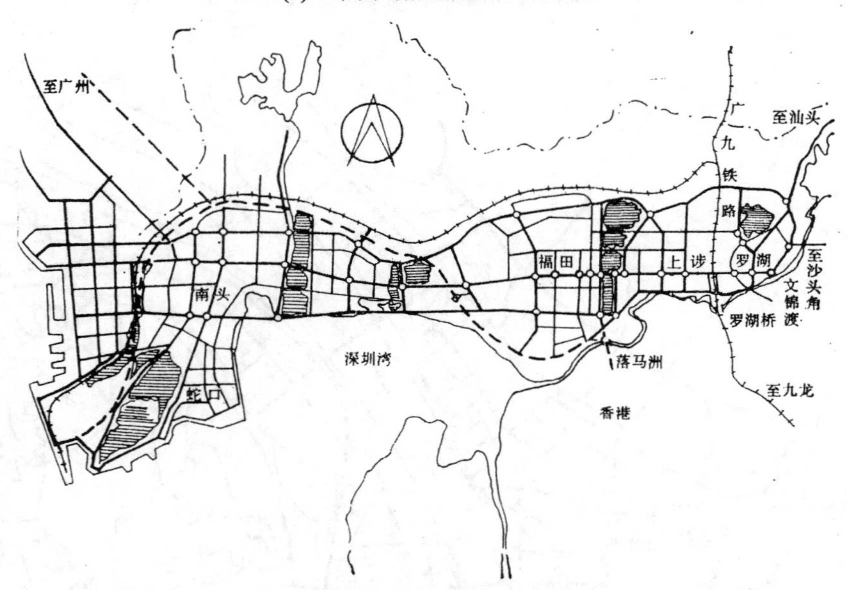

(b)深圳道路系统规划示意图

图 4-5 链式道路网示意图

4.4 城市道路网规划主要技术指标

1. 道路网密度

道路网密度即城市道路中心线总长度与城市用地总面积之比。根据我国城市道路的分类标准，道路网密度指标按各类道路分别表示，其数学表达式如下：

$$\delta_i = \frac{\sum L_i}{\sum F} \quad (\text{km/km}^2) \tag{4-1}$$

式中：δ_i ——某类道路网密度，i 分别对应为快速路、主干路、次干路和支路；

$\sum L_i$ ——某类道路中心线总长度，km；

$\sum F$ ——城市用地总面积，km^2。

当然，公式(4-1)也可用来计算不分道路类别的总的道路网密度。

我国《城市道路交通规划设计规范(GB50220—95)》中对各类道路的网密度作出了具体要求，供规划时参考，见表 4-2 和表 4-3。

表 4-2　**大中城市道路网密度指标表**

	城市规模与人口(万人)		快速路	主干路	次干路	支路
道路网密度 (km/km^2)	大城市	>200	0.4~0.5	0.8~1.2	1.2~1.4	3~4
		≤200	0.3~0.4	0.8~1.2	1.2~1.4	3~4
	中等城市		—	1.0~1.2	1.2~1.4	3~4

表 4-3　**小城市道路网密度指标表**

	城市人口(万人)	干路	支路
道路网密度 (km/km^2)	>5	3~4	3~5
	1~5	4~5	4~6
	<1	5~6	6~8

2. 道路面积密度

仅用道路网密度指标还不足以全面衡量城市道路对城市交通的适应性，因为路网密度无法反映同一类道路中由于不同路线或不同路段当横断面形式(如车行道宽度)不同时的通行能力(即设施效益)上的差异。道路面积密度是城市各类各级道路占地面积与城市用地总面积之比值，其表达式为：

$$r = \frac{\sum (L_i \times B_i)}{\sum F} \tag{4-2}$$

式中：r ——城市道路面积密度,%；

L_i ——各类道路长度；

B_i ——各类道路宽度；

$\sum F$ 意义同前。

城市道路用地面积包括广场、公共停车场面积。

《城市道路交通规划设计规范(GB 5020—95)》规定 r 应在 8%~15%，对规划人口在

200万人以上的大城市，r宜为15%~20%。

3. 人均占有道路用地面积

此项指标的意义为城市道路用地总面积与城市人口总数之比值，用公式表示即：

$$\lambda = \frac{\sum (L_i \times B_i)}{N} \tag{4-3}$$

式中：λ——人均道路用地面积(m^2/人)；

L_i，B_i——意义同前；

N——城市总人口(人)。

我国规范要求λ为7~15m^2/人，其中：道路用地面积为6.0~13.5m^2/人，广场面积为0.2~0.5m^2/人，公共停车场面积为0.8~1.0m^2/人。

4. 非直线系数

城市各分区之间的交通干道应短捷，但实际情况不可能完全做到。衡量道路便捷程度的指标称为非直线系数(或称曲度系数、路线增长系数)，是道路起、终点间的实际长度与其空间直线距离之比值：

$$\rho = \frac{L_{实}}{L_{空}} \tag{4-4}$$

式中：ρ——非直线系数；

$L_{实}$——为道路起、终点的实际长度；

$L_{空}$——为道路起、终点的空间直线距离。

交通干道的非直线系数应尽量控制在1.4以内，最好在1.1~1.2，但山区或地形起伏较大的城市对此项指标可不必强求。

5. 道路红线宽度

道路红线是道路用地和两侧建筑用地的分界线，即道路横断面中各种用地总宽度的边界线。一般情况下，道路红线就是建筑红线，即为建筑不可逾越线。但有些城市在道路红线外侧另行划定建筑红线，增加绿化用地，并为将来道路红线向外扩展的可能留有余地。

确定道路红线宽度时，应根据道路的性质、位置、道路与两旁建筑的关系、街景设计的要求等，考虑街道空间尺度比例(见本章4.6节)。

道路红线内的用地包括车行道、路侧带(包括人行道、绿化带和设施带)及分隔带三部分。在道路的不同部位这三部分的宽度有不同的要求(图4-6)。比如，在道路交叉口附近，要求车行道加宽以利于不同方向车流在交叉口分行；步行道部分加宽以减少交叉口人流拥挤状况；在公共交通停靠站附近，要求增加乘客候车和集散的用地；在公共建筑附近需要增加停车场地和人流集散的用地。这些场地都不应该占用正常的通行空间。所以，道路红线实际需要的宽度是变化的，红线不是一条直线。城市总体规划阶段的任务主要是确定城市总的用地布局及各项工程设施的安排，不可能对每一项细部的用地建设和设施布置作出具体的安排。因此，在总体规划阶段，通常根据交通规划、绿地规划和工程管线规划的要求确定道路红线的大致宽度，以满足交通、绿化、通风日照和建筑景观等的要求，并有足够的地下空间敷设地下管线。

在详细规划阶段，则应该根据毗邻道路用地和交通实际需要确定道路的红线宽度，有

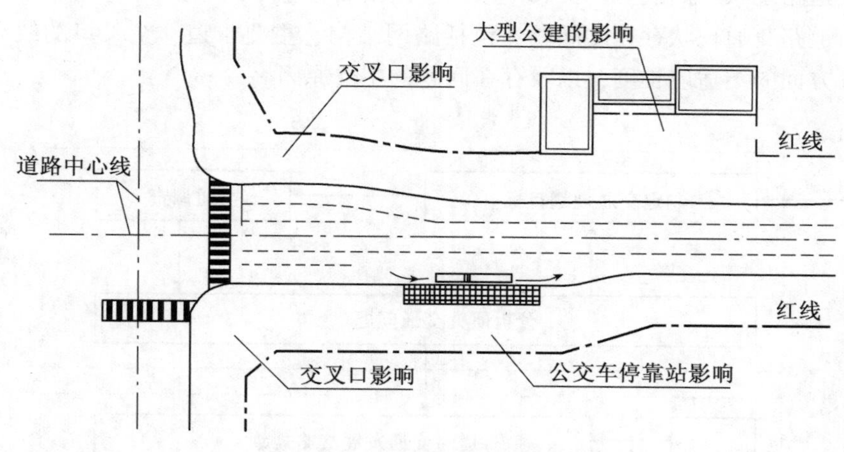

图 4-6　道路不同部位对道路红线的影响

进有退。规划实施管理中也可根据具体用地建设的要求，采取退后红线的布置手法，以求得好的景观效果，并为将来的发展和改造留有余地。

4.5　城市道路网规划设计的一般程序

4.5.1　城市道路网规划设计的一般程序

城市道路网规划工作程序框图如图 4-7 所示。

城市道路网规划，首先要分析影响城市道路交通发展的外部环境，从社会政治、经济发展、人口增长、有关政策的制定和执行、建设资金的变化等方面，来确定城市道路交通发展的目标和水平，预估未来城市道路网的客货流量、流向，确定道路网的布局、规模和位置等，并落实在图纸上。

下面介绍城市道路网规划设计的一般方法。

(1)现状调查，资料准备

①城市地形图：包括城市市域范围和中心城区范围两种地形图，市域地形图应能反映区域范围内城市之间的关系，河湖水源、公路、铁路与城市的联系等。地形图比例尺可为 1∶50000～1∶10000。另为定线校核之用，还需有 1∶1000(或 1∶2000)的地形图。

②城市用地布局和交通规划初步方案：即在城市总体规划中作出的城市土地使用和交通系统规划初步方案。

③城市发展社会经济资料：包括城市性质、规模、人口，经济及交通发展资料，城市发展期限等。

④城市道路交通现状调查资料：包括城市历年机动车、非机动车拥有量资料，城市主要干道及交叉口交通流量、流向分布资料，大比例尺(1∶500～1∶1000)城市地形图，藉

以准确反映道路现状平面线型、交叉口形式、横断面布置形式等。

⑤城市道路交通现状存在的问题：包括路网结构、主要干道、交叉口的线型、形式、通行能力等方面的不适应程度，以及存在问题的主要原因。

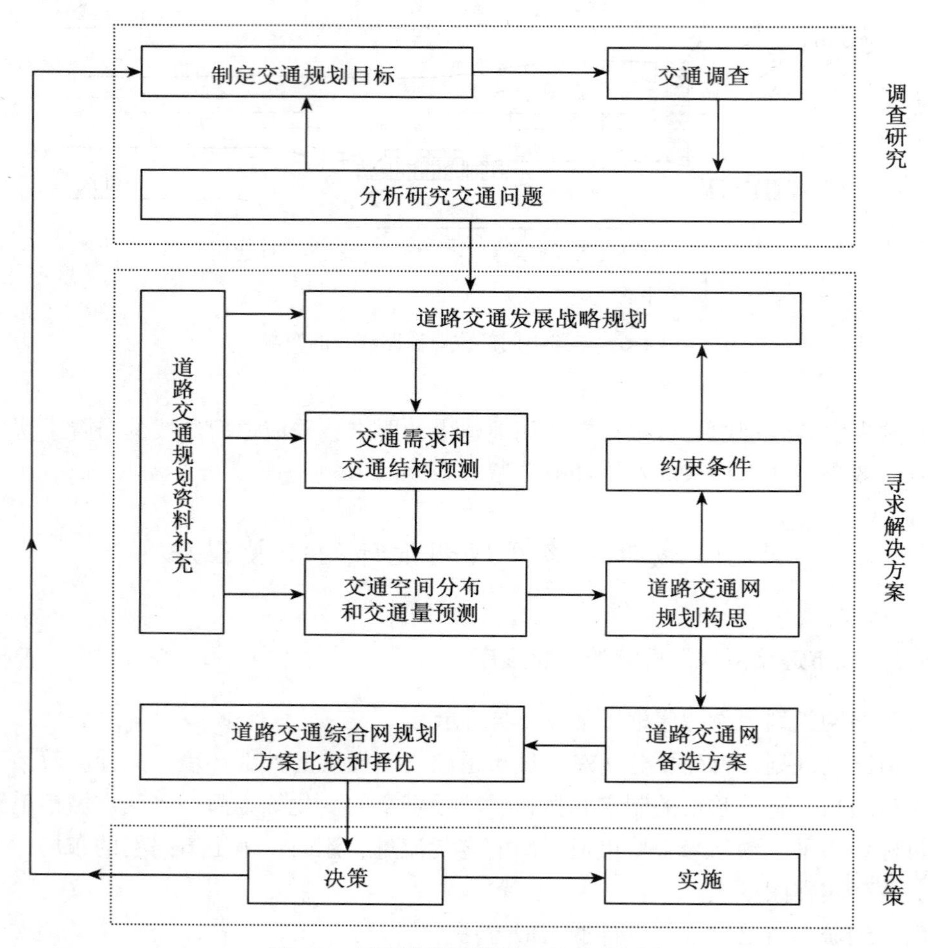

图 4-7 城市道路网规划工作程序框图

(2)道路系统初步方案设计

根据交通规划和城市总体规划的要求，考虑城市的发展和用地的调整，从“骨架”和“功能”的角度提出道路系统规划初步方案。此阶段着重解决交通问题，对路网结构形式、路线走向、交叉口形式等有必要作出若干方案并进行分析比选。

(3)对干道主要控制点、横断面形式、干道竖向布置等具体问题提出设计方案。

(4)修改道路系统规划方案

对初步方案进行全面分析比较，包括对社会、经济、交通的影响和效益分析以及对道路的横断面形式、交叉口形式及交通组织方式等细致的研究，提出道路系统规划设计及重要交通节点的设计方案。

(5)绘制道路系统规划图

绘制道路系统规划图包括规划平面图以及标准横断面图。平面图要标出城市主要用地的功能布局，干道平面位置，线型控制点的位置、坐标的高程，交叉口的平面形式等，比例尺一般为 1∶10000 或 1∶5000。横断面图应标出道路红线控制宽度，断面形式及尺寸，比例尺一般为 1∶500 或 1∶200。

(6)编制道路系统规划方案说明

对整个道路系统规划设计工作做必要的方案说明，一般应包括如设计的依据，规划的原则，各项指标及参数的确定，道路系统带来的交通及社会经济效益的简要分析结论，道路网分期实施方案以及其他需加以说明的事项等内容。

4.5.2　城市道路系统规划的评价

城市道路网系统所提供的道路交通服务质量的高低，取决于该系统的科学合理性。城市道路网是城市综合交通体系中的一个子系统，它自身内部各组成要素的合理性以及相互之间的协调性，它与综合交通体系中其他子系统间的配合、衔接、转换及耦合关系，决定了道路网系统整体效益的发挥。

城市道路系统规划的评价即是对已作出的一个或若干个备选规划方案进行综合效益的分析与评价，研究其达到预期规划目标的可能性，为决策提供依据。同时，通过方案的评析还可从中发现方案的某些不尽合理或不完善之处，以便及时修改。此外，在对备选方案进行全面分析评价(以及检验)的同时也会对其进一步加深理解和认识，有助于对规划的总体目标、结构等宏观的、战略性的问题的全面把握。总之，规划方案的评价是道路系统规划不可缺少的一步，是进行科学决策的极为重要的环节。

1. 城市道路网系统分析

(1)城市道路网规划评价内容

对城市道路网规划方案的评价应从技术性能、经济效益和社会环境影响三个方面着手。

①技术性能评价：可从两个层次来分析。一是从道路网系统整体出发，从城市总体规划、城市综合交通规划的角度分析评价道路网的整体建设水平、道路网布局质量、道路网总体容量等；二是对道路交通设施质量和性能的评价，如某条线路、某个交叉口的通行能力、服务水平等。

②经济效益评价：对道路网规划方案的经济效益评价要从两个方面进行，即成本和效益。而无论成本或效益又都由直接和间接的费用所组成。

成本中的直接费用包括初次投资以及有关的交通设施、交通服务的运营和维修费用等；间接成本主要指道路交通设施给其使用者以及全社会造成的额外费用，如因防治交通公害(噪声、废气、飞尘、振动等)而造成的社会费用、交通事故造成的直接和间接经济损失、能源消耗费用等。

③社会环境影响评价：道路交通系统对社会环境的影响体现在正负两方面。正面效应

包括可达性提高、促进生产、扩大市场、地价升高、改善景观等；负面效应包括交通公害、交通安全隐患、社区阻隔、对视线视觉的影响、对日照和通风的影响等。

(2)城市道路网规划评价原则

①科学性：建立的评价体系及评价指标必须全面、真实、客观地反映该城市道路交通系统性能及其影响。

②可比性：评价必须在平等的可比性价值体系下才能进行，同时，可比性必然要求具有可测性。因此，评价指标要尽量建立在定量分析的基础之上。

③可行性：评价指标必须定义明确，力求简明实用。

(3)城市道路系统与城市用地布局间的配合关系

城市自身以及各用地布局的规模、形态需要一定规模和形态的交通结构，而一定规模和形态的交通结构又要求有与之相适应的道路网结构，对于它们之间的相关性，应注意研究分析的主要问题有：

①城市道路网结构形式是否与城市的性质、规模、形态相适应；

②城市各相邻组团间和跨组团的道路交通解决得如何；

③道路网结构是否与城市用地布局可能产生的交通流量流向相一致，是否与各用地布局预测的交通需求相适应(如道路类别、等级等)；

④道路网系统是否有利于城市建设和今后的发展，能否对城市建设和发展起到支持和引导的作用。

(4)城市道路网与对外交通设施间的衔接配合关系

①城市快速道路网与城外高速公路以及与其他交通方式(航空、铁路、水运等)的连接；

②城市道路网与城外一般公路的连接；

③城市道路网与城市对外客货运交通枢纽设施间的连接；

(5)城市道路系统功能分工及结构合理性

城市道路系统功能分工及结构合理性问题包括：

①道路系统的功能分工是否清晰，是否与城市规划用地的性质相适应；

②道路网结构是否完整，各类道路的连接是否连续合理；

③道路网络节点(即道路交叉口)的选址、选型和处理是否合理。

(6)城市道路网中各类各级道路的密度及与横断面布置的关系

①各类各级道路的密度一般应满足国家有关规范的要求(但也不必强求)，应与城市的交通需求相适应。

②各类各级道路的路网密度间应有合理的比例关系。从表4-2及表4-3可见，对于大城市而言，大致上，快速路网：主干路网：次干路网：支路网≈1：2：3：8。

③城市各类各级道路的横断面布置要有利于组织与引导交通流。根据用地布局对道路通行能力的不同要求布置相应的横断面形式。同一条道路的不同路段可依需要布置不同的横断面形式，避免因横断面布置不当造成道路交通瓶颈。

(7) 城市道路网的交通组织、控制与管理方案

城市道路网的交通组织、控制与管理方案应包括是否考虑了与城市道路网相配套的交通组织、控制与管理措施，以及这些措施的合理性、适应性及先进性如何。

2. 规划方案评价的基本思路与步骤

一般地，城市道路网规划方案评价可分为“目标、任务、指标、价值”四个层次进行。首先将制定的规划目标分解为若干独立的评价项目(即任务)，对各个评价项目应从不同角度进行客观评价，设定具体的评价指标，求出各指标的评价值，根据对各指标评价值的目标要求即可对道路网规划方案作出客观评价。在选择评价指标时应使其能够描述规划方案的所有方面，并使评价项目之间不发生重叠。评价指标的选定应侧重于使用者效益及社会效益，而运营者的效益则退居次要地位；各指标尽可能相互独立，例如从数量角度选取人均道路面积，从分布角度选取路网密度；在保证反映道路系统特征的前提下，指标数应尽量减少；所选取的指标应能够定量描述。

为了能对规划方案进行综合评价，还须将不同评价指标的指标值转换为用一个共同的评价尺度表示。最后，可从道路系统的经营者、使用者、公众、地域社会、国家等与道路系统相关的各个主体的角度出发对规划方案进行评价，并综合各种评价结果进行最终的判断和决策。图 4-8 是道路网规划评价一般步骤的示意框图。图 4-9 是我国某城市道路交通设施的交通质量评价体系示意框图。

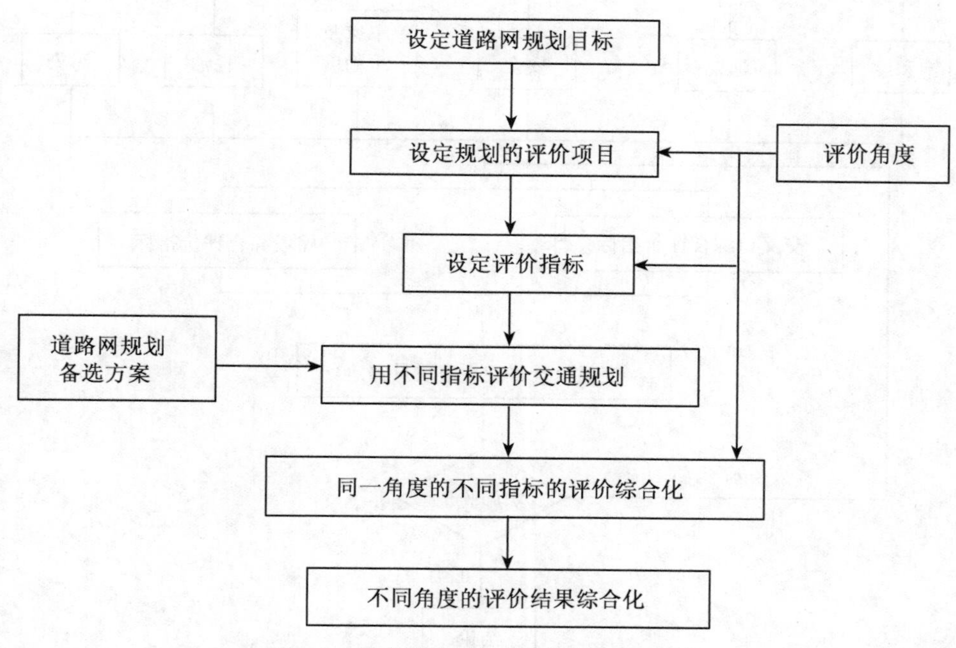

图 4-8　城市道路网规划评价的一般步骤

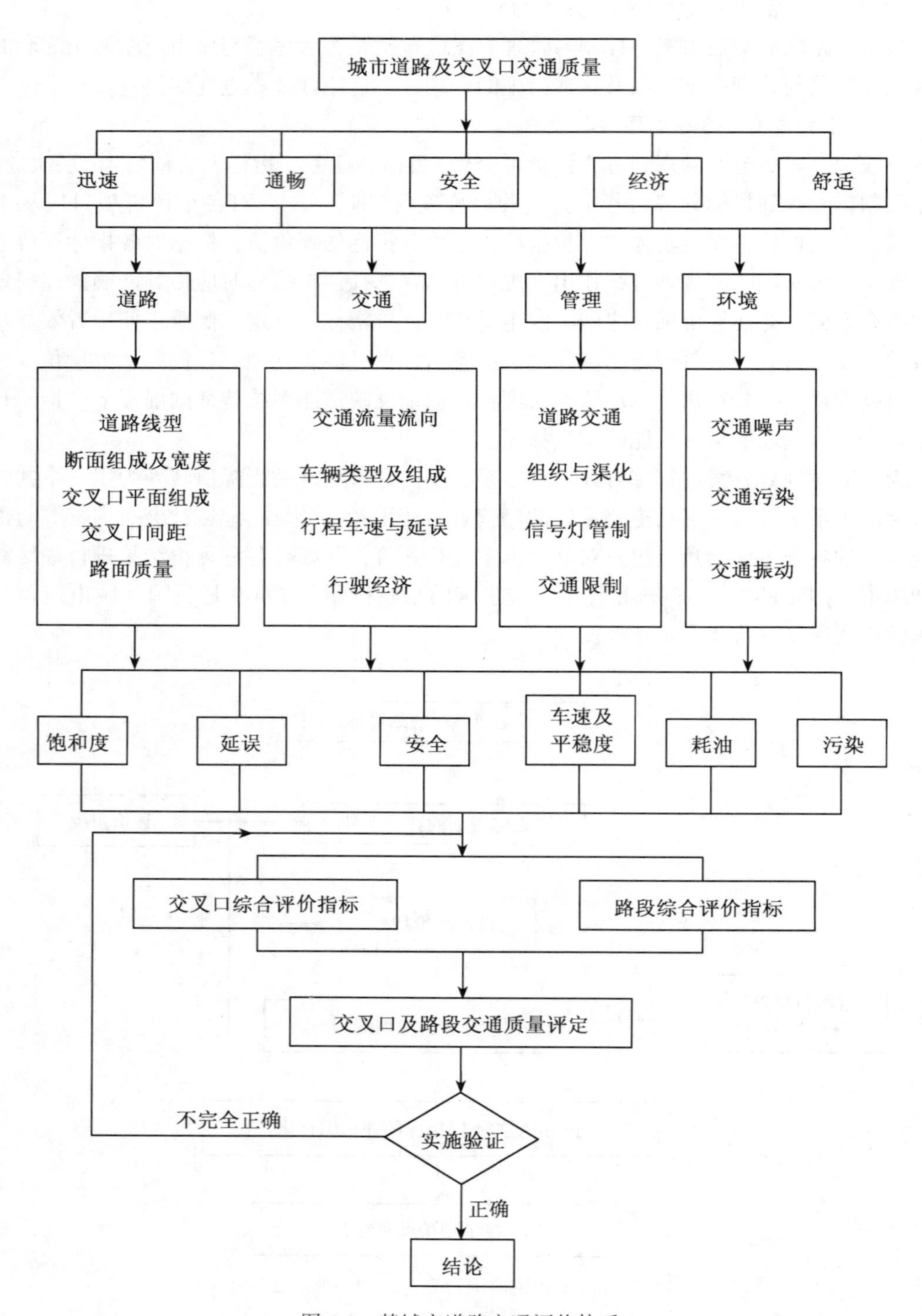

图 4-9　某城市道路交通评价体系

4.6　城市道路景观设计

4.6.1　概述

道路不仅单纯地具有交通功能，而且在自然环境和社会环境中有其文化价值，这种价值很大程度上是依赖于良好的道路景观设计来实现的。

城市道路既是组织城市景观的骨架，又是城市景观的重要组成部分；道路景观设计既有对道路自身的美学要求，又要使道路与周围环境景观协调配合；对道路景观的评价既要从用路者的视觉出发，又要以路外的印象考虑；既有静态视觉又有动态感受。道路空间是一种线性环境，这种环境是由道路及道路两侧的建筑物和其他各种环境元素所组成的。因此，城市道路应在满足交通功能的前提下，与城市自然景观(地形、山体、水面、绿地等)、历史文物(古建筑、传统街巷等)以及现代建筑有机地联系结合在一起，组成和谐的、富有韵律的、生动活泼和赏心悦目的城市景观。

总之，城市道路景观设计是以城市道路美学的观点以及城市设计的概念和方法研究解决城市道路的规划与设计问题。道路景观的概要内容如表 4-4。

表 4-4　**道路景观的概要内容**

<table>
<tr><th>项　目</th><th>名　　称</th><th>内　　容</th></tr>
<tr><td rowspan="2">道路线型的协调</td><td>视觉上的协调</td><td>平面线型和纵断线型各自在视觉上的和谐性与连续性</td></tr>
<tr><td>立体上的协调</td><td>平面线型和纵断线型互相配合，形成立体线型</td></tr>
<tr><td rowspan="4">道路沿线的协调</td><td>沿线与自然环境、社会环境的协调</td><td>路线与沿线的地形、地质、古迹、名胜、绿化、地区风景间的协调；路线与城市风光、格调等的协调</td></tr>
<tr><td>行车道旁侧的整顿与和谐</td><td>中央分隔带的绿化；路肩、边坡的整洁；标志完整；广告招牌有管制；商贩集中，不占道路两侧</td></tr>
<tr><td>构造物的艺术加工</td><td>对跨线桥、立体交叉、电线柱、护栏、隧道进出口、隔音墙等精心设计，且有一定的艺术风格</td></tr>
<tr><td>美化环境</td><td>使旅客与驾驶员在路上感受到环境优美，如同游览园林</td></tr>
</table>

城市道路景观的设计原则如下：

①城市道路系统规划应与城市景观系统规划相结合，把城市道路空间纳入城市景观系统中；

②城市道路系统规划与详细规划设计应与城市历史文化环境保护规划相结合，成为继承和表现城市历史文化环境的重要公共空间；

③城市道路景观规划应与城市道路的功能性规划相结合，与城市道路的性质和功能相协调；

④城市道路景观规划应做到静态规划设计与动态规划设计相结合，创造既优美宜人又生动活泼，富于变化的城市街道景观环境；

⑤城市道路景观规划要充分考虑道路绿化在城市绿化中的作用，把道路绿化作为景观设计的一个重要组成部分。

4.6.2 城市道路网美学

城市景观是各种景观元素构成的视觉艺术，各种景观元素都与路网有必然的联系，它们与路网的关系决定了它们的相对位置。在道路网中沿不同的交通路线运动，则构成一定的景观系统和序列。科学合理的道路网是形成城市美好景观的基础。

(1)重视道路网结构对城市布局的影响

好的道路网结构应该使人们对城市布局有清晰、明了的认识，通过特征鲜明的道路网结构，人们很容易了解和掌握城市的交通系统、功能分区、各用地布局及相互之间的关系，方便居民的出行，从而有利于活跃城市社会生活，促进城市社会发展。

(2)注重道路网规划设计的美学要求

人们对一个城市的总体印象，往往都是与该城市的结构、布局等联系在一起，而城市的结构、布局又与其路网结构密切相关。进入城市，首先映入眼帘的便是由路网(主要是干路网)组成的城市道路景观，建设一个美的城市就应有一个好的路网，再结合良好的景观元素配合，以形成一个美好的视觉环境。

①道路的特征

道路网中的主要道路要有特征，有特征的道路有助于彼此区分，各具特征(特色)的主要交通道路就可能形成一个城市的形象特征。例如，北京的东、西长安街，它将象征国家和首都形象的若干建筑联结起来，形成很鲜明的形象特征，而北京王府井大街也成了商业的代名词。不同的横断面形式、路面结构形式、平纵面线型特点、交通组织形式等形成道路自身特征，同时沿街建筑的特征赋予道路各自不同的形象和个性。

②道路的方向性

路网中的主要道路要有明确的方向性，特别是明确的、引人注目的起终点。一般如将公园、大型广场、纪念性建筑、火车站、体育场馆等特有的城市景观作为道路起、终点，可以增加用路者对道路的识别，有助于将道路位置与城市格局联系起来，使用路者有明确的方位。

道路的方向性应是可以度量的。借助于道路的特征、建筑的变化等，人们可以判定自己所处的位置，获得方向和距离感。

有方向性的道路不一定要是直线，有规律的曲线使线型产生可以预见的变化，让路人不致迷失方向。但若线型变化过于频繁，则易使用路者失去道路的方向感。

③道路的连续性

道路的连续性是道路功能上重要的要求之一，这种连续性有助于用路者对道路的识别和使用。例如对前面所述的交通特征，应要求其具有良好的连续性，即注意交通形式不宜频繁变化，平、纵、横面线型的频繁变化不仅使用路者难以适应，且也失去个性特征(同时应做好必要变化之间的过渡)。除此之外，道路两旁的空间特征(用地性质)、建筑形式以及道路绿化形式等的连续性也是保持道路特色的重要方面。

道路的连续性还可表现在一条道路的运动感上。道路空间是动态环境，车辆在高速行驶时对道路及道路两侧空间环境产生动态的视觉效果，形成时空连续感。

道路的连续性会加强其整体感，一个好的道路网中所有交通干道各自都应具有良好的连续性，使其相互之间呈现清楚的关系。

此外，城市道路网中的交叉口与路线的关系、形式等应清晰、明确，不致使道路的连续性中断；路网中道路(街道)的名称、编排等也影响着道路的连续性、空间定位以及相互关系。

4.6.3　城市道路路线美学

1. 道路路线对街道景观构成的作用

城市生活离不开在城市道路上的活动，人们往往沿着道路去观赏城市。各具特色的城市建筑及环境中的景观元素，沿着道路两侧布置并与之相联系，从而构成千姿百态的街道景观。

影响道路景观构成的主要因素是道路性质与用路者的视觉特征。不同性质的道路其设计车速不一样，用路者的运动速度及对环境景观的观察方式不同，因而产生不同的视觉特点。因此，对路线自身的设计以及沿街建筑、街头小品、绿化等的规划设计都应根据道路的不同特性而有不同的要求。用路者在道路上有方向的、连续的活动形成对城市的印象，道路环境空间中的景观要素都是依附于路的，必须正确处理这些景观要素与道路的关系，才能形成一个良好的道路视觉环境。

2. 城市道路线型设计的美学

城市道路线型设计不仅要考虑道路的性质、作用，服务于不同功能的交通需要，而且还应满足城市美学要求，使用路者可能产生美好的城市景观感受，这样的设计才是一个良好的设计。一般说来，从美学角度考虑，线型设计应注意如下几点：

(1)一般原则

①注意以设计速度来区分设计对象(即路线)，根据道路性质、交通特点等因素决定路线设计的要求。如对于城市快速路或主干路等设计车速较高的道路，强调快速、安全舒适，则应将道路线型作为主要设计对象；而对于次干路、支路等较低设计车速的道路，主要强调与地形、地区相结合，满足大容量出行需求，而不以路线作为主要设计对象。应根据这些不同性质道路上用路者的视觉特点，来考虑路线设计的美学问题。

②注意在线型设计中体现路线特征、方向性、连续性，并注意其韵律和节奏的变化等设计手法的应用。

道路的特征表现在地形、平纵面线型、周围用地性质、道路横断面形式等方面，这些都反映了不同道路在路线形式上的特殊性。道路线型的方向性通过环境特征得到反映。而道路的连续性则表现在线型上，平纵横面线型的技术标准运用对道路的连续性产生影响，道路的节奏和韵律是通过运动中心视觉变化来感受的，特别对于快速交通的路线设计应予以考虑。

(2)路线要与地形相协调

这是确定路线的重要原则。城市地形直接影响着城市道路网的格局以及道路的平、纵、横面线型。道路在布设时应与地形有机结合，道路网结构形式，道路平、纵、横面线型等都应因地制宜，灵活处理，直曲有致，与地形充分协调，以形成生动活泼的城市道路空间。富有变化、与地形有机结合的道路，为用路者提供了多角度广视野的视觉因素，既可增加观赏城市的机会，也可丰富城市的景色，使人能对城市总体轮廓从多方位、多层次获得全景印象。

(3)道路线型要与区域特点相适应

城市中不同性质的用地、不同特点的建筑等对道路线型有着不尽相同的要求，道路线型设计时应充分考虑与城市区域特点相适应。例如在市中心区及商业区，往往建筑高大密集、行人流量大，因此，道路线型成直线且相交道路构成直角交叉，横断面上则充分考虑行人交通要求。而在城市中心区以外区域，由于地形变化或土地使用没有中心区的许多限制，道路线型变化则可以较丰富。

(4)线型要有良好的配合

从行车与视觉方向的要求出发，道路平、纵、横面线型应有良好的配合，这种配合不仅体现在某一投影面(如平面或纵面)内，而且应体现在道路线型的空间组合上。如在平面线型设计中，应考虑合理使用直线与曲线以及二者的协调配合；在纵面线型设计时应考虑凸凹竖曲线的连接配合，竖曲线的半径大小及相邻竖曲线的合理衔接等；而从行车安全、舒适等方面考虑，在平、纵线型配合方面同样不容忽视，例如平曲线和竖曲线之间的组合问题就往往是检验路线设计合理与否的一个重要内容。

4.6.4 城市道路横断面设计的美学问题

根据道路横断面设计的宽度和形式可能对视觉环境的影响，从美学角度考虑应注意以下几个方面。

(1)道路横断面宽度与沿街建筑物高度间的关系其关系见图4-10。

当$\frac{B}{H}\leqslant 1$时，沿街建筑与街道有一种亲切感，街道空间具有较强的方向性和流动感，容易造成繁华热闹的气氛。但当$\frac{B}{H}<0.7$时，则会形成空间压抑感。

当$\frac{B}{H}$在1~2时，空间较为开敞，绿化对空间的影响作用开始明显，由于绿化形成界面的衬托作用，在步行空间仍可保持一定的建筑亲切感和较为热闹的气氛。道路越宽，绿化带的宽度和高度也应随之越大，以弥补较为开敞的空间造成的离散感觉。绿化带对于丰

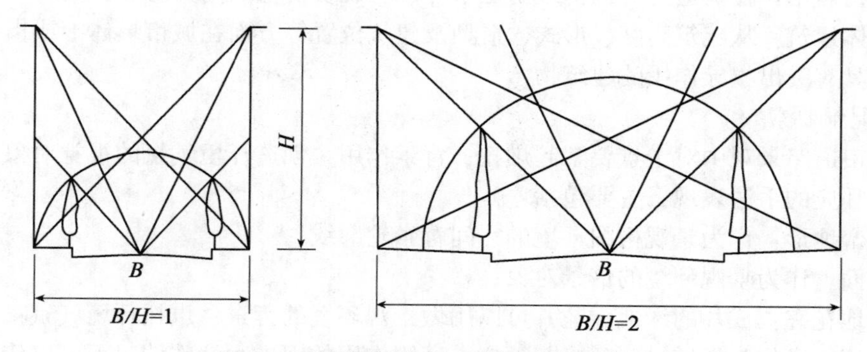

图 4-10　道路横断面空间尺度分析示意图

富街景、增加城市自然气氛的作用更为显著。

当 $\frac{B}{H} > 2$ 时，空间更为开敞，此时往往布置多条较宽的绿化带，城市气氛逐渐被冲淡，大自然气氛逐渐加强。$\frac{B}{H}$ 不是一个简单的概念，应根据不同区域不同要求的道路用路者对街道景观的视觉及心理感受考虑空间尺寸确定的比例关系。一般地，城市快速路或主干路等交通干道的 $\frac{B}{H} > 2$，城内一般干路（如次干路）$\frac{B}{H} = 1 \sim 2$，而在中心商业区则往往 $\frac{B}{H} \leqslant 1$，但一般应尽可能使其>0.5~0.7。

(2) 注意道路景观空间的完整性

由于交通组织的需要，横断面上常采用不同的分隔方式，这种分隔使用路者处于道路上不同的位置。分隔带过宽使空间涣散；分隔带中的高大绿化将遮断视线，从而割断了街景元素的相互联系，难以形成优美的街景；而分隔带中的低矮绿化对道路空间的整体性有较好的效果。因此，应注意断面上所有景观元素具有配合良好的整体关系。

(3) 注意横断面要素对加强道路线型特征的作用

横断面的各要素以及绿化等均沿道路中心线平行延伸，应利用这些因素来加强道路线型特征，使用路者对环境能有较强烈的印象。这种特征对视线诱导以及形成良好的街景都是不可缺少的。

4.6.5　城市道路景观设计方法

1. 城市道路景观要素

城市道路景观要素可分为主景要素和配景要素两类。

(1) 主景要素

主景要素是在城市道路景观中起中心作用、主体作用的视觉对象，包括：

①山景：可以构成“景”的山峰及山峰上的建筑物、构筑物（如塔、亭、楼阁等）；

②水景：具有特色的水面及水中岛屿、绿化、岛上或岸边的建筑物、构筑物等；

③古树名木：在街道上可以构成视觉中心、有观赏价值的高大乔木；

④主体建筑：从建筑高度、形式、造型及建筑位置等方面在城市形体上或街道局部建筑环境中具有突出主导作用的建筑物。

(2)配景要素

在城市道路景观中对主景要素起烘托、背景作用，创造环境气氛的视觉对象，通常采用借景、呼应的手法表现，主要包括：

①山峦地形：作为景观构图环境的空间背景轮廓线；

②水面：作为景观环境的借景对象；

③绿地花卉：成片的绿地、花卉可以用做景观环境的背景，烘托环境气氛；

④雕塑：可作为街道景观环境起呼应、点缀作用的因素，特殊情况下可以作为主景要素，成为一定视觉景观环境的中心视觉对象；

⑤建筑群：作为景观环境中的建筑背景。

实际上，道路沿线空间环境中的所有物体皆为“景”，在不同环境条件下，主景和配景并非绝对的，各景观要素也并非孤立地独自存在，它们之间的和谐组合也是很重要的。如城市广场中各种雕塑、绿地、喷泉(水面)等恰到好处的组合，就能形成良好的景观，获得较佳视觉效果。

2. 城市道路景观系统规划思路

(1)确定道路景观要素

在进行城市道路景观系统规划时，首先应确定哪些景点(包括自然景点和人文景点)可以或应该成为城市道路的景观要素。比如，哪些山景、水景可以作为对景和借景；哪些山体和水面经过一些建筑处理可以作为对景和借景；哪些在城市形体结构中有重要作用的历史性建筑可作为借景；哪些与自然景观环境协调或具有时代感的标志性建筑可以作为道路景观的主景要素；哪些重要的古树名木可用于景观设计，等等。同时还应对这些景观要素的价值、环境、相互之间以及与道路之间的关系作进一步分析。

(2)确定景观环境气氛

在进行景观系统规划设计之前，应根据景观系统规划和历史文化环境保护规划的要求，对城市道路的环境气氛要求进行分析。哪些道路应考虑作为城市整体景观的观赏空间。哪些道路可作为观赏自然景观的空间；哪些道路可作为体现城市历史文化环境的空间，哪些道路又应体现城市的现代化气息。一般地，城市入城干路可考虑对城市整体景观的观赏要求，城市生活性和客运道路可考虑作为城市主要景点、城市特色和历史文化景观的观赏性空间；城市交通干道应成为现代城市景观的观赏空间。

(3)景观系统的组合

在分析确定了道路景观要素和道路景观环境气氛的基础上，作出道路景观系统的组合规划设计，达到使人们从不同的角度、不同的空间环境去体会从宏观到微观、从历史到现代、从自然到人文的丰富的多层次的城市景观，表现城市优美的自然环境、深厚的历史内涵以及富有现代感和蓬勃生命力的整体形象。

图 4-11 是北京市北海前道路空间环境示意图。

从文津街到景山前街一段充分运用了道路选线配合对景、借景的手法，由西向东道路

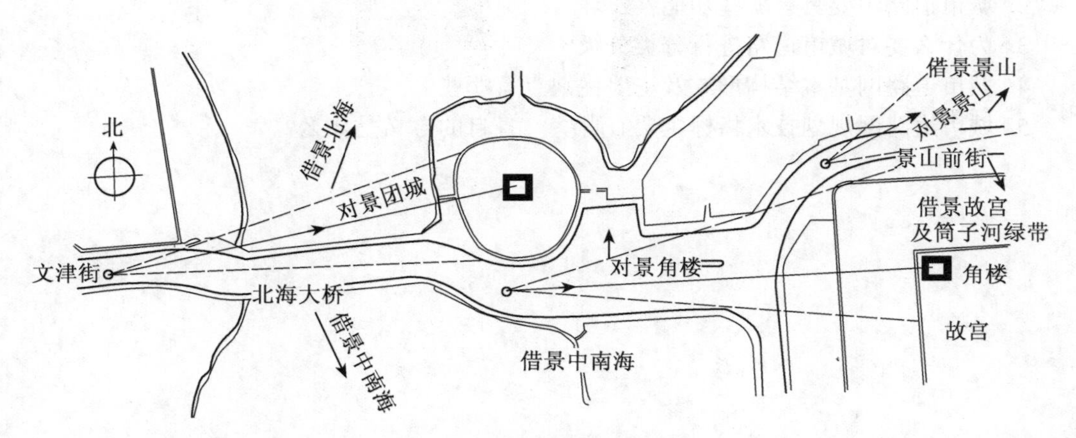

图 4-11　道路空间环境示意图

曲折变化，在动态中创造了对景团城，借景北海、中南海，对景故宫景楼，对景景山，借景故宫景山等道路景观环境，各景观环境有机联系，有远有近，有高有低，有建筑有水面，过渡自然，富于乐趣，既创造动态变化而又有连续的视觉环境，生动活泼，是道路选线与景观环境组合的较好范例。而图 4-12 则是一幅单调的城市道路景观。

图 4-12　单调的街景

一条笔直的无尽头的道路，缺少层次和变化的绿化与两侧近似封闭的建筑立面，建筑轮廓透视线都集中于地平线的灭点，极易形成单调呆板的景观形象。

思　考　题

1. 城市道路网规划应满足的基本要求是什么？

2. 城市道路主要具有哪些功能？
3. 为什么要对城市道路进行分类分级？
4. 城市道路网基本结构形式及主要优缺点有哪些？
5. 城市道路网规划技术指标主要有哪些？各自的含义是什么？

第5章　城市道路横断面设计

城市道路实体工程通常呈三维变化空间形态，而直接对这个三维空间体进行几何设计和设计图纸表达都不是一件容易的事情。与公路一样，为了简化其几何设计，习惯于将三维空间体的几何设计问题转化为三个两维的几何设计问题，即道路横断面设计、道路平面设计和道路纵断面设计。由于城市道路设计是在城市规划与城市道路交通规划的基础上进行的，道路的平面位置和道路沿线主要控制点高程均会受到城市规划的制约，在道路实体设计阶段再变换道路平面位置、高程或者重新选择道路线位的余地非常有限。因此，城市道路设计的一个侧重点是在横断面设计上，其中除了要考虑车辆、行人的交通功能以外，还需要充分考虑公用空间功能、防灾救灾功能等。

道路横断面是指道路中心线法线方向的道路断面。城市道路横断面设计内容包括车行道(机动车道和非机动车道)、人行道、分隔带、绿化带、设施带等几何尺寸及相互协调关系。

道路横断面设计的依据是道路性质、道路类别、道路规划红线以及交通组织方式，同时还要考虑道路红线范围以内的各种地下管线设施的规划与建设情况。道路横断面设计的主要任务是通过理论计算和分析论证，合理确定车行道(机动车道和非机动车道)、人行道、分隔带、绿化带、设施带等各部分的几何尺寸及其相互布置关系，包括路拱坡度及路拱曲线的确定以及地下、地上主要市政管线、设施在道路横断面上的定位设计。

5.1　横断面设计原则及其布置类型

5.1.1　横断面设计原则

(1)道路横断面设计应在城市规划的红线宽度范围内进行。横断面形式、布置、各组成部分尺寸及比例应按道路类别、级别、计算行车速度(即设计车速)、设计年限的机动车与非机动车交通量和行人流量、交通特性、交通组织、交通设施、地上杆线、地下管线、绿化、地形等因素统一安排，以保障车辆和行人交通的安全、通畅。

(2)横断面设计应近远期结合，使近期工程为远期工程所利用，并预留管线位置。路面宽度及标高等应留有发展余地。

(3)对现有道路改建应采取工程措施与交通管理措施相结合的办法以提高道路通行能力和保证交通安全。道路改建除采取工程措施如增辟车行道、展宽道路外，还可以采取交通管理措施，如采取分隔措施使机动车与非机动车分行，减少相互干扰。又如若两条道路相互平行且距离较近时，可改为单向行驶以减少拥挤，提高车速。在商业性街道上除通行公共交通外，限制其他机动车及非机动车通行，以保障行人安全。

5.1.2 横断面布置类型

城市道路交通由机动车交通、非机动车交通和行人交通三部分组成。通常是利用立式缘石把人行道部分和车行道布置在不同的位置和高程上，以分隔行人和车辆交通，保证交通安全。机动车和非机动车的交通组织是分隔还是混行，则应根据道路和交通的具体情况分析确定。

城市道路横断面根据车行道布置形式分为4种基本类型，即单幅路(一块板断面)、双幅路(两块板断面)、三幅路(三块板断面)、四幅路(四块板断面)此外，在某些特殊路段也可有不对称断面的处理形式。

(1)单幅路

俗称"一块板"断面，各种车辆在车行道上混合行驶。

交通组织形式：双向不分离，机非不分离。

优点：占地少，车道使用灵活。

缺点：通行能力低，安全性差。

单幅路适用于车流量不大、非机动车少、建筑红线较窄的次干路、支路，以及拆迁困难的地段或商业性路段。此外，某些有特殊功能要求的路段也可采用此形式。

(2)双幅路(两块板)

交通组织形式：双向分离，机非不分离。

优点：消除了对向交通的干扰和影响；中央分隔带可作为行人过街安全岛或在交叉口附近通过压缩以开辟左转专用车道；便于绿化、道路照明和市政管线敷设。

缺点：机非混行，影响道路通行能力的主要矛盾未解决，且车道使用灵活性降低。

双幅路适用于单向二车道以上、非机动车较少的路段，快速路多是此形式(但无非机动车道)。横向高差较大的路段也可采用此形式。

(3)三幅路(三块板)

交通组织形式：双向不分离，机非分离。

优点：消除了混合交通，提高了通行能力；有利于交通安全、道路绿化、道路照明和市政工程管线的敷设；减弱了交通公害的影响。

缺点：占地多，投资大，在公汽停靠站产生上下车乘客与非机动车的相互干扰和影响。

三幅路适用于机、非车辆多，道路红线较宽(≥40m)的城市主干路。

(4)四幅路(四块板)

交通组织形式：双向分离，机非分离。

优点：兼有二、三幅路的优点。

缺点：与三幅路相同，且所需占地和投资较三幅路更甚。

四幅路适用于机、非车辆多的城市主干路。

上述4种基本断面形式通常情况下以道路中线为对称轴对称布置。但是在一些特殊情况下，比如地形限制、交通特点、交通组织等，可以将车行道、人行道、分隔带等设计成标高不对称、宽度不对称或上、下行分幅设计以适应特殊要求。沿江(河)大道、山城道路、大型立体交叉设计中常采用不对称路幅。

上述“一幅路”、“二幅路”、“三幅路”、“四幅路”四种横断面布置形式见图 5-1。

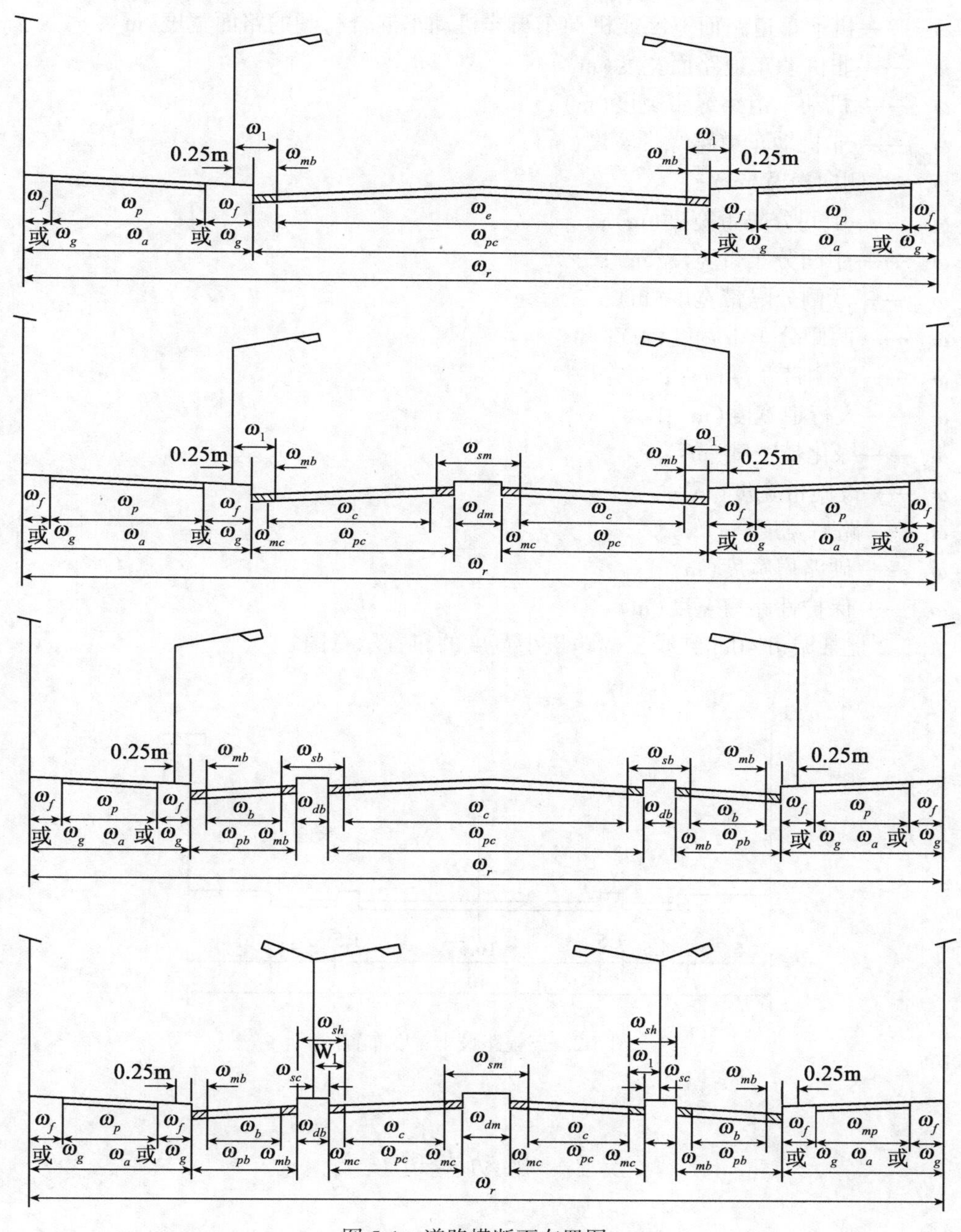

图 5-1　道路横断面布置图

图中各符号意义如下：

ω_r ——红线宽度(m)；

ω_e ——机动车道宽度或机动车与非机动车混合行驶的车行道宽度(m)；

ω_b ——非机动车道宽度(m)；

ω_{pc} ——机动车道路面宽度或机动车与非机动车混合行驶的路面宽度(m)；

ω_{pb} ——非机动车道路面宽度(m)；

ω_{mc} ——机动车道路缘带宽度(m)；

ω_{mb} ——非机动车道路缘带宽度(m)；

ω_1 ——侧向净宽(m)；

ω_{dm} ——中间分隔带宽度(m)；

ω_{sm} ——中间分车带宽度(m)；

ω_{db} ——两侧分隔带宽度(m)；

ω_{sb} ——两侧分车带宽度(m)；

ω_a ——路侧带宽度(m)；

ω_p ——人行道宽度(m)；

ω_g ——绿化带宽度(m)；

ω_f ——设施带宽度(m)；

ω_s ——路肩宽度(m)；

ω_{sh} ——硬路肩宽度(m)；

ω_{sp} ——保护性路肩宽度(m)。

图 5-2 是某城市 40m 红线三幅路最小宽度的布置示意图。

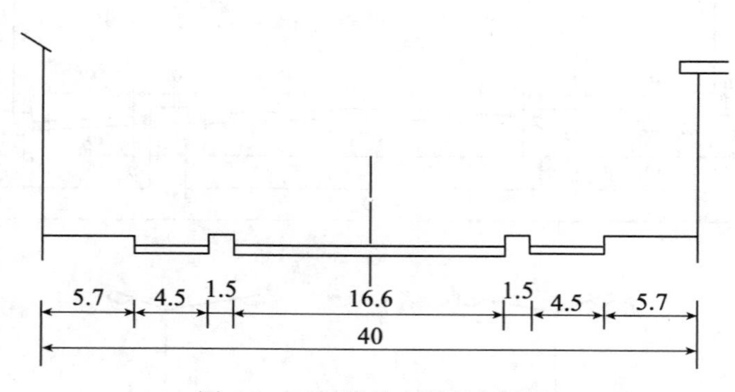

图 5-2　三幅路最小宽度布置图

5.2　机动车道设计

城市道路上的车道是指道路上供车辆行驶的部分，包括机动车道和非机动车道。

机动车道的设计包括车行道宽度设计和车道条数设计。一条车道的宽度取决于设计车辆的外廓尺寸及一定设计车速情况下车辆两侧安全净距的要求；车道条数的确定则与道路远景设计小时交通量的预测值及一条车道的设计通行能力有关。下面将分别叙述。

5.2.1　机动车设计车辆

设计车辆即是作为道路几何设计依据的车辆。设计车辆的尺寸直接关系到车道宽度、弯道加宽、道路净空、行车视距等道路几何设计问题。因此，设计车辆的规定对道路的构造具有极为重要的意义。

《城市道路设计规范》(CJJ 37-90)中有关机动车设计车辆外廓尺寸见表 5-1(a)。

表 5-1(a)　　**机动车设计车辆外廓尺寸(m)**

车辆种类＼项目	总长	总宽	总高	前悬	轴距	后悬
小型汽车	5	1.8	1.6	1.0	2.7	1.3
普通汽车	12	2.5	4.0	1.5	6.5	4.0
铰接汽车	18	2.5	4.0	1.7	5.8+6.8	3.8

注：①总长为车辆前保险杠至后保险杠的距离。②总宽为车厢宽度(不包括后视镜)。③总高为车厢顶或装载顶至地面的高度。④前悬为车辆前保险杠至前轴轴中线的距离。⑤轴距：双轴车为前轴轴中线至后轴轴中线的距离；铰接车为前轴轴中线至中轴轴中线的距离及中轴轴中线至后轴轴中线的距离。⑥后悬为车辆保险杠至后轴轴中线的距离。

表 5-1(a)是按照国家标准《汽车外廓尺寸限界》GB-1589-79(现已废止)考虑当时城市道路运输特点拟定的设计车辆。鉴于国家车辆和生产标准的修编，考虑适应当前道路行驶车辆的多样化和今后车辆生产的发展趋势，正在编制中的城市道路工程设计通用技术规范将按表 5-1(b)重新确定我国城市道路机动车设计车辆。

表 5-1(b)　　**机动车设计车辆及其外廓尺寸(m)**

车辆类型＼项目	总长	总宽	总高	前悬	轴距	后悬
小型客(货)车	5	1.8	1.6	1.0	2.7	1.3
中型客(货)车	6	2.3	3.0	1.0	3.7	1.3
大型客(货)车	12	2.5	4.0	2.0	6.5	3.5
铰接汽车	18	2.5	4.0	2.0	5.5+7	3.5

设计车辆外廓尺寸的变化，理论上会影响到部分道路几何设计指标标准的变化，读者在学习的基础上可以试着分析其中的变化规律和影响程度。

5.2.2 一条机动车道宽度

道路上供一纵列车队安全行驶的地带，称为一条车道。实际道路上常通过路面车道画线标示出来。

一条车道宽度原则上由设计车辆车身宽度和车辆两侧的横向安全净距组成。设车辆与路缘石间的横向安全净距为 c，同向行驶车辆间的横向安全净距为 d，对向行驶车辆的横向安全净距为 x，道路设计车速为 V(km/h)，根据国外有关行车观测实验，则有：

$$c = 0.4 + 0.02V^{\frac{3}{4}}\ (\mathrm{m}) \tag{5-1}$$

$$d = 0.7 + 0.02V^{\frac{3}{4}}\ (\mathrm{m}) \tag{5-2}$$

$$x = 0.7 + 0.034V^{\frac{3}{4}}\ (\mathrm{m}) \tag{5-3}$$

于是，一条车道宽度便可根据车道所在的不同位置和边界条件，按上述公式进行计算。

我国城市干线道路车辆行驶平均车速一般为 30~60km/h，按上式计算，普通汽车所需车道宽度在 3.31~4.05m 之间，其中 4.05m 的计算边界为：计算车辆的右侧为路缘石，左侧为对向行驶车辆；小汽车所需车道宽度则在 2.76~3.08m 之间。考虑到城市道路的车行道一般为多车道，车速和车型不一，且必要时车道之间还可调剂使用，另外，机动车道与机、非分隔带之间或者人行道的路缘石之间一般情况下设有≥0.25m 的路缘带，故城市道路一条车道宽通常采用 3.50m 即可。当车速 V>40km/h 时，车道宽采用 3.75m。

《城市道路设计规范》(CJJ 37-90)关于城市道路机动车一条车道宽度规定见表 5-2(a)。

表 5-2(a) **一条机动车道宽度规范值**

车型及行驶状态	设计车速(km/h)	一条车道宽度(m)
大型车或大小车混行	≥40	3.75
	<40	3.50
小汽车专用		3.50
公交汽车停靠站		3.00

近二十年的城市道路交通运行经验告诉我们，上述规定存在一些问题。例如，由于车道规定偏宽，在单向多车道的道路上，常常出现车辆“加塞”的情形，这样既扰乱了行车交通秩序又明显增加了不安全交通隐患，最终还将导致道路通行能力的下降，道路运输效率降低。鉴于此，正在编制中的城市道路工程设计通用技术规范，根据大量科学研究和实际观察成果，将按照表 5-2(b)重新规定城市道路机动车道的宽度，从而比较合理地修正了原来规定的低速道路车道宽度偏宽的情况。

表 5-2(b) **各类道路一条机动车道宽度**

设计速度(km/h)	车道宽度(m)	
	大型客(货)车或混行车道	小客车专用车道
>60	3.75	3.50
≤60	3.5	3.25

5.2.3　机动车道路面宽度设计

车道：供纵向一列车队安全行驶的最小规定道路空间。

车行道：由若干条车道组成的道路空间。

机动车道的设计包括车行道宽度设计和车道条数设计。一条车道的宽度取决于设计车辆的外廓尺寸及一定设计车速情况下车辆两侧安全净距的要求；车道条数的确定则与道路远景设计小时交通量的预测值及一条车道的设计通行能力有关。

1. 设计原则

满足机动车交通需求并保证一定的行驶条件，提供机动车安全行驶空间。

2. 机动车道设计内容及步骤

1)明确设计道路的类别、等级、设计车速、设计车型等设计指标。

2)确定一条车道的设计宽度。

与设计车速、设计车型及空间位置有关。但为标准化，避免过多的变化，可统一按国家相关规范(见表 5-2)选用。

3)设计小时交通量。

$$\mathrm{DHV} = \mathrm{AADT} \cdot k \cdot \delta$$

式中：DHV——设计小时交通量；

AADT——设计年限的年平均日交通量(pcu/d)；

k——高峰小时流量比，为设计高峰小时交通量与年平均日交通量的比值；

δ——方向不均匀系数，为重交通方向交通量与断面双向交通量的比值。

4)一条机动车道设计通行能力。

根据我国《城市道路设计规范》，一条机动车道可能通行能力为：

$$N_p = \frac{3600}{t_i}\ (\mathrm{pcu/h}) \tag{5-4}$$

则不受平面交叉口影响的一条机动车道设计通行能力为：

$$N_m = \alpha_c \cdot N_p\ (\mathrm{pcu/h}) \tag{5-5}$$

式中：t_i——(不同设计车速下的)连续车流平均车头时距；

α_c——机动车道的道路分类系数。

t_i 由本市观测资料整理确定。当无观测值时，可采用规范推荐的在我国若干大城市中道路与交通条件较好，有代表性路段上的实测成果。详见表 5-3。

表 5-3　**t_i的代表值(s)**

计算行车速度(km/h)	50	40	30	20
t_i	2.13	2.20	2.33	2.61

道路分类系数由表 5-4 选用。表中快速路分类系数较小，支路系数最大，体现了等级高的道路要求服务水平较高，亦即容许通行能力降低，因而分类系数较小。相反，等级低的支路，分类系数较大，使用条件相对较差。

表 5-4　**道路分类系数 α_c**

道路分类	快速路	主干路	次干路	支路
α_c	0.75	0.80	0.85	0.90

5)机动车车行道宽度确定及通行能力验算。

$$单向车道条数=\frac{DHV}{N_m}$$

所得之值加 1 并取整。当结果大于 1，即所需车道条数不止一条时，应对车道通行能力进行修正，并进行修正后的通行能力验算。

在多车道道路上，不同位置车道上车辆受横向干扰及超车、停车等影响的程度不一样。一般说来，靠近道路中线的车道所受影响最小，靠路边缘车道所受影响最大。这种由于车道所处的位置不一样而导致其通行能力的不同，我们用车道序修正系数 α_3 来反映。车道序号的编制规则为从道路中心线开始，靠近中心线的车道为 1 号，相邻的为 2 号，依此类推，α_3 的数值详见表 5-5。由表中数值知，车道条数越多，其边缘车道的通行能力越低，即该车道的利用率越低。因此，仅从道路通行能力的角度来看，城市道路不宜修单向四车道以上，即双向八车道以上。若交通量确实太大以至该道路容纳不下，可试图修建与之平行的另一条道路，这样或许更经济一些。

表 5-5　**车道序修正系数**

车道序号	1	2	3	4	5
α_3	1.00	0.80~0.89	0.65~0.75	0.50~0.65	0.40~0.50

验算公式如下：

$$DHV \leqslant N_m \cdot \sum \alpha_0 \tag{5-6}$$

【例 5-1】　已知一条城市主干路预测的 AADT = 48000(pcu/d)，取 $k = 0.11$，$\delta = 0.6$，$h_t = 2.5''$，试确定该道路所需车道条数。

解　由题设有　　$Q_h = AADT \cdot k \cdot \delta = 48000 \times 0.11 \times 0.6 = 3168 (pcu/h)$

由表 5-10，主干路的道路分类系数 $\alpha_c = 0.8$，则

$$N_{设} = \frac{3600}{2.5} \times 0.8 = 1152\ (pcu/h)$$

所需车道条数　　$N = \frac{Q_h}{N_{设}} = \frac{3168}{1152} = 2.75$

取 3 作为初定车道条数。

通行能力验算：由表 5-5，可取 $\sum \alpha_3 = 1.0 + 0.85 + 0.70 = 2.55$

则 $N_{设} \cdot \sum \alpha_3 = 2937 (pcu/h)$，与 $N_h = 3168 (pcu/h)$ 比较，不满足式(5-6)，要满足式

(5-6)，可再增加一条车道，即设计布置4条车道，根据4条车道作通行能力验算，可见已满足式(5-6)。

于是：

单向机动车车行道宽=一条车道宽×车道条数

单向机动车道路面宽=机动车车行道宽+2×0.5m(路缘带宽)

6)双向机动车道路面宽=2×单向机动车道路面宽+中央分隔带宽(或中央路面标线宽)。

7)机动车设计注意事项：

①对于一般道路，单向车道数不宜超过2~3条；

②双向车道数宜为偶数；

③同一条道路不同路段车道设计可不完全一致，但要做好过渡设计，且变化不宜过多。

以上为不受平面交叉口影响的路段机动车道路面宽度设计。若考虑平面交叉口影响，则车道设计通行能力应再乘以平面交叉口影响系数$\alpha_{交}$，即：

$$N_m = \alpha_{交} \cdot N_p \cdot \alpha_c$$

平面交叉口影响系数见公式(5-8)或(5-9)。

城市道路的一大特点是交叉口多，尤以平面交叉口居多。由于横交道路交通的影响，路段通行能力必将受到极大影响，特别是当交叉口间距较小时，其影响更为显著。在有交通管制的平交路口，车辆遇红灯要减速、停车，然后又要启动、加速；在没有交通管制的路口，车辆一般也得减速通过。因此，车辆在通过平交口时，实际的行程时间比没有交叉口的路段行程时间要长，其实际平均车速也大为降低，道路通行能力因此而下降。

平交路口对道路通行能力的影响可用下式来反映：

$$\alpha_{交} = \frac{\text{交叉口之间无阻碍的行程时间(s)}}{\text{交叉口之间实际的行程时间(s)}} \tag{5-7}$$

$\alpha_{交}$的取值可分两种不同交通管制的情况分别进行计算：

①路段上的行驶车辆受到平交口信号灯的影响时(如图5-3)：

$$\begin{aligned} \alpha_{交a} &= \frac{t_{AB}}{t_1 + t_2 + t_3 + \Delta} \\ &= \frac{l/v}{v/a + l_2/v + v/b + \Delta} \\ &= \frac{l/v}{l/v + v/(2a) + v/(2b) + \Delta} \end{aligned} \tag{5-8}$$

式中：l为两交叉口之间的距离(m)；v为路段上的行车速度(m/s)；a为车辆启动平均加速度(m/s^2)，据观测资料：小型车a=0.6~0.67m/s^2，中型卡车a=0.49~0.53m/s^2，大型卡车及大型客车a=0.42~0.46m/s^2，铰接公共车辆a=0.43~0.49m/s^2；b为车辆制动平均加速度(m/s^2)，据观测资料：小型车b=1.66m/s^2，大型车b=1.30m/s^2；Δ为车辆在交叉口时间(s)，一般可取红灯时间的一半，即每辆车可能停候1/2红灯时间。

注意，公式(5-8)中的a、b值均用正值，不考虑加、减速物理意义上的正负号问题。

由公式(5-8)可知，当汽车以车速 v 在不同交叉口间距的路段上行驶时，在 a、b、Δ 的数值不变时，则交叉口间距 l 越小，$\alpha_{交a}$ 值也越小，即对道路通行能力的折减量越大；反之，交叉口间距越大，则通行能力的折减量越小，即道路通行能力越大。所以，从提高城市道路的通行能力来讲，交叉口的间距不宜太小。另外，由公式(5-8)还可得出车速越大，交叉口对通行能力的折减也越大。因此，对于一些高速公路或城市快速路上必须修建立体交叉，并严格控制出入口，否则，将无法提高道路的通行能力。

②当交叉口无信号灯控制时(如图 5-4)：

$$\begin{aligned}\alpha_{交b} &= \frac{t_{AB}}{t_1' + t_2' + t_3'} \\ &= \frac{l/v}{(v - v_A)/a + l_2'/v + (v - v_B)/b} \\ &= \frac{l/v}{l/v + (1 - v_A v)^2 \cdot v/(2a) + (1 - v_B/v)^2 \cdot v/(2b)}\end{aligned} \tag{5-9}$$

式中符号意义同式(5-8)。

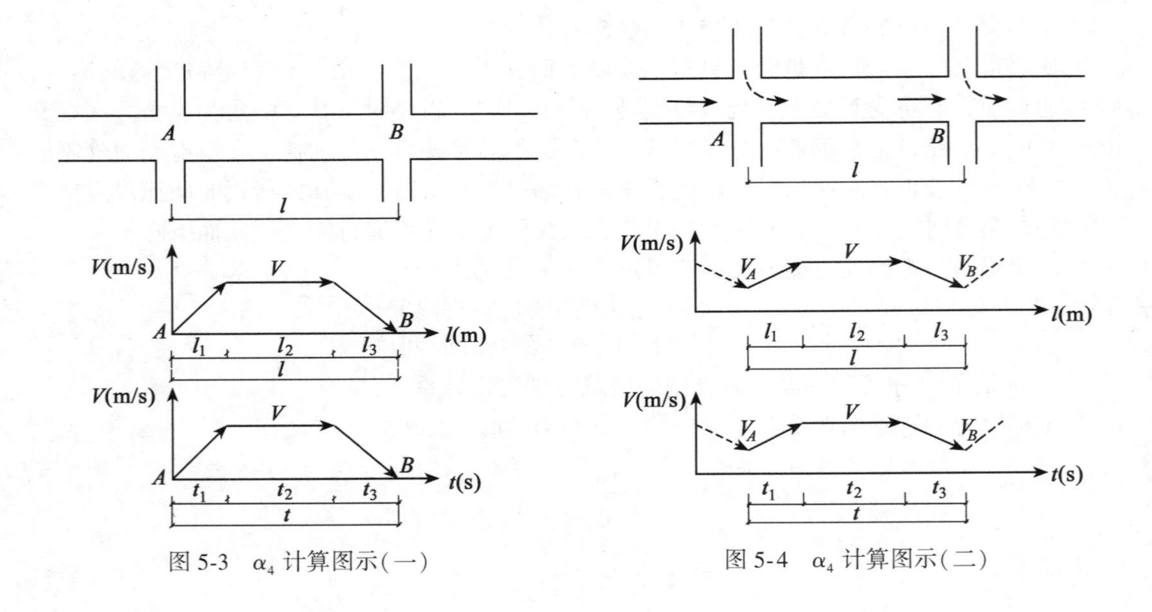

图 5-3　α_4 计算图示(一)　　　　图 5-4　α_4 计算图示(二)

5.2.4　路拱坡度及路拱曲线

路拱，是道路车行道断面由两侧向中央逐渐拱起的形状，其作用是保证道路表面的横向排水流畅。路面中部高出两侧的高度称为路拱高度，由中间向两侧的倾斜率称路拱坡度，也称路拱横坡度。

1. 路拱坡度

路拱坡度的确定应以有利于路面排水和保障行车安全平稳为原则。坡度大小主要视路面种类、表面平整度、粗糙度、吸湿性、道路纵坡大小等而定。

(1)路面种类。车行道面层越粗糙，雨水在路面上流动就越迟缓，路拱坡就要求大一些；反之，路拱坡度可以小一些。《城市道路设计规范》(CJJ 37-90)根据多年来的实践经验，推荐各种路面类型的路拱设计坡度，见表 5-6。一般情况下，干旱少雨地区取低限，多雨地区取高限。

表 5-6　**不同路面类型设计路拱坡度**

路面面层类型	路拱设计横坡度(%)
水泥混凝土 沥青混凝土 沥青碎石	1.0~2.0
沥青贯入式碎(砾)石 沥青表面处治	1.5~2.0
碎(砾)石等粒料路面	2.0~3.0

(2)道路纵坡。为了避免出现过大的合成坡度，给行车安全带来不利影响，如果道路纵坡较大，则路拱坡度宜小；反之，路拱坡度可大一些。通常，当道路纵坡>5%时，水泥混凝土路面和沥青类路面路拱横坡度宜≤1.0%。

(3)车行道宽度。车行道宽则路拱坡度应选择得平缓一些，不然路拱高度太大，会影响车行道和道路断面的观瞻。

(4)车速。为保证行车安全，在交通量大、车速高的道路上，路拱坡度宜小，但应保证排水要求。

2. 路拱曲线

路拱曲线主要有直线型、抛物线型、屋顶型和折线型等几种。若以路拱坡度形成人字形的直线型路拱断面，存在的问题有：①所有车辆在车行道上的横向倾斜度是一样的，而横向倾斜对行车是不利的；②道路中央部分集水少和道路边缘部分集水量大的排水横坡度却是一样的，显然于排水不利。为了改善这种情况，便有了下面这些路拱曲线。

(1)抛物线型路拱

这种形式比较圆顺，没有路中尖峰，车行道中间部分坡度较小，越到路的两旁坡度越大，对于排除道路表面雨水十分有利；从形式上看，也较美观。所以，在城市道路上经常采用。但是，标准的二次抛物线又存在明显的缺点：车行道中间部分过于平缓，边缘部分坡度又过于陡，导致实际行车时，车辆多集中在道路中间，而道路边缘车辆则很少。为此，设计人员就对标准的二次抛物线进行了改进，从而产生了各种改进型抛物线路拱曲线。

标准二次抛物线(见图 5-5)：

$$y = \frac{4h}{B^2} \cdot x^2 \tag{5-10}$$

式中：x 为计算点离车行道中心线的横向距离(m)；y 为相应于 x 各点的竖向距离(m)；B 为车行道总宽度(m)；h 为车行道路拱高度(m)；i 为车行道平均横坡度；$B' = \frac{B}{10}$。

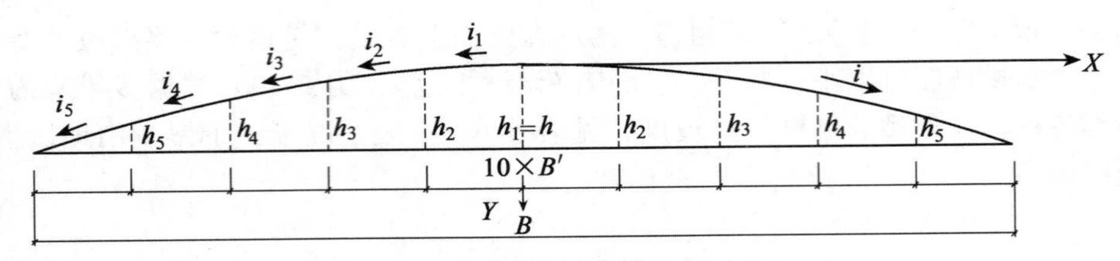

图 5-5　抛物线型路拱计算图式

此种形式的路拱，缺点是明显的，即中部 i_1 过缓，边缘 i_5 过陡，$i_1=0.2i$，$i_5=0.8i$，i 为路拱平均坡度。因此，该路拱曲线仅适用于路面宽度 $B\leqslant 12.0\text{m}$ 的道路。

半立方抛物线：

$$y=h\left(\frac{2x}{B}\right)^{\frac{3}{2}} \tag{5-11}$$

半立方抛物线路拱，其横坡变化比较均匀，路中与路边的横坡也比较合适，有利于排水和行车。多用于城市道路机动车和非机动车混合行驶的一块板道路横断面形式，适于路面宽度 $B\leqslant 20\text{m}$ 的沥青混凝土、水泥混凝土或沥青碎石路面。与之效果相近的还有改进二次抛物线：

$$y=\frac{2h}{B^2}\cdot x^2+\frac{h}{B}\cdot x \tag{5-12}$$

改进三次抛物线：

$$y=\frac{4h}{B^3}\cdot x^3+\frac{h}{B}\cdot x \tag{5-13}$$

这种形式的路拱符合排水迅速的要求，在路拱横坡度小于3%的条件下，可以保证行车安全。

公式(5-11)、(5-12)、(5-13)中的符号意义均同公式(5-10)。4 种抛物线型路拱的计算结果详见表 5-7，计算图示见图 5-5。

表 5-7　**各种抛物线路拱比较表**

抛物线类型	计算公式	各点高度(m)					各点间横坡度(i)				
		h_1	h_2	h_3	h_4	h_5	i_1	i_2	i_3	i_4	i_5
二次抛物线	$y=\frac{4h}{B^2}x^2$	h	0.96h	0.84h	0.64h	0.36h	0.20	0.60	1.00	1.40	1.80
改进二次抛物线	$y=\frac{2h}{B^2}x^2+\frac{h}{B}x$	h	0.88h	0.72h	0.52h	0.28h	0.60	0.80	1.00	1.20	1.40
半立方抛物线	$y=h(\frac{2x}{B})^{\frac{3}{2}}$	h	0.91h	0.75h	0.54h	0.29h	0.45	0.80	1.05	1.25	1.45
改进三次抛物线	$y=\frac{4h}{B^3}\cdot x^3+\frac{h}{B}\cdot x$	h	0.90h	0.77h	0.59h	0.34h	0.50	0.65	0.90	1.25	1.70

注：h 为路拱高度，各点间横坡值为路拱平均横坡度 i 的倍数，计算单位同 i。

(2)直线接圆曲线型

直线接圆曲线型见图 5-6。

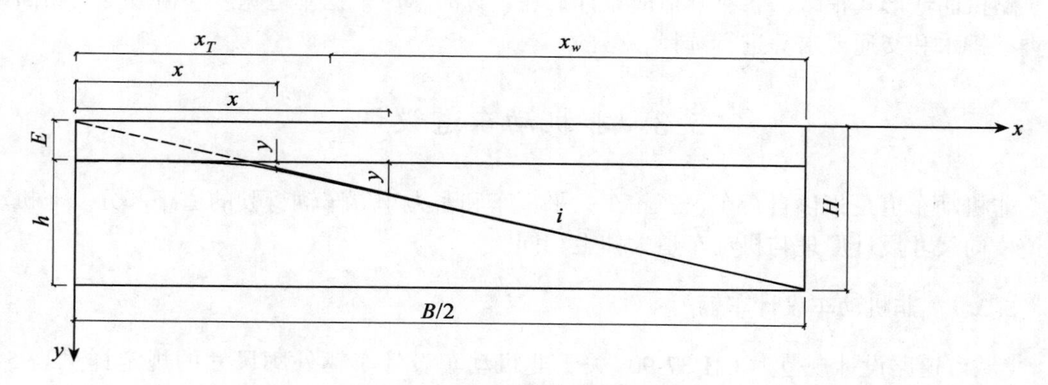

图 5-6　直线接圆曲线型路拱计算图式

计算公式：

$$y = \frac{(x_T - x)^2}{2R} + ix - E \quad (曲线段)$$

$$y = ix - E \quad (直线段) \tag{5-14}$$

式中：B 为路面宽度；i 为路拱平均坡度；H 为按路拱平均坡度计算的路拱中心与边缘处的高差，$H=\frac{iB}{2}$；h 为插入圆曲线后路拱中心与边缘处的高差；R 为插入圆曲线的半径，$R=\frac{K}{2i},K=\frac{B}{3}$为圆曲线长度；$x_T$为直线与圆曲线切点的横坐标，$x_T=\frac{K}{2}$；$E$ 为路面中心处按路拱平均坡度计算的高度 H 与插入圆曲线后路拱高度 h 的落差，$E=\frac{x^2}{2R}$；y_T为直线与圆曲线切点处比拱顶的落差，$y_T=x_Ti-E$；x_w为直线坡部分的水平距离；x 为横坐标(横距)；y 为纵坐标(横距 x 处比拱顶的落差)。

这种直线接圆曲线型路拱曲线能够适应各种宽度及横坡度的路面。一般多用于路面宽度超过 20m 的道路。

(3)折线型路拱

折线型路拱见图 5-7。

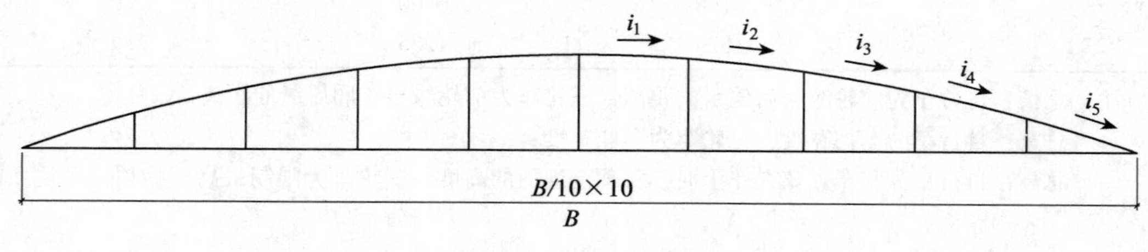

图 5-7　折线型路拱

折线型路拱形式主要用于多车道的水泥混凝土路面上，以适应混凝土路面施工的特点。

路拱曲线形式很多，各有其适应条件。在设计时，应根据车道宽度、横坡度、路面结构类型排水和交通要求等进行选择。

5.3 非机动车道设计

非机动车道是指供自行车、三轮车、平板车和畜力车等车辆行驶的道路部分。非机动车道横向尺寸设计原理与机动车道大体上相同。

5.3.1 非机动车设计车辆

《城市道路设计规范》(CJJ 37-90)关于非机动车设计车辆外廓尺寸的规定详见表5-8(a)。它是非机动车道宽度设计的基本依据。

表5-8(a) **非机动车设计车辆**

尺寸 车辆类型	总长(m)	总宽(m)	总高(m)
自行车	1.93	0.60	2.25
三轮车	3.40	1.25	2.50
板车	3.70	1.50	2.50
畜力车	4.20	1.70	2.50

考虑我国城市交通发展趋势，城市道路上的非机动车主要是自行车，另有极少量的人力三轮车。目前自行车种类很多，除去娱乐性质的双人、三人自行车外，作为交通工具的自行车外廓尺寸存在明显小型化的趋势，包括电动自行车。因此，正在编制中的城市道路工程设计通用技术规范将按表5-8(b)确定非机动车辆及其外廓尺寸。

表5-8(b) **非机动车设计车辆及其外廓尺寸**

尺寸 车辆类型	总长(m)	总宽(m)	总高(m)
自行车	1.8	0.60	2.0
三轮车	3.4	1.25	2.5

注：总长：自行车为前轮缘至后轮缘的距离，三轮车为前轮缘至车厢后缘的距离；

总宽：自行车为车把宽度，三轮车为车厢宽度；

总高：自行车为骑车人骑在车上时，头顶至地面的高度，三轮车为限制最高载物顶部至地面的高度。

5.3.2　一条非机动车道宽度

实际道路上，非机动车的行驶并不像机动车那样具有明显的车道性。这里是为了简化设计才将非机动车的问题认为和机动车一样。非机动车的一条车道宽，是根据车身宽度和车辆两侧横向安全净距来确定的。根据非机动车设计车辆研究成果，自行车一条车道宽为1.0m，三轮车为2.0m，畜力车为2.5m，板车为1.5~2.0m。上述宽度均包括了车辆载物允许的超出宽度和车辆行驶左右摆动所需要的安全宽度。

5.3.3　非机动车道的通行能力

在非机动车道上行驶的车辆，绝大多数是自行车，因此，非机动车道通行能力应以自行车作为标准车辆。

一条自行车道的路段可能通行能力按下式计算：

$$N_{pb}=\frac{3600N_{bt}}{t_f(w_{pb}-0.5)} \tag{5-15}$$

式中：N_{pb} 为一条自行车道路段可能通行能力(veh/(h·m))；t_f 为连续车流通过观测断面的前后车辆的时间间距(s)；N_{bt} 为在 t_f 时段内通过观测断面的自行车数(veh)；w_{pb} 为自行车道路面宽度(m)。

《城市道路设计规范》关于一条自行车道可能通行能力推荐值：有分隔设施时为2100veh/(h·m)；无分隔设施时为1800veh/(h·m)。

一条自行车道的路段设计通行能力计算公式为：

$$N_b=\alpha_b\cdot N_{pb} \tag{5-16}$$

式中：N_b 为一条自行车道路段设计通行能力(veh/(h·m))；α_b 为自行车道的道路分类系数，快速路和主干路为0.80，其他为0.90。

若平面交叉口间距较短，则平面交叉口将对自行车道通行能力带来不利影响，在确定自行车道通行能力时应予以折减，折减系数可根据实际情况考虑。《城市道路设计规范》根据调研资料推荐：一条自行车道的设计通行能力设有分隔设施时为1000~1200veh/(h·m)；不设分隔设施时为800~1000veh/(h·m)；其中，自行车数量较少的城市道路用小值，反之用大值。

5.3.4　非机动车车行道总宽度

与机动车车行道总宽度确定方法相同，首先应根据非机动车(主要指自行车)设计交通量和一条自行车道设计通行能力之比来确定车道条数，即

$$\text{单向自行车道条数}=\frac{\text{单向预测设计小时自行车交通量}}{\text{一条自行车道设计通行能力}} \tag{5-17}$$

然后由下式确定自行车道总宽度：

$$\text{单向自行车道总宽度}=\text{一条车道宽度}\times\text{车道数} \tag{5-18}$$

道路一侧非机动车或自行车道路面宽度为单向自行车道总宽度加上两侧各0.25m的路缘带宽。根据我国各城市设计和使用经验，道路一侧自行车道路面宽度推荐值为：

4.5m、5.5m、6.5m、7.5m和8.5m几种，最小宽度不应小于4.5m。这是因为这个宽度可以并行通过一辆三轮车和自行车，以及若一辆板车沿路边停歇时仍然能通过一辆三轮车，或非机动车道部分断面兼做机动车临时停车位的实际需要。

机动车和非机动车混合行驶所需要的车行道宽度，应根据设计小时交通量和道路的设计通行能力，先初步确定机动车和自行车交通各自所需要的车道数和宽度，然后结合现状道路断面、现有道路构造物和道路横断面近远期结合、机动车道和非机动车道相互调剂使用的可能性等因素，按照合理的交通组织设计方案把各类车辆在横断面上进行不同的排列组合布置，通过方案比较，从中择优选用，最后定出机动车和自行车混合行驶所需要的车行道宽度。

5.4 路侧带设计

城市道路的路侧带是指车行道最外侧缘石至道路建筑红线间的范围，一般道路两侧各设置一路侧带。路侧带的宽度应根据道路类别、功能、设计行人交通量、绿化、沿街建筑物性质、布设公用设施要求、沿河(江、湖)道路景观带要求等确定，通常包括人行道、设施带和绿化带三部分。

1. 人行道宽度

人行道宽度指在路侧带内铺设专门人行道步砖、专供行人步行交通的部分。人行道宽度应该满足行人通行的安全和顺畅。我国由于人口众多，城市用地不足，居住密度较大，加之城市客运交通尚不发达，城市道路上步行交通所占比重还比较大，因此，在人行道宽度设计中应予以重视。如果人行道宽度不足，势必导致行人侵占车行道而影响汽车的行车安全和顺畅。人行道宽度的设计，不仅应满足近期行人交通的需要，而且还应适应远期发展的需要。人行道宽度可按下式计算：

$$w_p = \frac{N_\omega}{N_{\omega l}} \tag{5-19}$$

式中：w_p 为人行道宽度(m)；N_ω 为人行道设计小时行人交通量(p/h)；N_{wl} 为1m宽人行道的设计行人通行能力(p/(h·m))。

人行道设计小时交通量的确定，应根据各地的具体情况及远期规划资料进行合理的预测。值得注意的是，随着城市机动交通条件的不断改善，城市道路上步行交通的比重呈明显下降的趋势，人行道宽度也就应该随之减小。

为了提高人民生活质量和城市文明程度，确保行动不方便者能方便、安全地使用城市道路，人行道设计还必须考虑无障碍交通的特点，具体要求参见本节有关无障碍步道规划设计内容和《城市道路和建筑物无障碍设计规范》(JGJ50—2001)。

2. 人行道、人行横道、人行天桥(地道)通行能力

(1)行人交通特性

我国城市人口密集，一些大城市的城市布局与道路系统大多是在长期历史发展中形成的，繁忙的商业区往往就是主要干道所经过的地带，两侧人行道的行人川流不息，节假日更是拥挤不堪，行人不能自行其道，则可能挤占车行道的交通空间，危及行车安全，造成

车辆延误，最终导致道路整体通行能力的下降。此外，行人过街也是一个棘手问题，设计、组织得不好，将对车辆交通和行人交通产生很不利的影响。

行人交通最基础的资料是行人步行速度和行人密度。

(2)行人步行速度和步行密度

行人在道路两侧的人行道上和人行天桥、人行地道中步行时，一般没有紧迫感，其步行速度和步行密度都会比过街人行横道低。另外，人行道所处的地点不同，其步行速度和步行密度也不完全一样，如一般街道和车站、码头处的街道就有明显区别。

根据大量实测资料表明，一般街道和人行天桥或人行地道中行人步行平均速度为1m/s;人行过街横道行人平均速度为 1.0~1.2m/s；车站、码头人行天桥、人行地道行人平均速度为 0.5~0.8m/s。

行人步行密度常以行人的纵横向间距来评定。行人步行纵横向间距在不同条件下测得的数据相差较大，常见值为 0.5~1.0m。纵向间距，国外资料多采用 1.0m，《城市道路设计规范》(CJJ 37-90)也采用 1.0m。

(3)基本通行能力

人行道、人行天桥(地道)：

$$N_{bw}=\frac{3600v_p}{s_p b_p}=4800\ (\mathrm{p/(h\cdot m)})\tag{5-20}$$

式中：N_{bw} 为人行道的基本通行能力(p/(h·m))；v_p 为步行速度，采用 1.0m/s；s_p 为行人纵向间距，采用 1.0m；b_p 为每个行人占用的横向宽度，采用 0.75m。

人行横道：

$$N_{bc}=\frac{3600v_{pc}}{s_p b_p}=4800\sim 5700\ (\mathrm{p/(t_{gh}\cdot m)})\tag{5-21}$$

式中：N_{bc}为人行横道的基本通行能力(p/(t_{gh}·m))；t_{gh}为绿灯小时，为放行绿灯时间累计至 1 小时的时间；v_{pc}为行人过街速度，采用 1~1.2m/s。

车站、码头人行天桥(地道)

$$N_{bs}=\frac{3600v_{ps}}{s_p b_t}=2000\sim 3200\ (\mathrm{p/(h\cdot m)})\tag{5-22}$$

式中：N_{bs}为车站、码头人行天桥、人行地道的基本通行能力(p/(h·m))；v_{ps}为步行速度，采用 0.5~0.8m/s；b_t为每个行人占道的宽度，采用 0.9m。

(4)可能通行能力

上面讨论的基本通行能力系按理想条件计算所得。实际上横向干扰，是否携带物品，老、中、青年人体力差别，地区、季节、天气等影响，环境景物、商店橱窗的吸引力等，对行人速度均有影响。因此，人行道、人行横道等的可能通行能力，应对基本通行能力予以折减。《城市道路设计规范》(CJJ 37-90)对车站、码头人行天桥、人行地道受外界干扰影响较少的地方，规定折减系数为 0.7，其余地方均为 0.5。人行道、人行横道、人行天桥、人行地道的可能通行能力详见表 5-9。

表 5-9　　　　**人行道可能通行能力**

类　别	人行道 (p/(h·m))	人行横道 (p/(t_{gh}·m))	天桥、地道 (p/(h·m))	车站、码头处天桥、地道 (p/(h·m))
可能通行能力	2400	2700	2400	1850

(5)设计通行能力

与车行道设计类似，设计通行能力的确定引入了服务水平的概念。《城市道路设计规范》(CJJ 37-90)按照人行道的性质、功能及对行人服务的要求，将人行道及人行横道划分为4个等级，分别确定了人行道服务交通量与可能通行能力的比值，也称服务水平系数，详见表5-10。并以此计算了人行道、人行横道、人行天桥、人行地道的设计通行能力，从而为人行道宽度设计提供依据，参见表5-11。

表 5-10　　　　**人行道服务水平系数**

人行道、人行横道、人行天桥(地道)所处位置	服务水平系数
全市性的车站、码头、剧场、影院、体育馆(场)、公园、展览馆及市中心区行人集中的地方	0.75
大商场(店)、公共文化中心、区中心等行人较多的地方	0.80
区域性文化、商业中心地带行人多的地方	0.85
支路、住宅区周围的道路	0.90

表 5-11　　　　**人行道设计通行能力**

步道类别 \ 服务水平系数	0.75	0.80	0.85	0.90
人行道(p/(h·m))	1800	1900	2000	2100
人行横道(p/(t_{gh}·m))	2000	2100	2300	2400
人行天桥(地道)(p/(h·m))	1800	1900	2000	—
车站、码头处的人行天桥(地道)(p/(h·m))	1400	—	—	—

3. 设施带宽度

城市道路路侧带的另一组成部分是设施带。所谓设施带是指路侧带中为行人护栏、照明杆柱、标志牌、信号灯等交通设施提供的设置安装地带。

根据我国部分城市调查资料，大多数城市仅在主要交叉口处或繁华地带设置行人护栏，而且大多数护栏沿着路缘石边或距路缘石0.5m以内地方安设，护栏多为钢管材料，如不设基座，0.25m宽就足够了。因此《城市道路设计规范》(CJJ 37-90)规定只设行人护栏的设施带为 0. 25～0. 5m。护栏与路缘石的距离应满足行车侧向余宽的要求。调查资料还显示，杆柱宽度视其有无基座在 0. 5～1. 5m 之间，故《城市道路设计规范》(CJJ 37-90)值为 0. 5～1. 5m，设计时根据实际需要选用。

现代城市可能还有一些其他设施，比如街边电话亭、电力环网柜、热力减压阀、消防栓、大型指路标志、广告设施，等等，它们所需占道的空间在道路规划设计时应该有所预计或作远期预留，在设施带宽度内一并考虑。

4. 绿化带宽度

道路绿化包括路侧带、分车带、立体交叉、广场、停车场以及道路用地范围内的边角空地等处的绿化。它是城市道路重要组成部分。《城市道路绿化规划与设计规范》(CJJ75-97)对规划道路红线宽度时道路绿地率指标作了明确规定：

①林景观路绿地率不得小于 40%；

②线宽度大于 50m 的道路绿地率不得小于 30%；

③红线宽度在 40～50m 的道路绿地率不得小于 25%；

④红线宽度小于 40m 的道路绿地率不得小于 20%。

这就从绿地率指标的角度，对道路绿化带宽度作了规范性的要求。通常，只要条件允许，路侧带都应安排一定的绿化带，供人行道两侧植树或种植灌木丛、花卉丛等，为行车及行人遮阴并提供优美的交通环境。绿化带若用做植树则其最小宽度为 1. 5m；若用做植草皮、花丛或常青灌木丛则为 0. 8～1. 5m。

5. 路侧带总宽度

路侧带既然包括人行道、设施带、绿化带三部分，其宽度也就是这三部分宽度之和。但是，设施带和绿化带并不是所有的道路上一定都有的，尤其绿化带。因此，路侧带的最小宽度应是能满足人行交通的最小宽度。《城市道路设计规范》(CJJ 37-90)对此作了明确规定，详见表 5-12。在此基础上，再考虑设施带、绿化带实际布置的需要和可能性，加上它们的宽度即为路侧带总宽度。

表 5-12　**人行道最小宽度**

项　目	人行道最小宽度(m)	
	大城市	中、小城市
各级道路	3	2
商业、文化中心；大型商店、公共文化机构集中路段	5	3
火车站、码头附近路段	5	4
长途汽车站附近路段	4	4

6. 无障碍步道体系规划与设计

由国家建设部、民政部、残疾人联合会联合颁布、2001 年 8 月 1 日正式实施的《城市道路和建筑物无障碍设计规范》(JGJ50—2001)，要求城市道路和桥梁应考虑无障碍设计。

目前，我国大、中城市在新建市区道路时，都在逐步而切合实际地考虑残疾人以及老年人的交通问题，即无障碍步道体系规划与实施问题。主要工程措施是在人行道体系中设置可供盲人判别走向的步行道系统和方便过街轮椅上、下人行道的斜坡道。这些工程规模不大，也不复杂，但体现了一个城市的文明程度和城市建设以人为本的现代理念。

(1)规划原则

①分区域、分阶段规划实施

盲道和残疾人坡道的建设应该根据每个城市的具体情况如经济能力、街道繁华程度等，有先有后，分区域、分阶段地规划实施，使所建设施能够起到实实在在的作用，而不仅仅是为城市装点“面子”。因此规划前的调查研究工作非常重要，哪些区域先做？做到什么程度？下一步衔接道路是哪些？等等，都应有一个合理的规划，以指导工程的分阶段实施。

②区域内贯通、区域外连续外延

一旦确定某个街区或几个街区要修建无障碍步道体系，就应该保证区域内无障碍步道的连通性以及向区域外延伸的连续性，不要造成系统的内部间断。如果在一条道路上，盲道时有时无或者道路沿线交叉口处的坡道时有时无，就会给残疾人以及老年人的交通带来对路况判断的不确定性，使残疾人以及老年人的交通反而更不方便。外延也是一样，一定注意要保持设施的连续性。

理想的无障碍步道体系应该遍及整个城市道路网络，但由于历史原因，我国绝大多数城市已建道路上都没有做无障碍步道设施。因此，有计划、分阶段地规划实施无障碍步道体系应该实事求是，向理想目标逐步靠近。当前我国一些城市的公共交通车辆已经开始设置低踏板或零高度斜坡踏板，这与道路无障碍步道体系结合起来，无疑会为残疾人、老年人的交通营造更加良好的条件，也从一个侧面体现出城市建设的文明程度。

(2)工程设计要点

所谓无障碍步道体系，其实就是在人行道系统中劈出一条适当宽度的带状范围，铺砌特殊的便于盲人辨别的步道砖(分直行导向砖、转向停步砖两种)，并且在遇台阶的地方代替以适当坡道，从而形成一个特殊的人行道体系。

为了盲人步行方便与安全，盲道一般设在人行道中央。若路侧带较宽，并且在路侧带范围内设有绿化带，也可以将盲道靠近绿化带设置。另外，为便于轮椅自行或推行的方便与安全，应在所有人行道方向上的台阶处设置坡道。有关坡道和盲道的布置分别见图5-8、图 5-9、图 5-10。

盲道砖分行进盲道砖和提示盲道砖(也称转向停步砖)两类，步砖形式见图 5-11、图 5-12。忙道砖的强度和材料同人行道步砖，盲道如遇地下设施井盖或地面障碍物时应绕开布置，在转弯或方向发生变化时应设置提示盲道砖区，其范围应大于行进盲道的宽度。

无障碍步道体系工程设计应特别注意贯彻“以人为本”的设计理念，设计者应真正从这些特殊人群的用路要求出发来考虑设计问题。

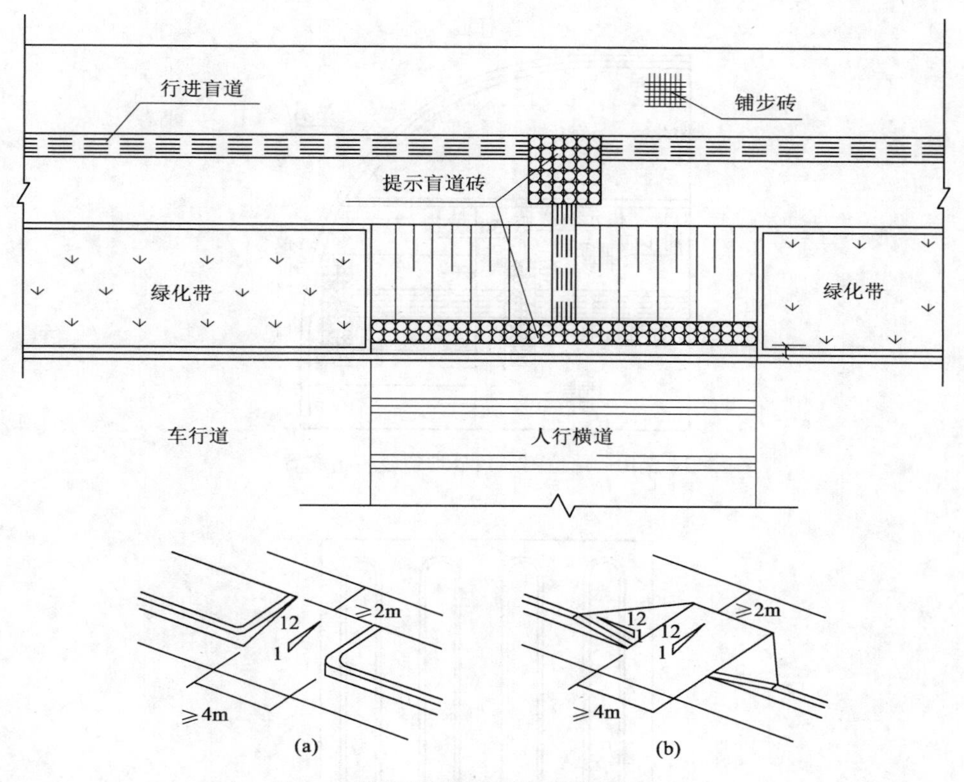

图 5-8　路段人行横道处坡道及盲道布置

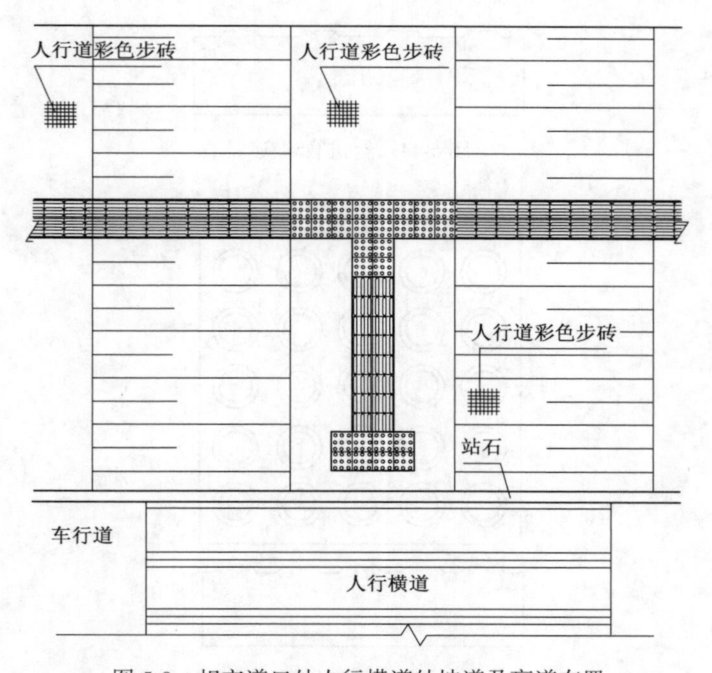

图 5-9　相交道口处人行横道处坡道及盲道布置

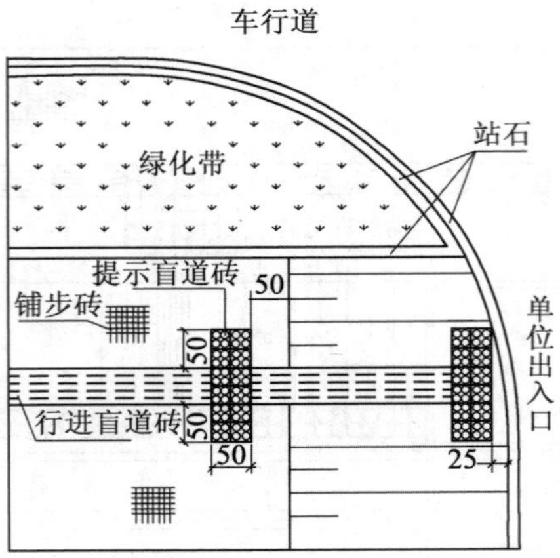

车行道
站石
绿化带
提示盲道砖
50
铺步砖
50
单位出入口
行进盲道砖
50
50
25

图 5-10　单位出入口处坡道及盲道布置

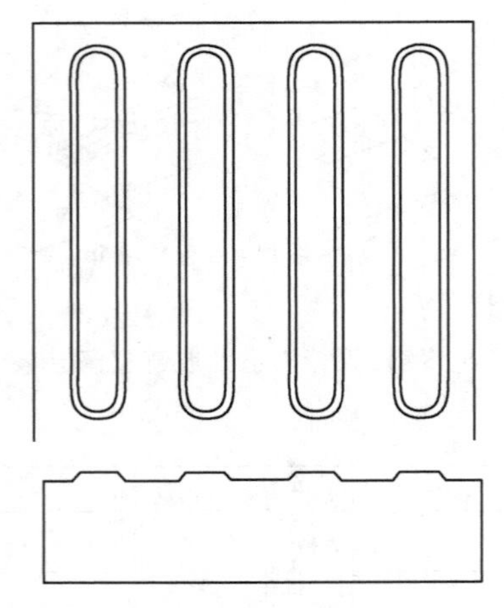

图 5-11　行进盲道砖

图 5-12　停步盲道砖(提示盲道砖)

5.5　分车带、路肩、缘石及人行道铺装

1. 分车带

所谓分车带是指在多幅道路上，用于分隔车辆，沿道路纵向设置的带状非行车部分，有设在道路中央的机动车分车带和设在道路两侧的机动车与非机动车分车带两大类型。前者称中央分车带(简称中央带或中间带)，后者称两侧分车带(简称侧分带或两侧带)。

分车带的功能主要是分隔车辆交通，此外，也作为安设交通标志、公用设施与道路绿化用地。在路段上，分车带还可为设置港湾式停车站提供场地；在交叉口处，为增设候驶车道提供空间。此外，分车带还为远期路面拓宽留有余地。

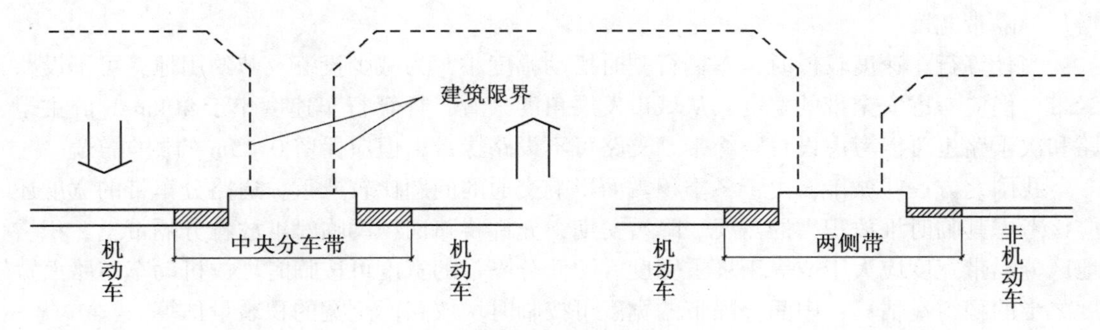

图 5-13　分车带

分车带通常由分隔带和两侧路缘带组成(见图 5-13)。分隔带是由路缘石围砌成的带状非行车部分，通常高出路面 10~20cm，在人行横道及公交车停靠站处，分隔带表面应进行铺装以方便行人或乘客候车及上、下车。分车带的宽度与道路设计车速有关，从行车分隔效果来看，分车带应宽一些为好，一般是车速越高，分车带要求越宽。考虑到城市用地的紧张，分车带又不可能做得太宽，因此，《城市道路设计规范》(CJJ 37-90)对分车带最小宽度作了规定，见表 5-13。

表 5-13　**分车带最小宽度**

分车带类别		中间带			侧分带		
计算行车速度(km/h)		80	60，50	40	80	60，50	40
分隔带最小宽度(m)		2.00	1.50	1.50	1.50	1.50	0.50
路缘带宽(m)	机动车道 W_{mc}	0.50	0.50	0.25	0.50	0.50	0.25
	非机动车道 W_{mb}	—	—	—	0.25	0.25	0.25
侧向净宽(m)	机动车道 W_l	1.00	0.75	0.50	0.75	0.75	0.50
	非机动车道 W_l	—	—	—	0.50	0.50	0.50

续表

分车带类别		中间带			侧分带		
安全带宽（m）	机动车道 W_{sc}	0.50	0.25	0.25	0.25	0.25	0.25
	非机动车道 W_{sc}	—	—	—	0.25	0.25	0.25
分车带宽度(m)		3.00	2.50	2.00	2.25	2.25	2.00

注：表中部分符号的意义可参见图 5-1。

表中分隔带最小宽度系按设施带宽 1m 考虑的。如实际要求的设施带大于 1m，则应增加分隔带宽度。

当计算行车速度较低时，车辆行驶时摆动幅度小，为减少投资及节约用地，可不设路缘带，但应考虑安全带的宽度。从城市发展角度来看，计算行车速度小于 40km/h 的主干路和次干路也可以考虑设置路缘带。支路可不设路缘带，但应保留 0.25m 的侧向净宽。

我国北方一些城市，由于冬季积雪而影响交通的问题比较严重，道路分车带的宽度还应该考虑其临时堆放积雪的需要。降雪初期，允许将路面积雪临时堆放在分隔带上，积雪地区分隔带宽度应大于或等于堆雪宽度。两侧分隔带的宽度可按临时堆放机动车道路面宽度之半的积雪量估算；中间分隔带的宽度可按临时堆放路面全宽的积雪量估算。

2. 路肩

城市道路与公路不一样，一般情况下设有人行道的道路都没有路肩，其雨水排水系统采用暗管形式。但是，在采用边沟排水的路段，仍然像公路一样，在路面外侧设置路肩。路肩又分硬路肩和保护性路肩(俗称土路肩)。《城市道路设计规范》(CJJ 37-90)规定，当道路设计车速≥40km/h 时要设硬路肩，否则，为节约用地可不设硬路肩而只设土路肩。

硬路肩是路肩中靠近车行道加铺路面结构层的部分与路缘带之和，其功能是供偶然停车和少量行人交通。硬路肩内路缘带结构与路面相同，其余可视具体情况确定。

硬路肩最小宽度应保持侧向净宽值，有少量行人时，可按侧向净宽及一条人行道(宽 0.75m)宽度之和确定。设计时应根据实际需要确定硬路肩宽度。硬路肩最小宽度见表 5-14,路肩结构详见图 5-14。

表 5-14 **城市道路硬路肩最小宽度**

设计车速(km/h)	80	60，50	40
一般最小宽度(m)	1.00	0.75	0.50
有少量行人最小宽度(m)	1.75	1.50	1.25

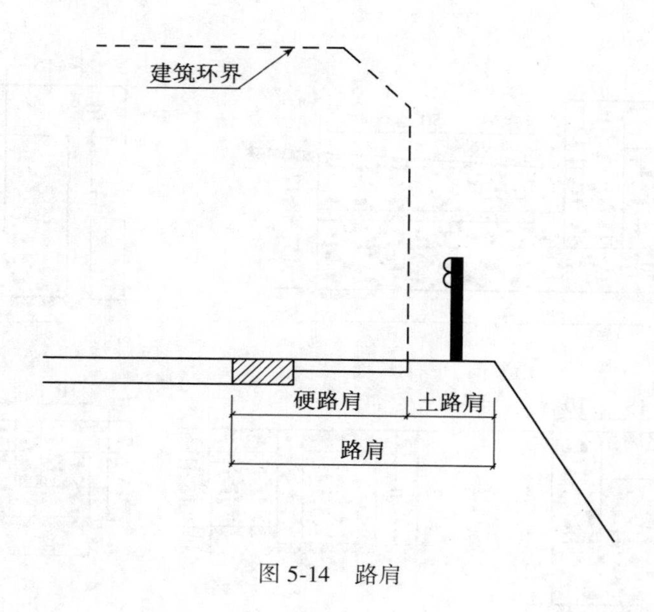

图 5-14　路肩

3. 缘石及人行道铺装

(1)缘石

缘石也称路缘石、道牙，为路面边缘与其他结构物分界处的标石，如路侧带缘石，分隔带、交通岛等四周的缘石，还有路面边缘与路肩分界处的缘石等。

缘石形状有立式、斜式或平式。立式适用于路面两侧；斜式或平式适用于出入口、人行道两端及人行横道两端，便于推行儿童车、轮椅及残疾人通行；设路肩时，路面边缘采用平式路缘石；在分隔带端头或路口小半径处，缘石宜做成相应的曲线型。

立式缘石一般高出路面边缘 10 ~ 20cm。锯齿形偏沟处的缘石出露高度可采用 8 ~ 25cm。缘石的埋深，应考虑能抵抗路侧带荷载的侧压力。为保证隧道内、桥梁上、线型弯曲路段或陡坡路段的交通安全，缘石可加高至 25 ~ 40cm。

缘石材料可采用坚硬的石料或水泥混凝土。水泥混凝土的抗压强度不宜低于 30MPa。

(2)人行道铺装

人行道铺装结构设计应符合因地制宜、合理利用当地材料及工业废渣的原则，并考虑施工最小厚度。

人行道铺装面层通常为 5cm 厚的预制普通水泥砖或彩色水泥砖(如九格方砖、六棱形砖、长方形砖、锁链砖等)。基层材料应有适当强度，常用的有石灰土、煤渣土、碎石土、砂垫层等，层厚多在 15cm 左右。缘石及人行道铺装示意图见图 5-15。

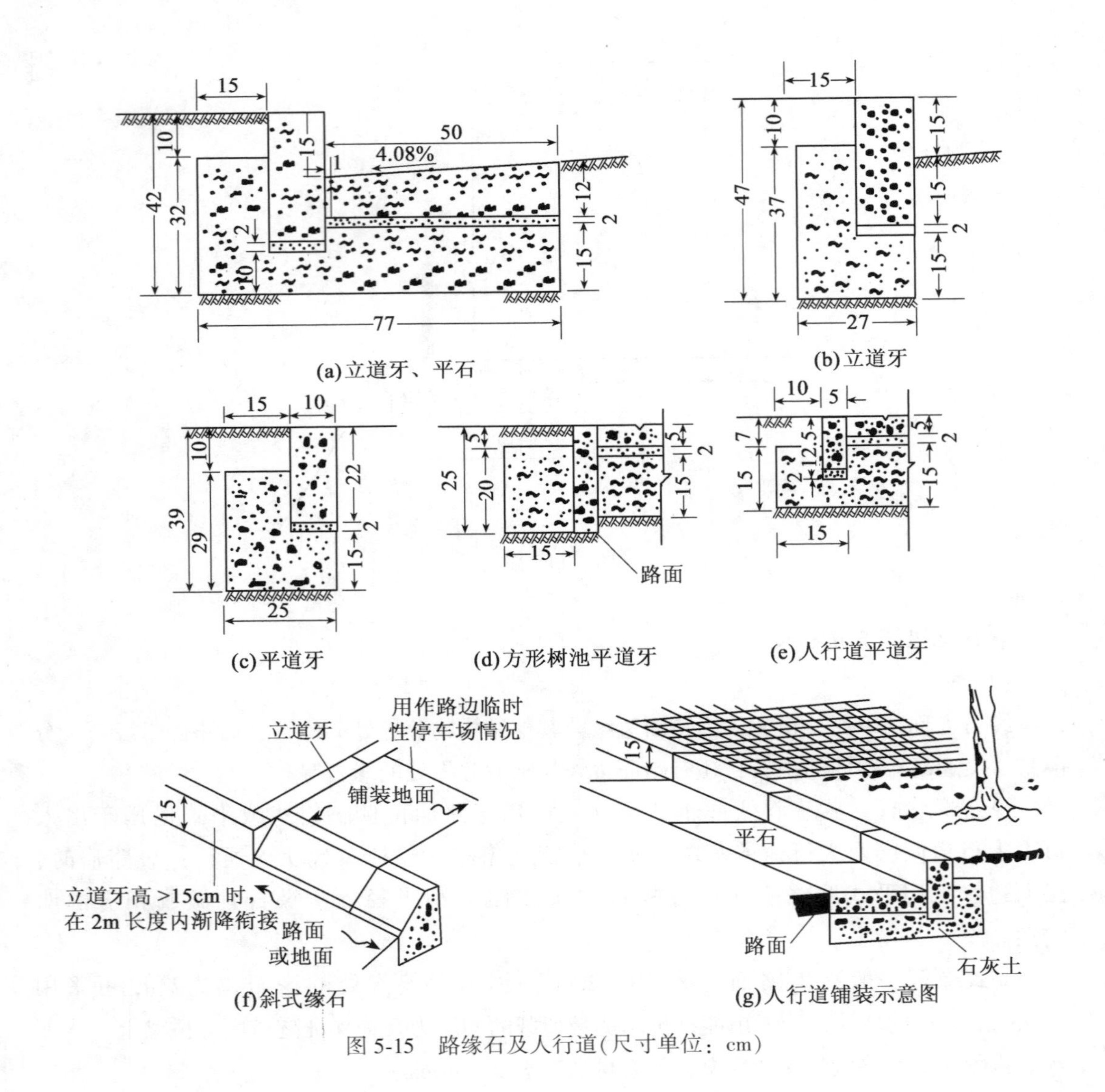

图 5-15　路缘石及人行道(尺寸单位：cm)

5.6　横断面综合布置

1. 横断面基本形式

本章一开始就已谈过，城市道路横断面布置类型，根据车行道的分幅情况，分为 4 种类型，即一块板(一幅路)、两块板(双幅路)、三块板(三幅路)、四块板(四幅路)。其中，一块板道路属混行式，即机动车和非机动车并行于同一幅车行道上；两块板属分向式，即中央分车带将上下行车辆分隔开来，但每侧车行道上的机动车和非机动车仍然是混行状态；三块板属分车式，即机动车和非机动车分行式；四块板则属分车分向式，即机、非分行，同时上下行车辆也分离行驶，从交通安全和畅通的角度来看，分车分向式是最理想的横断面布置形式(见图 5-1)。

混行式(一幅路)车道及分行式(三幅路)机动车道的横坡一般为路拱状双面坡。如为窄路面或结合雨水管布置、配合远景分期发展等情况也可采用单面坡路拱。分向式(双幅路)及分车分向式(四幅路)机动车道的路面横坡通常以分隔带为界，采用单面坡向路边倾斜。如路面较宽也可采用双面坡，路面集水井也作相应的设计。

独立的非机动车道的横坡采用单面坡，向路边倾斜，横坡度一般单独选定。当分车带的宽度很窄或分车带断口较多及按分期发展将来须与机动车道合并时，横坡度以与机动车道配合成为一完整路拱为宜。由于自然地势、横断面竖向设计需要或结合雨水管布置等情况，独立的非机动车道的横坡也可向路中心方向倾斜成单面坡。

路侧带中人行道横向排水方向向车道倾斜成单面坡。当地势、环境和有条件竖向配合等限制时，横坡也可采用向路外倾斜的方式，但须妥善处理排水出路。

道路两侧人行道宽度及分车带宽度一般采用相同数值。根据道路性质、建筑布局、行人流量情况、自然地势和总体规划管道、绿化等的需要，也可采用不同的宽度。改建道路受既定条件的限制，或新建道路在分期发展的过程中，均应视具体情况，采用不同的宽度。

2. 常用横断面形式

横断面基本形式有 4 种，但在不同的地形、地貌条件下，以及不同的道路功能要求下，则可以因地制宜布置成多种变异形式。这样，既能使工程土石方量尽量减少，又能起到保护自然景观、美化道路环境的艺术效果。下面就城市道路设计中常用横断面形式作些介绍。

(1)道路沿坡地布置的横断面

①当车行道中线标高接近坡地地面时的横断面如图 5-16；

②当车行道中线标高低于地面时的横断面如图 5-17。

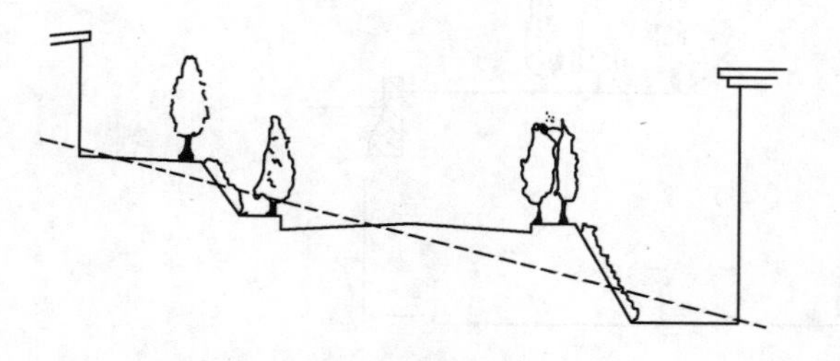

图 5-16　坡地处横断面布置(一)

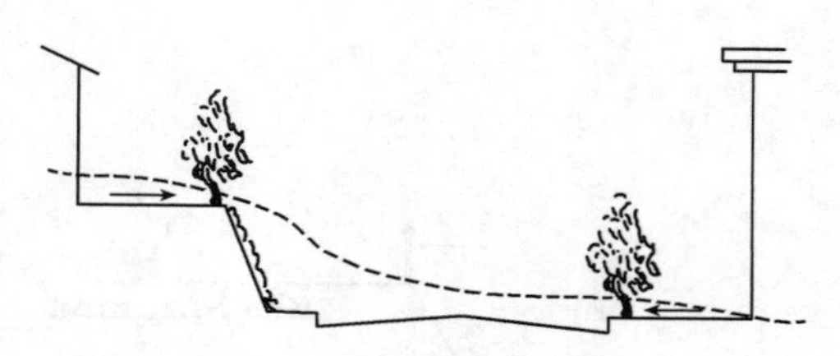

图 5-17　坡地处横断面布置(二)

(2)道路沿谷地布置的横断面

①当车行道中线标高接近谷地地面时的横断面如图 5-18；

②当车行道中线标高出地面时的横断面如图 5-19。

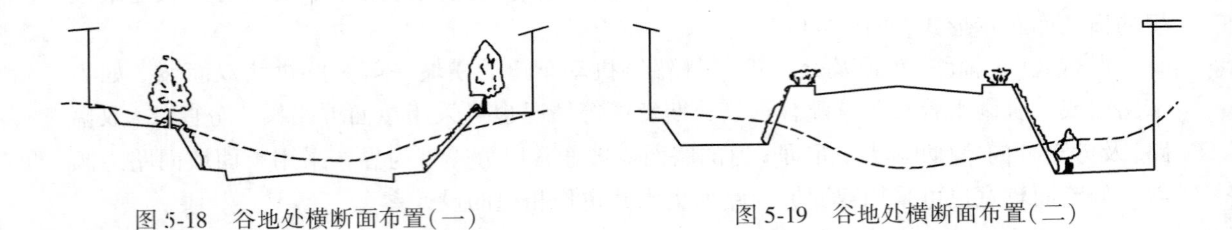

图 5-18　谷地处横断面布置(一)

图 5-19　谷地处横断面布置(二)

(3)道路沿台阶地形布置的横断面

此时的道路横断面如图 5-20。

图 5-20　阶地处的横断面布置

(4)道路沿天然水体布置的横断面

此时的道路横断面如图 5-21。

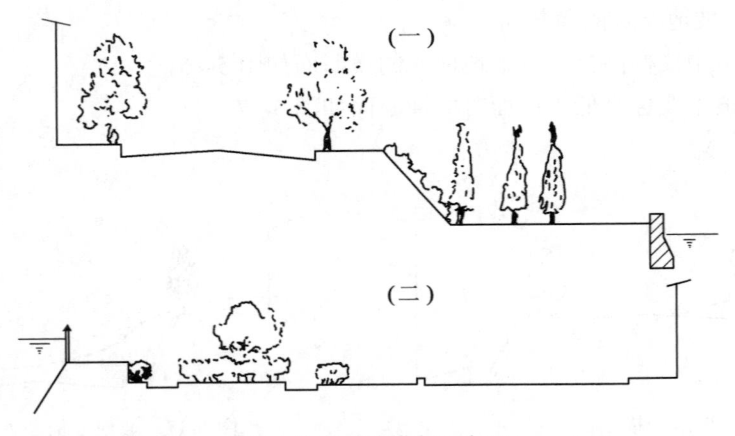

图 5-21　天然水体旁道路横断面布置(一、二)

3. 路侧带(人行道)布置形式

路侧带(人行道)通常都是对称地布置在街道的两侧。但在受到地形限制或功能要求特殊时，也可作不等宽设置或仅在道路的一侧设置，这要由具体情况确定。

路侧带(人行道)的布置要同时考虑行人交通安全与通畅、绿化效果和护栏、杆柱的安设等三方面因素。其基本形式有图 5-22 所示的几种。

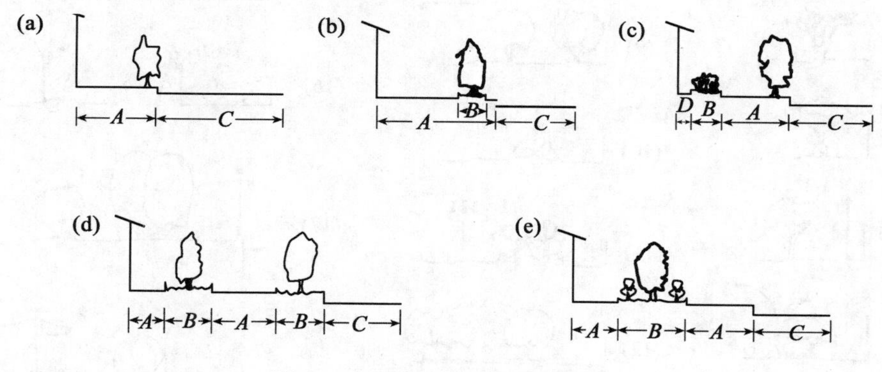

图 5-22　路侧带布置基本形式

图(a)适用于人行道宽度要求较宽的商业、文化区道路上，此处路侧带仅种植单行行道树。是干道上是最常见的路侧带布置形式。

图(b)适用于过街行人量大、行车密度高的路段。它有利于行人安全，有利于组织交通。这种形式用一条连续的绿化带(多为花卉灌木丛)将人、车分隔开，仅在人行横道处设置断口。也是路侧带常见的形式之一。

图(c)布置有两条绿化地带，一条是花卉丛绿带，沿建筑物前布置；另一条是行道树，沿路缘石布置。这种形式比较适用于支路上或住宅区道路上。值得注意的是，这种形式须沿房屋墙脚散水地带筑砌护坡，以免积水影响房基的稳定。

图(d)、(e)均为二条步行带，靠近建筑物的一条步行带供就近行人或进出商店的人使用，另一条则供过路行人使用，避免相互干扰。适用于城市中心地区商业文化设施比较集中的街道上。

作为参考，常见的路侧带布置情况如图 5-23。

4. 分车带布置形式

分车带包括中央机动车分车带和两侧机、非分车带。其中分隔带的形式小到临时分隔墩或分隔栅栏，大到几十米宽的绿化设施带，有多种布置形式，图 5-24 中的形式可供设计时参考。对于扩建、分期修建或按规划一次性建成道路时，可视具体条件灵活调整，照明及无轨电车杆柱位置可按实际需要布置。

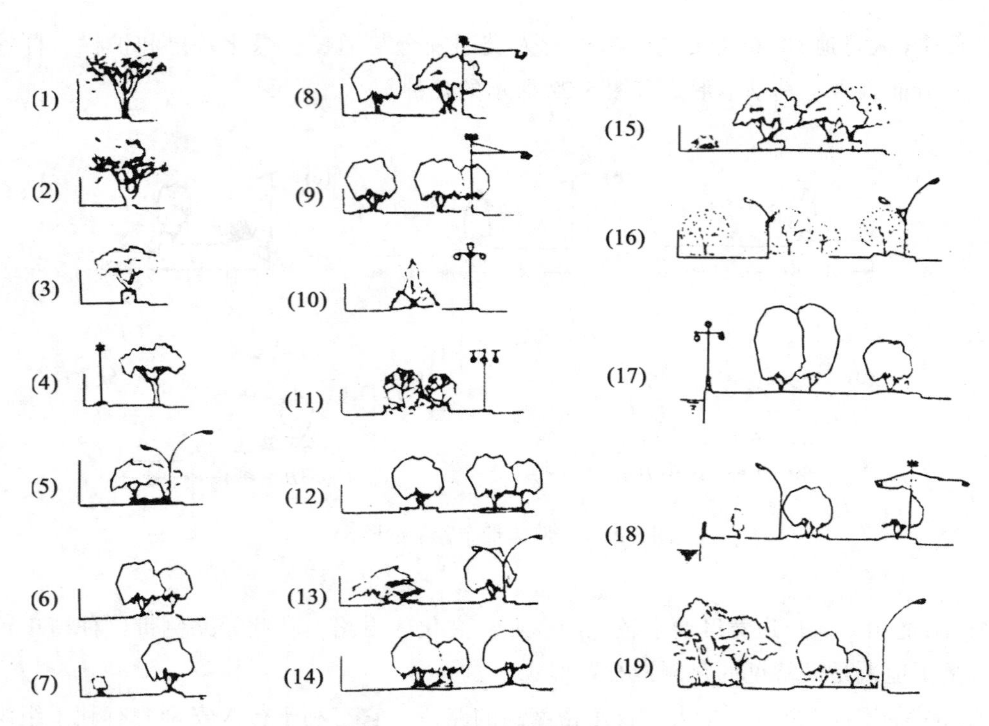

图 5-23　常见路侧带布置情况

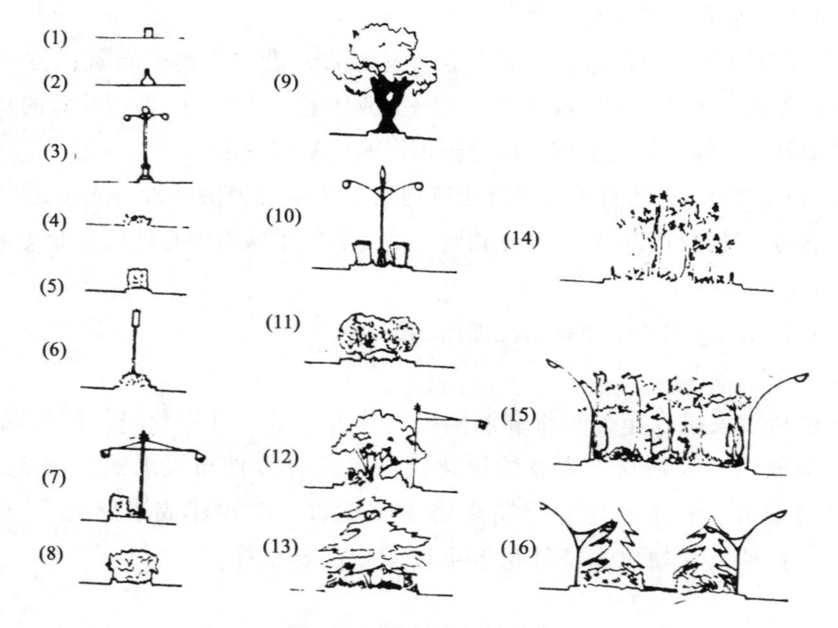

图 5-24　分车带布置形式

5.7　横断面图的绘制

城市道路横断面图包括标准横断面图和施工横断面图两大类。

所谓标准横断面图是指道路各路段的代表性横断面图。在城市道路设计中，其内容包括道路总宽度(即道路建筑红线宽度)、机动车道、非机动车道、人行道、分隔带、缘石、绿化等组成部分的相对位置和尺寸，以及地下、地上管线位置、间距等。标准横断面反映了道路红线范围内，道路各组成部分的相对关系及其准确尺寸，但不涉及标高问题。有关车行道的路拱曲线以及缘石大样、路面结构大样等也可在标准横断面图中反映出来。倘若道路的修建是分阶段进行的，那么标准横断面图则应分别画出其近期标准横断面和远期标准横断面，并显示出它们的对应关系，具体情况参见标准横断面图示例(图 5-25、图5-26)。

施工横断面图则是由标准横断面图的顶面轮廓线与实地横断面地面线按照道路纵断面设计的设计线及地面线高程关系组合在一起得到的横断面图。每个施工桩号都对应一张施工横断面图。其绘制程序大致是：①点绘出某一桩号的地面横断面，点绘资料由实地勘测取得；②依据纵断面设计高程确定道路设计横断面的相对高度位置；③以相同的比例将设计的标准横断面道路顶面线绘制上去，两边采取放坡或支挡构造物的方式，使设计线和地面线形成一个围合封闭图；④计算围合封闭图的面积即得该施工横断面图的填方或挖方面积，标上相应桩号和施工高度(设计高程与地面高程之差)。施工横断面图参见图 5-27 和图 5-28。

思　考　题

1. 在统计道路车辆交通量时，为什么要进行车种换算？换算的方法有哪些？试评价之。

2. 城市道路横断面布置的 4 种基本形式是什么？其适应性如何？不对称横断面形式在什么情况下可能使用？

3. 试叙述道路机动车道路面宽度的确定过程与方法。

4. 一般情况下，路侧带和分车带各包括哪几部分？各部分宽度如何确定？

5. 确立车行道路拱曲线形式的原则是什么？，常用的路拱曲线有哪些？

6. 道路“标准横断面图”和“施工横断面图”图纸各自要表达的主要内容一般有哪些？

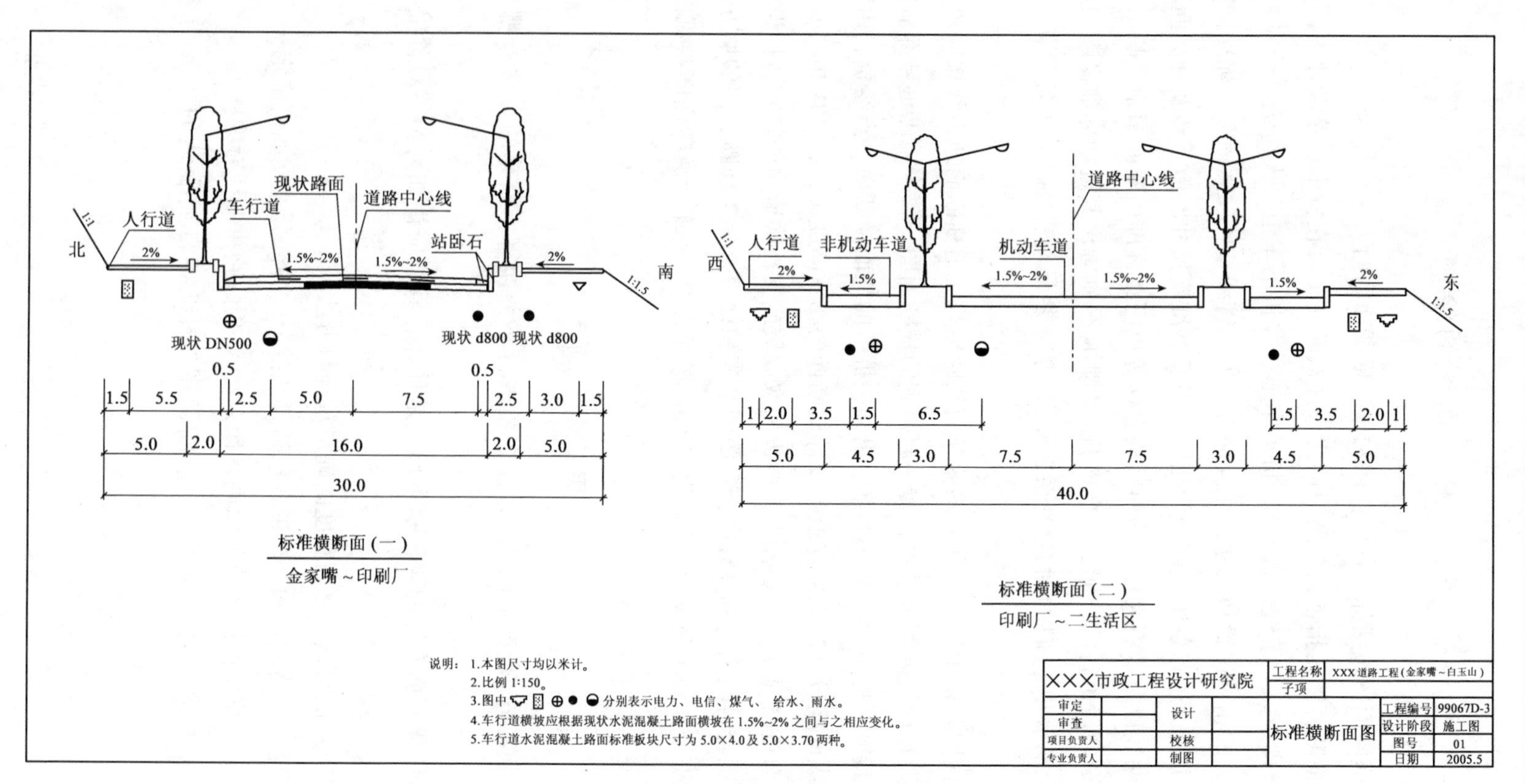

图 5-25 标准横断面图示例(一)

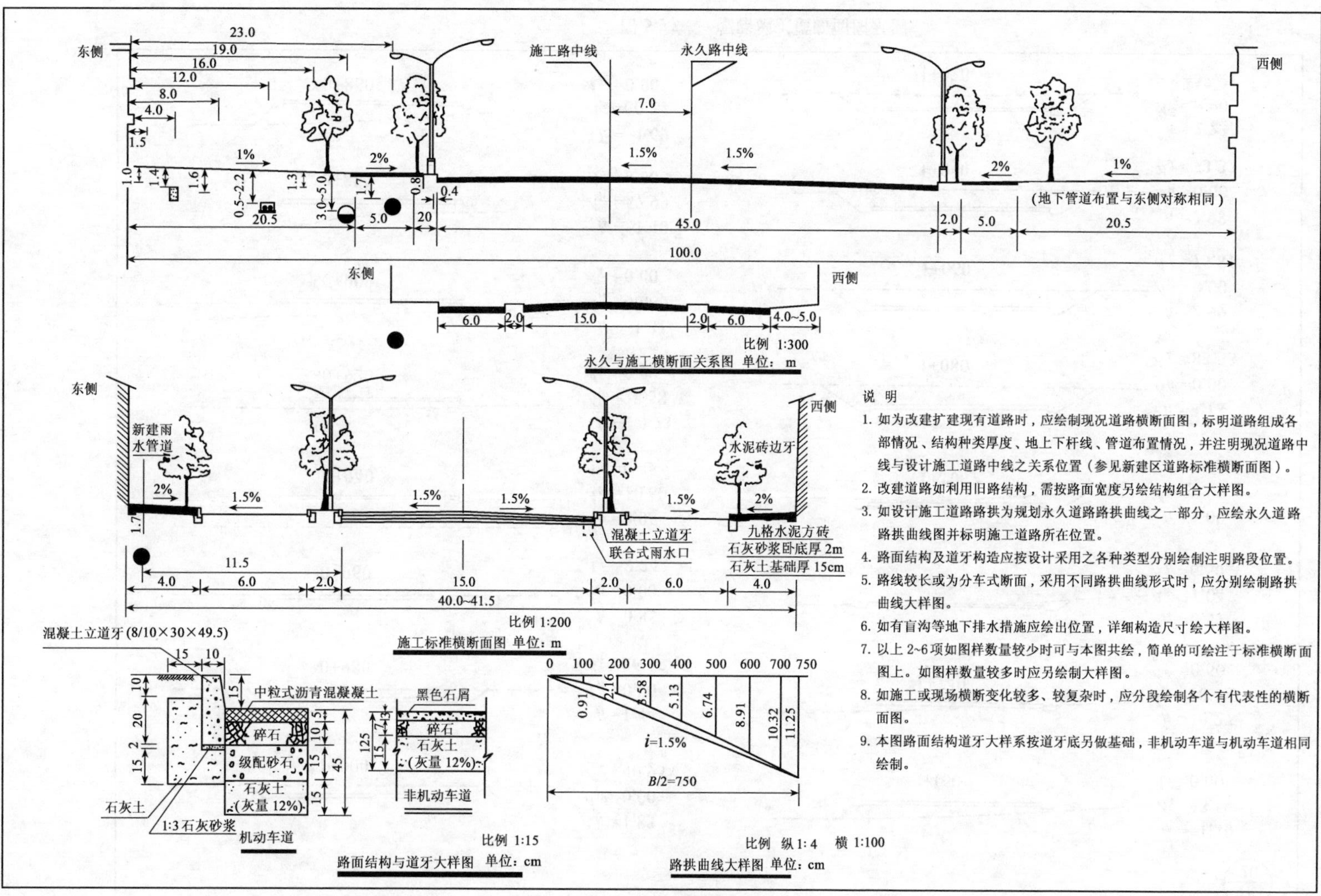

图 5-26　标准横断面图示例（二）

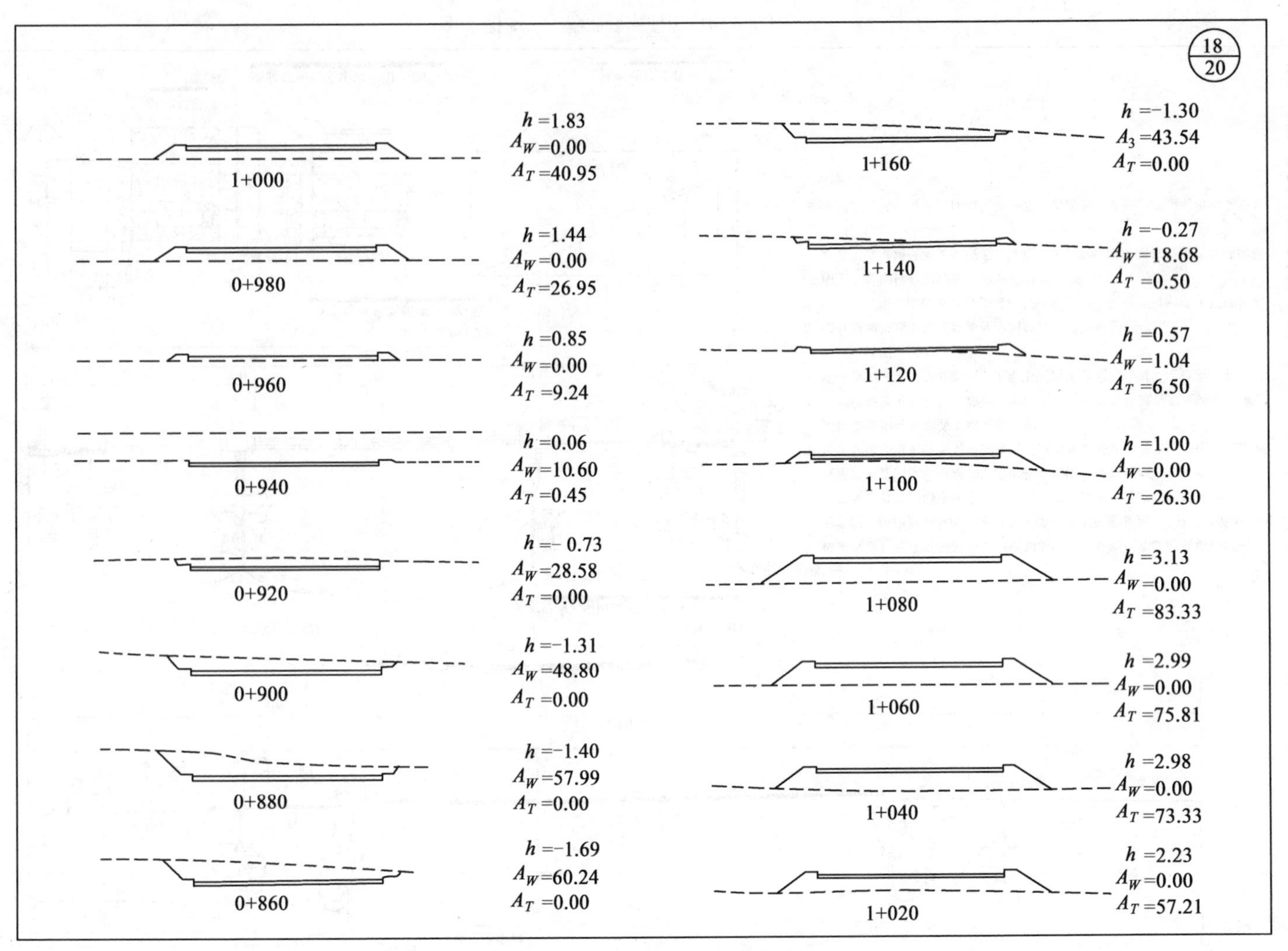

图 5-27　一幅路施工横断面图示例

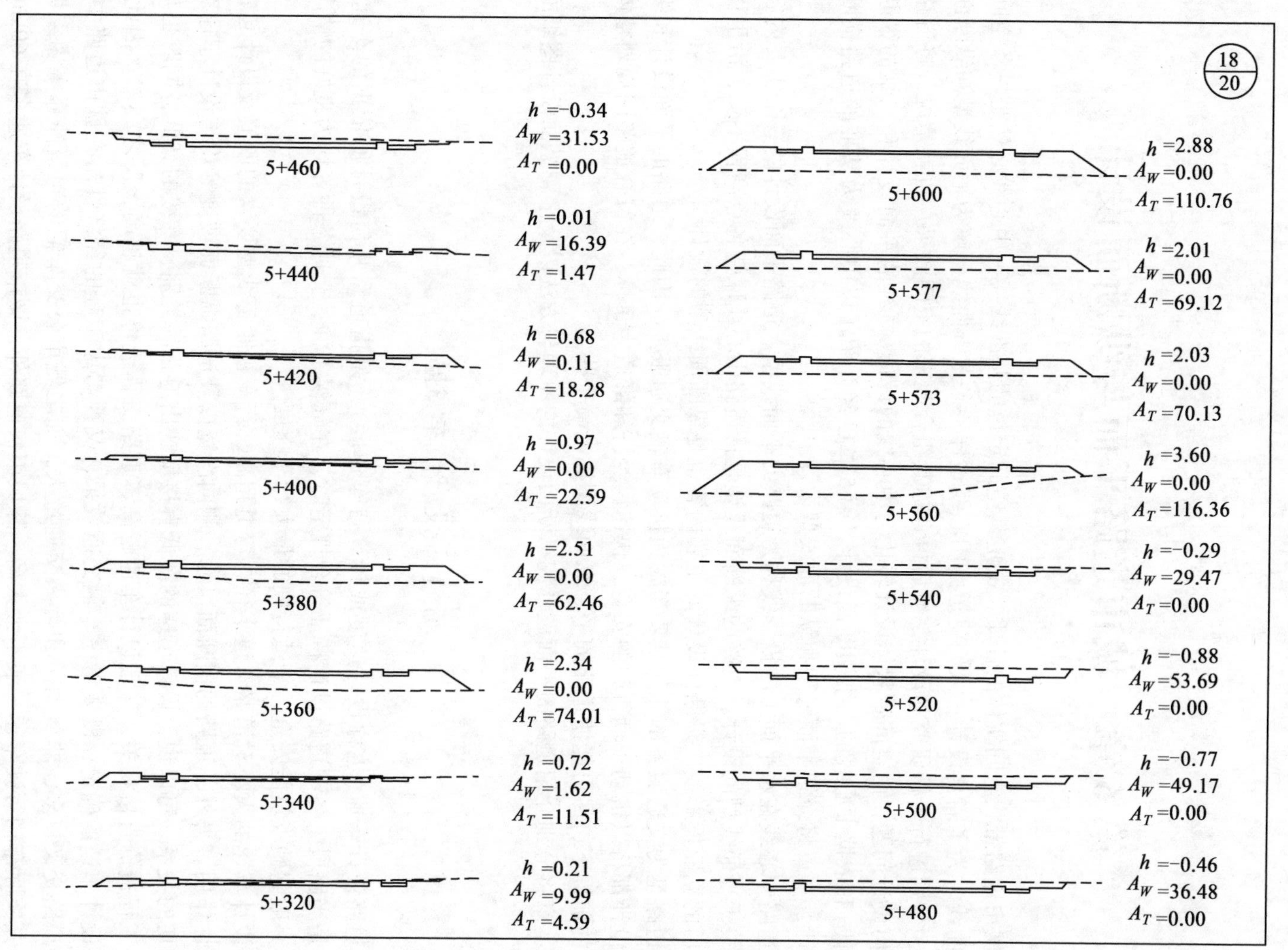

图 5-28　三幅路施工横断面图示例

第6章　城市道路平面与纵断面设计

城市道路带状空间实体的性质，决定其空间定位的基准线——中心线必然是一条空间三维曲线。为了简化设计，人们将道路中心线这样一条三维曲线分解为平面线型和纵断面线型，分别进行分析研究和设计，然后再考虑其组合起来的空间效果。也就是说，将道路的几何设计问题，由空间带状体设计转化为中心线的设计(二维的平面设计和二维的纵断面设计)和依据中心线的二维横断面设计。第5章已经介绍了以中心线为基准的道路横断面设计，本章将介绍平面线型和纵断面线型设计。

道路中心线在水平面上的投影线称为道路的平面线型。道路平面设计的一个主要内容就是关于平面线型的设计。道路的纵断面线型是指道路中心线保持各点高程不变，沿里程展开后的立面投影线。纵断面设计的主要内容也是纵断面线型的设计。

道路是为交通服务的，尤其要考虑为机动车辆交通服务。因此，道路的平面设计和纵断面设计都将以机动车辆行驶的安全、快速、经济和舒适为目标，在符合道路网规划整体要求的前提下，尽可能使道路的平、纵面线型标准高一些。

本章将分别介绍道路的平面设计和纵断面设计的原理与方法以及平、纵面设计图纸的绘制。

6.1　设 计 车 速

道路设计车速(也称设计速度或计算行车速度)，是指道路几何设计所依据的车速。也就是当路段上各项道路设计特征符合规定时，在气候条件、交通条件等均为良好的情况下，一般驾驶人员能安全、舒适行驶的最大行车速度。

设计车速的大小对道路弯道半径、弯道超高、行车视距等线型要素的取值及设计起着决定性作用。另外，道路的横断面尺寸、侧向净宽以及道路纵断面坡度等均与设计车速有着密切的关系。可以说，设计车速的高低直接反映出道路的类别、等级的高低，同时也与道路工程造价直接相关，一般设计车速越高，道路工程造价也就越高，反之亦然。因此，道路设计车速的确定，既要考虑车辆交通效果，又要考虑工程的经济性。在城市道路中，由于道路交叉口多，非机动车和行人交通量大，加之城市公交车辆的频繁停靠等因素影响，其实际车辆行驶车速一般不会太高。除城市快速路外，城市道路设计车速多在60km/h以下。《城市道路设计规范》(CJJ 37-90)有关各类各级道路设计车速的规定参见表4-1。

新建道路应严格按规范值执行。旧路改建有特殊困难，如商业街、文化街等，经技术经济比较认为合理时，可适当降低计算行车速度。

设计车速对道路几何设计起着关键作用，正在编制中的道路工程设计通用技术规范在研究分析国内外相关技术标准和大量调研的基础上，把城市道路划分为4个等级，每个等级设3档设计车速，即：

Ⅰ级 快速路：100km/h、80km/h、60km/h；

Ⅱ级 主干路：60km/h、50km/h、40km/h；

Ⅲ级 次干路：50m/h、40km/h、30km/h；

Ⅳ级 支 路：40km/h、30km/h、20km/h。

6.2 道路平面设计

6.2.1 平面设计原则及主要内容

1. 平面设计的原则

①道路平面位置应按城市总体规划道路网布设，即道路平面设计应遵循城市道路路网规划。

②道路平面线型设计应与地形、地质、水文条件等结合起来进行，并应符合各类各级道路的技术指标。

③道路平面设计应处理好直线与平曲线的衔接，合理地设置缓和曲线、超高、加宽等，合理地确定行车视距并予以保证。

④应根据道路类别、等级，合理地设置交叉口、沿线建筑物出入口、停车场出入口、分隔带断口、公共交通停靠站位置等。

⑤平面线型标准需分期实施时，应满足近期使用要求，兼顾远期发展，使远期工程尽可能减少对前期工程的废弃。

2. 平面设计的主要内容

保证汽车行驶的安全、快速、经济和舒适是道路设计的总目标，平面设计也将围绕这个总目标来进行。平面设计的主要内容有：

①平面线型设计，包括直线、圆曲线、缓和曲线各自的设计及其组合设计，同时要考虑行车视距问题；

②弯道部分的特殊设计，如弯道加宽、弯道超高及其加宽、超高过渡设计等；

③沿线桥梁、隧道、道口、平面交叉口、广场和停车场等的平面布设，还有分隔带及其断口的平面布置、路侧带缘石断口的平面布置、公交站点的平面布置等；

④道路照明及道路绿化的平面布置。

上述设计内容最后由平面设计图反映其设计成果。城市道路平面设计图的比例尺，可根据需要定，通常为1∶500~1∶1000。

6.2.2 平面线型设计

平面线型是指道路中心线在水平面上的投影线型，一般由直线和平面曲线(简称平曲线)组成。当道路设计车速不高(<40km/h)时，平曲线主要是圆曲线，此时道路的平面线型可分解为一系列的直线和圆曲线；当车速较高时，由于车辆从直线路段向圆曲线段过渡

时，其轨迹很难适应与圆曲线直接相切的方式而产生行车轨迹与路线的偏离，车速越高、圆曲线半径越小，这种偏离就越大。因此，就需要有一种在直线与圆曲线之间连接过渡的曲线，也称缓和曲线，这种缓和曲线在不同半径曲线之间的衔接时也是必要的。这时，道路平面线型就由一系列的直线、缓和曲线和圆曲线组成了。平面线型设计就是关于这三种线型及其组合关系的设计，同时兼顾纵断面与之组合的效果。

1. 直线

直线在城市道路平面线型中用得最多，也最简单。直线设计应注意两个问题：一个是一次直线长度不能太短，如在两个邻近的平曲线之间的直线，就存在这样的问题；另一个是一次直线不能太长，这主要是指车速较高的快速路上，因为长直线容易引起驾驶员的疲劳。

当设计车速 $V \geq 60$km/h 时，直线长度宜满足下列要求：

①同向曲线间的最小直线长度(m)宜大于或等于设计车速(km/h)数值的 6 倍；

②反向曲线间的最小直线长度(m)宜大于或等于设计车速(km/h)数值的 2 倍。

当设计车速小于 60km/h，地形条件困难时，直线长度可不受上述限制，但应满足设置缓和曲线的需要。

国内关于一次直线的最大长度问题还没有统一的标准。国外有资料表明，一次直线最大长度以小于 180s(即 3min)行程为限比较理想。另外，在长直线段还应通过变化周围环境，设置纵坡和竖曲线等措施来改善行车视觉效果，使驾驶人员不致很快产生视觉疲劳。

2. 圆曲线

圆曲线具有测设简单、曲率固定的特点，它在道路设计中使用得也非常普遍。由于车辆在平面圆曲线路段上行驶时有其明显的受力特点，尤其是在横向受力方面，而圆曲线的曲率半径和圆曲线长度对横向力作用的影响最大，因此，圆曲线设计的主要内容便是合理确定圆曲线半径和圆曲线长度。

(1)圆曲线上车辆的受力特性

由物理学基本原理得知，任何物体做圆周运动时，都会由于惯性而产生离心力，汽车在圆曲线道路上行驶时也不例外。离心力的大小与物体的质量成正比而与圆曲线半径成反比，其计算式为：

$$F = \frac{G}{g} \cdot \frac{v^2}{R} \tag{6-1}$$

式中：F 为离心力(N)；G 为汽车重量(N)；v 为汽车行驶速度(m/s)；R 为圆曲线半径(m)；g 为重力加速度($\approx 9.81 \mathrm{m/s^2}$)。

如图 6-1 所示，离心力的作用点在汽车重心上，方向水平并背离圆心。在这一横向力的作用下，使司乘人员感到明显不适，并且车辆可能发生横向失稳，即产生横向滑移或倾覆。

为了减小离心力的作用，弯道上的路面通常做成外侧高、内侧低呈单向横坡的形式，这就是所谓的“弯道超高”。汽车行驶在具有超高的平曲线上，其车重的水平分力可以抵消一部分离心力的作用，其余部分由路面与轮胎之间的摩阻力与之平衡。

将离心力与汽车重力分解为平行于路面的横向力(X)和垂直于路面的竖向力

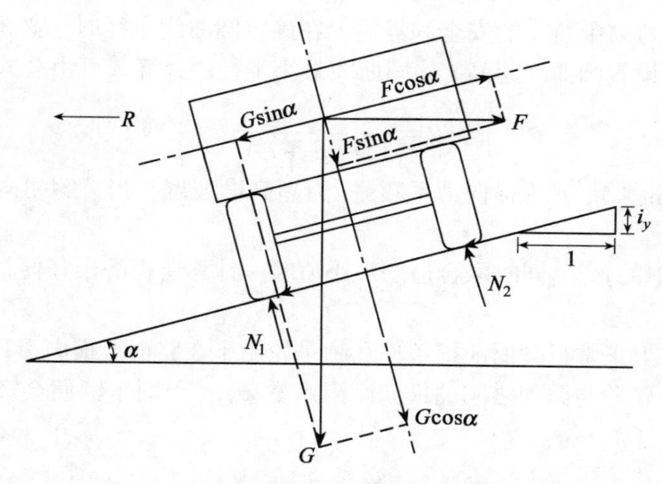

图6-1　汽车在弯道上匀速行驶时横向受力图

(Y)，得：

$$X = F\cos\alpha - G\sin\alpha$$
$$Y = F\sin\alpha + G\cos\alpha$$

由于路面横坡度不大，即α很小(一般α≤6°)，可以认为：

$$\sin\alpha \approx \tan\alpha \approx i_y,\quad \cos\alpha \approx 1$$

i_y是路面的超高横坡度，于是

$$X = F - Gi_y = \frac{G}{g}\cdot\frac{v^2}{R} - Gi_y = G\left(\frac{v^2}{gR} - i_y\right)$$

单就横向力值的大小无法比较不同重量的汽车其稳定性如何，于是采用单位车重的横向力，即横向力系数$\mu = \frac{X}{G}$来描述它，则：

$$\mu = \frac{X}{G} = \left(\frac{v^2}{gR} - i_y\right)$$

将车速v(m/s)化为V(km/h)有：

$$\mu = \frac{V^2}{127R} - i_y \tag{6-2}$$

式中：V为车辆行驶速度(km/h)；R为道路圆曲线半径(m)；i_y为弯道超高横坡度。

公式(6-2)表达了横向力系数与车速、曲线半径和超高之间的关系。μ值越大，汽车在圆曲线路段上的稳定性越差，反之，稳定性越好。该关系式对于确定道路的弯道半径、超高横坡度以及评价汽车行驶在弯道上的安全性、舒适性有十分重要的意义。

(2)圆曲线半径的确定

汽车在弯道上行驶时，由于受离心力的作用使行车稳定性变差。根据统计资料表明，曲线半径越小，发生事故的可能性越大。所以在道路设计时，只要条件允许都应尽量争取选用较大的半径，只有在某些特别困难的场合，才考虑使用极限最小半径。

为保证汽车在弯道上行车的安全和舒适，在确定圆曲线半径时，必须控制横力系数 μ 的大小，同时适当设置圆曲线超高 i_y。圆曲线最小半径的计算式可由公式(6-2)变换得来：

$$R = \frac{V^2}{127(\mu + i_y)} \tag{6-3}$$

式中：V 为车速(km/h)；μ 为横向力系数；i_y 为超高横坡度，当 i_y 的朝向背向圆心方向时为负值。

当公式(6-3)中的 μ，i_y 同时取合适的最小值时，计算所得的半径便是最小半径。

①μ 值的确定

汽车能在弯道上正常行驶的前提条件之一是轮胎不在路面上横向滑移，这就要求横向力系数 μ 不得大于轮胎与路面之间的横向摩阻系数 φ_0，否则车辆便会产生横向滑移而造成事故，即：

$$\mu \leqslant \varphi_0 \tag{6-4}$$

其中，轮胎与路面的横向摩阻系数 φ_0 与车速、路面种类及干湿状态、轮胎状态等因素有关。通常，在干燥状态的路面上 $\varphi_0 = 0.4 \sim 0.8$，在潮湿的沥青类路面上高速行驶时，$\varphi_0 = 0.25 \sim 0.40$，路面积雪结冰时，$\varphi_0$ 将降至 0.2 以下。

弯道上行驶的汽车，由于横向力 X 的作用，弹性的轮胎将产生横向变形，这种变形将增加汽车在方向操作上的困难，特别是当车速较高时更是如此。

根据试验资料，由于 μ 的存在，车辆轮胎的磨损和燃料消耗的增加率如表 6-1 所列。

表 6-1　　**μ 值对轮胎磨损及燃料消耗的影响**

μ 值	轮胎磨损率(%)	燃料消耗率(%)
0	100	100
0.05	160	105
0.10	220	110
0.15	300	115
0.20	390	120

另外，横向力过大，汽车在行驶中司机和乘客均有紧张和不舒适感。在曲线半径较小的弯道上，司机则想尽量大回转，这样车辆就很容易离开行车道，发生事故的可能性自然增大。同时，乘客也因 μ 值的增大而感到明显不舒适，其心理反应情况见表 6-2。

表 6-2　　**μ 值对乘客的舒适感**

μ 值	乘客舒适感程度
≤0.10	不感到有曲线存在，很平稳
0.15	稍感到有曲线存在，尚平稳
0.20	已感到有曲线存在，稍感不稳定
0.35	明显感到曲线存在，感觉不太稳定
0.40	感觉非常不稳定，站立不住，乘客有即将倾覆的危险感

根据资料观测得出，在计算最小圆曲线半径 R 值时，以 $\mu<0.15$ 为宜。我国公路部门在确定不设超高的曲线半径时，取 $\mu=0.04$，因此计算出不设超高最小半径较大。日本规定城镇道路不设超高时，取 $\mu=0.15$。美国各州公路工作者协会认为，车速 $V<70$km/h 时 $\mu=0.16$，车速 $V=120$km/h 时 $\mu=0.12$ 是舒适的界限。根据城市道路的特点，即道路标高要与两侧建筑地坪标高相协调，超高横坡度不宜太大，加之城市道路设计车速一般不高，因此 μ 值可适当取大一些，以降低道路的曲线半径标准，从而降低工程造价。《城市道路设计规范》中，设超高的圆曲线最小半径，$\mu=0.14\sim0.16$；不设超高的最小曲线半径，$\mu=0.067$。

②i_y 值的确定

由公式(6-3)知，当道路曲线半径一定时，增加弯道超高率 i_y 可以减小横向力的作用。从这个意义上讲，在道路弯道上应适当增加 i_y 值。但是，如 i_y 过大，超出轮胎与路面间的摩阻系数，那么静止状态的车辆则有沿路面的超高坡度(或者纵、横坡的合成坡度)下滑的危险，因此，必须有：

$$i_y \leqslant \varphi_0 \tag{6-5}$$

制定最大超高横坡度，除了上述因素外，城市道路主要还应考虑设超高后道路与两侧建筑地平标高的协调。因此，《城市道路设计规范》(CJJ 37-90)最大超高横坡度为 2%~6%，详见表 6-3(a)。

表 6-3(a) **城市道路最大超高横坡度**

设计车速(km/h)	80	60，50	40，30，20
$i_{y(\max)}$(%)	6	4	2

正在编制的城市道路工程设计通用技术规范拟调整为表 6-3(b)，设计车速 80km/h 的最大超高值将调低一个百分点。另外，与公路相比较，城市道路整个超高值限制值要小一些，这主要是考虑到城市道路交叉口、非机动车以及街坊两侧建筑的影响及其协调问题。

表 6-3(b) **城市道路最大超高横坡度**

设计车速(km/h)	100	80	60，50	40，30，20
$i_{y(\max)}$(%)	6	5	4	2

③圆曲线最小半径的计算

弯道上道路横断面的形式有两种：一种是设超高，超高倾向圆曲线圆心，这时，车行道顶面为单向坡面；另一种是与直线路段一样，做成路拱状双向坡面。在这两种断面形式的弯道上行车，其稳定性大不一样。因此，道路设计时，分别控制设超高最小圆曲线半径(也称极限最小半径)和不设超高最小圆曲线半径，且这两种最小半径计算值的 μ 和 i 不尽相同，具体计算及《城市道路设计规范》(CJJ 37-90)采用值详见表 6-4。

表 6-4　　城市道路圆曲线半径采用值

计算车速(km/h)		80	60	50	40	30	20
不设超高最小半径	路面横坡 i_y	-0.02	-0.02	-0.02	-0.02	-0.02	-0.02
	横向力系数 μ	0.067	0.067	0.067	0.067	0.067	0.067
	R 计算值(m)	1072.0	603.0	418.8	268.1	150.0	67.0
	R 采用值(m)	1000	600	400	300	150	70
设超高最小半径	路面横坡 i_y	0.06	0.04	0.04	0.02	0.02	0.02
	横向力系数 μ	0.14	0.15	0.16	0.16	0.16	0.16
	R 计算值(m)	252.0	149.2	98.4	69.9	39.4	17.5
	R 采用值(m)	250	150	100	70	40	20
设超高推荐半径	路面横坡 i_y	0.06	0.04	0.04	0.02	0.02	0.02
	横向力系数 μ	0.067	0.067	0.067	0.067	0.067	0.067
	R 计算值(m)	396.8	264.9	184.0	144.8	81.5	36.0
	R 采用值(m)	400	300	200	150	85	40

(3)圆曲线长度的确定

对于直线与圆曲线直接切向连接的平面线型来说，圆曲线起着改变行车方向、缓和折线突变的作用，因此其长度不能太短。参照国外和国内的经验，圆曲线最小长度为车辆在设计车速状态下的3s行程(见表6-8)。

3. 缓和曲线

汽车由直线进入圆曲线路段或由圆曲线驶入直线路段时，其运动轨迹是一条曲率逐渐变化的曲线，它的形式和长度视行车速度、圆曲线半径和司机转向的快慢而定。在中、低速情况下，一般驾驶人员都能把汽车保持在正常宽度的车道范围之内，但在高速行驶或圆曲线半径较小时，则有可能超出自己的车道驶出一条较长的过渡性轨迹线，这条轨迹线的最大特点就是曲率沿程渐变。这就是车速较高的道路上必须设置缓和曲线的理由。

从以上的考虑出发，我们所设计的缓和曲线必须是：①有足够的长度；②有合理的曲线形式。

(1)缓和曲线的长度

确定缓和曲线的长度一般从以下几方面去考虑：

①曲率逐渐变化，乘客感觉舒适。

汽车行驶在缓和曲线上，其辐向加速度将随着缓和曲线曲率的变化而变化，如果变化得过快将会使乘客感觉不舒适，且驾驶员操作也感觉困难。设车辆在圆曲线上的辐向加速度为$\frac{v^2}{R}$，在缓和曲线上行驶的时间为 t，则辐向加速度随时间的变化率(也称缓和系数)为：

$$\alpha_s = \frac{v^2/R}{t} \tag{6-6}$$

式中：v 为汽车行驶速度(m/s)；R 为圆曲线半径(m)；t 为汽车在缓和曲线上行驶的

时间(s)。

由于 $t=\frac{L_S}{v}$，$v=\frac{V}{3.6}$，故：

$$\alpha_s=\frac{v^3}{RL_s}=\frac{V^3}{3.6^3RL_s}\approx 0.02143\frac{V^3}{RL_s} \tag{6-7}$$

式中：V 为汽车行驶速度(km/h)；L_s为缓和曲线长(m)。

研究表明，乘客的舒适感取决于 α_s的大小。早在 1909 年，英国学者肖特(Shortt)认为：$\alpha_s\leqslant 0.6\text{m/s}^3$时是舒适的，乘客不会明显感到曲线的存在。实际上人所感觉到的横向力并不是离心力的全部，因为道路超高已经抵消了一部分，所以那种解释是概略性的。

由公式(6-7)可以推出缓和曲线的合适长度公式之一：

$$L_s=0.02143\frac{V^3}{\alpha_sR} \tag{6-8}$$

显然，当行车速度 V 和圆曲线半径 R 一定时，缓和曲线长度 L_s 主要取决于缓和曲线的“缓和系数”$\alpha_s(\text{m/s}^3)$。至于 α_s采用什么值，目前世界上尚未取得一致数据。肖特建议的 0.6m/s^3，对于高速路嫌大，对低速路嫌小；一般快速道路，英国用 0.3，美国用 0.6；美国对于交叉口的弯道，时速 80km 者用 0.75，时速 32km 者用 1.2，等等。概而论之，高速路和低速路之间 α_s可在 0.3～1.2 这样一个较大范围内取值。我国城市道路设计时，仍采用 0.6，代入公式(6-8)，则有：

$$L_s=0.02143\frac{V^3}{0.6R}=0.0357\frac{V^3}{R}\ (\text{m}) \tag{6-9}$$

②行车时间不宜太短。

缓和曲线不论其参数如何，都不可使汽车倏忽而过，不然会导致驾驶操纵来不及调整以适应前面变化了的情况，乘客也感觉不适，因而对车辆在缓和曲线上的最短行程时间应给予规定。设这个行程时间为 t(s)，则缓和曲线长 L_s应满足下式：

$$L_s\geqslant\frac{V}{3.6}t \tag{6-10}$$

式中：V 为车辆行驶速度(km/h)；t 为车辆在缓和曲线上的最短行程时间(s)，通常采用 3s。

③超高的过渡宜平缓。

车行道路面在直线路段上为双面坡的路拱形式，而在圆曲线路段则为单坡的超高形式，其间的过渡一般是在缓和曲线段内完成的。为了不使车辆在缓和曲线行驶时急剧地左右摆动，并保证路容的美观和行车的舒适，缓和曲线一定要有足够的长度，以限制路面内(外)侧因超高而产生的附加坡度 Δi(也称超高渐变率)。有关超高渐变率的计算将在后面的弯道超高中讲述。

关于缓和曲线长度的确定，理论上应该兼顾上述三方面因素的要求。通常是先由公式(6-10)计算，取整为 10m 或 5m 的倍数，然后再分别用公式(6-9)和后面将介绍的超高渐变率公式进行验算。城市道路缓和曲线最小长度的计算详见表 6-5。

表 6-5　　**缓和曲线最小长度(m)**

设计车速 V(km/h)	80	60	50	40	30	20
$\frac{V}{3.6}t(t=3s)$	66.7	50.0	41.7	33.3	25.0	16.7
$0.0357\frac{V^3}{R}$	73.1	51.4	44.6	32.6	24.1	14.3
《规范》采用值	70	50	45	35	25	20

注：①表中采用设超高最小半径，分别为 250，150，100，70，40，20m。

②《规范》为《城市道路设计规范》的简称。

(2)缓和曲线的形式

①缓和曲线的一般方程

由前面的讨论已知，缓和曲线的形式取决于汽车转弯时的行驶轨迹。由于只考虑重心的轨迹，可将汽车简化为图 6-2 的模式。车辆前轮转角 φ 和汽车重心轨迹的曲率半径 r 间的关系可近似表示为：

$$\varphi=\frac{A}{r}=Ak$$

式中：φ 为前轮转角，以弧度计；A 为汽车前后轴的距离(m)；r 为汽车重心轨迹的曲率半径(m)；k 为汽车重心轨迹的曲率，$k=\frac{1}{r}$(1/m)。

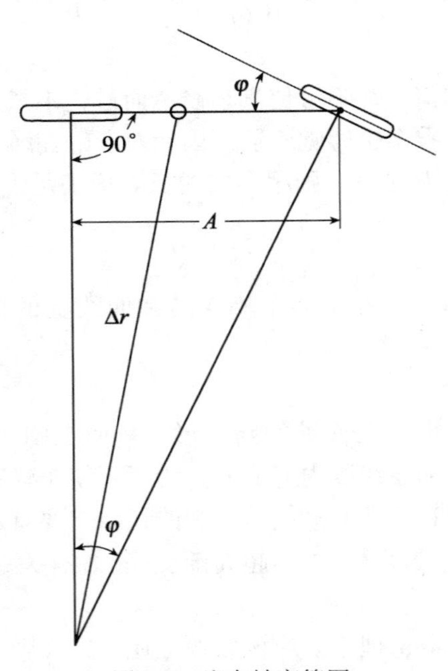

图 6-2　汽车转弯简图

汽车做直线运动时，$r=\infty$，$k=0$，因而 $\varphi=0$；汽车在半径为 R 的圆曲线上行驶时，$r=R$，$k=\dfrac{1}{R}$，$\varphi=\dfrac{A}{R}=\varphi_0$。

汽车在由直线路段向圆曲线路段过渡时，前轮的转角 φ 不可能由 0 突变到 φ_0，而需要有一个渐变的过程。司机在这个过程中边行驶边转动方向盘，使前轮转角 φ 由 0 向 φ_0 逐渐过渡。这个过渡性的重心轨迹的形式便是我们所要讨论的问题。它将取决于前轮转向的角速度 ω：

$$\omega=\frac{\mathrm{d}\varphi}{\mathrm{d}t}$$

而：

$$\mathrm{d}\varphi=A\mathrm{d}k,\quad \mathrm{d}t=\frac{\mathrm{d}s}{v}$$

所以：

$$\omega=Av\frac{\mathrm{d}k}{\mathrm{d}s}$$

假设汽车以车速 v 匀速行驶在缓和曲线上，司机以匀速转动方向盘，则式中 v 和 ω 都是常数，因此$\dfrac{\mathrm{d}k}{\mathrm{d}s}$也应该是常数，令这个常数为$\dfrac{1}{c}$，且 $s=0$ 时，$k=0$，则：

$$\frac{\mathrm{d}k}{\mathrm{d}s}=\frac{k}{s}=\frac{1}{rs}=\frac{1}{c}$$

由此得到缓和曲线的一般方程式：

$$rs=c \tag{6-11}$$

式中：s 为缓和曲线上任意点到起点的弧长；r 为缓和曲线上任意点处的曲率半径；c 为缓和曲线参数。

公式(6-11)表明，车辆重心轨迹线的任意点的曲线半径与其弧长之积为一常数，它就是数学中的欧拉回旋曲线。目前，大多数国家在道路线型设计中都采用欧拉回旋线作为缓和曲线的一般方程。

②回旋线的直角坐标表达式

回旋线为曲率半径随曲线长度增加而减小的曲线，其直角坐标表达式推导过程如图 6-3 所示：

由图可知，回旋线微分参数方程为：

$$\left.\begin{aligned}\mathrm{d}s&=r\cdot\mathrm{d}\beta\\ \mathrm{d}x&=\mathrm{d}s\cdot\cos\beta\\ \mathrm{d}y&=\mathrm{d}s\cdot\sin\beta\end{aligned}\right\} \tag{6-12}$$

将式(6-11)代入式(6-12)得：

$$\mathrm{d}s=\frac{c}{s}\cdot\mathrm{d}\beta$$

即：

$$s\cdot\mathrm{d}s=c\cdot\mathrm{d}\beta$$

已知 $s=0$ 时，$\beta=0$，将上式积分得：

$$s^2=2c\beta\quad 或\quad \beta=\frac{s^2}{2c},\quad s=\sqrt{2c\beta}$$

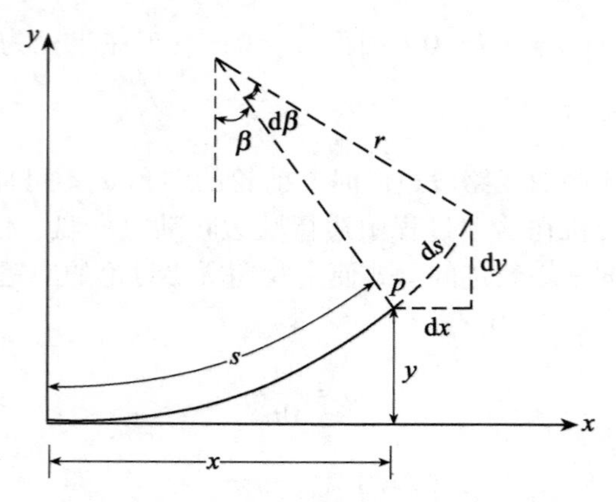

图 6-3　回旋线直角坐标表达式推导简图

所以

$$dx = ds \cdot \cos\beta = \frac{c}{s}d\beta \cdot \cos\beta = \frac{c}{\sqrt{2c\beta}} \cdot d\beta \cdot \cos\beta = \sqrt{\frac{c}{2}} \cdot \frac{\cos\beta}{\sqrt{\beta}} \cdot d\beta$$

$$dy = ds \cdot \sin\beta = \frac{c}{s}d\beta \cdot \sin\beta = \frac{c}{\sqrt{2c\beta}} \cdot d\beta \cdot \sin\beta = \sqrt{\frac{c}{2}} \cdot \frac{\sin\beta}{\sqrt{\beta}} \cdot d\beta$$

故曲线上任意点 P 的坐标为：

$$x = \sqrt{\frac{c}{2}} \int_0^\beta \frac{\cos\beta}{\sqrt{\beta}} d\beta$$

$$y = \sqrt{\frac{c}{2}} \int_0^\beta \frac{\sin\beta}{\sqrt{\beta}} d\beta$$

此为菲涅尔(Fresnel)积分。将式中的 $\cos\beta$、$\sin\beta$ 分别以级数表示：

$$\cos\beta = 1 - \frac{\beta^2}{2!} + \frac{\beta^4}{4!} - \frac{\beta^6}{6!} + \cdots = 1 - \frac{\beta^2}{2} + \frac{\beta^4}{24} - \frac{\beta^6}{720} + \cdots$$

$$\sin\beta = \beta - \frac{\beta^3}{3!} + \frac{\beta^5}{5!} - \frac{\beta^7}{7!} + \cdots = \beta - \frac{\beta^3}{6} + \frac{\beta^5}{120} - \frac{\beta^7}{5040} + \cdots$$

则可得积分：

$$\int_0^\beta \frac{\cos\beta}{\sqrt{\beta}} d\beta = 2\sqrt{\beta}\left(1 - \frac{\beta^2}{10} + \frac{\beta^4}{216} - \frac{\beta^6}{9360} + \cdots\right)$$

$$\int_0^\beta \frac{\sin\beta}{\sqrt{\beta}} d\beta = \frac{2}{3}\beta \cdot \sqrt{\beta}\left(1 - \frac{\beta^2}{14} + \frac{\beta^4}{440} - \frac{\beta^6}{25200} + \cdots\right)$$

由此得：

$$x = \sqrt{\frac{c}{2}} \cdot 2\sqrt{\beta}\left(1 - \frac{\beta^2}{10} + \frac{\beta^4}{216} - \frac{\beta^6}{9360} + \cdots\right)$$

$$y = \sqrt{\frac{c}{2}} \cdot \frac{2}{3}\beta \cdot \sqrt{\beta}\left(1 - \frac{\beta^2}{14} + \frac{\beta^4}{440} - \frac{\beta^6}{25200} + \cdots\right)$$

又$\beta=\dfrac{s^2}{2c}$，　$c=r\cdot s$，代入其中得：

$$\left.\begin{aligned}x&=s-\frac{s^2}{40r^2}+\frac{s^5}{3456r^4}-\cdots=s-\frac{s^5}{40c^2}+\frac{s^9}{3456c^4}-\cdots\\y&=\frac{s^2}{6r}-\frac{s^4}{336r^3}+\frac{s^6}{42240r^5}-\cdots=\frac{s^3}{6c}-\frac{s^7}{336c^3}+\frac{s^{11}}{42240c^5}-\cdots\end{aligned}\right\}\tag{6-13}$$

式中：s 为曲线上任一点至起点的弧长(m)；r 为曲线上任一点的曲率半径(m)；c 为缓和曲线参数，$c=r\cdot s=R\cdot L_s$(m^2)；R 为圆曲线半径(m)；L_s 为缓和曲线长度(m)。

公式(6-13)便是回旋线任意点的直角坐标表达式，用它能很方便地进行设计和曲线放样。设缓和曲线所接圆曲线的半径为 R，缓和曲线长为 L_s，则缓和曲线终点的直角坐标为：

$$\left.\begin{aligned}x_0&=L_s-\frac{L_s^3}{40R^2}+\frac{L_s^5}{3456R^4}-\cdots\\y_0&=\frac{L_s^2}{6R}-\frac{L_s^4}{336R^3}+\frac{L_s^6}{42240R^5}-\cdots\end{aligned}\right\}\tag{6-14}$$

回旋线要素及其计算公式如图 6-4 所示：

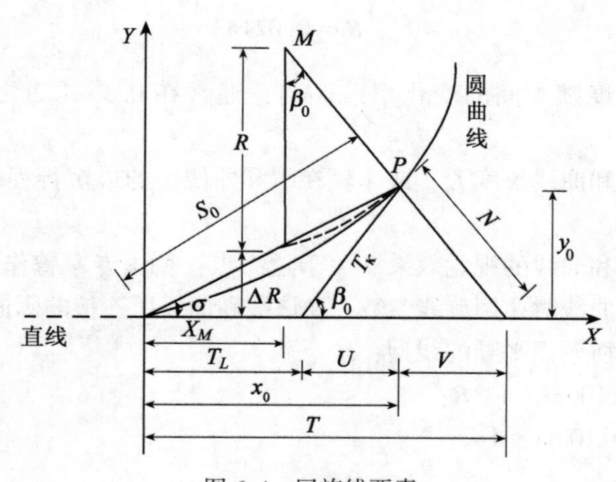

图 6-4　回旋线要素

P 点的曲率半径 R：

$$R=\frac{c}{L_s}=\frac{L_s}{2\beta_0}=\sqrt{\frac{c}{2\beta_0}}\tag{6-15}$$

P 点的转向角(缓和曲线角)β_0：

$$\beta_0=\frac{L_s}{2R}=\frac{L_s^2}{2c}=\frac{c}{2R^2}\tag{6-16}$$

回旋线参数 c：

$$c = L_s \cdot R = 2\beta_0 R^2 = \frac{L_s^2}{2\beta_0} \tag{6-17}$$

内移值(设缓和曲线后，圆曲线向圆心方向的偏移值)ΔR：

$$\Delta R = y_0 + R \cdot \cos\beta_0 - R \tag{6-18}$$

圆心 M 点的 X 坐标：

$$\left.\begin{aligned} X_M &= x_0 - R \cdot \sin\beta_0 \\ Y_M &= y_0 + R \cdot \cos\beta_0 \end{aligned}\right\} \tag{6-19}$$

其他计算要素 T_K，T_L，S_0：

$$T_K = y_0 \cdot \csc\beta_0 \tag{6-20}$$

$$T_L = x_0 - y_0 \cdot \cot\beta_0 \tag{6-21}$$

$$S_0 = y_0 \cdot \csc\beta_0 \tag{6-22}$$

③回旋线参数 c 的确定

回旋线是缓和曲线的常用形式。所有回旋线在几何上都是相似的，参数 c 可以认为是回旋线长度的放大倍率。当 R 一定时，c 越大，则曲线越长，弯曲度越缓。c 值的大小直接关系到回旋线的实用效果，因此，应根据下述几个方面的因素综合考虑后加以确定。

首先，应考虑曲线上离心加速度的变化率。由公式(6-17)和(6-8)可得：

$$c = L_s \cdot R = 0.02143\frac{V^3}{\alpha_s} \tag{6-23}$$

式中：α_s为离心加速度随时间的变化率(m/s^2)，通常在 0.3～1.2 之间；V 为行车速度(km/h)。

其次，要考虑缓和曲线长度 L_s，或车辆在缓和曲线上的最短行程时间 $t=L_s/v$(s)，通常要求 $t\geqslant 3$(s)。

最后，需考虑缓和曲线的视觉效果。关于这一点，德国专家曾作过详细研究，认为：使用回旋线作为缓和曲线时，回旋线参数 c 和该缓和曲线所连接的圆曲线间若保持下列关系，便可得到视觉上协调而平顺的线型：

$R<100$m，$A\geqslant R$；

$R\approx 100$m，$A=R$；

$100\text{m}<R\leqslant 3000$m，$A=\dfrac{R}{3}$；

$R>3000$m，$A<\dfrac{R}{3}$。

(3)不设缓和曲线的圆曲线半径

由图 6-4 和公式(6-18)知，在直线与圆曲线间插入缓和曲线后，将产生一内移值 ΔR，若 ΔR 与每一车道中的富裕宽度相比较而言“很小”时，则可省略缓和曲线，即直线与圆曲线可径向连接，因为此时已能满足汽车行驶的轨迹要求。关于 ΔR 的临界值的取值，城市道路取 0.20m(公路取 0.1m)。在公式(6-18)中取 $y_0 \approx \dfrac{L_s^2}{6R}$，$\cos\beta_0 \approx 1-\dfrac{\beta_0^2}{2!} = 1-\dfrac{L_s^2}{8R^2}$，则

$$\Delta R = y_0 + R \cdot \cos \beta_0 - R = \frac{L_s^2}{6R} + R\left(1 - \frac{L_s^2}{8R^2}\right) - R = \frac{L_s^2}{24R} \tag{6-24}$$

又
$$L_s = \frac{V}{3.6}t,\ t = 3\text{s}$$

所以
$$R \approx 0.144V^2\ (\text{m}) \tag{6-25}$$

式中：V 为行车速度(km/h)。

公式(6-25)即为设缓和曲线的圆曲线临界半径计算式。考虑到司机的视觉与舒适感，《城市道路设计规范》(CJJ 37-90)规定的不设缓和曲线的最小半径为公式(6-25)计算值的 2 倍，详见表 6-6。

表 6-6　　**不设缓和曲线最小圆曲线半径(m)**

设计车速(km/h)	80	60	50	40
计算值(R=2×0.1447V^2)	1852	1042	724	463
规范值	2000	1000	700	500

4. 行车视距

所谓行车视距，是指从驾驶员视线高度(1.1～1.2m)能见到汽车前方车道上高为 10cm 的物体顶点的距离内，沿行车道中心线量得的长度，计算单位常用米(m)。一定的行车视距是安全行车必要的保证条件。按车辆行驶状态要求，行车视距分为停车视距、会车视距和超车视距三种。

(1)停车视距 $S_{停}$

汽车在道路上行驶时，司机从发现前方障碍物、紧急制动，到停车后且与障碍物保持一定安全间距，整个过程所需要的最短行车距离称停车视距 $S_{停}$。计算时，视线高取 1.1～1.2m，障碍物高取 0.1m。

停车视距大致可分为三个部分，参见图 6-5，即：

$$S_{停} = S_1 + S_2 + S_0 \tag{6-26a}$$

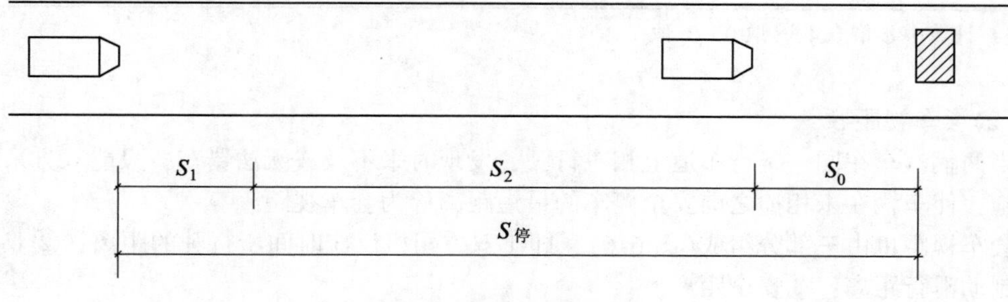

图 6-5　停车视距

式中：S_1 为司机发现障碍到采取制动措施这一反应时间车辆所行驶的距离(m)；S_2 为车辆

制动滑行距离(m)；S_0为安全距离，一般取2~5m。

根据经验，司机反应时间可取1.2s，则

$$S_1=vt=\frac{V}{3.6}\cdot 1.2=\frac{V}{3}\ (\mathrm{m})$$

制动滑行距离S_2与车速和制动力大小有关，当忽略车辆的滚动摩阻力和空气阻力，认为制动力等于轮胎与路面滑动摩阻力，利用功能原理很容易求得：

$$S_2=\frac{V^2}{254(\varphi+i)}\cdot\beta_s$$

式中：V为计算行车速度(km/h)；φ为路面与轮胎纵向摩阻系数，与路面潮湿状态和路面种类有关，计算时可取$\varphi=0.4$；i为道路纵坡度，上坡为正，下坡为负；β_s为安全系数，一般取$\beta_s=1.2$。故

$$S_{停}=\frac{V}{3}+\frac{\beta_s V^2}{254(\varphi+i)}+S_0 \tag{6-26b}$$

城市道路停车视距的计算及《城市道路设计规范》(CJJ 37-90)采用值详见表6-7。

表6-7 **停车视距计算表**

V(km/h)	$S_1=\frac{V}{3}$ (m)	$S_2=\frac{V^2}{254(\varphi+i)}\cdot\beta_s$ (m)	S_0	$S_{停}$计算值(m)	$S_{停}$规范值(m)
80	26.7	75.6	5	107.3	110
60	20.0	42.5	5	67.5	70
50	16.7	29.5	5	51.2	60
45	15.0	23.9	5	43.9	45
40	13.3	18.9	5	37.2	40
35	11.7	14.5	5	31.1	35
30	10.0	10.6	5	25.6	30
25	8.3	7.4	5	20.7	25
20	6.7	4.7	5	16.4	20
15	5.0	2.7	5	12.7	15
10	3.3	1.2	5	9.5	10

注：计算中φ取0.4，i取0，β_s取1.2。

(2)会车视距$S_{会}$

当两辆汽车在同一条行车道上相对行驶，发现时来不及或无法错车，只能双方采取制动措施，使车辆在未相撞之前安全停车的最短距离称为会车视距。

会车视距也由三部分组成(图6-6)，即①双方司机反应时间所行驶的距离；②双方汽车的制动滑行距离；③安全距离。

设相对行驶的两车车速相等均为V，道路的纵坡为i(注意此时一辆车为上坡，另一辆车为下坡)，则

$$S_{会}=S_{11}+S_{12}+S_{21}+S_{22}+S_0\approx 2S_{停} \tag{6-27}$$

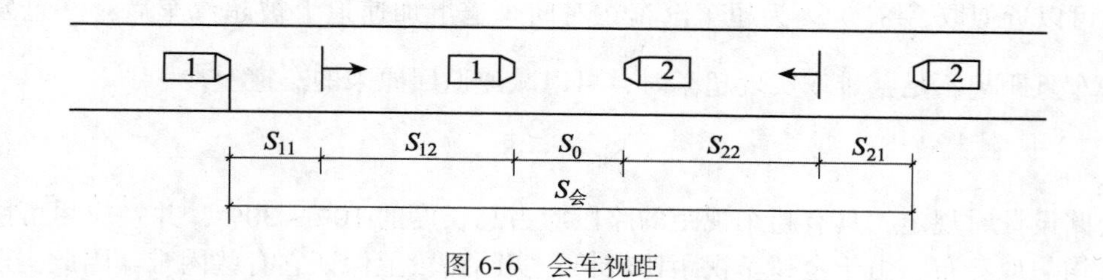

图 6-6　会车视距

(3)超车视距 $S_超$

汽车行驶时为超越前车所必需的视距。如图 6-7 所示。

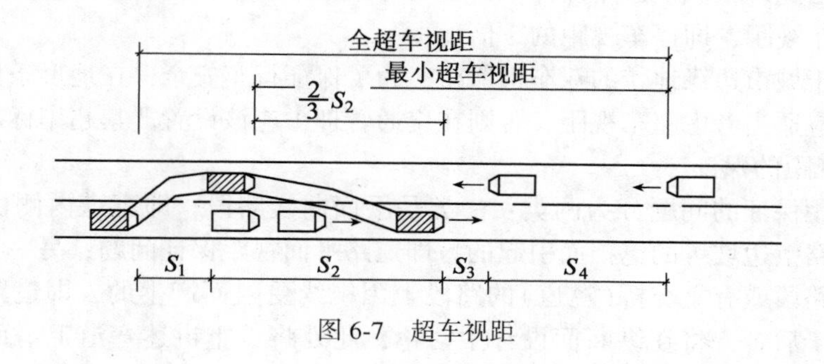

图 6-7　超车视距

$$\left.\begin{aligned}全超车视距 &= S_1+S_2+S_3+S_4\\ 最小超车视距 &= \frac{2}{3}S_2+S_3+S_4\end{aligned}\right\} \qquad (6\text{-}28)$$

①加速行驶距离 S_1

双车道道路上，当尾随在慢车后面的超车汽车经判断认为道路条件具备超车的可能时，需加速行驶移向对向车道，在进入该车道之前的行驶距离 S_1：

$$S_1=\frac{V_0}{3.6}\cdot t_1+\frac{1}{2}at_1^2\ (\mathrm{m}) \qquad (6\text{-}29)$$

式中：V_0 为被超汽车的速度(km/h)；t_1 为超车汽车加速时间(s)；a 为平均加速度($\mathrm{m/s^2}$)。

②超车汽车在对向车道上行驶的距离 S_2：

$$S_2=\frac{V}{3.6}\cdot t_2\ (\mathrm{m}) \qquad (6\text{-}30)$$

式中：V 为超车汽车加速后的行车车速(km/h)；t_2 为超车汽车在对向车道上行驶的时间(s)。

③超车完成时，超车汽车与对向汽车之间的安全距离 S_3

$$S_3=15\sim60(\mathrm{m}) \qquad (6\text{-}31)$$

④超车汽车从开始加速到超车完成，对向汽车的行驶距离 S_4：

S_4可以近似取 $\frac{2}{3}S_2$，因为超车汽车在对向车道上加速追上被超汽车后，一旦发现对向有来车且距离不足，难以实现超车时，可以减速退回原来的车道上。

$$S_4 \approx \frac{2}{3}S_2 \tag{6-32}$$

公路设计时规定，具有超车视距的路段应占总长度的10%~30%，并且应尽可能在全路线上均匀地分布。由于全超车视距比较长，实际路段上保证它有些困难，因此，确定了一个最小超车视距，它为超车视距的低限。

城市道路由于其车辆交通的特殊性，尤其是非机动车交通的影响，通常是分道行驶，不允许利用对向行车道进行超车，因此，《城市道路设计规范》(CJJ 37-90)没有列入超车视距的规定。因此，在城市道路设计中，主要考虑停车视距，在有会车可能的双车道道路上，应采用会车视距，即停车视距的2倍。

对那些位于城市边缘地带的双车道道路，为了保证行车安全，在地形条件许可的情况下，设计时则应适当考虑超车视距，否则在交通管理中应该设置严禁超车标志。

(4)平面视距的保证

道路上视距保证的问题分为两类：一类是平面曲线路段，即弯道内侧由于路侧的树木、建筑物、路堑边坡等的遮挡而引起的，即道路平面视距保证问题；另一类是纵向上坡接下坡的上坡路段或有立交桥(隧道)的路段上因视线受阻而产生的，即道路纵断面视距保证问题。关于后者，将在纵断面设计中讨论，此处将着重讲述弯道上平面视距保证的问题。

如图6-8所示，为保证弯道的行车视距，必须清除横净距内的所有障碍物。横净距分一般横净距和最大横净距。一般横净距是弯道上各个横断面处的横净距，通常由“视距包络图”图解求得；最大横净距每个弯道上只有一个，可以图解求得，也可由公式算出。

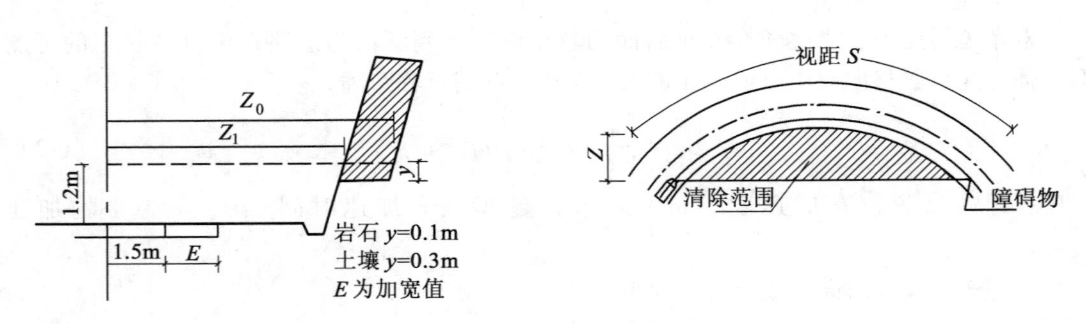

图6-8　弯道平面视距障碍的清除

①最大横净距的计算

本书仅列出单曲线各种情况下的横净距计算公式，供设计时参考。推导过程从略，有兴趣的读者可参阅有关道路勘测设计方面的书籍。

不设回旋线，且曲线长 l>视距长 S，则最大横净距为：

$$Z_0 = \frac{S^2}{8R_s} \tag{6-33}$$

不设回旋线，但曲线长 $l<$ 视距长 S，则最大横净距为：

$$Z_0 = \frac{l}{8R_s}(2S - l) \tag{6-34}$$

设回旋线，且平曲线中圆曲线的长度 $l'>$ 视距长 S 时，Z_0 计算式同公式(6-33)。

设回旋线，且平曲线长 $l>$ 视距 $S>$ 圆曲线长 l'，则最大横净距为：

$$\left.\begin{aligned}
Z_0 &= R_s\left(1 - \frac{\alpha - 2\beta}{2}\right) + \sin\left(\frac{\alpha}{2} - \delta\right)(l - l') \\
\delta &= \arctan\left\{\frac{l}{6R_s}\left[1 + \frac{l'}{l} + \left(\frac{l'}{l}\right)^2\right]\right\} \\
l' &= \frac{1}{2}(L_s - S)
\end{aligned}\right\} \tag{6-35}$$

设回旋线，但平曲线长 $l<$ 视距 S 时，最大横净距为：

$$\left.\begin{aligned}
Z_0 &= R_s\left(1 - \cos\frac{\alpha - 2\beta}{2}\right) + \sin\left(\frac{\alpha}{2} - \delta\right)\cdot l + \sin\alpha\cdot\frac{S - L_s}{2} \\
\delta &= \arctan\frac{l}{6R_s}
\end{aligned}\right\} \tag{6-36}$$

式中：S 为视距长度(m)；R_s 为曲线内侧车道中心线的半径，其值为未加宽前路面内缘线半径加上 1.5m；L_s 为曲线内侧行驶轨迹的长度(m)；α 为道路曲线转角(度)；β 为缓和曲线角(度)；l 为回旋线长度(m)。

②视距包络线或视距曲线的绘制

第一步，将弯道平面图以 1∶500～1∶200 的比例尺展绘在图纸上，标出内侧车道的中心线如图 6-9 中的虚线。

第二步，从直线路段开始，在虚线上隔适当的距离量一个视距 S，并标上首尾点，如图 6-9 的 1—1，2—2，3—3，…，10—10。间隔的距离视曲线半径大小和曲线长而定，通常能将半个曲线分 10 等份也就行了。

第三步，将上面标注的视距长度线的首尾点连以直线(表示司机的视线)。

第四步，作直线族的内切包络线，该线即为视距曲线，也称视距包络线。

有了视距曲线以内侧车道的中心线，便可从图上量出任一道路断面处的横净距 Z，从而为合理地清除视线障碍范围提供理论依据。

5. 平曲线的计算

道路平曲线有对称单曲线、不对称单曲线、对称复曲线和不对称复曲线多种形式。但是，城市道路上的平曲线则主要是对称的单曲线，分圆曲线和带缓和曲线的圆曲线两种。下面就这两种曲线的计算问题作详细介绍。

(1)圆曲线

①曲线要素计算(已知曲线半径 R 和曲线转角 α)

圆曲线长
$$L = R\cdot\frac{\alpha}{180}\cdot\pi\ (\mathrm{m}) \tag{6-37}$$

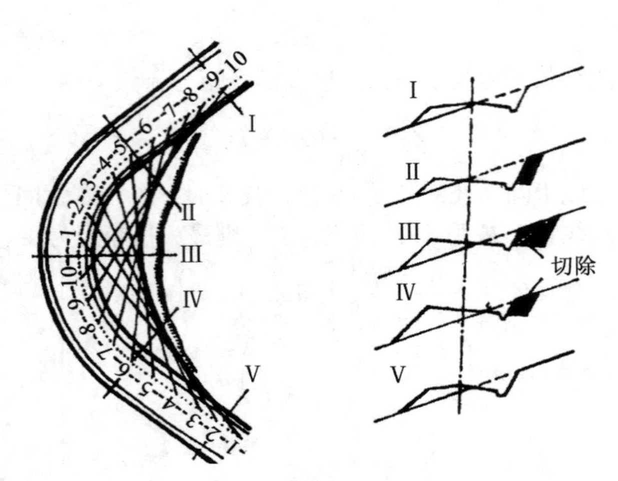

图 6-9 弯道视距包络线

切线长 $$T=R\tan\frac{\alpha}{2}\ (\mathrm{m}) \tag{6-38}$$

外距 $$E=R\left(\sec\frac{\alpha}{2}-1\right)\ (\mathrm{m}) \tag{6-39}$$

超距 $$D=2T-L\ (\mathrm{m}) \tag{6-40}$$

式中：R 为曲线半径(m)；α 为曲线转向角，简称转角(度)。

②曲线主点桩号计算(已知交点 JD 的桩号)

$$\left.\begin{aligned}&\text{曲线起点 ZY(直圆)}=\mathrm{JD}-T\\&\text{曲线终点 YZ(圆直)}=\mathrm{ZY}+L\\&\text{曲线中点 QZ(曲中)}=\mathrm{YZ}-\frac{L}{2}\\&\text{交点桩号 JD(交点)}=\mathrm{QZ}+\frac{D}{2}\text{(校核用)}\end{aligned}\right\} \tag{6-41}$$

【例 6-1】 已知某单圆曲线半径为 350m，曲线转角 $\alpha=29°12'37''(29.210278°)$，JD 里程 K78+037.480。试计算三个主点桩的桩号。

解 (1)计算各曲线要素

$$L=R\cdot\frac{\alpha}{180}\cdot\pi=350\cdot\frac{29.210278}{180}\cdot\pi=178.435\ \mathrm{m}$$

$$T=R\tan\frac{\alpha}{2}=350\tan\frac{29.210278}{2}=91.202\mathrm{m}$$

$$E=R\left(\sec\frac{\alpha}{2}-1\right)=350\left(\sec\frac{29.210278}{2}-1\right)=11.687\mathrm{m}$$

$$D=2T-L=2\times91.202-178.435=3.969\mathrm{m}$$

(2)主点桩号计算

JD	K78+037.480
T	91.202　（−
ZY	K77+946.278
L	178.435　（+
YZ	K78+124.713
$L/2$	178.435/2　（−
QZ	K78+035.496
$D/2$	3.969/2　（+
JD	K78+037.480(校核无误)

③圆曲线详测计算

当圆曲线比较长时，三个主点点位还不足以反映整个曲线的全貌，于是需要在主点之间加设测点，也称详细测设。常用的详测方法有两种，即偏角法和直角坐标法。这两种方法的测设起算点通常以曲线的起点 ZY 或终点 YZ，同时以过 ZY 点或 YZ 点的切线为 X 坐标轴(见图 6-10)。

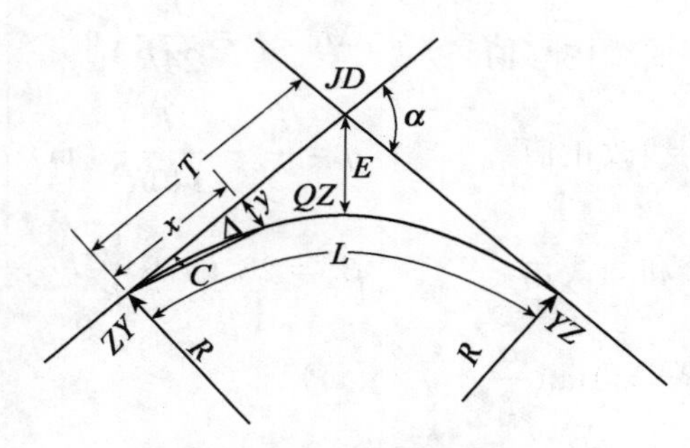

图 6-10　圆曲线计算

偏角法：

$$\left.\begin{aligned}&\text{任一点的偏角}\ \Delta=\frac{1}{2}\left(\frac{l}{R}\right)\cdot\frac{180}{\pi}(\text{度})\\&\text{任一点的弦长}\ c=2R\sin\left(\frac{l}{2R}\cdot\frac{180}{\pi}\right)(\text{m})\end{aligned}\right\}\quad(6\text{-}42)$$

坐标法：

$$\left.\begin{aligned}&\text{任一点的横坐标}\ x=R\sin\varphi\\&\text{任一点的纵坐标}\ y=R(1-\cos\varphi)\end{aligned}\right\}\quad(6\text{-}43)$$

式中：$\varphi=\frac{l}{R}\cdot\frac{180}{\pi}$ 为任一点至起(终)点的弧长所对的圆心角。

(2)带缓和曲线的圆曲线(图 6-11)

①曲线要素计算(已知曲线半径 R、曲线转角 α 和缓和曲线长 l_s)

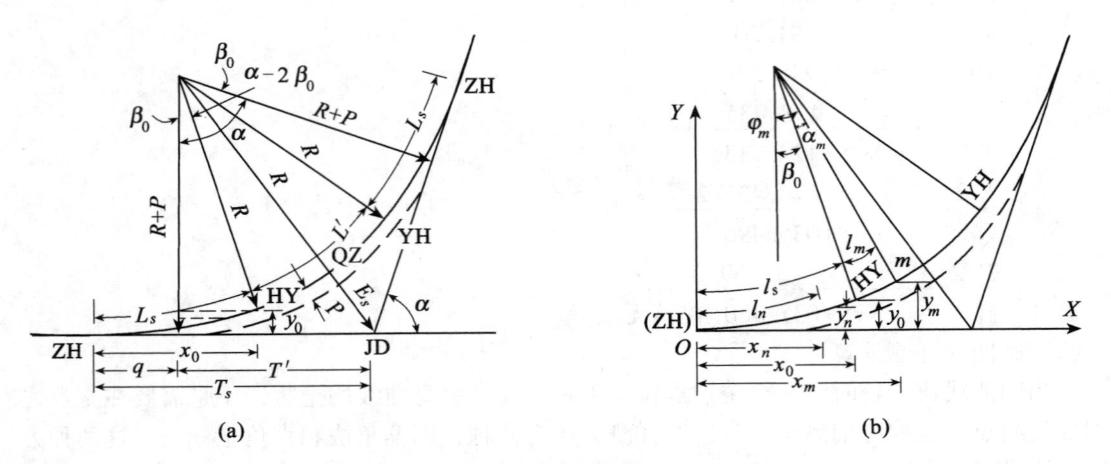

图 6-11　带缓和曲线圆曲线的计算

$$
\left.\begin{aligned}
&\text{圆曲线内移值} && \Delta R = p = \frac{l_s^2}{24R}\ (\mathrm{m}) \\
&\text{切线改正值} && q = \frac{l_s}{2} - \frac{l_s^3}{240R^2}\ (\mathrm{m}) \\
&\text{缓和曲线角} && \beta_0 = 28.6479\frac{l_s}{R}\ (^\circ)
\end{aligned}\right\}
\tag{6-44}
$$

切线长　$T_s = (R + p)\tan\dfrac{\alpha}{2} + q \quad (\mathrm{m})$　(6-45)

曲线长　$L_s = (\alpha - 2\beta_0)\dfrac{\pi}{180}\cdot R + 2l_s \quad (\mathrm{m})$　(6-46)

外距　$E_s = (R + p)\sec\dfrac{\alpha}{2} - R \quad (\mathrm{m})$　(6-47)

超距　$D_s = 2T_s - L_s \quad (\mathrm{m})$　(6-48)

②曲线主点桩号的计算(已知交点 JD 的桩号)

$$
\left.\begin{aligned}
&\text{曲线起点 ZH(直缓)} = \text{JD} - T_s \\
&\text{HY(缓圆)} = \text{ZH} + l_s \\
&\text{YH(圆缓)} = \text{HY} + (L_s - 2l_s) \\
&\text{曲线终点 HZ(缓直)} = \text{YH} + l_s \\
&\text{曲线中点 QZ(曲中)} = \text{HZ} - \frac{L_s}{2} \\
&\text{交点桩号 JD(交点)} = \text{QZ} + \frac{D_s}{2}\text{(校核用)}
\end{aligned}\right\}
\tag{6-49}
$$

【例 6-2】　已知平面曲线为设缓和曲线的单曲线形式，缓和曲线长 $l_s = 70$m，JD 点桩号为 K68+383.230，曲线转角=24°50′00″(24.833333°)，R=400m。试计算该曲线 5 个主点桩的桩号。

解　(1)计算各曲线要素

因为　$\Delta R = p = \dfrac{l_s^2}{24R} = \dfrac{70^2}{24 \times 400} = 0.51\text{m}$

$$q = \frac{l_s}{2} - \frac{l_s^3}{240R^2} = \frac{70}{2} - \frac{70^3}{240 \times 400^2} = 34.991\text{m}$$

$$\beta_0 = 28.6479\frac{l_s}{R} = 28.6479 \cdot \frac{70}{400} = 5.013383°$$

所以　$T_s = (R + p)\tan\dfrac{\alpha}{2} + q = (400 + 0.510)\tan\dfrac{24.833333}{2} + 34.991 = 123.171\text{m}$

$$L_s = (\alpha - 2\beta_0)\frac{\pi}{180} \cdot R + 2l_s = (24.833333 - 2 \times 5.013383) \cdot \frac{\pi}{180} \cdot 400 + 2 \times 70 = 243.369\text{m}$$

$$E_s = (R + p)\sec\frac{\alpha}{2} - R = (400 + 0.510)\sec\frac{24.833333}{2} - 400 = 10.102\text{m}$$

$$D_s = 2T_s - L_s = 2 \times 123.171 - 23.369 = 2.973\text{m}$$

(2)主点桩号的计算

JD	K68+383.230	
T_s	123.171	(−
ZH	K68+260.059	
l_s	70	(+
HY	K68+330.059	
(L_s-2l_s)	103.369	(+
YH	K68+433.428	
l_s	70	(+
HZ	K68+503.428	
$L_s/2$	243.369/2	(−
QZ	K68+381.744	
$D_s/2$	2.973/2	(+
JD	K68+383.230 校核无误	

③曲线详测计算

带缓和曲线圆曲线的详测方法很多，这里仅介绍直角坐标法和偏角法两种，其他方法可参考有关道路勘测设计或道路工程测量方面的书籍。

坐标法(参见图6-11(b))：

坐标计算按缓和曲线和圆曲线两部分分别进行。缓和曲线上任意点 n 坐标的计算可由公式(6-13)进行，即：

$$\left.\begin{aligned} x_n &= l_n - \frac{l_n^5}{40c^2} \\ y_n &= \frac{l_n^3}{6c} - \frac{l_n^7}{336c^3} \end{aligned}\right\} \tag{6-50}$$

式中：l_n为缓和曲线上任意点 n 至起点的弧长(m)；c 为缓和曲线参数，$c=R\cdot l_s$

圆曲线上任意点 m 的坐标按下式计算：

$$\left.\begin{aligned} x_m &= q + R\cdot\sin\varphi_m\ (\mathrm{m}) \\ y_m &= p + R\cdot(1-\cos\varphi_m)\ (\mathrm{m}) \\ \varphi_m &= \alpha_m + \beta_0 = 28.6479\,\frac{2l_m + l_s}{R}\ (^\circ) \end{aligned}\right\} \quad (6\text{-}51)$$

偏角法(参见图 6-12)：

以 ZH 点或 HZ 点为计算起点，以曲线切线作为偏角起始边，则利用(6-50)公式和(6-51)公式中的 x，y 坐标可直接反算出曲线与任意点 N 的偏角 Δ_N：

测设曲线时，一般是 20m 钉一桩，每一段的弦弧差很小，可不予考虑，即弦长近似取值等于弧线长。

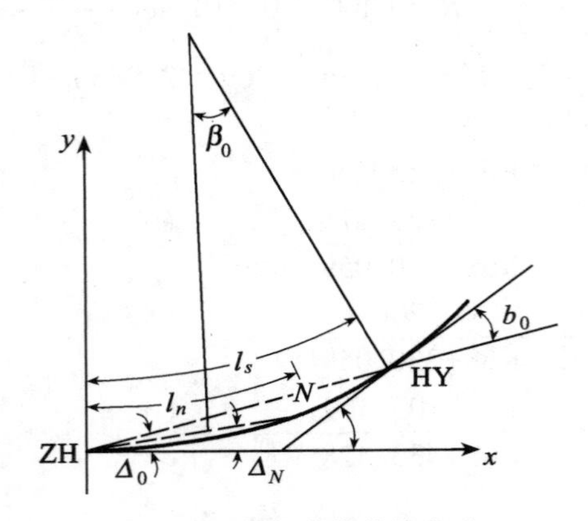

图 6-12　缓和曲线的偏角法

有关曲线的测设方法很多，相应的计算公式也很多，通常是因地制宜选用合适方式进行测设。以上仅将曲线详测做了概略介绍，有兴趣的读者可参阅有关工程测量学或道路勘测设计方面的书籍，以便深入学习、了解和研究。

6. 平曲线最小长度

平曲线包括圆曲线和缓和曲线。前面已经分别介绍过缓和曲线最小长度和圆曲线最小长度确定的原则，这里将作一个归纳，并给出规范值，同时讨论有关小转角平曲线最小长度问题。

(1)平曲线最小长度

一般平曲线由两端缓和曲线和中间的圆曲线段组成，其最小长度应为不设圆曲线时两端缓和曲线相连接时的长度，即为最小缓和曲线长度(表 6-6)的 2 倍，也即是保证车辆在平曲线上的 6s 行程。《城市道路设计规范》(CJJ 37-90)规定值详见表 6-8。

表 6-8　　平曲线及圆曲线最小长度(m)

设计车速(km/h)	80	60	50	40	30	20
平曲线最小长度	140	100	85	70	50	40
圆曲线最小长度	70	50	40	35	25	20

(2)圆曲线最小长度

对于不设缓和曲线的平曲线即圆曲线，其最小长度也不宜太短，国内外资料表明，宜保证 3s 行程，否则驾驶操作不便，乘客感觉极不舒适。规范值是按 3s 行程来确定的，详见表 6-8。

(3)小转角平曲线最小长度

道路设计时，在地形条件许可的情况下，路线的转角争取用得小一些，以便达到路线顺直的目的。但转角太小，对于行车来说也存在问题，主要是容易造成视觉错误。目前，各国基本上认为转角小于 7°时容易引起驾驶员的错觉，把曲线长度误认为比实际的短，这对于车辆行驶安全显然是不利的，而且这种现象转角越小越明显。所以，转角越小越要插入长一些的曲线，使其产生道路在顺适转弯的感觉。小转角曲线的最小长度与转角 α 成反比，规范值详见表 6-9。当路线转角<2°时，采用 2°计算其长度，以避免曲线过长而产生负面效果。

表 6-9　　小转角平曲线最小长度(m)

设计车速(km/h)	80	60	50	40	30	20
平曲线最小长度	$\frac{1000}{\alpha}$	$\frac{700}{\alpha}$	$\frac{600}{\alpha}$	$\frac{500}{\alpha}$	$\frac{350}{\alpha}$	$\frac{280}{\alpha}$

注：α 小于 2°时，按 2°计。

6.2.3　弯道特殊设计

车辆在弯道上行驶时，受横向离心力的作用，其稳定性受到一定的影响，曲线半径越小、车速越高，这种影响就越大。为了尽可能减小这种不利影响，通常，在道路弯道路段设计一定的超高，这便是弯道特殊设计的第一个内容。

弯道特殊设计的第二个内容是弯道加宽设计。由于车辆在弯道路段上其横向占道尺寸比直线路段上要宽，为了使车辆行驶有足够的安全净距，必须对弯道路段的车道予以适当加宽。

下面将分别介绍弯道超高设计和弯道加宽设计。

1. 弯道超高设计

弯道超高设计包括圆曲线路段超高横坡度 i_y 的确定和超高缓和段设计两方面内容。关于弯道超高横坡度 i_y 的取值问题在介绍圆曲线半径计算公式(6-3)时已经作过较详细的讨论，城市道路最大超高横坡度的规范值参见表 6-4。

关于超高缓和段的断面过渡形式示意见图 6-13。

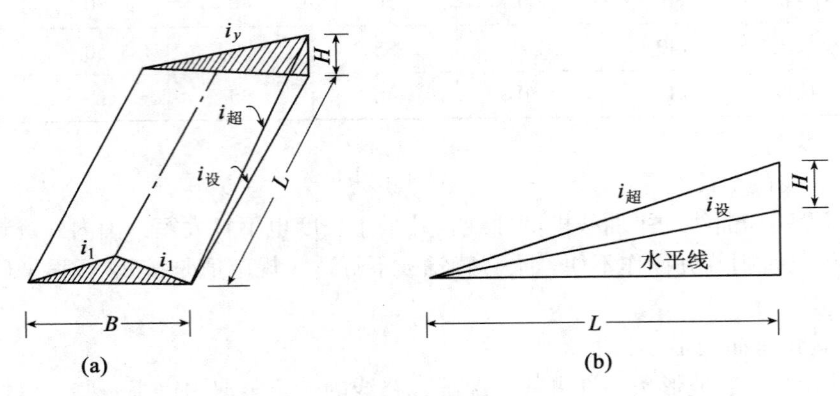

图 6-13　超高缓和段示意图

(1)超高缓和段的长度

由图 6-13(a)可得:

$$H = B \cdot i_y$$

又由图 6-13(b)可得:

$$H = L(i_{超} - i_{设}) = L \cdot \Delta p$$

则:

$$L \cdot \Delta p = B \cdot i_y$$

所以:

$$L = \frac{B \cdot i_y}{\Delta p} \tag{6-52}$$

式中: B 为车行道路面外侧边缘至旋转轴的宽度(m); i_y为圆曲线路段超高横坡度; $i_{超}$为设超高后, 路面外侧边缘线纵坡度; $i_{设}$为道路设计纵坡度; Δp 为超高渐变率或称超高附加纵坡度; L 为超高缓和段长度(m)。

控制超高缓和段长度的主要因素是超高渐变率 Δp。Δp 过大, 车辆在缓和段起、终点附近行驶时的左右摇摆就很厉害, 因此设计中通常是控制 Δp 的大小, 详见表 6-10。

表 6-10　**超高渐变率**

设计车速(km/h)	80	60	50	40	30	20
Δp	$\frac{1}{150}$	$\frac{1}{125}$	$\frac{1}{115}$	$\frac{1}{100}$	$\frac{1}{75}$	$\frac{1}{50}$

图 6-15 所示的超高旋转轴为路面边缘线。除此以外, 还有绕中心线旋转、绕分隔带边缘线旋转等多种形式(参见图 6-14)。不同的旋转方式, B 值计算方法不一样, 这点值得注意。

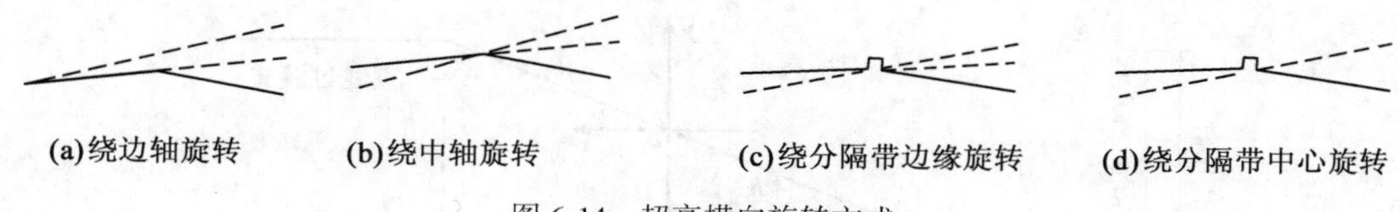

图 6-14　超高横向旋转方式

(2)超高缓和段纵向过渡形式

图 6-14 所示的超高旋转方式反映了超高缓和段横断面过渡形式。超高缓和段的纵向过渡形式则常用“超高设计图”(图 6-15)来表示。

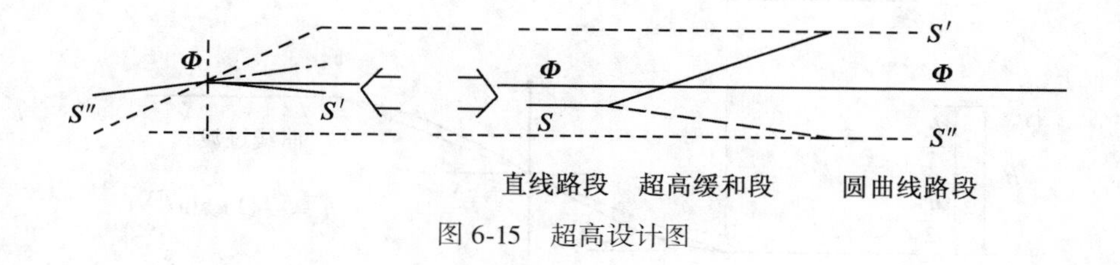

图 6-15　超高设计图

超高设计图是以设计高程线为横坐标轴，在其上按比例标出各桩号的相对位置(以 m 计)，纵坐标轴表示路面中心线和路面边缘线与旋转轴线的相对高程(以 cm 计)，旋转轴的相对高程为 0。城市道路设计常采用道路的中心线作为超高旋转轴，且超高旋转轴线与道路纵断面设计线平行。图 6-15 所示为设计高程线和旋转轴线重合的情形，其中 Φ 为道路中心线，S'为路面内侧边缘线，S''为路面外侧边缘线。

超高缓和段纵向过渡形式是指道路路面内侧边缘线 S' 和外侧边缘线 S''沿里程相对高程的变化形式。一般情况下，这种变化形式是线性的。但是，当道路设计车速较高时，这种线性过渡形式，在缓和段的起、终点处便会使行驶车辆的车身产生明显的横向摆动或者横向冲击效应，于是便有“直线改进式”和“曲线式”的过渡形式(详见图 6-16)。在城市快速路和大型立交桥处宜采用“直线改进式”或“曲线式”，一般道路则可采用直线过渡形式。

2. 弯道加宽设计

(1)双车道路面加宽值的计算

汽车在弯道上行驶时，其车体(车厢)实际上与道路轴线成一定夹角，故所占道路宽度比直线路段要宽。因此，弯道上路面必须加宽以适应这种要求，否则弯道路段行车时，尤其是车辆并行时的横向安全距离就不够，容易造成交通事故。加宽值的大小与车型、弯道半径有关。

双车道路面加宽值按两辆汽车对向行驶计算，如图 6-17 所示。

在△AOB 中，$\overline{AB}^2 + \overline{OA}^2 = \overline{OB}^2$

即
$$L_0^2 + (R + W)^2 = (R + W + e_1)^2$$

可得
$$e_1 = \sqrt{(R + W)^2 + L_0^2} - (R + W)$$

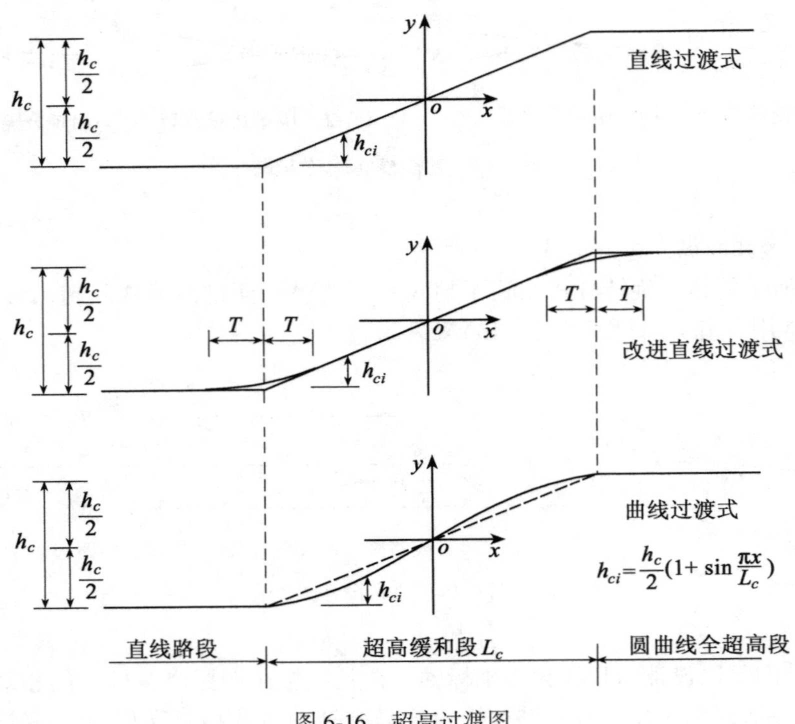

图 6-16　超高过渡图

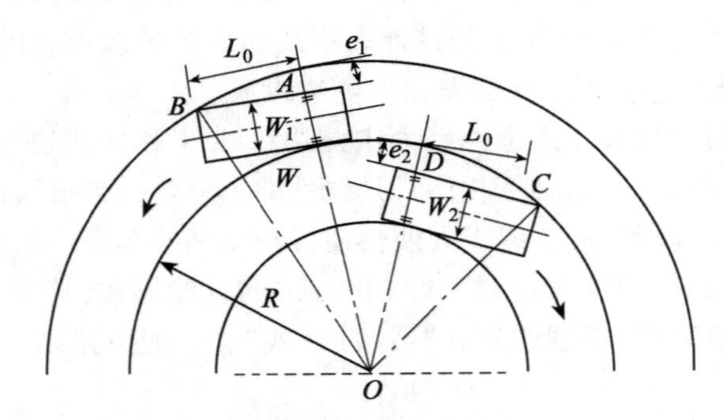

图 6-17　双车道路面弯道加宽图

在△COD 中，$L_0^2+(R-e_2)^2=R^2$

可得

$$e_2=R-\sqrt{R^2-L_0^2}$$

式中：R 为弯道曲线半径(m)；W 为车身宽度(m)；L_0为轴距加前悬长度(m)。

双车道加宽值 $e=e_1+e_2$，由于 $e_2>e_1$，为简化计算，取加宽值为 $2e_2$。此值未计列不同车速情况下，汽车在曲线上行驶的左右摆动幅度，经验摆动幅度为 $0.05V/\sqrt{R}$，V 为车速(以 km/h 计)，R 为弯道半径，则双车道道路弯道设计加宽计算公式为：

$$e = 2\left(R - \sqrt{R^2 - L_0^2} + \frac{0.05V}{\sqrt{R}}\right)\ (\mathrm{m}) \tag{6-53}$$

(2)多车道路面加宽值的计算

根据双车道路面加宽值计算公式，对于 n 条车道的道路，其弯道路面加宽值可近似表示为：

$$e = n\left[\left(R - \sqrt{R^2 - L_0^2}\right) + \frac{0.05V}{\sqrt{R}}\right]\ (\mathrm{m}) \tag{6-54}$$

式中：n 为多车道的车道数，一般为偶数。

(3)铰接式车辆在弯道上的加宽计算

如图 6-18 所示，由几何关系知：

$$R^2 - L_1^2 = L_2^2 + (R - e_1 - e_2)^2$$

则：

$$e_1 + e_2 = R - \sqrt{R^2 - L_1^2 - L_2^2}$$

考虑不同车速情况下车辆的横向摆动值为 $0.05V/\sqrt{R}$，那么，铰接式车辆在弯道上的加宽计算公式为：

$$e = e_1 + e_2 = R - \sqrt{R^2 - L_1^2 - L_2^2} + \frac{0.05V}{\sqrt{R}}\quad (\mathrm{m}) \tag{6-55}$$

式中：R 为弯道半径(m)；L_1为车身前保险杠至中轴的距离(m)；L_2为后车厢前缘到后轴的长度(m)；V 为设计车速(km/h)。

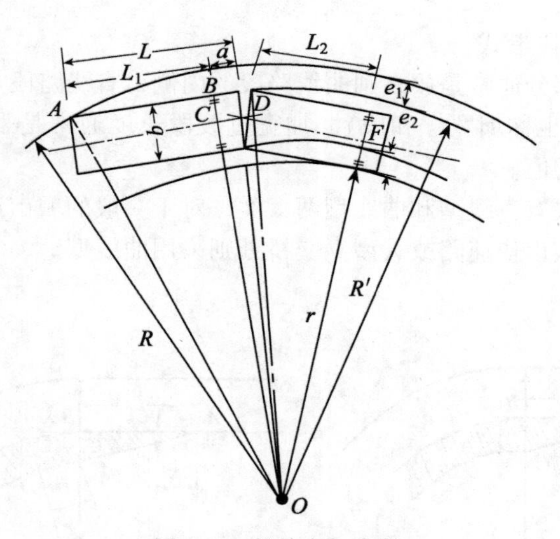

图 6-18　铰接车加宽图

《城市道路设计规范》(CJJ 37-90)根据公式(6-54)和公式(6-55)，以及小客车 L_0 = 3.7m，普通车 L_0 = 8.0m，铰接车 L_1 = 7.5m，L_2 = 6.7m，计算出道路各设计车速及其对应最小平曲线半径时相应的单车道加宽值，取整并规范化后得到表 6-11(a)，供设计时查用。

表 6-11(a)　　圆曲线路段单车道加宽值(m)

车型 \ R	200<R≤250	150<R≤200	100<R≤150	60<R≤100	50<R≤60	40<R≤50	30<R≤40	20<R≤30	15<R≤20
小客车	0.28	0.30	0.32	0.35	0.39	0.40	0.45	0.60	0.70
普通车	0.40	0.45	0.60	0.70	0.90	1.00	1.30	1.80	2.40
铰接车	0.45	0.55	0.75	0.95	1.25	1.50	1.90	2.80	3.50

由于设计车辆及其外廓尺寸的调整，正在编制的《城市道路设计技术标准(规范)》拟调整为表 6-11(b)。

表 6-11(b)　　圆曲线路段单车道加宽值(m)

车型 \ R	200<R≤250	150<R≤200	100<R≤150	60<R≤100	50<R≤60	40<R≤50	30<R≤40	20<R≤30	15<R≤20
小轿车	0.28	0.30	0.32	0.34	0.36	0.42	0.46	0.58	0.70
小型客(货)车	0.30	0.32	0.36	0.40	0.44	0.52	0.60	0.80	1.00
大型客(货)车	0.40	0.50	0.60	0.80	0.90	1.20	1.50	2.00	2.70
铰接车	0.46	0.60	0.80	1.00	1.20	1.60	2.00	2.90	3.80

注：其他车型可以按实际汽车轴距和设计速度计算道路圆曲线加宽值。

(4)弯道加宽过渡段形式

道路路面的加宽部分通常是放在圆曲线路段的内侧，直线路段是不加宽的，其间必须设置一段加宽过渡段(也称加宽缓和段)。加宽过渡段长度通常是采用与缓和曲线长度或超高缓和段长度相同的值。

加宽过渡段的形式有直线型和曲线型两大类。对于一般的城市道路，其加宽过渡段多采用直线型，而对于城市快速路或大型立交桥处则采用曲线型。

①直线型(图 6-19)

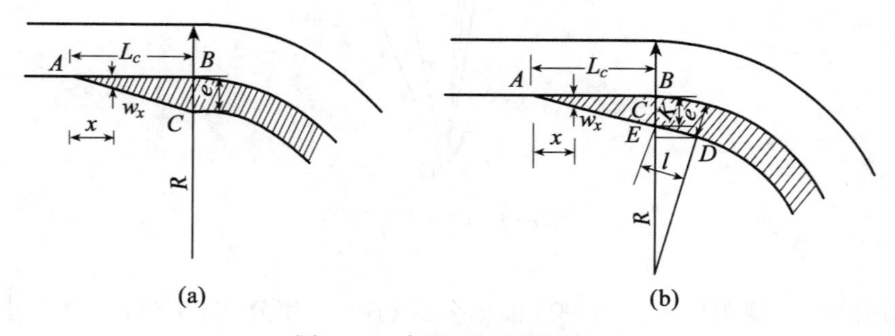

图 6-19　直线型加宽缓和段

采用直线型的加宽设置方法有两种，如图 6-19 所示。图中(a)为简单方法，在直线段或缓和曲线段取缓和段长度 AB，A 点与圆曲线全加宽起点 C 直线相连，则缓和段内的加宽值 w_x 成线性增加，即

$$w_x = \frac{x}{L_c} \cdot e \tag{6-56}$$

式中：x 为缓和段内任意点至起点的距离(m)；L_c 为加宽缓和段长度(m)；e 为圆曲线段的全加宽值(m)。

这种方法，在 C 点处形成折点，线型不圆顺，故产生了改进的直线过渡法(如图 6-19(b))。这种方法是将缓和直线 AD 与加宽后的圆曲线内侧边缘切向连接，此时，缓和直线将伸入主曲线内，即在切点 D 处曲线才达到加宽值 e。

D 点位置的确定方法为：在曲线切点 B 处，沿半径方向截取 $BC=K \cdot e$，连接 AC 并延长，于其上截取 $CD=l$，则得到 D 点的位置。其中 $l=K \cdot \frac{R}{L_c} \cdot e$，修正系数 K 可按表6-12选用。

表 6-12　**加宽修正系数 K 值**

加宽缓和段长度(m)		10	15	20	25	≥30
平曲线半径(m)	≤30	0.90	0.94	0.95	0.96	0.97
	>30	0.80	0.88			

②曲线型

直线型加宽缓和段存在的问题是：路面内侧边缘线两端接线不够圆顺，不能适应有景观要求的曲线道路或桥梁。为了解决这个问题，便提出了曲线型加宽缓和段。

道路设计要求设置加宽的临界半径为 250m，即凡圆曲线半径小于或等于 250m 时，其路面内侧应予以加宽，否则可以不做加宽设计。而一般的设超高临界半径和设缓和曲线临界半径都远远大于 250m，也就是说，设加宽的曲线段多半都有缓和曲线和超高缓和段。通常缓和曲线、超高缓和段及加宽缓和段三者长度相等，且位于同一路段。因此，曲线型加宽缓和段理想的曲线形式应为缓和曲线或回旋线。但是其计算比道路中线设回旋线的情况要复杂得多，不便应用，所以便提出了效果与回旋线极为相似的正弦曲线和三次抛物线，计算公式如下：

正弦曲线：

$$w_x = \frac{1}{2}\left[1 + \sin\frac{\pi\left(x - \frac{L_c}{2}\right)}{L_c}\right] \cdot e \quad (0 \leqslant x \leqslant L_c) \tag{6-57}$$

三次抛物线：

$$w_x = \begin{cases} 4\left(\frac{x}{L_c}\right)^3 \cdot e & \left(0 \leqslant x \leqslant \frac{L_c}{2}\right) \\ \left[1 - 4\left(1 - \frac{x}{L_c}\right)^3\right] \cdot e & \left(\frac{L_c}{2} \leqslant x \leqslant L_c\right) \end{cases} \tag{6-58}$$

上述两曲线型加宽缓和段与缓和曲线型的形式极为相似，经数学回归分析，以缓和曲线型为标准，相关系数分别为 99.96%和 99.7%。因此，对于城市快速路和大型立交桥上，加宽缓和段的形式可直接用公式(6-57)或公式(6-58)进行设计。公式中各符号的含义同公式(6-56)。

6.2.4 平面定线

在城市道路的勘测设计中，通常是在大比例尺(1∶500~1∶1000)地形图上进行纸上定线，然后据此进行实地放线(也称实地定线)。所谓定线是指把一条道路的平面位置在实地明确地肯定下来的一系列工作。

1. 纸上定线

纸上定线要求详细地确定每一段路的具体走向、转折地点、弯道半径、直线与曲线的衔接等一系列控制因素。定线前必须实地勘察，走访各有关单位，慎重考虑，反复推敲。纸上定线的方法，没有固定格式，主要还是通过多次实践才能逐渐掌握。下面提出一些基本原则供定线时参考。

(1)注意贯彻执行有关的方针政策

开辟一条新路或改建一条旧路，可以有利于城市工农业生产，方便城市居民的生活，但往往又需要拆迁房屋，占用农田。因此，定线中必须注意节约用地，尽量利用差地，少占农田，不占良田。对旧城区，必须注意“充分利用，逐步改造”的方针，反对大拆大迁、不顾现实、危害居民生活的做法。

(2)掌握好各项技术标准

为满足汽车、无轨电车交通的要求，照顾到行人及非机动车交通的要求，对路线的弯道半径、视距、直线与曲线配合的要求等技术标准应做到心中有数，同时考虑沿线地形、地物、地质、水文等自然条件，反复推敲，善于比选出经济上合理、技术上可行的路线，以满足机动车、非机动车和行人对道路的各项要求。

(3)正确选定平面控制点

纸上定线的第一步就是确定路线在平面上必须经过的控制点，如道路起、终点，重要桥梁的位置以及不能拆迁的重要建筑物等。在平面定线时，还必须同时考虑高程控制点对路线平面位置的影响，也就是说道路的平面定线与纵断面设计应同时考虑。

(4)合理布设直线和曲线

通常城市道路平面线型力求平顺，一来便于车辆交通，二来可以使由道路分割成的街区尽量规则，从而有利于街区开发和利用。道路定线时宜尽量利用交叉口实现路线转向以减少路段上的弯道。需要设置弯道时，应力求转弯半径大一些，最好能大于不设超高的最小半径值，这样便可省去设超高和设加宽带来的不利一面。

(5)综合考虑其他因素

①参照交通量调查资料，布设路线时让尽可能多的客货流量走最短的路线；

②在选择路线方位时，适当考虑风向和日照的影响；

③为道路绿化、市政杆线、管道的布设提供有利条件；

④为城市或道路所在地区将来的发展留有余地。

总之，纸上定线是一个集政策性和技术性于一体的工作，具体定线时其处理方法往往因地而异。纸上定线不可能一次做到十全十美，实地放线时常常会遇到不少未曾考虑到的问题，这样就需要多次修正线型，使之逐步完善。

2. 实地定线(实地放线)

城市道路实地定线就是将上面已经确定的道路中心准确地移到实地上去。实地定线时，规划和设计人员应会同测量人员亲临现场，先实地踏勘，然后详细定线。

实地定线操作方法通常有两种，即图解法和解析法(坐标法)。有时，可能两种方法混合使用。

(1)图解法

所谓图解法即是根据纸上定线已确定的设计路线与其附近地物的相对关系，在实地先找到地物参照点，然后据此放线的定线方法。这种方法采用得较为普遍，它在障碍物比较少，或者在城市中相对位置的精度要求不太高的时候尤为适用。其工作步骤如下：

①定直线。根据地形图上的地物参照点与道路中线的方向、距离或角度的交会关系，在实地先把直线上的若干点定下来，由于精度问题，这些点可能不完全在一条直线上，然后运用测量学中定直线的“穿线法”把直线确定下来(参见图 6-20)。

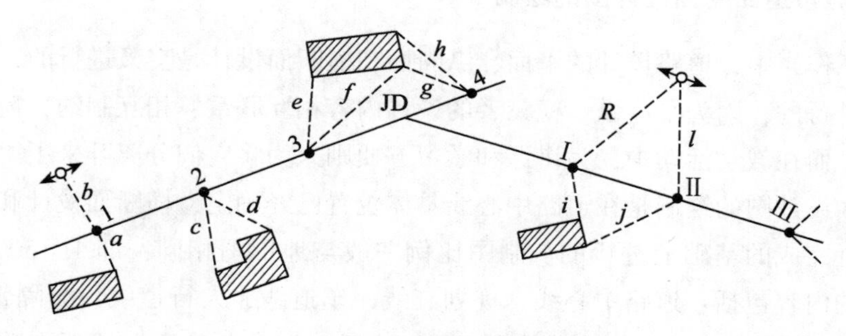

图 6-20　穿线交点示意图

②定交点。在测定了相邻两直线段后，将两直线分别延长便可得到路线交点也称 JD 点。

③量测各交点间的距离。

④检核控制点和控制路段。当道路中心线的直线段在实地基本测定后，应检核其能否满足原设计对各控制点和控制路线的要求，若有矛盾应重新修正路线。

⑤测设曲线。一旦道路的 JD 点确定，便可量测转向角 α，然后按技术标准设置曲线。

⑥编制里程桩号。

⑦进行路线固定。道路的修建，从设计到施工以至施工完成，其间的放线测量要进行上十次乃至十多次。为了便于恢复路线，应把路线的起、终点，JD 点和直线路段的控制

点予以固定，并作记录，以备日后需要时参考。

(2)解析法(坐标法)

采用解析法实地定线就是预先在图纸上把道路中线上的JD点和具有控制意义的特征点的坐标计算出来，然后按坐标值在实地去放样定线。

解析法的具体步骤如下：

①收集路线附近导线点的坐标和方位角资料，或者沿路线敷设临时导线。

②将路线起、止点和中间特征点与上述导线联测，取得距离和方位角等相对关系数据。

③计算路线起、止点和中间特征点的坐标，作为路线实地定线的基本依据。

④根据相交路线的方位角，算出路线各交叉口的相交角度。

⑤计算和测设路线其他中间点。

⑥编制测点的里程桩号。

解析法的关键问题是沿路线导线资料的搜集或导线的建立，其次是路线上特征点与导线的联测，解析法的精度也将取决于导线资料和联测资料的精度。在解析法中，计算工作量较大，但可以采用表格形式进行，既方便又易校核，计算结果一目了然，这在测量学中已经介绍过，此不赘述。

6.2.5 城市道路平面设计图的绘制

在实际工作当中，道路设计的平面、纵断面和横断面设计是交叉进行的，也即三方面工作是同时进行的，因为平、纵、横三者的设计内容相互联系、相互制约，需要结合在一起综合考虑。而在教学活动中，为讲课和学习方便则人为将它们分离开来了。

道路平面设计图的绘制是在道路中心线具体位置已经确定，横断面设计和纵断面设计已完成或接近完成的基础上进行的。制图比例一般与地形图相同，即1：500～1：1000。平面设计图的内容包括：道路中心线、规划红线、车道线、人行道线、分隔带、树池(行道树的位置)、绿化带、沿街建筑及其出入口、交叉口以及各种地上地下市政管线，尤其是道路排水系统的平面布置等，道路中心线上应标注里程桩号。

平面设计图的制图范围，视道路等级而定，通常在两侧红线以外20～50m的范围内。图上应绘出指北针，并附图例。

一张完整的平面设计图，除了清楚而正确地表达上述设计内容外，对某些内容表达不清晰或不完整时，可采用局部大样图(1：50～1：100)形式作为补充。另外，在图中可作些简要的工程说明，如工程范围、起讫点、坐标系统、水准点依据以及某些主要建筑物出入口的处理情况。

最后应绘出图签。由于我国城市道路制图格式还没有统一，图签形式也就各不相同，但图签内容则大体一致，包括图纸名称、设计单位、设计人员、校核人员、审核人员、审定人员、比例尺、图号、日期等。图6-21为一平面设计图实例。

6.3　道路纵断面设计

6.3.1　设计原则

(1)道路纵断面设计应参照城市规划控制标高，并适应临街建筑物立面布置及沿线范围内地面的排水。

(2)为保证行车安全、舒适，纵坡宜缓顺，起伏不宜频繁。

(3)山城道路及新辟道路的纵坡设计应综合考虑土石方工程量平衡，合理确定路面设计标高。

(4)对于机动车和非机动车混合行驶的车行道，应按非机动车爬坡能力设计道路纵坡。

(5)纵断面设计应对沿线地形、地物、地质、水文、气候、地下管线和排水要求进行综合考虑。

①道路经过水文地质条件不良地段时，应适当提高路基标高以保证路基稳定。当受规划标高限制时，应采取稳定路基的工程措施。

②旧路改建在旧路面上加铺结构层时，不得影响沿路范围的排水。

③沿河道路应根据路线位置确定路基标高。位于河堤顶的路基边缘应高于河道防洪水位0.5m，若岸边设置挡水设施，则不受此限制。位于河岸外侧道路的标高按一般道路考虑，符合规划控制标高，并应根据情况解决地面水及河堤渗水对路基稳定的影响。

④道路纵断面设计要妥善处理地下管线覆土深度的要求。

⑤道路最小纵坡应不小于0.5%，困难时可不小于0.3%。纵坡小于0.3%时，应设置锯齿形街沟或采取其他措施以加强道路的排水。

(6)山城道路应控制道路的平均纵坡。越岭道路的相对高差为200~500m时，平均纵坡宜取4.5%；相对高差大于500m时宜采用4%；任意连续3000m长路段的平均纵坡不宜大于4.5%。

6.3.2　设计内容

纵坡设计：包括坡度设计和坡长设计；

竖曲线设计：在两条相邻坡度线的交汇处即变坡点处，设置适当曲率和适当长度的竖向曲线，以缓和坡度的变化，保证行车的平稳和舒适；

视距验算：纵断面上产生视距不足的情况主要在小半径的凸形曲线处和设置立交桥的凹形曲线路段，在这些地方应进行视距验算，避免视距不足的情况发生；

锯齿形街沟的设计：在道路纵坡小于0.3%时，其街沟的纵向排水能力很差，为此，需要人为调整加大街沟沟底纵坡，锯齿形街沟(或称齿形街沟)便是一种好的办法；

平面及纵断面组合设计。

6.3.3 汽车在道路上的行驶特性

道路的纵坡设计，尤其是机动车道纵坡的设计，其主要设计依据是汽车的动力性能。为便于读者理解道路最大纵坡度及坡长限制等概念，下面简要介绍一下汽车在道路上的行驶特性。

1. 汽车行驶牵引力(T)

汽车的发动机正常工作后，其曲轴转动扭矩通过一系列传动设备传至汽车的驱动轮。驱动轮与路面附着便产生了汽车行驶的牵引力 T，其大小与某一排挡下的发动机功率和行车速度等因素有关。牵引力计算公式如下：

$$\left.\begin{aligned} &\text{载重车：} T=3600\frac{N_m}{V_m}\cdot\eta\cdot\left[1.2-1.3\left(\frac{V}{V_m}0.6\right)^2\right] \\ &\text{小客车：} T=3600\frac{N_m}{V_m}\cdot\eta\cdot\left[1.1-1.1\left(\frac{V}{V_m}0.7\right)^2\right] \end{aligned}\right\} \tag{6-59}$$

式中：T 为汽车的牵引力(N)；N_m为发动机的最大有效功率(kW)；V_m为某一个排挡下的最大车速(km/h)；V 为汽车行驶速度(km/h)；η 为汽车传动系统的机械效率。

2. 汽车的行驶阻力(R)

(1)空气阻力 R_w

$$R_w=KFv^2(\mathrm{N}) \tag{6-60}$$

式中：K 为空气阻力系数，与空气密度、车辆外形及表面光洁度有关，其值可由道路试验、风洞试验等方法测得，计算单位为 kg/m^3；F 为车辆正投影面积，即迎风面积(m^2)；v 为车速(m/s)。

KF 称为汽车流线型系数。它可反映汽车的整体流线型性能，亦是车辆设计的一项重要技术指标，通常由风洞试验得到。表 6-13 给出了一些道路试验和风洞试验所得的国产车和国外车型的 KF 值，供参考。

表 6-13 **部分车型的流线型系数 KF**

车型	KF(kg/m)	车型	KF(kg/m)
北京 BJ-130	1.58	红星-621	1.05
长春 CC-130	1.60	格斯-69	1.70
上海 SH-130	1.52	格斯-63	2.40
解放 CA-10B	2.90	吉斯-150	3.00
黄河 JN-150	3.10	吉斯-130	2.40~2.80
天津 TJ-620	0.91	格斯-51	2.20~2.40
红旗 CA-770A	0.84	吉斯-110	1.00
红旗 CA-774	0.56	伏尔加 M-21	0.60
天津 TJ-740	0.53		

(2)道路阻力 R_R

$$R_R = G(f+i) \quad (N) \tag{6-61}$$

式中：G 为车辆总重量(N)；f 为滚动阻力系数，它与路面状况、轮胎及车速有关，在一定类型的轮胎和一定车速范围内，可视为只与路面材料及干湿类型有关的常数，见表 6-14；i 为道路纵坡度，上坡为正，下坡为负，$f+i$ 统称为道路阻力系数。

表 6-14　**各种路面滚动阻力系数 f**

路面类型	水泥砼及沥青砼路面	表面平整的其他沥青路面	碎石路面	干燥平整土路面	潮湿不平整土路面
f	0.01~0.02	0.02~0.025	0.03~0.05	0.04~0.05	0.07~0.15

(3)惯性阻力 R_I

$$R_I = \delta \cdot \frac{G}{g} \cdot a \quad (N) \tag{6-62}$$

式中：a 为汽车的加速率(正)或减速率(负)(m/s²)；G 为汽车的重量(N)；δ 为惯性力系数。

惯性阻力实质上是汽车变速行驶时所增加的惯性力，加速时为正阻力，减速时为负阻力。公式中的惯性力系数 δ 反映汽车发动机和汽车内部传动机构的旋转惯性，其计算比较复杂，一般由下式估算：

$$\delta = 1 + 0.05 i_K^2$$

式中：i_K 为变速箱的速比。

于是，汽车的行驶阻力(R)为：

$$R = R_W + R_R + R_I = KFv^2 + G(f+i) + \delta \cdot \frac{G}{g} \cdot a \quad (N) \tag{6-63}$$

3. 汽车的行驶条件

汽车在道路上行驶，必须有足够的牵引力来克服上述各项阻力，这是汽车行驶的第一必要条件，即 $T \geqslant R$。

只有足够的牵引力还不够，若轮胎与路面间摩擦力不够大，车辆将在路面上打滑，致使车辆不能正常行驶。所以，汽车的牵引力又受到驱动轮与路面摩擦力的限制，即牵引力不能大于驱动轮的摩擦力，这便是汽车行驶的第二必要条件，$T \leqslant \phi G_K$。其中 ϕ 为轮胎与路面的摩擦系数；G_K 为驱动轮重量，对于小汽车 G_K 约为车辆总重的 0.5~0.65，载重车为 0.65~0.80。

4. 汽车的动力因数

汽车在道路上正常行驶时，其车辆牵引力与车辆所受的行驶阻力应该总是平衡的，即：

$$T = KFv^2 + G(f+i) + \delta \cdot \frac{G}{g} \cdot a$$

或

$$\frac{T - KFv^2}{G} = f + i + \frac{\delta}{g} a$$

命名等式左边项为汽车行驶的“动力因数 D”，它表征汽车在海平面高程上，发动机供给车辆的每单位车重克服道路阻力和惯性阻力的动力。由公式(6-59)便可分别得到载重车和小客车的动力因数表达式：

$$\left.\begin{aligned}&\text{载重车：}D=3600\frac{N_m\cdot\eta}{V_m\cdot G}\cdot\left[1.2-1.3\left(\frac{V}{V_m}-0.6\right)^2-KFv^2\right]\\&\text{小客车：}D=3600\frac{N_m\cdot\eta}{V_m\cdot G}\cdot\left[1.1-1.1\left(\frac{V}{V_m}-0.7\right)^2-KFv^2\right]\end{aligned}\right\}\quad(6\text{-}64)$$

式中：N_m为发动机的最大有效功率(kW)；G 为汽车总重量(N)；η 为汽车传动系统的机械效率；V_m为某一个排挡下的最大车速(km/h)；V 为车辆行驶车速(km/h)；v 为车辆行驶车速(m/s)；KF 为车辆流线型系数(kg/m)(见表 6-13)。

表 6-15 给出了三种代表车型的有关动力特性数据资料，据此可以绘制汽车的动力特性图，如图 6-22。图上曲线直观地反映了动力因素 D 和车速 V 的关系。

表 6-15　　**三种代表车型的动力特性数据**

车型	G(kN)	N_m(kW)	KF/G(s^2/m^2)	高挡		Ⅲ挡		Ⅱ挡		Ⅰ挡	
				V_m	η	V_m	η	V_m	η	V_m	η
半挂车	313.60	164.75	0.9×10^{-6}	80	0.90	45	0.85	25	0.85	15	0.80
载重车	137.20	102.97	1.6×10^{-6}	80	0.90	45	0.85	25	0.85	15	0.80
小客车	16.66	62.52	2.9×10^{-6}	150	0.90	—	—	90	0.85	60	0.80

注：①表中高挡即为直接挡，超速挡未列。
②半挂车：$K=0.04(N\cdot s^2/m^4)$，$F=7.0m^2$
载重车：$K=0.035(N\cdot s^2/m^4)$，$F=6.2m^2$
小客车：$K=0.025(N\cdot s^2/m^4)$，$F=2.0m^2$

汽车的动力特性图(图 6-22)是按海平面高程的 T，K 值计算绘制且 G 是按满载考虑的。如果道路高程高于海平面，汽车也不是满载，其总重为 G'，那么汽车功率与总重之比为$\frac{N'_m}{G'}$而不是$\frac{N_m}{G}$，所以汽车的动力因素 D 应根据具体情况予以修正。设 D 的修正系数为 λ，则：

$$\left.\begin{aligned}\lambda D&=f+i+\frac{\delta}{g}a\\\lambda&=\xi\left(\frac{N'_m}{G'}\div\frac{N_m}{G}\right)\end{aligned}\right\}\quad(6\text{-}65)$$

式中：λ 为汽车动力因数的“海拔-功率-总重”修正系数；ξ 为海拔系数，见图 6-23；$\frac{N'_m}{G'}$为实际的发动车功率(kW)与汽车总重(kN)之比；$\frac{N_m}{G}$为汽车满载时，海拔高程为零的发动机功率(kW)与汽车总重(kN)之比。

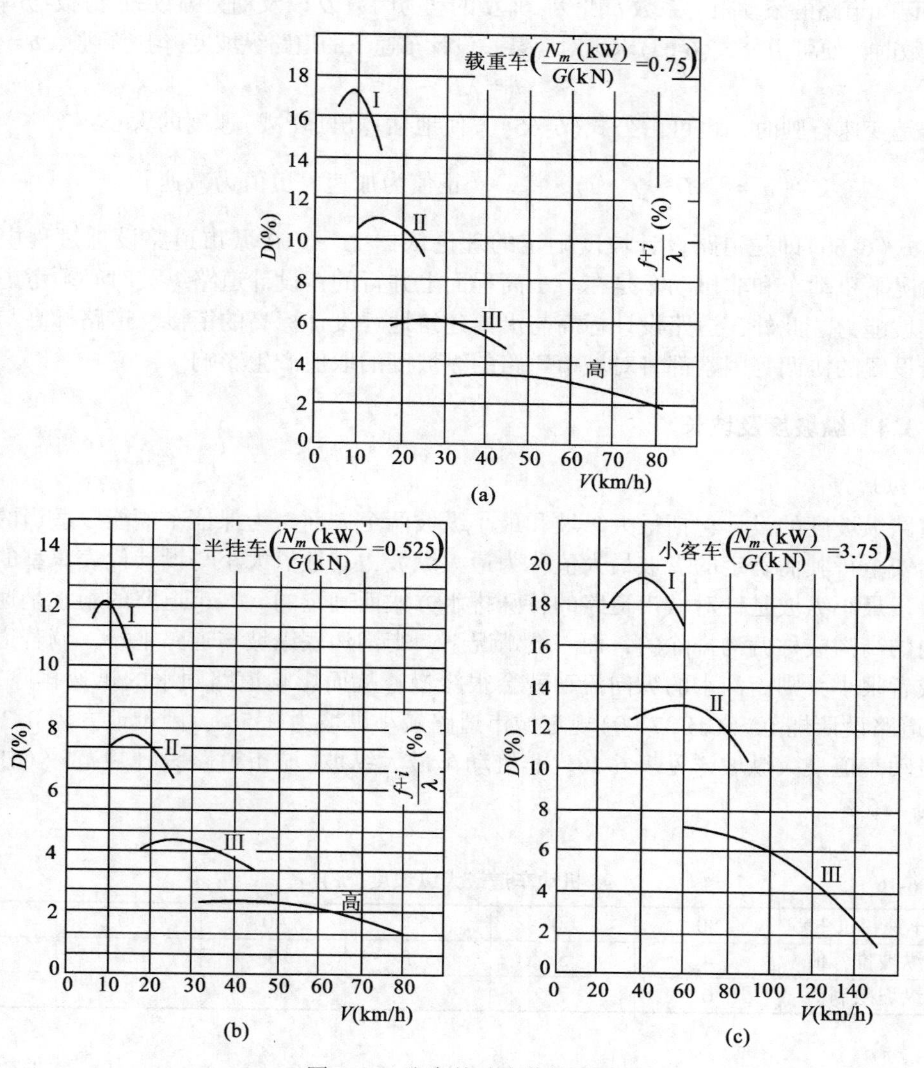

图 6-22　汽车的动力特性图

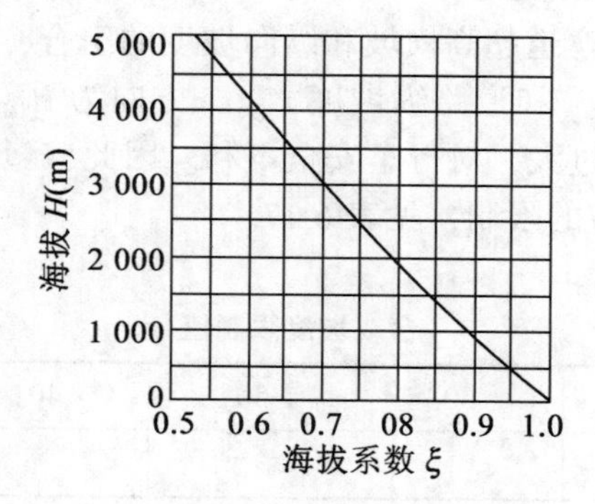

图 6-23　海拔修正系数

当已知道路的滚动阻力系数f和设计车型的动力因数D以及动力因数的“海拔-功率-总重”修正系数时，便可由公式(6-65)求出对应某一设计车速下的道路纵坡度(匀速行驶，$a=0$)：

$$i = \lambda D - f \tag{6-66}$$

若是变速行驶时，也可由公式(6-65)方便地估算出加(减)速度的大小：

$$a = (\lambda D - f - i) \cdot \frac{g}{\delta} \quad (\text{正值为加速、负值为减速}) \tag{6-67}$$

公式(6-66)即是道路设计坡度确定的理论依据之一。在城市道路设计过程中，由于多数情况下机动车和非机动车是在一个高程面上并行的，设计道路纵坡时必须考虑非机动车的爬坡能力。此外，道路设计标高与沿街建筑地坪设计标高的衔接、道路标高与各种地下管线设置的协调等因素都将对城市道路的纵坡度的取值产生影响。

6.3.4 纵坡度及坡长

1. 纵坡度

道路纵坡度的设计包括最大纵坡和最小纵坡两个方面。为保证车辆能以适当的车速在道路上安全行驶而确定的纵坡最大值称为最大纵坡，其数值大小与设计代表车型的动力性能有关。最小纵坡是针对城市道路的特殊排水方式而确定的。城市道路的雨水是通过道路范围内的街沟或称偏沟排除的，而一般情况下，街沟沟底纵坡与道路平行，倘若道路纵坡为零或者很小，则街沟水的纵向流动就会很缓慢，从而影响道路雨水的迅速排除。为此，《城市道路设计规范》(CJJ 37-90)规定城市道路最小纵坡为0.5%，困难地方为0.3%。

机动车道最大纵坡详见表6-16。非机动车最大纵坡《城市道路设计规范》(CJJ 37-90)规定为3.5%。

表6-16　**机动车道最大纵坡度(%)**

设计车速(km/h)	80	60	50	40	30	20
最大纵坡推荐值	4	5	5.5	6	7	8
最大纵坡限制值	6	7	7	8	9	9

正在编制的城市道路工程设计通用技术规范增加了设计速度100km/h最大纵坡推荐值3%、最大纵坡限制值5%的规定。

在弯道坡度路段，由于弯道超高横坡和纵向坡度的组合，产生一个合成坡度I，数值上它分别大于超高横坡度$i_{超高}$和道路纵坡度$i_{纵坡}$，方向为$i_{超高}$和$i_{纵坡}$的矢量合成方向(图6-24)。实践证明，合成坡度过大，对行车安全不利。因此，《城市道路设计规范》(CJJ 37-90)对合成坡度I也作了相应的限制，见表6-17。

表6-17　**合成坡度限制值**

设计车速(km/h)	80	60	50	40	30	20
合成坡度I	7	6.5		7		8

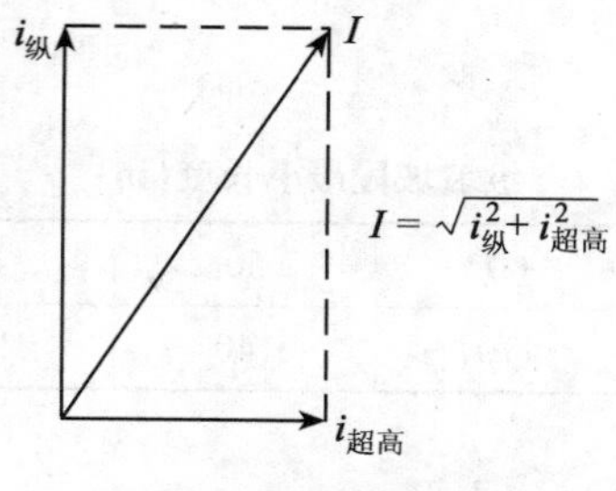

图 6-24　道路合成坡度

2. 坡长

受车辆动力性能的限制，当道路纵坡大于某一坡度值时，上坡车辆将做减速行驶，坡道越长，车速下降得越快，以至降到道路设计不能容许的车速；反之，下坡车辆将做加速行驶，坡道越长，车速增加越快，制动器长时间工作容易发热失灵，从而导致行车危险。从这个意义上讲，对于这一类纵坡度的路段，必须限制其坡段长度，以保证道路整体车速的均衡性及道路通行能力的一致性，这便是最大坡长限制。《城市道路设计规范》(CJJ 37-90)分别对机动车道纵坡限制长度和非机动车道纵坡限制长度作了明确规定，详见表 6-18 和表 6-19。

表 6-18　**机动车道纵坡限制长度**

设计车速(km/h)	80			60			50			40		
纵坡度(%)	5	5	6	6	6.5	7	6	6.5	7	6.5	7	8
坡长限制值(m)	600	500	400	400	350	300	350	300	250	300	250	200

表 6-19　**非机动车道纵坡限制长度(m)**

车种 / 坡度(%)	自行车	三轮车、板车
3.5	150	—
3.0	200	100
2.5	300	150

在道路纵断面设计过程中，两个坡度值较大的相邻、同坡向纵坡路段的中间，应设置一段较小坡度的路段，以便上坡车辆加速积蓄动能，继续爬坡；下坡车辆的制动器有歇息的机会，不致过热而失灵。这中间的较小坡度的路段，通常称做缓坡路段，其长度不能太短，否则达不到加速积蓄动能或减速利于制动的目的。

另外，为避免齿形纵断面出现，每一坡度线长度也不应过短。坡长过短，道路纵坡变化频繁，将严重影响车辆行驶的平顺性及道路线型美观。因此，对道路的最小纵坡长度也应进行限制，通常是按10秒行程来考虑的。《城市道路设计规范》(CJJ 37-90)规定详见表6-20。

表6-20　纵坡坡段最小长度(m)

设计车速(km/h)	80	60	50	40	30	20
坡段最小长度	290	170	140	110	85	60

6.3.5 竖曲线设计

在两条相邻的纵坡线的交点处，明显存在一个折点，该点称为变坡点。为了缓和汽车行驶在变坡点处产生的冲击力，增加行车安全感和舒适感，以及保证车辆的行车视距，变坡点处必须设置适当的竖向曲线。

竖曲线线型一般采用二次抛物线。设计内容包括抛物线参数的确定和竖曲线长度两个方面。

1. 抛物线参数及竖曲线诸要素

如图6-25所示，设抛物线方程的参数为K，第一坡段纵坡为i_1，第二坡段纵坡为i_2，抛物线长(水平距离)为L_v，则其一般方程表达式为：

$$y = \frac{1}{2K}x^2 + i_1 x \tag{6-68}$$

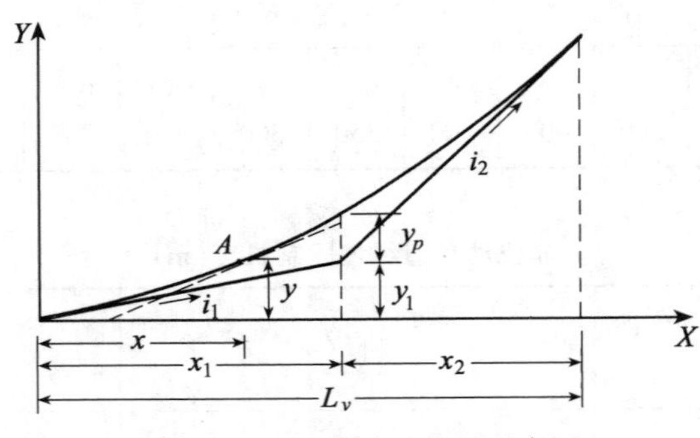

图6-25　竖曲线公式推导示意图

设A为抛物线上任意一点，其斜率为：

$$i_A = \frac{\mathrm{d}y}{\mathrm{d}x} = \frac{x}{K} + i_1$$

显然，当$x=0$时，$i_A = i = i_1$

当$x=L_v$时，$i_A = \dfrac{L_v}{K} + i_1 = i_2$

所以

$$K = \frac{L_v}{i_2 - i_1}$$

由曲线的曲率公式可得抛物线上任一点的曲率半径：

$$R=\left[1+\left(\frac{\mathrm{d}y}{\mathrm{d}x}\right)^2\right]^{3/2}\Big/\frac{\mathrm{d}^2y}{\mathrm{d}x^2}$$

因为 $$\frac{\mathrm{d}y}{\mathrm{d}x}=\frac{x}{K}+i_1\text{；}\quad \frac{\mathrm{d}^2y}{\mathrm{d}x^2}=\frac{1}{K}$$

代入得：

$$R=K\cdot\left[1+\left(\frac{x}{K}+i_1\right)^2\right]^{3/2} \tag{6-69}$$

由于 i 介于 i_1 和 i_2 之间，且 i_1，i_2 均很小，又 $\frac{x}{K}$ 也很小，故 $\left(\frac{x}{K}+i_1\right)^2$ 可作高阶小量忽略不计，则：

$$R\approx K,\text{ 或 } K\approx R$$

即抛物线参数 K 约等于曲线的曲率半径。进行道路纵断面竖曲线设计时，一个主要的参数即是竖曲线半径 R，它是竖曲线计算的控制变量。

将 $K=R$ 代入公式(6-68)便可得竖曲线设计一般方程：

$$y=\frac{1}{2K}x^2+i_1x=\frac{(i_2-i_1)x^2}{2L_v}+i_1x \tag{6-70}$$

式中：i_1，i_2 分别为相邻坡段的纵坡度；L_v 为竖曲线长度；R 为竖曲线半径。

由公式(6-70)不难推导出抛物线上任一点与坡度线的垂直距离或称竖距的计算公式：

$$h=\frac{l^2}{2R}\quad (l\leqslant T)$$

或

$$h'=\frac{x^2}{2R}\quad (x\leqslant L_V) \tag{6-71}$$

式中：h 为竖曲线上的点至前(后)切线的竖距；l 为竖曲线任一点至竖曲线两端切点的水平距离，$l\leqslant T$(竖曲线切线长)；R 为竖曲线半径；T 为竖曲线切线长；L_V 为竖曲线长；x 为竖曲线任一点至起点的水平距离，h' 为竖曲线上的点至前切线的竖距。

从上列公式可以看出，二次抛物线竖曲线具有计算简单的优点。在道路纵断面上设计竖曲线时，其诸要素计算公式如下(见图 6-26)。

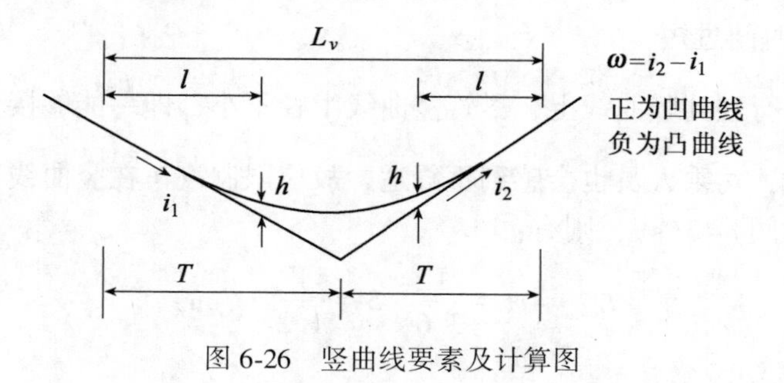

图 6-26　竖曲线要素及计算图

1. 相邻坡度线的坡度差 $\omega=i_2-i_1$(代数差)，当 ω 为“+”时，为凹型竖曲线，ω 为“-”时，为凸型竖曲线。

2. 竖曲线长度 $$L_v = R|\omega| \tag{6-72}$$

3. 切线长度 $$T = \frac{L_v}{2} \tag{6-73}$$

4. 中点竖距 $$E = \frac{T^2}{2R} = \frac{L_v^2}{8R} \tag{6-74}$$

5. 任一点竖距　　见公式(6-71)。

竖曲线设计标高=切线标高±竖距(凸曲线(-)、凹曲线(+))

2. 竖曲线的最小长度

竖曲线的功能决定其长度 L_v 不能太短，否则达不到“缓和冲击力、保证行车视距、增加行车安全感和舒适感并且便于道路排水”的目的。在道路纵断面设计中，决定竖曲线最小长度的因素主要有三点：

(1)限制离心力过大

汽车在竖曲线上行驶时，必将产生垂直方向的离心力，这个力在凹型曲线上是增量(或超重)，在凸型曲线上则表现为减重(或失重)。显然，无论是超重还是失重，达到某种程度后，都会给司乘人员以不舒适的感觉。另外，对车辆的悬挂系统也有不利影响。因此，设计中通常是控制单位车重的离心力不得过大。

因为　离心力 $$F = ma_n = \frac{G}{g} \cdot \frac{v^2}{R} = \frac{GV^2}{127R} \quad (\text{N})$$

所以 $$R = V^2 \Big/ \left[127\left(\frac{F}{G}\right)\right]$$

一般情况下，单位车重的离心力 $\left(\frac{F}{G}\right)$ 控制在 0.020～0.030 之间，则最小竖曲线长度为：

$$L_{\min} = R|\omega| = V^2 \Big/ \left[127\left(\frac{F}{G}\right)\right] \cdot |\omega| \quad (\text{m}) \tag{6-75}$$

式中：R——竖曲线半径(m)；F——汽车竖向离心力(N)；G——汽车总重量(N)；V——设计车速(km/h)；ω——前后坡度代数差(i_2-i_1)。

(2)限制行程时间过短

汽车由匀坡道行驶到竖曲线上，尽管竖曲线半径不小，即 $\frac{F}{G}$ 能够接受，但若其长度过短，汽车倏然而过，司乘人员也会感到不舒适，故应限制汽车在竖曲线上的行程时间，通常规定最小行程时间 $t=3$(s)，则有：

$$L_{\min} = vt = \frac{V}{3.6} \cdot 3 = \frac{V}{1.2} \quad (\text{m}) \tag{6-76}$$

(3)满足视距要求

汽车行驶在凸型竖曲线上，如果半径太小，便会阻碍上坡车辆的司机对坡顶以远道路的视野，即影响了司机的行车视距。为了行车安全，对凸型竖曲线的最小长度进行适当限制便可以保证行车最小视距，其实质与加大竖曲线半径是一致的。设行车视距为 S(m)，

视线高为 $h_1=1.2$(m)，物高 $h_2=0.1$m，则满足视距要求的凸型竖曲线最小长度计算公式如下：

当 $L_v<S$ 时，

$$L_{min}=2S-2\frac{(\sqrt{h_1}+\sqrt{h_2})^2}{|i_2-i_1|}\approx 2S-\frac{4}{|i_2-i_1|}\quad (m) \tag{6-77}$$

当 $L_v>S$ 时，

$$L_{min}=\frac{S^2|i_2-i_1|}{2(\sqrt{h_1}+\sqrt{h_2})^2}\approx\frac{S^2|i_2-i_1|}{4}\quad (m) \tag{6-78}$$

式中：S 为行车视距(m)；i_1，i_2为相邻坡度线的坡度值；h_1为计算过程中视线高度(m)；h_2为计算过程障碍物的高度(m)。

对于凹型竖曲线，一般情况下，视距均可满足要求。但在夜间行车仅靠车灯照明时和竖曲线上部有跨线桥等结构物遮挡的情况下，也可以通过增加竖曲线长度或加大竖曲线半径来保证视距。

综合考虑以上各因素，《城市道路设计规范》(CJJ 37-90)对城市道路纵断面设计中的竖曲线长度以及竖曲线半径分别作出规定(见表 6-21)。设计时，各类各级道路纵坡变坡点处均应设置竖曲线，竖曲线的长度和半径均应大于或等于表 6-21 中的一般最小半径、最小曲线长，特殊情况下竖曲线半径不得小于表中极限最小半径。

表 6-21　　**机动车道竖曲线半径及其长度(m)**

半径 \ 设计车速(km/h)		80	60	50	45	40	35	30	25	20	15
凸型	极限最小半径	3000	1200	900	500	400	300	250	150	100	60
	一般最小半径	4500	1800	1350	750	600	450	400	250	150	90
凹型	极限最小半径	1800	1000	700	550	450	350	250	170	100	60
	一般最小半径	2700	1500	1050	850	700	550	400	250	150	90
竖曲线最小长度		70	50	40	40	35	30	25	20	20	15

注：按竖曲线半径计算竖曲线长度小于表列数值时，应采用本表最小长度。

非机动车车行道的竖曲线半径为 500m。桥梁引道设竖曲线时，竖曲线切点距桥梁端部应保持适当距离，大、中桥为 10~15m，工程困难地段可减为 5m。

隧道洞口外应保持一段与隧道内相同的纵坡，其长度见表 6-22。

表 6-22　　**桥、隧引道与桥、隧轴线线型保持一致的最小长度**

设计车速(km/h)	80	60	50	40	30	20
最小长度(m)	60	40	30	20	15	10

3. 竖曲线计算示例

【例 6-3】 已知某城市快速路设计车速为 80km/h，在道路上有一变坡点，桩号为 K3+500,标高为 36.50m，相邻坡段的纵坡度分别为 $i_1=2.5\%$，$i_2=-3.5\%$。试设计该变坡点处的竖曲线。

(1)计算竖曲线的基本要素

两相邻坡段的坡度差：$\omega=i_2-i_1=-3.5\%-2.5\%=-0.06$(负值表明是凸型竖曲线)；

查表 6-21 得：凸型竖曲线一般最小半径为 4500m，现取 $R=5000$m；

竖曲线长度： $L_v=R|\omega|=5000\times0.06=300$ (m)

竖曲线切线长度： $T=\dfrac{L_v}{2}=150$(m)

竖曲线中点竖距： $E=\dfrac{T^2}{2R}=\dfrac{150^2}{2\times5000}=2.25$(m)

(2)求竖曲线起点和终点桩号

起点桩号为：K3+500−T=3500−150=3350=K3+350

终点桩号为：K3+500+T=3500+150=3650=K3+650

(3)求竖曲线范围内各桩号的设计标高

①竖曲线起点 K3+350

切线标高： $36.50-i_1\times T=36.50-0.025\times150=32.75$ (m)

竖距： 因为 $l=0$，所以 $h=\dfrac{l^2}{2R}=0$

起点 K3+350 桩的设计标高： 32.75m

②竖曲线中点 K3+500

切线标高： 为变坡点标高即 36.50m，

竖距： $h=E=\dfrac{T^2}{2R}=\dfrac{150^2}{2\times5000}=2.25$ m

中点 K3+500 桩的设计标高：36.50−2.25=34.25m

③竖曲线终点 K3+650

算法一：

切线标高： $36.50-|i_2|T=36.50-0.035\times150=31.25$ m

竖距： 因为 $l=0$，所以 $h=\dfrac{l^2}{2R}=0$

终点 K3+650 桩的设计标高： 31.25m

算法二：

终点桩的前切线标高：$32.75-300\times i_1=32.75-300\times0.025=40.25$

竖距： 因为 $x=300$，所以 $h=\dfrac{x^2}{2R}=\dfrac{300^2}{2\times5000}=9.0$ m

终点 K3+650 桩的设计标高： 40.25−9.0=31.25m

④计算竖曲线中间各桩号的设计标高，设中间桩距为 50m，计算结果见表 6-23。

设计标高=切线标高−竖距 h(凸型曲线)

表 6-23　　　**竖曲线计算表**

桩号	纵坡	算法一(h)			算法二(h′)			竖曲线设计高程(m)
		距切点距离 l	竖距 h	切线高程(m)	距切点距离 l	竖距 h	切线高程(m)	
K3+350	2.5% ↑	0	0	32.75	0	0	32.75	32.75
K3+400		50	0.25	34.00	50	0.25	34.00	33.75
K3+450		100	1.00	35.25	100	1.00	35.25	34.25
K3+500		150	2.25	36.50	150	2.25	36.50	34.25
K3+550	↓ 3.5%	100	1.00	34.75	200	4.00	37.75	33.75
K3+600		50	0.25	33.00	250	5.25	39.00	32.75
K3+650		0	0	31.25	300	9.00	40.25	31.25

6.3.6　锯齿形街沟设计

1. 设置条件及方法

在城市道路纵断面设计中，当道路纵坡度小于最小纵坡值(一般情况下 $i=0.005$，特殊情况下 $i=0.003$)时，路面汇于街沟中的雨水，水流迟缓，纵向排水不畅，可能产生暂时积水现象且影响道路交通。为了消除这种现象，在改变道路纵坡又不可能的情况下，从缘石(或道牙)起在一定宽度范围内，将街沟底部纵断面修筑成锯齿形，局部增大沟底纵坡，在偏沟的适当宽度内横坡作相应起伏改变，以利水流排入雨水口，达到改善街沟排水效果的目的(如图 6-27)。

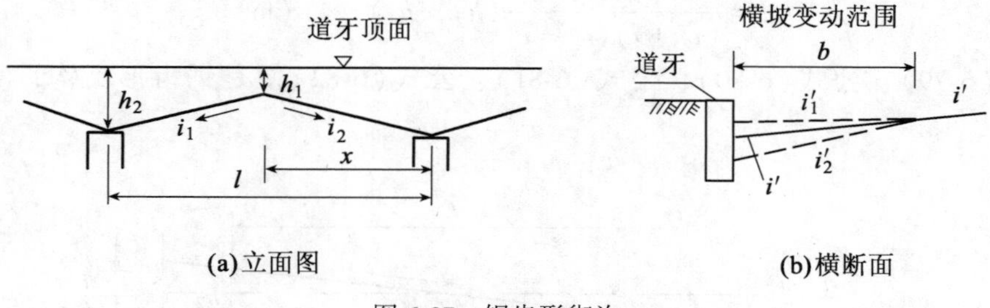

图 6-27　锯齿形街沟

设置锯齿形街沟(偏沟)应注意下列各项要求：

(1)一般情况，根据已定的雨水口间距 l 设计锯齿形偏沟，故 i_1，i_2，h_1，h_2 应互相协调，以适应 l 值。

(2)h_1 应有一定高度要求，避免暴雨时路面水涌上步道，且偏沟横坡 i'_1 不能为反坡，最好也不为平坡，$h_1 \geq 10$cm。

(3)h_2 取值应保证立道牙有足够的埋深，h_2 不应太高，$h_2 \leq 25$cm。

(4)i_2 与 i 方向相反，其值应小，但应保证水流有一定坡度，即 $i_2 \geq 0.3\%$，过大则使

h_2及 i_1值增大。

(5)锯齿形偏沟宽 b 应视路面宽度而定，并考虑因 h_1，h_2值影响路面横坡 i'_1，i'_2的大小。一般不超过一条车道宽。

(6)一般情况下，锯齿形偏沟应符合的条件为：$i'_1>0$，$i'_2\leqslant 0.5\%$，$h_1\geqslant 10\text{cm}$，$h_2\leqslant 25\text{cm}$，i_1及 $i_2<0.8\%$。不能符合此条件范围时，则应通过计算调整雨水口的间距。

(7)为准确地保证锯齿形偏沟坡度变动，使其充分发挥作用，并有利于路面施工，凡设置锯齿形偏沟的路段，应采用平石与立道牙结合的街沟形式。

2. 计算公式

在图 6-28 中，设雨水进水口处的道牙出露高度为 h_2，分水点处道牙出露高度为 h_1，雨水口间距为 l，道路纵坡(即道牙顶面纵坡)为 i，顺 i 方向街沟底纵坡为 i_1，逆 i 方向街沟底纵坡为 i_2，分水点距进出口距离分别为 x 和$(l-x)$，则：

左边：
$$h_2=[i_1(l-x)+h_1]-i\cdot(l-x)$$

右边：
$$h_2=i\cdot x+h_1+i_2\cdot x$$

即：
$$[i_1(l-x)+h_1]-i\cdot(l-x)=i\cdot x+h_1+i_2\cdot x$$

解之得：
$$x=\frac{i_1-i}{i_1+i_2}\cdot l\quad(\text{m})\tag{6-79}$$

另外，由“左边”、“右边”等式分别求得：

$$x=l-\frac{h_2-h_1}{i_1-i}\quad(\text{m})\tag{6-80}$$

$$x=\frac{h_2-h_1}{i+i_2}\quad(\text{m})\tag{6-81}$$

再由(6-79)式、(6-81)式得：

$$l=\frac{i_1+i_2}{(i_2+i)(i_1-i)}(h_2-h_1)\quad(\text{m})\tag{6-82}$$

公式(6-79)、公式(6-80)、公式(6-81)、公式(6-82)便是锯齿形街沟计算的常用公式。

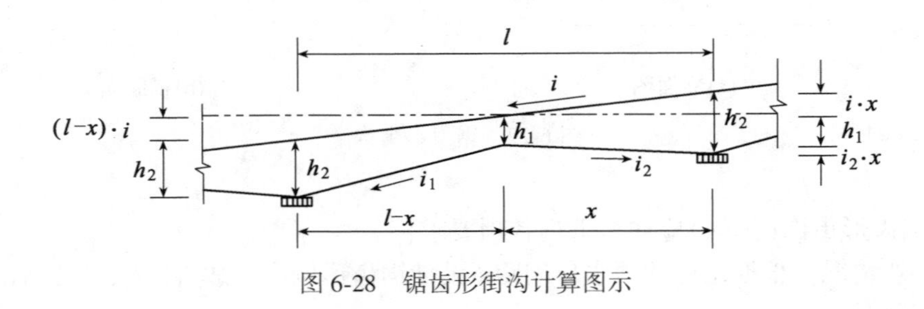

图 6-28　锯齿形街沟计算图示

3. 计算示例

【例 6-4】　已知某道路纵坡 $i=0$，雨水口间距暂取 40m，设 $h_2=0.20\text{m}$，$h_1=0.10\text{m}$，试计算锯齿形街沟沟底纵坡及分水点位置参数 x。

解　由于$i=0$，可设$i_1=i_2$。由公式(6-79)得：

$$x=\frac{i_1-i}{i_1+i_2}\cdot l=\frac{i_1-0}{i_1+i_1}\cdot l=\frac{1}{2}\cdot l=20\quad(\text{m})$$

再由公式(6-80)得：

$$x=l-\frac{h_2-h_1}{i_1-i}$$

即

$$20=40-\frac{0.20-0.10}{i_1}$$

所以

$$i_1=\frac{0.20-0.10}{40-20}=0.005\qquad\text{符合排水要求。}$$

【例6-5】　已知$h_2=0.24\text{m}$，$h_1=0.10\text{m}$，$i_1=0.0015$。试设计雨水口间距l并确定分水点位置x。

解　设街沟沟底纵坡$i_1=0.008$，$i_2=0.004$，则由公式(6-82)得：

$$\begin{aligned}l&=\frac{i_1+i_2}{(i_2+i)(i_1-i)}(h_2-h_1)\\&=\frac{0.008+0.004}{(0.004+0.0015)(0.008-0.0015)}(0.24-0.10)\\&=47(\text{m})\end{aligned}$$

代入公式(6-80)得：

$$x=l-\frac{h_2-h_1}{i_1-i}=47-\frac{0.24-0.10}{0.008-0.0015}=25.5(\text{m})$$

根据计算结果，可设计雨水口间距$l=45\text{m}$，分水点位置$x=25\text{m}$。

6.3.7　纵断面设计方法及纵断面设计图的绘制

1. 平、纵线型组合设计要点

道路平、纵线型组合效果是驾驶人员的主要视觉实体，将直接影响道路的适用性。

道路建成以后，要改变道路路线线型几乎是不可能的，它将长期限制汽车的运行，制约城市用地的规划与发展。线型设计的好坏，对汽车行驶的安全、舒适、经济以及道路的通行能力都起着决定性的作用。因此，在进行线型设计时，必须对道路应具有的性能与作用进行充分而慎重地研究，以免留下后患。

道路线型设计首先是从道路规划开始的，然后按平面线型设计、纵断面线型设计和平纵线型组合设计的程序进行，最终是以平、纵组合的立体线型展现在驾驶人员的眼前。车辆行驶过程中，驾驶人员所选择的实际行驶速度，是由他对立体线型的判断做出的，这样，立体线型组合的优劣最后集中反映在汽车的行驶速度上。如果只按平面、纵断面线型标准分别设计，而不将二者综合起来考虑，最终得到的设计不一定是好的，还可能很糟。

当计算行车速度大于或等于60 km/h时，必须注重平、纵的合理组合；而当计算行车速度小于或等于40 km/h时，首先应在保证行驶安全的前提下，正确地运用线型要素规定值，在条件允许情况下力求做到各种线型要素的合理组合，并尽量避免和减轻不利组合。

平、纵线型组合设计是指在满足汽车运动学和力学要求前提下，研究如何满足视觉和心理方面要求的连续、舒适、与周围环境的协调等条件，同时道路应具备良好的排水条件。设计要点如下：

①在视觉上自然地引导驾驶员的视线。平曲线起点应设在竖曲线切点之前。急弯、反向曲线或挖方边坡应考虑视线的诱导，避免遮挡视线。

②为使平、竖曲线均衡，一般取竖曲线半径为平曲线半径的 10~20 倍。

③合理选择道路的纵、横坡度，既保证排水通畅，又应避免过大的合成坡度。

④如平、竖曲线半径均大时，平、竖曲线宜重合，且应“平包竖”（详见图 6-29）；平、竖曲线半径均小时，不得重合，应分开设置。

⑤不宜在一个长的平曲线内设两个或两个以上凸、凹相邻的竖曲线，或者在一个长竖曲线内设两个或两个以上的反向平曲线，否则可能出现折断或扭曲的透视线型，不利于驾驶员驾驶。

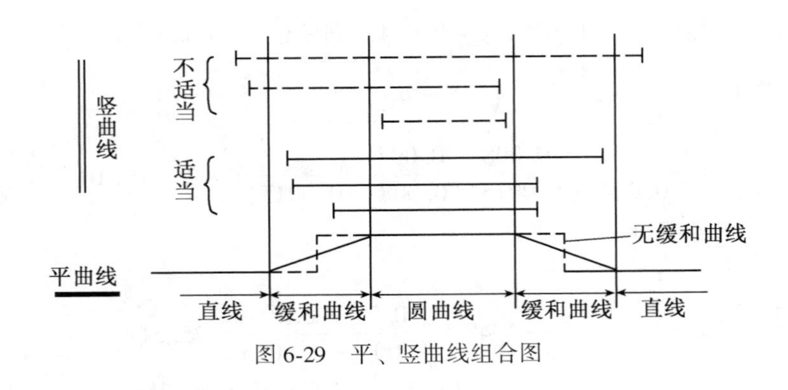

图 6-29　平、竖曲线组合图

2. 纵断面设计步骤

（1）绘出地面线

首先根据道路中线水准测量资料，按一定比例尺（水平方向同平面图比例尺 1∶500~1∶1000，垂直方向 1∶50~1∶100）在坐标纸上点绘出各里程桩的地面标高，各点地面标高的连线即为道路纵断面原地面线。

为使纵坡设计更加合理，在图纸下方标注栏中应标明路线平面设计资料和沿线地质土壤资料。

（2）标出沿线各控制点的标高

通常在纵坡设计之前，先将全线各有关控制点标高在图上示出，作为纵坡设计（俗称拉坡）的参照高度。

所谓控制点是指路线起终点、路线交叉口、桥梁顶面或梁底、沿线重要建筑物地坪以及依据横断面确定的填挖合理点等，这些点往往在道路设计之前就因其他因素而限定了其标高。

（3）试定纵坡

试定纵坡，在标定全线的各控制点后，即可根据定线意图，综合考虑有关技术标准，如最大纵坡、最小纵坡、坡长限制等，以及和横断面与平面线型的组合和土石工程量大致平衡的要求，进行坡度线的设计。

拉坡一般是先将能明确肯定下来的坡度线画出来，不一定要从道路起点顺序拉坡至终点，可以从中间或者分段进行。

调整试坡线的方法，可以抬高或降低变坡点的标高，延长或缩短坡长，调整时以少变动控制点标高、少采用最大纵坡和以平、纵配合适当为原则。

(4)确定纵坡设计线

试坡有一个反复修改、调整的过程。要定出合理且经济的坡度线，必须充分领会该路的规划要求，熟悉全线有关勘测资料，包括地形、地质、水文、桥涵、交通等方面的资料，进行综合分析比较。

(5)设计竖曲线

坡度线确定以后，各变坡点处均要设置适当的竖曲线。竖曲线的设计主要是控制曲线不能太短，另外就是竖曲线半径宜大一些。

(6)计算设计标高

(7)计算填挖高度(施工高度)

施工高度=设计标高-地面标高(正为填方，负为挖方)

(8)设计锯齿形街沟

倘若道路有纵坡小于 0.005(特殊困难地段为 0.003)的路段，应进行锯齿形街沟设计。也有将该设计内容放到道路排水设计中去的做法。

3. 道路纵断面设计图的绘制

道路纵断面设计过程也就是纵断面图的绘图过程，纵断面图的图线主要有两条，一条是地面线，另一条是设计线，两条线均是从设计起点贯穿至路线设计终点。此外是注解部分，分别位于图纸下方的注解栏和在地面线、设计线上注解两类。前一类依次标注：地质土质情况、坡度/坡长、设计高度、地面高度、施工高度、道路里程、直线平曲线及交叉口等内容；后一类主要反映竖曲线设计情况、桥涵位置、水准点位置及标高等。和其他设计图纸一样，最后可以附以必要的文字说明以保证设计内容表达的完整性。

城市道路纵断面设计图不仅是道路设计文件中的重要组成部分，而且在表征路线沿途状况上也是比较完整的。在市区干线道路的纵断面设计图上，尚需注出相交道路的路名及交叉口交点标高、街坊地坪标高、重要建筑物出入口标高、沿路水准点位置及标高等。

当设计纵坡小于 0.5%时，道路两侧应作锯齿形街沟设计，其成果可注在相应的图栏内，也可单独出图。

纵断面设计图应按规定采用标准图纸和统一格式，以便装订成册。

纵断面设计图的绘制可以运用适合的道路 CAD 软件利用计算机成图和输出，具体内容参见“道路工程 CAD”相关教材和相关图书、资料。

城市道路纵断面设计图示例详见图 6-30。

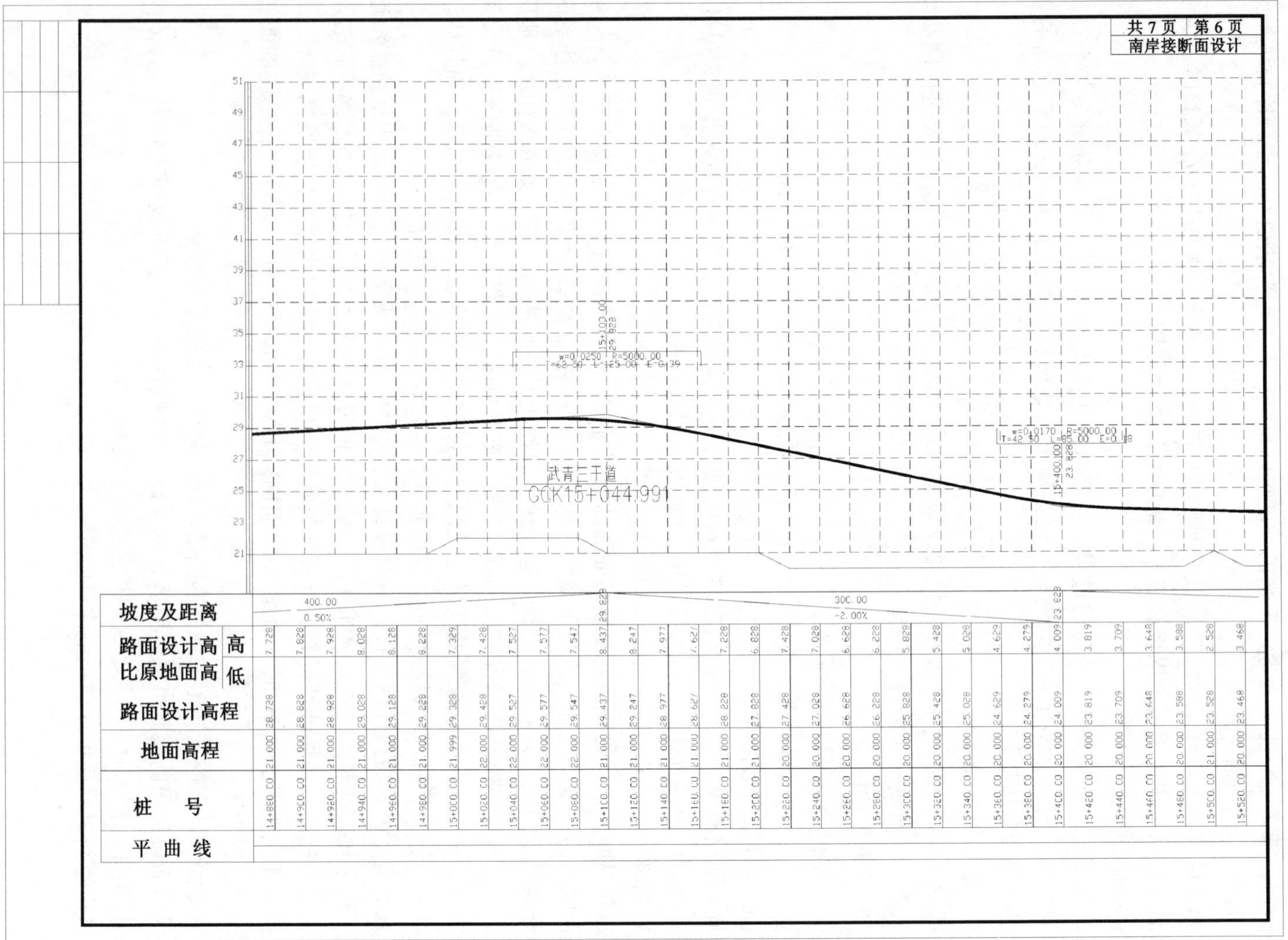

桩号	路面设计高比原地面高（高）	路面设计高程	地面高程
14+880.00	7.728	28.728	21.000
14+900.00	7.828	28.828	21.000
14+920.00	7.928	28.928	21.000
14+940.00	8.028	29.028	21.000
14+960.00	8.128	29.128	21.000
14+980.00	8.228	29.228	21.000
15+000.00	7.329	29.328	21.999
15+020.00	7.428	29.428	22.000
15+040.00	7.527	29.527	22.000
15+060.00	7.577	29.577	22.000
15+080.00	7.547	29.547	22.000
15+100.00	8.437	29.437	21.000
15+120.00	8.247	29.247	21.000
15+140.00	7.977	28.977	21.000
15+160.00	7.627	28.627	21.000
15+180.00	7.228	28.228	21.000
15+200.00	6.828	27.828	21.000
15+220.00	7.428	27.428	20.000
15+240.00	7.028	27.028	20.000
15+260.00	6.628	26.628	20.000
15+280.00	6.228	26.228	20.000
15+300.00	5.828	25.828	20.000
15+320.00	5.428	25.428	20.000
15+340.00	5.028	25.028	20.000
15+360.00	4.629	24.629	20.000
15+380.00	4.279	24.279	20.000
15+400.00	4.009	24.009	20.000
15+420.00	3.819	23.819	20.000
15+440.00	3.709	23.709	20.000
15+460.00	3.648	23.648	20.000
15+480.00	3.588	23.588	20.000
15+500.00	2.528	23.528	21.000
15+520.00	3.468	23.468	20.000

图 6-30 城市道路纵断面设计示例(a)

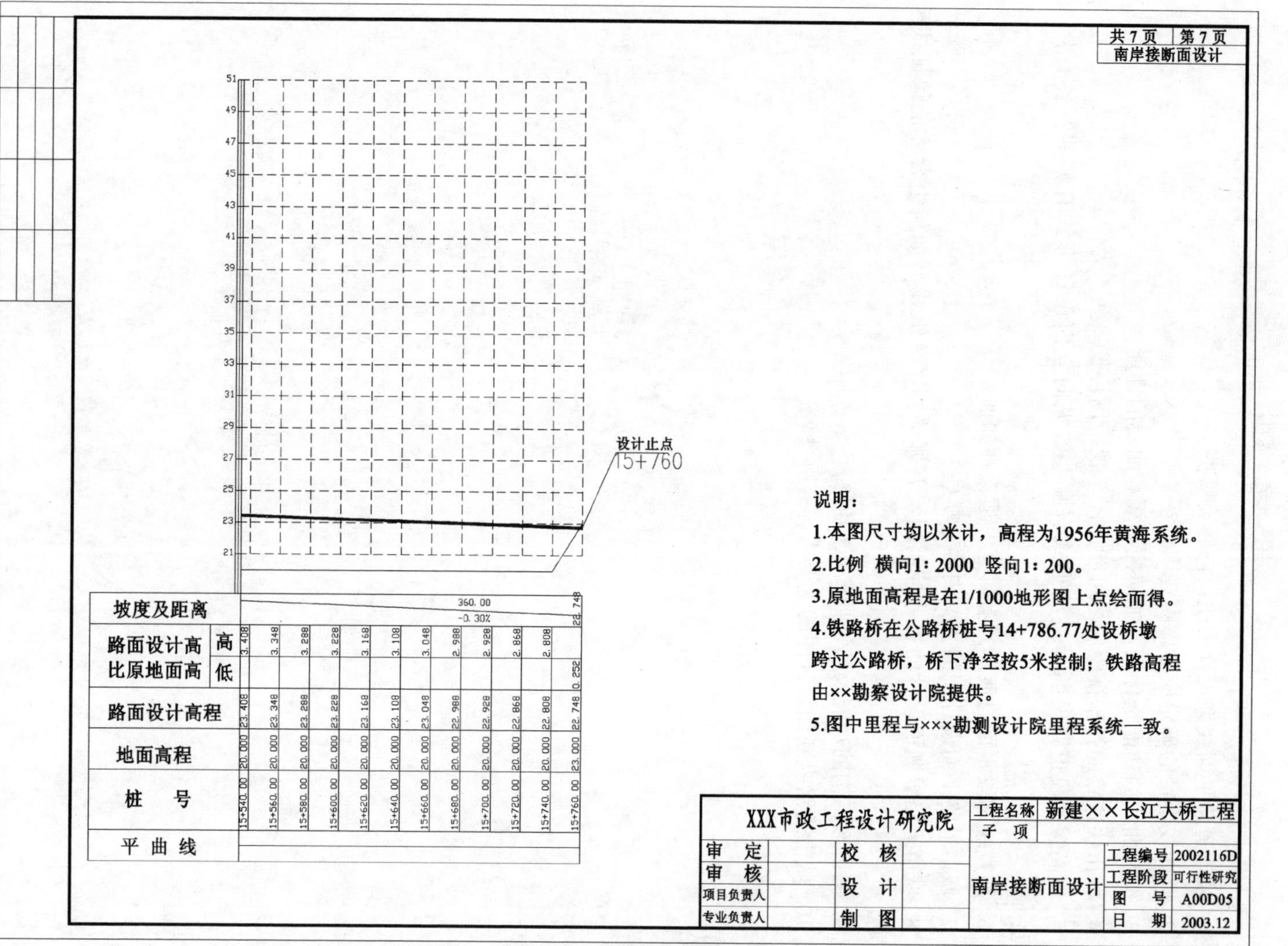

图6-30 城市道路纵断面设计示例(b)

思 考 题

1. 城市道路平面线型设计的主要内容有哪些?

2. 圆曲线半径的确定应考虑哪些因素?

3. 缓和曲线的功能是什么? 如何控制缓和曲线的性能?

4. 城市快速路的行车视距应尽可能比停车视距用得长一些，为什么?

5. 超高缓和段道路横断面过渡形式有哪些? 纵向立面设计形式有哪些? 各有什么特点?

6. 加宽缓和段平面过渡形式有哪些? 适应性如何?

7. 城市道路平面设计图的主要内容有哪些?

8. 城市道路纵断面设计的主要控制因素有哪些? 平、纵线型如何组合才能保证线型的顺畅?

9. 锯齿形街沟的功能及其设计要点如何?

10. 城市道路纵断面设计图的主要内容有哪些?

第7章 道路平面交叉口设计

7.1 概 述

道路与道路交叉按照相交道路的空间关系分为平面交叉和立体交叉两种类型。道路交叉口设计应满足以下原则：

①应以保障交通安全为前提，使交叉口车流有序、畅通、舒适，并兼顾景观；

②应兼顾所有交通参与者的需求，包括机动车、非机动车和行人；

③应符合相关规划条件，满足交通功能需求，合理确定建设规模，并考虑近远期结合；

④应综合考虑交通组织、几何设计、交通管理方式和交通工程设施等内容；

⑤在交叉口设计中除考虑本交叉口流量、流向外，还应分析相邻或相关交叉口的影响；

⑥城市道路交叉口改造设计除考虑以上要求外，还应考虑原有交叉口情况，合理确定改造规模。

道路与道路在同一平面上相交的区域称为道路平面交叉口。在城市道路网中，各种道路纵横交错，由此会形成许多平面交叉口。平面交叉口是城市道路网节点形式最多的一种，包括无信号控制平面交叉口、有信号控制平面交叉口、环形平面交叉口和高架路下的平面交叉口等几种类型，它们对道路网的交通状况影响很大。因此，平面交叉口是城市道路设计的重点内容之一。

7.1.1 平面交叉口对道路交通的影响

相交道路上的各种车辆和行人都要在交叉口汇集、通过和转换方向，它们之间相互干扰，使行车速度降低，出现交通拥挤，甚至交通堵塞。图7-1为某城市的交通调查统计资料，具有一定的代表性。

根据上述资料分析，大约有60%的交通事故发生在平面交叉口及其附近，交叉口形成的延误占到车辆交通全程时间的31%。因此，如何正确设计平面交叉口，合理组织交通，对提高交叉口的通行能力，避免交通阻塞，减少交通事故，具有重要意义。

7.1.2 交叉口车辆交通迹线分析

交通迹线是指车辆行驶的轨迹线，即交通流线。在交叉口处，由于车辆行驶方向各不相同，交通迹线必然存在大量交错的情况，交错点便是产生交通事故和引起交通延误的主

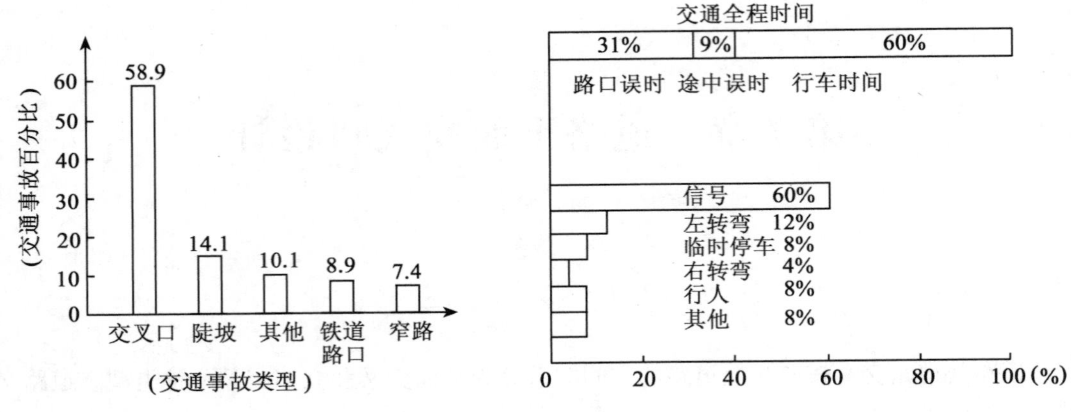

图 7-1　交叉口对道路交通的影响

要原因。

交错点大致可分为三种类型。①分流点(分岔点)：同一行驶方向同一车流中的车辆向不同方向分开的地点；②合流点(汇合点)：来自不同行驶方向的车辆以较小的角度向同一方向同一车流汇合的地点；③冲突点(交叉点)：来自不同行驶方向的车辆以较大的角度相互交叉，然后向不同方向行驶。图 7-2 示出了三种交错点产生的情况。在交错点处，车辆都存在碰撞的可能性，其中以左转车辆与对向直行车辆或直行车辆与相交道路直行车辆所产生的冲突点对交通影响最大，其次是合流点，再次是分流点。

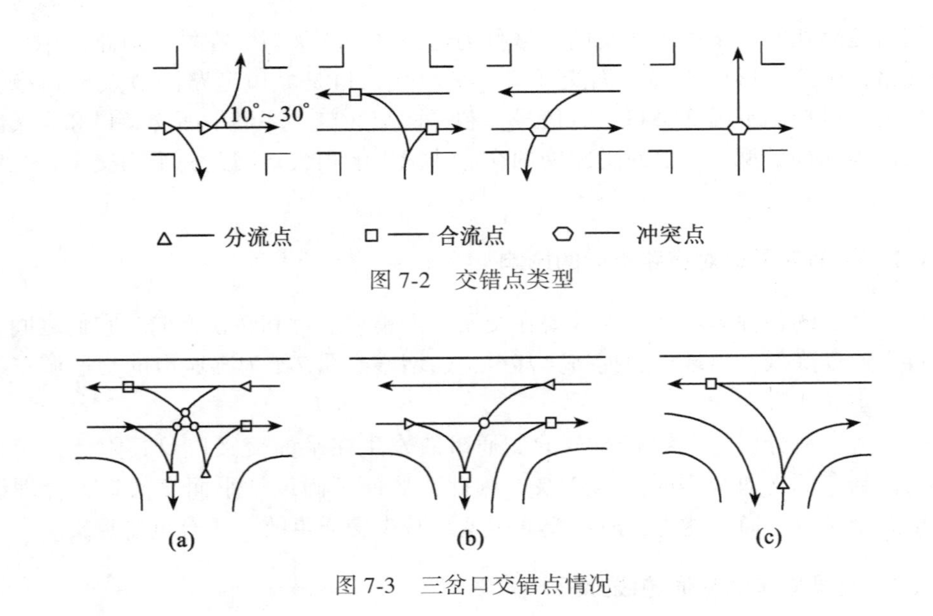

图 7-2　交错点类型

图 7-3　三岔口交错点情况

在无交通管制的情况下，3 条路相交时的冲突点为 3 个(图 7-3(a))；4 条路相交时的冲突点为 16 个(图 7-4(a))；5 条路相交时冲突点数则达 50 个。表 7-1 列出交叉口交错点的分析情况。

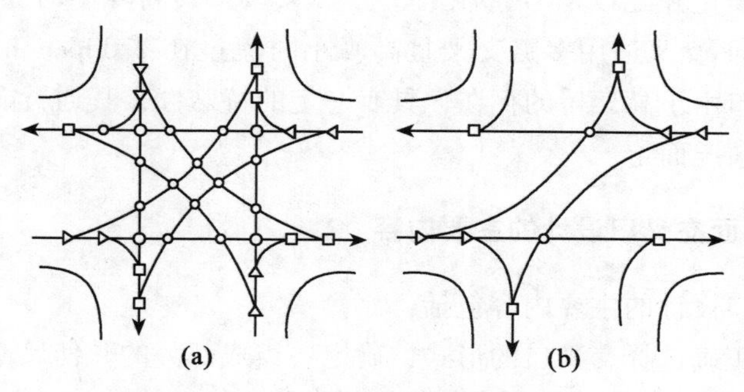

图 7-4　四岔口交错点情况

表 7-1　**交叉口交错点分析**

交错点类型	无信号控制			有信号控制		
	相交道路条数			相交道路条数		
	3 条	4 条	5 条	3 条	4 条	5 条
△分流点	3	8	10	2 或 1	4	4
□合流点	3	8	10	2 或 1	4	6
○左转车冲突点	3	12	45	1 或 0	2	4
◇直行车冲突点	0	4	5	0	0	0
交错点总数	9	32	70	5 或 2	10	14

从对以上图表进行分析可以得到以下结论：

(1)在平面交叉口上，分流点或合流点冲突点数量的增加与相交道路条数的增加成几何级数关系。其数量计算公式归纳如下：

$$P=\frac{n^2(n-1)(n-2)}{6} \tag{7-1}$$

式中：P 为平面交叉口冲突点总数；n 为相交道路条数。

(2)产生冲突点最多的是左转弯车辆。在交叉口设计中，关键问题之一是如何处理和组织左转弯车辆。

(3)设置信号控制是减少交叉口冲突点的有效办法。但应该认识到，信号灯管制是顺序开放各条道路的交通，从而增加了车辆行驶的延误时间，降低了交叉口的通行能力。

所以，在交叉口设计中，必须力求减少或消除冲突点，以保障交通安全，其措施主要有设置信号控制、渠化交通(变冲突为合流与分流)、立体交叉；同时又要努力提高交叉口的通行能力，以保证交通畅通。

无信号管制的简单平面交叉适用于路口高峰小时流量在500pcu/h以内的道路交叉；有信号管制的平面交叉适用于高峰小时流量在800~3000pcu/h的干路交叉或干路、支路交叉口；实施分流渠化并配以信号管制的干路交叉口，其高峰小时通过流量可达3000~6000pcu/h；环形平面交叉适用多路交叉且高峰小时流量在2700pcu/h以内的交叉口；高架路下的平面交叉口由于高架桥的存在，具有一定的特殊性，其通行能力视路口车道的布置情况和交通管制情况而定。

7.1.3 道路平面交叉口设计的主要内容

道路平面交叉口设计的主要内容包括：

①平面设计：正确选择交叉口的形式，确定各组成部分的几何尺寸；

②进行交通组织设计，合理布置各种交通设施；

③竖向设计：合理地确定交叉口的标高，布置雨水口和排水管道。

7.1.4 道路平面交叉口设计原则及基本要求

(1)设计原则

①平面交叉口的位置宜选择在相交道路的直线段上，并且交叉口范围内不宜设置曲线端点、桥梁或隧道端点。

②不宜设置错位或四路以上交叉的平面交叉口，无法避免时应采取改善措施。

③应尽可能正交，斜交时不应小于70°；进行局部改善时应考虑主交通流优先。

④交通组织和渠化方式应根据相交道路等级、交通量、交通管理条件等因素确定。渠化设计不应压缩行人和非机动车的通行空间。

⑤主干路交叉口范围内不应设置街坊出入口，交叉口附近的公交车停靠站可结合渠化段设置。

(2)基本要求

①平面几何设计：保证车辆与行人在交叉口能以最短的时间顺利通过，使交叉口的通行能力能适应各条道路的行车要求；

②竖向设计：正确地进行交叉口竖向设计(也称立面设计)，在保证转弯车辆行车稳定性的同时，满足交叉范围路面排水要求。

7.1.5 平面交叉的一般几何类型

根据几何形状，平面交叉口类型有十字形、X形、T形、错位交叉、Y形、多路交叉及畸形交叉等(见图7-5)。路口的选型应根据城市道路的布置、相交道路等级、性质、设计小时交通量、交通性质及组成和交通组织措施等确定。

平面交叉口间距应根据道路网规划、道路等级、性质、计算行车速度、设计交通量及高峰期间最大阻车长度等确定，不宜太短。

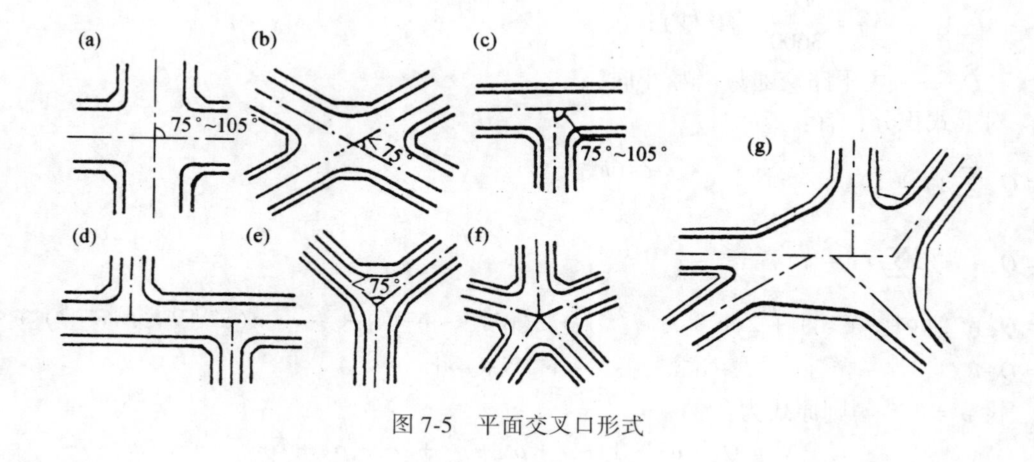

图 7-5　平面交叉口形式

7.2　无信号控制的平面交叉口

7.2.1　无信号控制的平面交叉口通行能力

无信号控制的平面交叉口分为两大类，一类为停车让行、寻隙穿越(或汇入)方式；另一类为设置中心岛的平面环交方式，这里仅述第一类，平面环形交叉通行能力将在 7.4 节介绍。

在无信号控制的交叉口处，若相交道路等级相同，则各向来车均须停车寻隙通过；若相交道路等级不相同，则低等级道路上的来车应停车寻隙通过，高等级道路上的来车无须停车而直接通过，即遵守所谓的“主路优先”规则。此类交叉口的通行能力根据可插车间隙理论建立。

当城市主干路与支路相交时，根据主路优先规则，主干路上的来车无须停车，其车流可视为无交叉的连续流，而支路上的来车则必须在交叉口前停车，等待主路上出现可供安全穿越的间隙再通过。因此，可假定主路车辆到达服从泊松分布，车辆间隔服从负指数分布。但不是主路上所有的车辆间隙都能供支路车辆穿越，只有那些大于或等于安全穿越最小间隔的空隙才行。设安全穿越最小间隔为 α(即支路上一辆车穿越交叉口所需的最小安全时间)，支路车流平均车头时距为 β，则当主路车头时距 t 小于 $\alpha+\beta$ 时，没有一辆支路车辆能穿越；当 $t=\alpha+\beta$ 时，可供一辆支路车穿越；当 $t=\alpha+2\beta$ 时，可供两辆支路车穿越。依此类推，则在单位时间内支路上能穿越主路的车辆数(交叉口处支路的通行能力)为：

$$N_z = Q_g \sum_{i=0}^{\infty} (i+1) \int_{\alpha+i\beta}^{\alpha+(i+1)\beta} f(t)\,\mathrm{d}t \tag{7-2}$$

式中：$f(t)$ ——主干路上车流概率分布的密度函数，$f(t)=q\cdot \mathrm{e}^{-q\cdot t}$，$q$ 为主干路交通流率，

$$q = \frac{Q_g}{3600}(\text{辆/秒});$$

Q_g——主干路交通量(辆/小时);

对上式积分，有：

$$N_z = Q_g \sum_{i=0}^{\infty}(i+1)\{e^{-q(\alpha+i\beta)} - e^{-q[\alpha+(i+1)\beta]}\}$$

$$= Q_g \cdot e^{-q\alpha} \sum_{i=0}^{\infty}(i+1)\{e^{-iq\beta} - e^{-(i+1)q\beta}\}$$

$$= Q_g e^{-q\alpha}\{(1-e^{-q\beta}) + 2(e^{-q\beta} - e^{-2q\beta}) + 3(e^{-2q\beta} - e^{-3q\beta}) + \cdots + n(e^{-(n-1)q\beta} - e^{-nq\beta}) + \cdots\}$$

$$= Q_g e^{-q\alpha}\{1 + e^{-q\beta} + e^{-2q\beta} + e^{-3q\beta} + \cdots + e^{-nq\beta} + \cdots\}$$

设$\rho = e^{-q\beta}$，则原式为：

$$N_z = Q_g \cdot e^{-q\alpha}[1 + \rho + \rho^2 + \rho^3 + \cdots + \rho^n + \cdots]$$

$$= Q_g \cdot e^{-q\alpha}\sum_{m=1}^{\infty}\rho^{m-1}$$

$\sum_{m=1}^{\infty}\rho^{m-1}$ 为等比数列前 m 项的和当 $m \to \infty$ 时的极限，其极限值为$\frac{1}{1-\rho}$，所以有：

$$N_z = Q_g \cdot \frac{e^{-q\alpha}}{1 - e^{-q\beta}} \tag{7-3}$$

【例 7-1】 某快速路入口处，已知快速路交通量 $Q_g = 1200$(veh/h)，安全汇入最小间隔 $\alpha = 5''$，支路车流的平均车头时距 $\beta = 8''$，在此条件下，支路上一小时有多少辆车能汇入快速路车流?

解 由题条件可算得 $q = \frac{1200}{3600} = \frac{1}{3}$(veh/s)，将 Q_k，q，α，β 代入公式(7-3)，则：

$$N_z = 1200 \cdot \frac{e^{-\frac{5}{3}}}{1 - e^{-\frac{8}{3}}} = 243(\text{veh/h})。$$

主干路上的设计通行能力(可取路段设计通行能力或稍低)加上此处计算所得支路通行能力，即为无信号控制平面交叉口设计通行能力。

7.2.2 交叉口平面与纵断面

平面交叉口是相交道路的一部分，由于交叉口车辆交织运行的特点，使得位于交叉口处的道路平、纵线型设计有如下要求：

①平面交叉路线宜采用直线并尽量正交，当必须斜交时，交叉角不宜小于 45°。

②路段上平曲线的起终点离交叉口中心距离应根据道路及相交道路等级、计算行车速度等确定，不宜太短。

③两条道路相交，主要道路的纵坡度宜保持不变，次要道路的纵坡度应作相应的调整。

④交叉口进口道的纵坡度宜小于或等于 2%，困难情况下应小于或等于 3%。

⑤桥梁引道处应尽量避免设置平面交叉。

7.2.3　交叉口竖向(立面)设计

1. 一般要求

(1)交叉口竖向设计应综合考虑行车舒适、排水通畅、与周围建筑物的标高协调等因素，合理确定交叉口设计标高。

(2)交叉口竖向设计时相交道路纵横坡度的处理应遵循以下原则：

①主要道路通过交叉口时，其设计纵坡保持不变，次要道路的纵坡应随主要道路的横断面而变，其横坡应随主要道路的纵坡而变。

②同等级道路相交时，两相交道路的纵坡保持不变，而改变它们的横坡。一般应改变纵坡较小的道路横断面，使其与纵坡度较大的道路纵坡一致。

③为保证交叉口排水，至少应使一条道路的纵坡坡向离开交叉口。

(3)交叉口竖向设计宜采用设计等高线法。水泥砼路面的交叉口应根据设计等高线计算内插出各分块的角点设计标高(图7-15)，沥青类路面的交叉口则应内插出施工线网节点的设计标高(图7-16)，供施工放样用。

(4)应合理布设雨水口。坡向朝向交叉口道路的人行横道上游应设置雨水口，低洼处应布设雨水口，要求交叉口范围不产生积水现象。通常在进行竖向设计以前，首先参照图7-6确定交叉口的基本形式，然后再详细设计。

2. 交叉口竖向(立面)设计的方法与步骤

交叉口竖向(立面)设计的方法通常有方格网法、设计等高线法以及方格网设计等高线法三种。

方格网法：方格网法是在交叉口范围内以相交道路中心线为坐标基线打方格网，方格网线一般平行于道路中线，斜交道路应选择便于施工放样的网格线，算出网结点的标高，与地面标高之差即为施工高度。这种方法的优点是便于施工放样，但不能直观地看出交叉口设计后的立面状况。

设计等高线法：设计等高线法是在交叉口范围内选定路脊线和标高计算线网，勾绘交叉口设计等高线，最后标出特征点的设计标高。这种方法的优点在于能清晰地反映出交叉口的立面设计形状，但等高线上的标高点在施工放样时不如方格网法方便。

方格网设计等高线法：通常把以上两种方法结合使用，称之为方格网设计等高线法，它既可以直观地反映出交叉口的立面设计形状，又能方便施工放样。

对于小型的交叉口，多采用方格网法或设计等高线法，其中混凝土路面宜采用方格网法，而沥青路面宜采用设计等高线法；对于大型和复杂的交叉口、广场及场地平整的立面设计，通常都采用方格网设计等高线法。下面以方格网设计等高线法为例来介绍交叉口立面设计的方法和步骤。

(1)收集资料

测量资料：交叉口的控制标高和控制坐标；收集或实测1：500或1：200等大比例地形图，详细标注附近地坪及建筑物标高。

道路资料：相交道路的等级、宽度、半径、纵坡、横坡等平纵横设计或规划资料。

交通资料：交通量及交通组成。

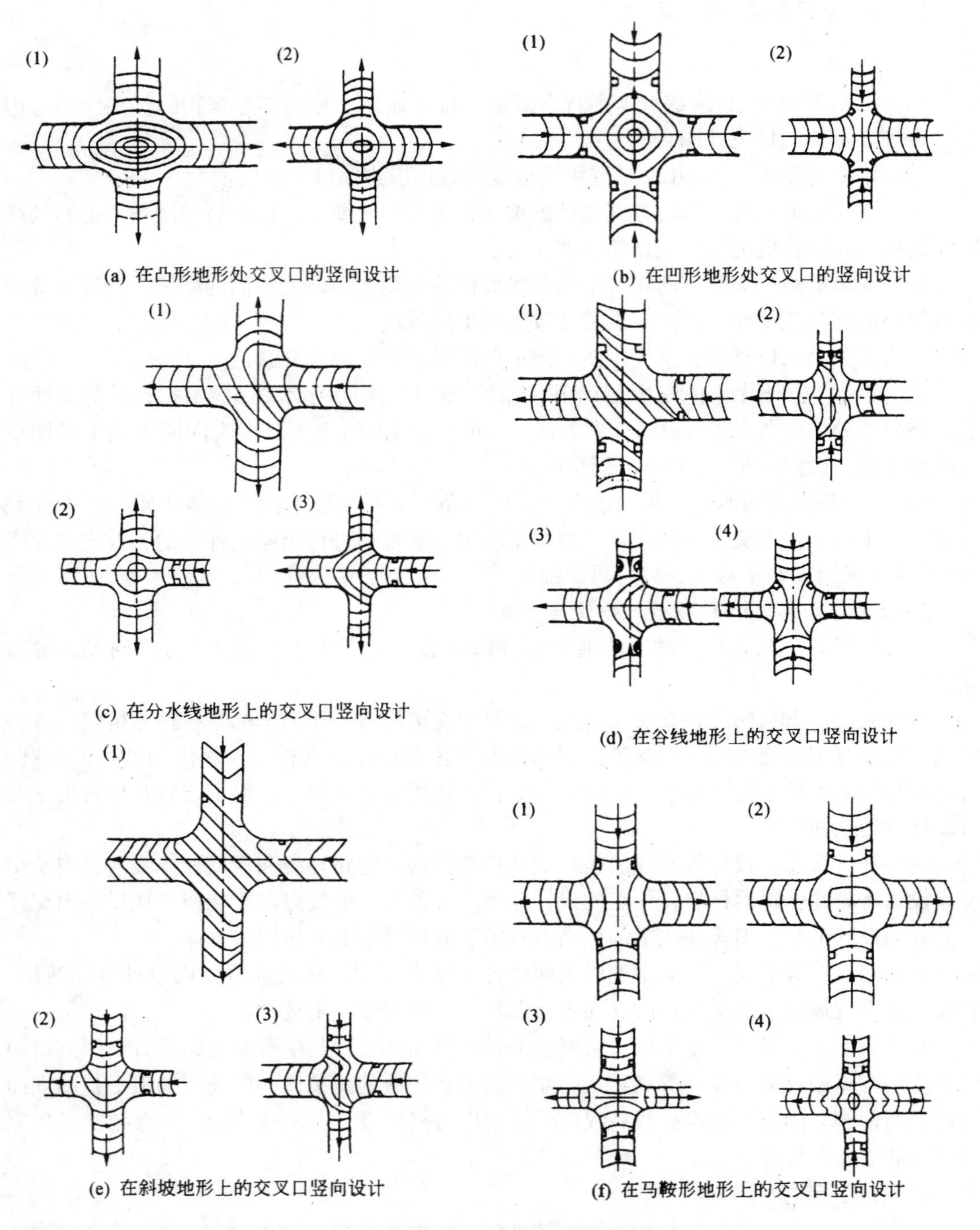

图 7-6　交叉口立面设计的基本形式

排水资料：排水方式及地下、地上排水管渠的位置和尺寸。

(2)绘制交叉口平面图

按比例绘出道路中心线、车行道、人行道及分隔带的宽度，转角缘石曲线和交通岛等。以相交道路中心线为坐标基线打方格网，方格的大小一般采用 $5\times5\sim10\times10\text{m}^2$，水泥混凝土路面的方格网应结合交叉口路面分块设置，并量测方格点的地面标高。

(3)确定交叉口的设计范围

交叉口的设计范围一般为转角缘石曲线的切点以外 5~10m(相当于一个方格的距离)，主要用于交叉口与路段的标高或横坡的过渡处理。

(4)确定立面设计图式和等高距

根据相交道路的等级、纵坡方向、地形情况以及排水要求等，参照图 7-6 确定需采用的立面设计图式。根据纵坡度的大小和精度要求选定等高距 h，一般 $h=0.02\sim0.10\text{m}$，纵坡较大时取大值，纵坡较小时取小值。

(5)勾绘设计等高线

路段设计等高线的勾绘：

当道路的纵坡、横断面形式及路拱横坡确定以后，可按照所需要的等高距 h 计算路段设计等高线的水平距离。

如图 7-7，图中 i_1 和 i_3 分别为车行道中心线和边线的设计纵坡(通常情况下，$i_1=i_3$)(%)；i_2 为车行道拱横坡度(%)；B 为车行道宽度(m)；h_1 为车行道的路拱高度(m)。

中心线上相邻等高线的水平距离 l_1 为

$$l_1=\frac{h}{i_1}(\text{m}) \tag{7-4}$$

设置路拱以后，等高线在车行道边线上的位置沿纵向上坡方向偏移的水平距离 l_2 为

$$l_2=\frac{h_1}{i_3}=\frac{B}{2}\cdot\frac{i_2}{i_3}(\text{m}) \tag{7-5}$$

计算出 l_1 和 l_2 位置后，由 l_1 定出中心线上其余等高线的位置，再由 l_2 定出沿边线上相应等高线的位置，最后连接相应等高点，即得到路段设计等高线图。当路拱为抛物线时，等高线应勾绘为曲线，直线型路拱则勾绘为折线等高线。

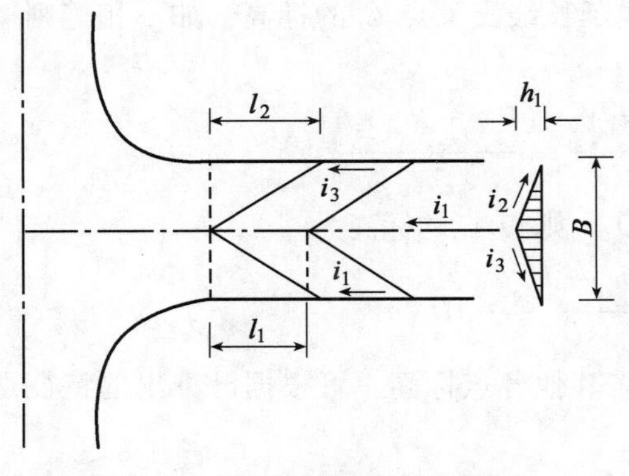

图 7-7　路段设计等高线的绘制

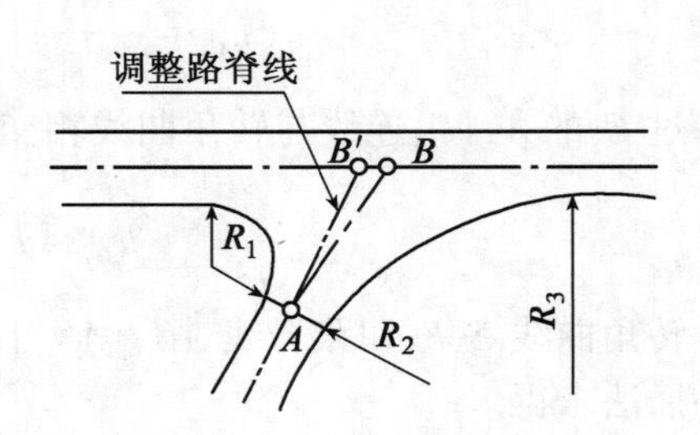

图 7-8　调整路脊线

交叉口设计等高线的计算和勾绘：

①选定路脊线和控制标高

选定路脊线时，既要考虑行车平顺，又要考虑整个交叉口的均衡美观。路脊线通常是对向行车轨迹的分界线，即车行道的中心线。对于斜交过大的T形交叉口，考虑到道路中心线不是对向行车轨迹的分界线，其路中心线不宜作为路脊线，应加以调整。如图7-8中AB'所示，调整路脊线的起点A一般为转角曲线切点断面处，而B'的位置原则上应选在双向车流的中间位置。

交叉口的控制标高应以整个道路系统的规划标高为依据，并综合考虑相交道路的纵坡、交叉口周围的地形和建筑物的布置等来确定。在定控制标高时，不宜使相交道路的纵坡相差太大，一般要求差值不大于0.5%，可能时尽量使纵坡大致相等，以利于立面设计处理。

②确定标高计算线网

由于路脊线上的设计标高尚不能反映交叉口的立面形状，依靠它来勾绘交叉口的等高线比较困难，需要增加一些标高计算的辅助线，即标高计算线。标高计算线设置的依据是它所在的位置就是该断面的路拱位置，而标准的路拱横断面是与车辆行驶方向垂直的。所以，应尽量使标高计算线与路拱横断面的方向一致，即标高计算线位置应与行车方向垂直。标高计算线网主要有方格网法、圆心法、等分法和平行线法四种，其中等分法和圆心法标高计算线网比较符合转弯行车要求。下面对四种标高计算线网方法分别作简要介绍。

方格网法：

如图7-9所示，方格网法标高计算线网就是在交叉口平面图打上方格，算出各网结点的标高。

根据路脊线交叉点A的控制标高h_A，按路拱横坡可求出缘石曲线切点横断面上的三点标高。

$$h_G = h_A - AG \cdot i_1 \tag{7-6}$$

$$h_{E_3}(\text{或 } h_{E_2}) = h_G - \frac{B}{2} \cdot i_2 \tag{7-7}$$

同理，可求得其他三个切点横断面在上的三点标高。

由E_3或F_3的标高可推算出车行道边线延长线交叉点C_3的标高，如不相等则取平均值，即

$$h_{C_3} = \frac{(h_{E_3} + R \cdot i_1) + (h_{F_3} + R \cdot i_1)}{2} \tag{7-8}$$

过C_3的A，O_3连线与转角曲线相交于D_3，则D_3点的标高为

$$h_{D_3} = h_A - \frac{h_A - h_{C_3}}{AC_3} \cdot AD_3 \tag{7-9}$$

转角曲线E_3F_3和路脊线AG，AN上所需其他各点标高，可根据已算出的特征点标高用补插法求得。

同理，可推算出其余所需各点的设计标高。

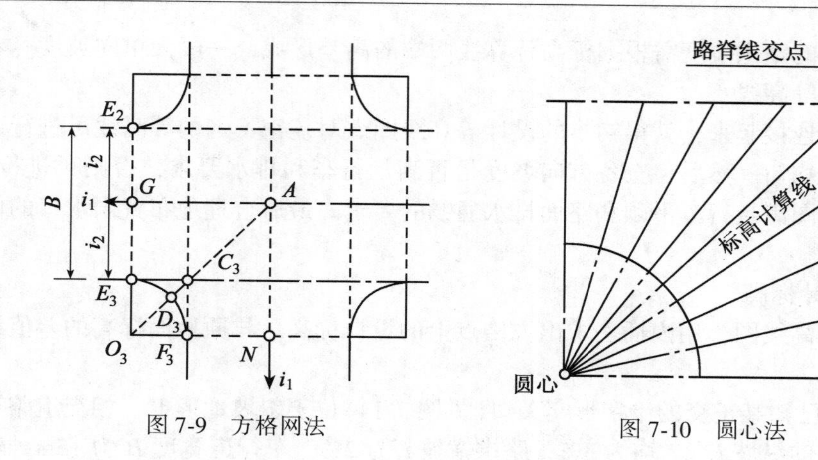

图 7-9　方格网法　　　图 7-10　圆心法

圆心法：

如图 7-10 所示，将路脊线等分为若干份，并与转角曲线的圆心连成直线(只连到转角曲线上)，这些直线即为标高计算线网。

等分法：

如图 7-11 所示，将路脊线等分为若干份，相应地把缘石曲线也等分为相同份数，连接对应点，即得等分法标高计算线网。

平行线法：

如图 7-12 所示，先把路脊线的交叉点与各缘石曲线的圆心连成直线，然后按施工要求在路脊线上分若干点，过这些点作该直线的平行线交于行车道边线，即得平行线法标高计算线网。

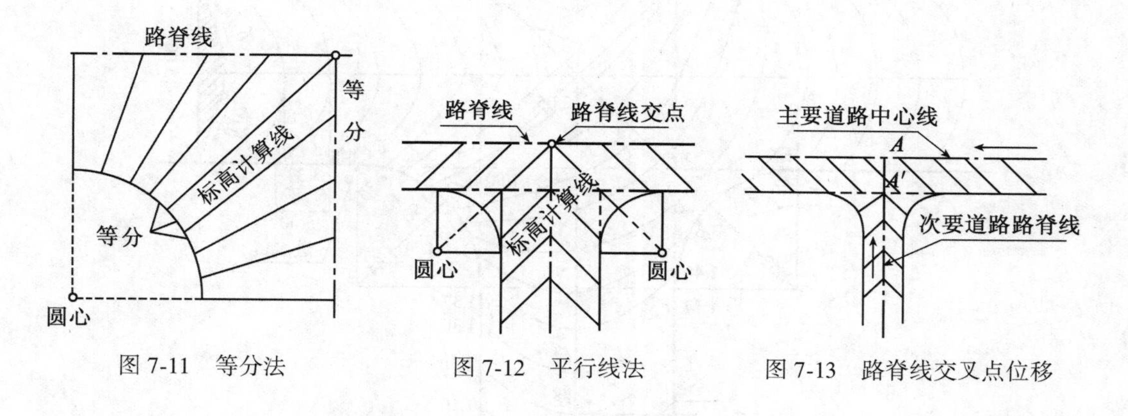

图 7-11　等分法　　　图 7-12　平行线法　　　图 7-13　路脊线交叉点位移

对于主要道路与次要道路相交的情况，由于主要道路在交叉口的横坡不变，这时次要道路应在主要道路的车行道边线处衔接，路脊线的交点 A 应移到主要道路车行道边线的 A'处，如图 7–13 所示。此时，无论采用哪一种标高计算线网，都必须以位移后的交点 A'为准。

计算标高计算线上的标高：

标高计算线确定以后，就可按路拱坡度及等高距的要求算出标高计算线上的标高。应注意的是，这时的路拱坡度需根据标高计算线两端的高差形成，一般为单向坡度。

勾绘和调整等高线：

把各等高点连接起来，就得初步的设计等高线图。对疏密不匀的等高线可进行适当调整，使坡度变化均匀。然后检查各方向坡度是否满足行车和排水要求，否则再进行调整，直到设计等高线图满足行车平顺和路面排水通畅的要求。最后合理地布置雨水口的位置和标高。

(6)计算设计标高

根据设计等高线图，用内插法求出方格点上的设计标高。与原地面标高的差值即为施工高度。

【例 7-2】 已知某正交的十字形交叉口(见图 7-14)位于斜坡地形上。相交道路车行道的中心线及边线的纵坡 i_1，i_3均为 3%，路拱横坡 i_2为 2%，车行道宽度 B 为 15m，转角曲

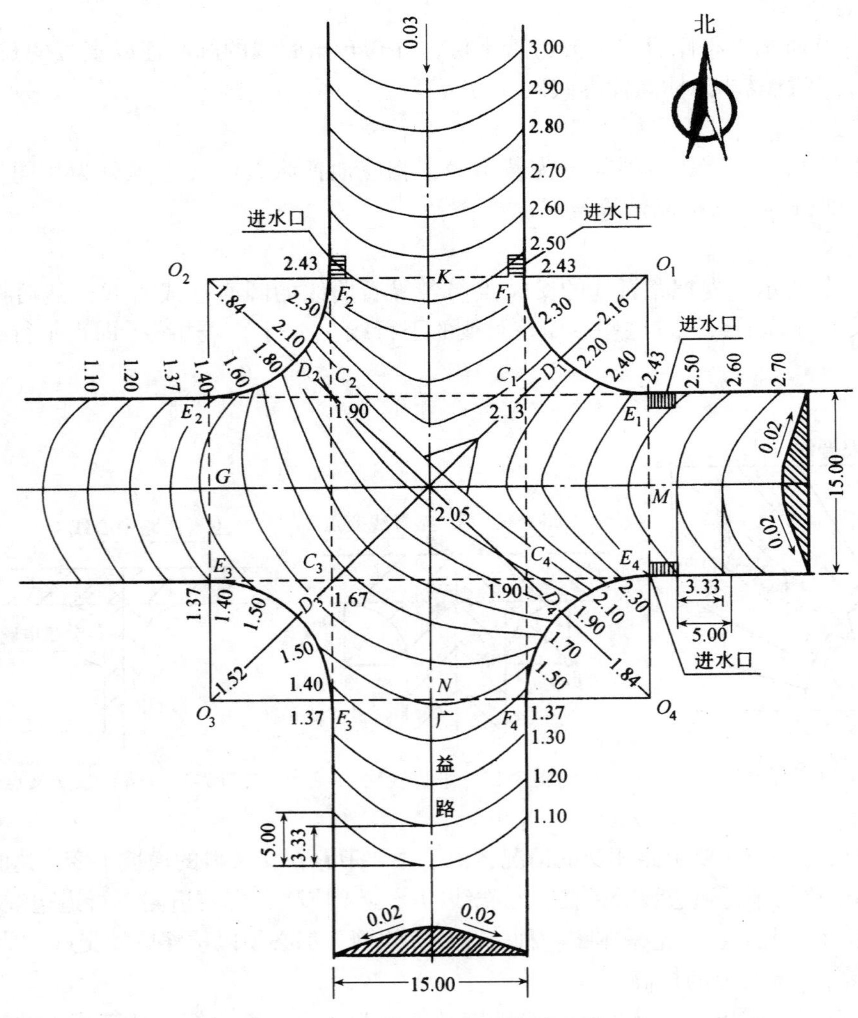

图 7-14　交叉口立面设计示例

线半径 R 为 10m，交叉口控制标高为 2.05m。若等高距 h 采用 0.10m，试绘制交叉口的立面设计图。

解　本例题立面设计方法是采用方格网设计等高线法，立面设计图式为图 7-6(e)。主要步骤如下：

(1)路段上设计等高线的绘制

$$l_1=\frac{h}{i_1}=\frac{0.01}{0.03}=3.33\ (\mathrm{m})$$

$$l_2=\frac{B}{2}\cdot\frac{i_2}{i_3}=\frac{15}{2}\times\frac{0.02}{0.03}=5.00(\mathrm{m})$$

(2)交叉口上设计等高线和绘制

①根据交叉口控制标高计算 F_3，N，F_4三点标高：

$$h_N=h_A-A_N\cdot i_1=2.05-17.5\times0.03=1.52(\mathrm{m})$$

$$h_{F_3}=h_{F_4}=h_N-\frac{B}{2}\cdot i_2=1.52-\frac{15}{2}\times0.02=1.37(\mathrm{m})$$

同理，可求得其余道口切点横断面的三点标高分别为：

$$h_M=2.58\mathrm{m},\qquad h_{E_4}=h_{E_1}=2.43\mathrm{m}$$

$$h_K=2.58\mathrm{m},\qquad h_{F_1}=h_{F_2}=2.43\mathrm{m}$$

$$h_G=1.52\mathrm{m},\qquad h_{E_2}=h_{E_3}=1.37\mathrm{m}$$

②根据 A，F_4，E_4点标高，求 C_4，D_4等点的设计标高：

$$h_{C_4}=\frac{(h_{F_4}+R\cdot i_1)+(h_{E_4}-R\cdot i_1)}{2}$$

$$=\frac{(1.37+10\times0.03)+(2.43-10\times0.03)}{2}=1.90(\mathrm{m})$$

$$h_{D_4}=h_A-\frac{h_A-h_{C_4}}{AC_4}\cdot AD_4$$

$$=2.05-\frac{2.05-1.90}{\sqrt{7.5^2+7.5^2}}\times(\sqrt{(7.5+10)^2+(7.5+10)^2}-10)$$

$$=1.84(\mathrm{m})$$

同理，可得

$$h_{C_1}=2.13\mathrm{m},\qquad h_{C_2}=1.90\mathrm{m},\qquad h_{C_3}=1.67\mathrm{m}$$

$$h_{D_1}=2.16\mathrm{m},\qquad h_{D_2}=1.84\mathrm{m},\qquad h_{D_3}=1.52\mathrm{m}$$

③根据 F_4，D_4，E_4点标高，求转角曲线上各等高点的标高，本例采用平均分配法确定。F_4D_4及 D_4E_4的弧长为：

$$L=\frac{1}{8}\times2\pi R=\frac{1}{8}\times2\times\pi\times10=7.85(\mathrm{m})$$

F_4D_4间应有设计等高线为 $\frac{1.84-1.37}{0.10}\approx5$(根)

等高线的平均间距为 $\frac{7.85}{5}=1.57(\mathrm{m})$

F_4D_4间应有设计等高线为 $\dfrac{2.43-1.84}{0.10}\approx 6$(根)

等高线的平均间距为 $\dfrac{7.85}{6}=1.31$(m)

F_3D_3及 D_3E_3间应有设计等高线为 $\dfrac{1.52-1.37}{0.10}\approx 2$(根)

等高线的平均间距为 $\dfrac{7.85}{2}=3.93$(m)

F_2D_2及 D_2E_2分别与 D_4E_4及 F_4D_4相同。

E_1D_1及 D_1F_1间应有设计等高线为 $\dfrac{2.42+2.16}{0.10}\approx 3$(根)

等高线的平均间距为 $\dfrac{7.85}{3}=2.62$(m)

④根据A，M，K，G，N各点标高，可分别求出路脊线AM，AK，AG，AN上的等高点。对路脊线上的标高点位置，也可以根据待定等高线标高、A点标高以及纵坡i_1来确定。比如南端标高为1.70m的等高点距A点在路脊线上的距离为(2.05−1.70)/0.03=11.67(m)。

⑤按所选定的立面设计图式，将对应等高点连接起来，即得初步立面设计图。

⑥根据交叉口等高线中间应疏一些，边缘应密一些，且疏与密过渡应均匀的原则，对初定立面设计图进行调整，即得图7-14所示的交叉口立面设计图。图7-15、图7-16分别为水泥混凝土路面交叉口和沥青混凝土路面交叉口竖向设计成果图示例。

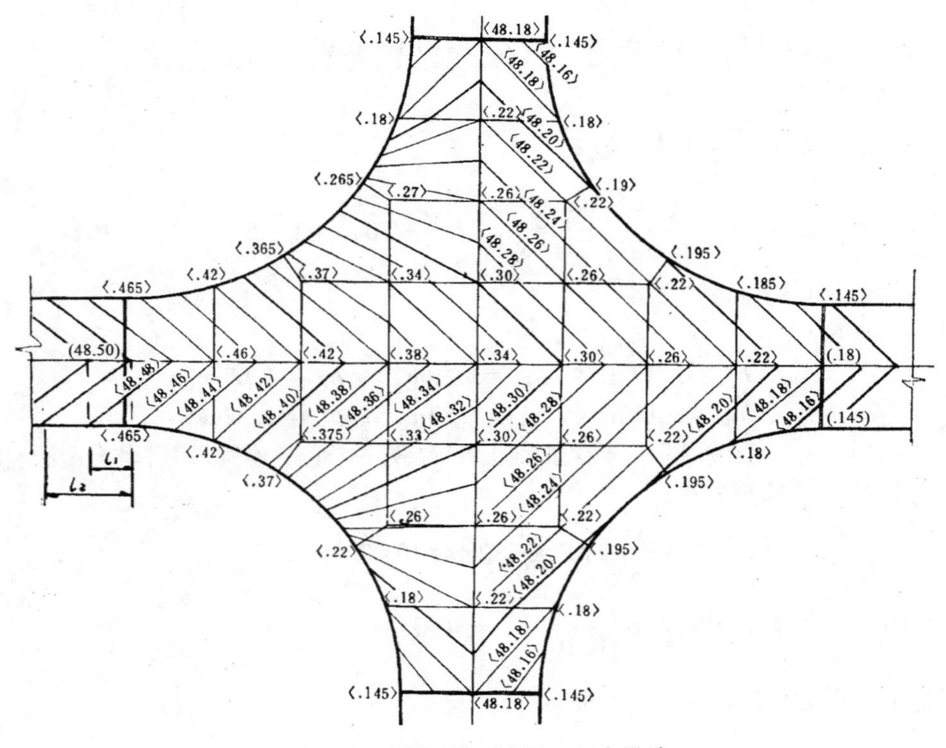

图7-15　水泥砼路面交叉口竖向设计

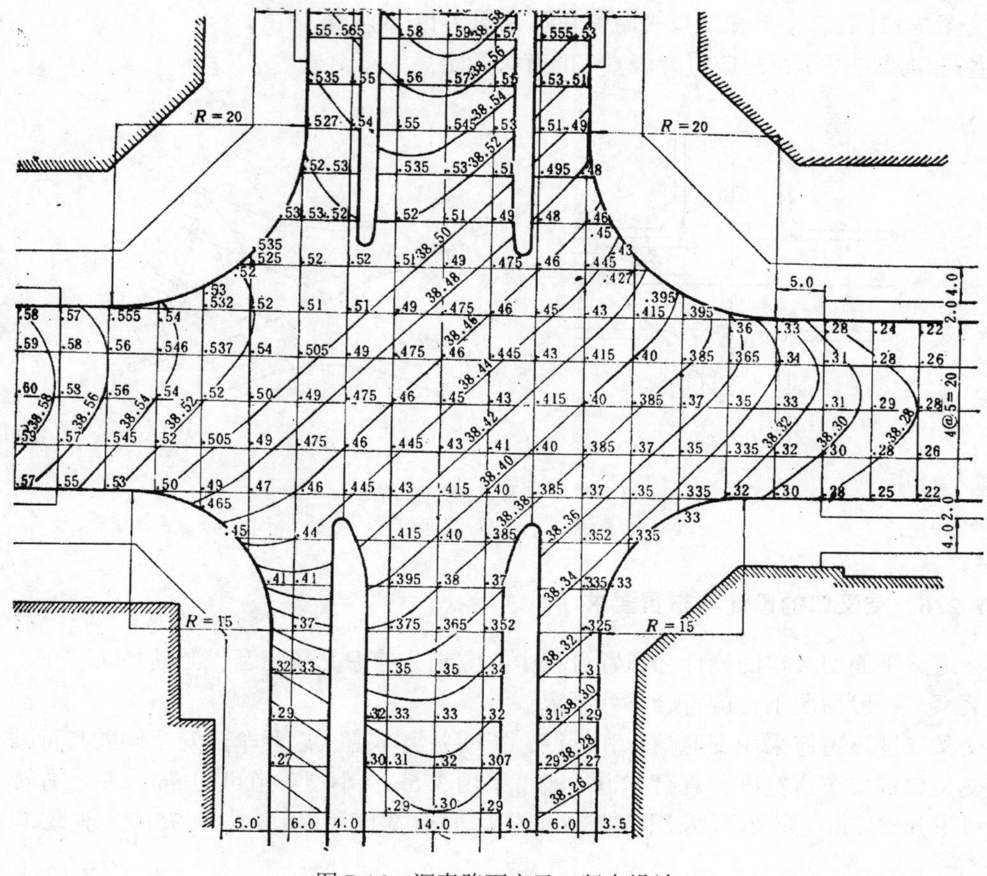

图 7-16　沥青路面交叉口竖向设计

7.2.4　交叉口缘石平曲线

交叉口处缘石宜做成圆曲线或复曲线。三幅路、四幅路交叉口的缘石半径应满足非机动车行驶要求，但不得小于 5m。单幅路、双幅路交叉口缘石转弯最小半径应符合表 7-2 的规定。

表 7-2　**交叉口缘石转弯最小半径**

右转计算行车速度(km/h)	30	25	20	15
缘石转弯最小半径(m)	33~38	20~25	10~15	5~10

注：非机动车道宽为 6.5m 时取最小值；为 2.5m 时取最大值；其他宽度时可内插。

7.2.5　交叉口视距

平面交叉口视距三角形范围内妨碍驾驶员视线的障碍物应清除。十字形交叉口视距三角形见图 7-17(a)，X 形交叉口视距三角形见图 7-17(b)。

各进口道的停车视距应符合表 6-7 的有关规定。

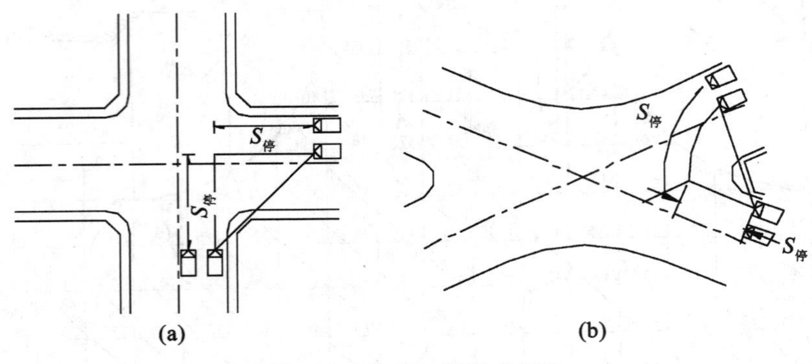

图 7-17　交叉口视距三角形

7.2.6　交叉口的设计与布置要求

在道路平面交叉口的设计和布置过程中，应充分考虑交通问题，尤其是人、车、路三者的关系。一般情况下，应符合下列要求：

交叉口进口道应采用交通标志和标线，指明各类车道，以利车辆安全候驶与行驶。

交叉口进口车道宽度，直行车道一般可采用 3.5m，小型车道可为 3m，左、右转专用车道可采用 3.5m，最小可采用 3.25m。出口车道宽度可为 3.5～3.75m，小型车道可用 3.5m。

人行横道应尽量沿人行道延伸方向设置，减少行人绕行距离。

停止线在人行横道线后至少 1m 处，并应与相交道路中心线平行。停止线位置应靠近交叉口，使交叉口的公共区域不致过大。

人行横道与缘石交接处应按《城市道路和建筑物无障碍设计规范》(TGJ50—2001)要求，设置缘石开口坡道，为残疾人提供行动方便。具体设计可参见“5.4.6　无障碍步道体系规划与设计”。

交叉口的照明应符合国家现行行业标准《城市道路照明设计标准》(CJJ45—2006)的有关规定。

交叉口附近设公交车站时，公交车站离交叉口缘石切点的距离应不小于 50m，以减少对进出交叉口车辆交通的影响。

7.3　信号控制平面交叉口

一般来说，城市中范围较大或交通流量较大的道路交叉口，都会采取信号灯控制的形式，其目的在于增进交叉口的行车安全，提高交叉口的通行能力。信号平面交叉口的设计除了上述内容以外，还有与信号灯配时相适应的增设车道、路口渠化及行人交通等问题。

7.3.1　通行能力分析

平交口信号由红、黄、绿三色信号灯组成，随信号灯色的变换使车辆通行权由一个方向(或车道)转移给另一个方向(或车道)。三种灯色轮流显示一周的时间称为信号周期。到达交叉口的车辆按灯色显示所代表的运行规则实施交通。《城市道路设计规范》(CJJ 37-90)规定，信号管制平交口通行能力按进口道车道布置类型根据“停止线法”计算(所谓停止线法即以进口道处的停止线为基准线，凡是通过该断面的车辆就认为已通过交叉口)。除“停止线法”外，还有如“冲突点法”等其他计算方法，可参见有关书籍。

1. 信号灯管制十字形交叉口设计通行能力

如图7-18，十字形交叉口设计通行能力为各进口道设计通行能力之和。

进口道设计通行能力为各车道设计通行能力之和。

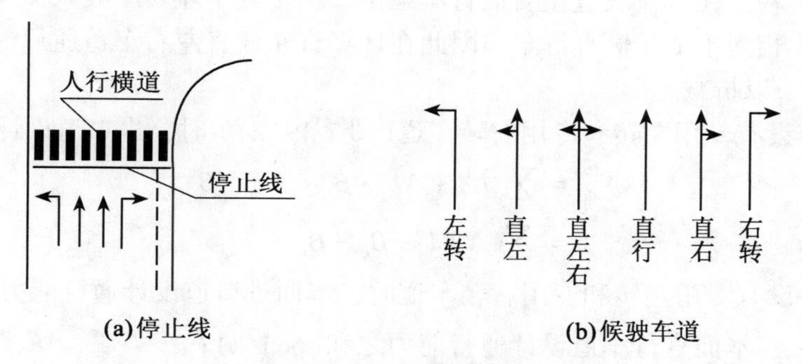

图7-18　停止线及候驶车道示意图

(1)直行车道：

$$N_s = \frac{3600}{t_c}\left(\frac{t_g - t_1}{t_{is}} + 1\right)\varphi_s \tag{7-10}$$

式中：N_s——一条直行车道的设计通行能力(pcu/h)；

t_c——信号周期(s)；

t_g——信号周期内的绿灯时间(s)；

t_1——变为绿灯后第一辆车启动并通过停止线的时间(s)，可采用2.3s；

t_{is}——直行或右行车通过停止线的平均间隔时间(s/pcu)；

φ_s——直行车道通行能力折减系数，可采用0.9。φ_s主要反映了车辆通过的不均匀性以及非机动车和行人对机动车行驶的干扰。

(2)直右车道：

$$N_{sr} = N_s \tag{7-11}$$

式中：N_{sr}——一条直右车道的设计通行能力(pcu/h)。

根据实测结果，右转弯车辆通过停止线的时间间隔与直行车大致相等，因此直右混用车道的通行能力可以认为与直行车专用道相同。

(3)直左车道:

$$N_{sl}=N_s\left(1-\frac{\beta'_l}{2}\right) \tag{7-12}$$

式中:N_{sl}——一条直左车道的设计通行能力(pcu/h);

β'_l——直左车道中左转车所占比例,

$$\beta'_l=\frac{\beta_l}{(1+k\beta_l-\beta_r)/n_s-\beta_l/2}, \tag{7-13}$$

β_l 为本面进口道左转车所占比例;k 为一无量纲参数,当本面进口道无右转专用车道时,$k=1.5$; 当本面进口道有右转专用车道时,$k=0.5$。

(4)直左右车道:

$$N_{slr}=N_{sl} \tag{7-14}$$

式中:N_{slr}——一条直左右车道的设计通行能力(pcu/h)。

根据实测资料,在直左或直左右混行车道中,由于其中左转车驶入交叉口所产生的影响,一辆左转车相当于1.5辆直行车,因此在计算直左或直左右车道通行能力时,按左转车混入比例β'_l予以折减。

(5)进口道设有专用左转和专用右转车道(图7-19(a))时,进口道设计通行能力为:

$$\begin{aligned}N_{elr}&=\sum N_s+N_{elr}\cdot\beta_l+N_{elr}\cdot\beta_r\\&=\sum N_s(1-\beta_l-\beta_r)\end{aligned} \tag{7-15}$$

式中:N_{elr}——设有专用左转和专用右转车道时,本面进口道设计通行能力(pcu/h);

$\sum N_s$——本面直行车道设计通行能力之和(pcu/h);

β_l——左转车占本面进口道车辆的比例;

β_r——右转车占本面进口道车辆的比例。

其中,$N_{elr}\cdot\beta_l$ 和$N_{elr}\cdot\beta_r$ 分别为专用左转车道和专用右转车道的设计通行能力 N_l 和N_r。

(6)进口道设有专用左转车道而未设专用右转车道时(图7-19(b)),进口道设计通行能力为:

$$N_{el}=\frac{1}{1-\beta_l}\left(\sum N_s+N_{sr}\right) \tag{7-16}$$

(7)进口道设有专用右转车道而未设专用左转车道时(图7-19(c)),进口道设计通行能力为:

$$N_{er}=\frac{1}{1-\beta_r}\left(\sum N_s+N_{sl}\right) \tag{7-17}$$

有了上述一系列公式后,就可以计算在各种车道类型组合下的进口道设计通行能力。同时,由于本面进口道的左转车与对面进口道的直行车是在同一个相位时间内通过交叉口,必然产生相互干扰和影响,因此,需考虑通行能力的折减。我国《城市道路设计规范》(CJJ 37-90)规定,在一个信号周期内,对面到达的左转车超过3~4pcu时,应折减本面各种直行车道(包括直行、直左、直右及直左右车道)的设计通行能力。折减后的本面进口道设计通行能力由下式计算:

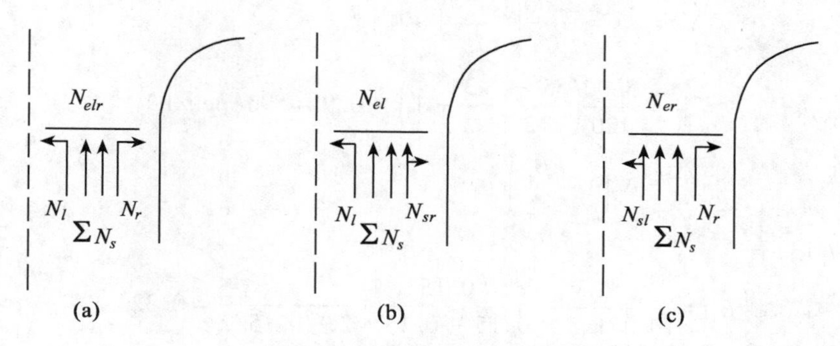

图 7-19　常见候驶车道布置图

$$N'_e = N_e - n_s(N_{le} - N'_{le}) \tag{7-18}$$

式中：N'_e ——折减后本面进口道设计通行能力（pcu/h）；

N_e ——折减前本面进口道设计通行能力（pcu/h）；

n_s ——本面各种直行车道条数；

N_{le} ——本面进口道左转车设计通行能力（pcu/h）；

N'_{le} ——不必折减本面各种直行车道设计通行能力的对面左转车数（pcu/h），小交叉口时为 $3n$，大交叉口时为 $4n$，n 为每小时信号周期数 $\left(n = \dfrac{3600}{t_c}\right)$。公式（7-18）的条件是 $N_{le} > N'_{le}$。

【例 7-3】　计算图 7-20 所示十字交叉口设计通行能力。已知绿灯时间为 55s，黄灯时间为 5s，左、右转车辆各占本面进口道交通量的 15%，$t_1 = 2.3\text{s}$，$t_{is} = 2.5\text{s}$，$\varphi_s = 0.9$。

解　①计算北面进口道设计通行能力（此面无右转专用车道）

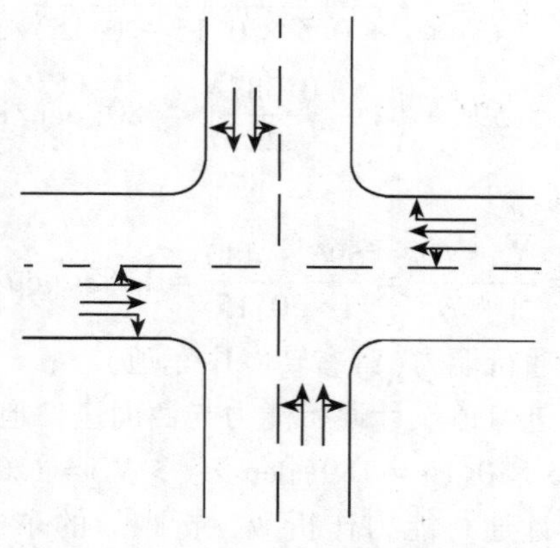

图 7-20　十字路口交通示意图

$$t_c = (55 + 5) \times 2 = 120(\text{s})$$

$$N_{sr}=N_s=\frac{3600}{t_c}\left(\frac{t_g-t_1}{t_{is}}+1\right)\varphi_s$$

$$=\frac{3600}{120}\left(\frac{55-2.3}{2.5}+1\right)\times 0.9=596(\text{pcu/h})$$

$$N_{sl}=N_s\left(1-\frac{\beta_l'}{2}\right)$$

由式(7-13)有

$$\beta_l'=\frac{0.15}{(1+1.5\times 0.15-0.15)/2-0.15/2}=0.324$$

则 $$N_{sl}=596\times\left(1-\frac{0.324}{2}\right)=499(\text{pcu/h})$$

因此，北进口道设计通行能力为：

$N_e=N_{sr}+N_{sl}=596+499=1095(\text{pcu/h})$ 其中左转车：

$$N_{le}=N_e\cdot\beta_l=1095\times 0.15=164(\text{pcu/h})$$

②计算南面进口道设计通行能力(无右转专用车道)

因南、北对称，故其设计通行能力与北面进口道一样。

又因为 $$N_{le}'=\frac{3600}{120}\times 4=120(\text{pcu/h})$$

即 $N_{le}>N_{le}'$，所以，南、北面进口道设计通行能力均应折减。由式(7-18)，则折减后的南、北面进口道设计通行能力均为：

$$N_e'=1095-2\times(164-120)=1007(\text{pcu/h})$$

③计算西面进口道设计通行能力(此面有右转专用车道)

与北、南面一样，$N_s=596(\text{pcu/h})$

$$N_{sl}=N_s\left(1-\frac{\beta_l'}{2}\right);\quad \beta_l'=\frac{0.15}{(1+0.5\times 0.15-0.15)/2-0.15/2}=0.387$$

所以，$$N_{sl}=596\times\left(1-\frac{0.387}{2}\right)=480(\text{pcu/h})$$

西进口道设计通行能力：

$$N_e=\frac{N_s+N_{sl}}{1-\beta_r}=\frac{596+480}{1-0.15}=1265(\text{pcu/h})$$

④计算东面进口道设计通行能力(有右转专用车道)

因东、西对称，故东面进口道设计通行能力与西面进口道设计通行能力相同。

又因为 $N_{le}=1265\times 0.15=189(\text{pcu/h})>N_{le}'=120(\text{pcu/h})$

应对东、西面进口道设计通行能力作折减，折减后的东、西面进口道设计通行能力均为：

$$N_e'=1265-2\times(189-120)=1127(\text{pcu/h})$$

⑤如图7-20所示十字交叉口总的设计通行能力为：

$$N=2\times 1007+2\times 1127=4268(\text{pcu/h})$$

2. 信号灯管制T形交叉口设计通行能力

计算图示见图7-21及图7-22。T形交叉口设计通行能力为各进口道设计通行能力之和。根据车道类型及组合情况，应用前面已建立的十字形交叉口各车道设计通行能力的计算公式，即可得到各进口道设计通行能力。

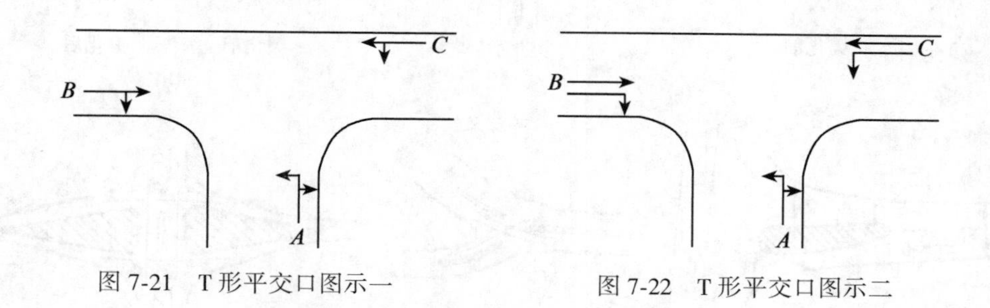

图7-21　T形平交口图示一　　　　图7-22　T形平交口图示二

①对于图7-21所示类型：

A进口道的设计通行能力按式(7-10)计算；

B进口道为直右车道，其设计通行能力按式(7-11)计算；

C进口道为直左车道，其设计通行能力按式(7-12)计算。

当C进口道每个信号周期的左转车超过3～4pcu时，应折减B进口道的设计通行能力，用式(7-18)计算。

②对于图7-22所示类型：

A进口道的设计通行能力按式(7-10)计算；

B进口道的设计通行能力按式(7-17)计算，式中N_{sl}为零；

C进口道的直行车辆不受红灯信号控制，通行能力有较大提高，但交叉口的设计通行能力应受交通特性制约，如直行车道的车流与对向车流大致相等时，则C进口道的设计通行能力可采用B进口道的数值。

当C进口道每个信号周期的左转车超过3～4pcu时，应折减B进口道的设计通行能力，用式(7-18)计算。

7.3.2　平面交叉口拓宽渠化

交通流量大和使用多相位信号控制的交叉口，宜依据信号控制要求进行拓宽渠化(图7-23)。

交叉口拓宽渠化设计原则如下：

①应根据交通流量及流向，增设交叉口进口道的候驶车道数。

②进、出口道分隔带或交通标志、标线应根据渠化要求布置，做到导向清晰，避免分流、合流集中于一点，造成相互干扰。

③无汇合和交织的穿越车流，应以直角或接近直角相交叉，汇合和交织交通流的交叉角应尽可能小。

高峰小时一个信号周期进入交叉口某进口道的左转车辆多于3pcu或4pcu(小交叉口

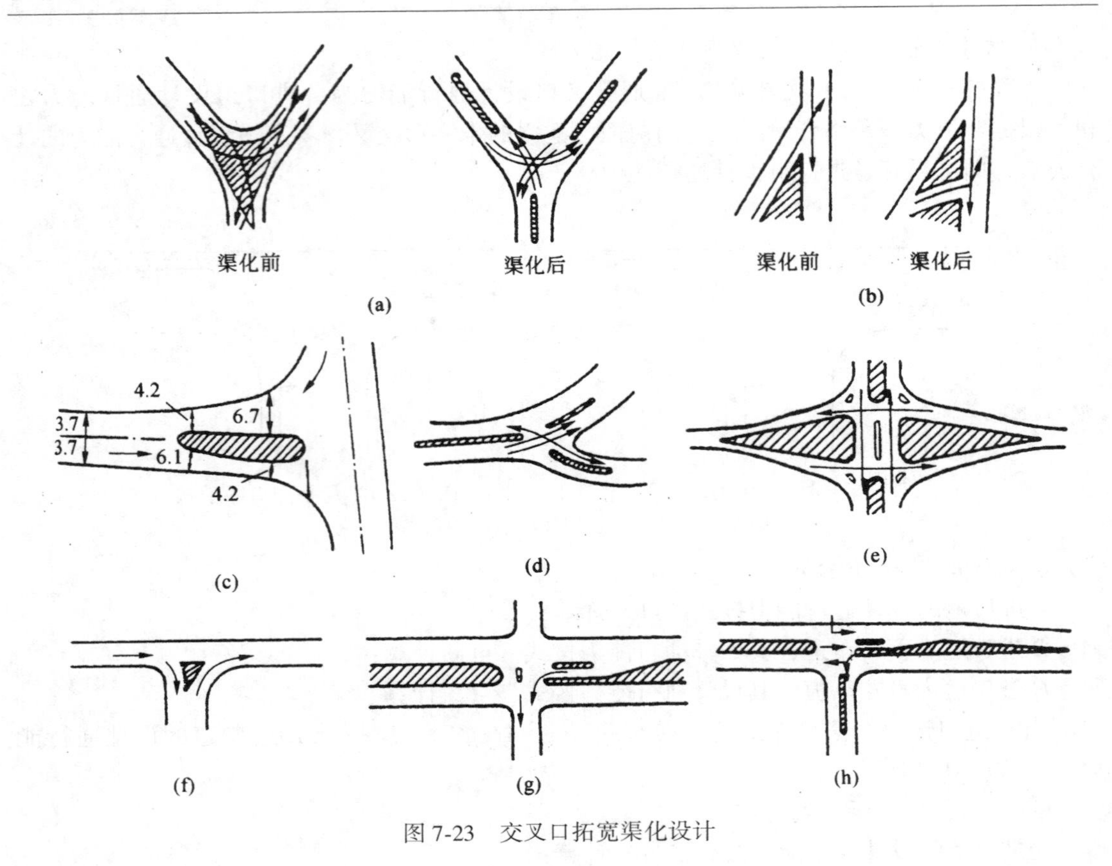

图 7-23　交叉口拓宽渠化设计

为 3pcu、大交叉口为 4pcu)时，应增设左转专用车道。高峰小时一个信号周期进入交叉口某一进口道的右转车辆多于 4pcu 时，宜增设右转专用车道。采用多相位信号控制的平交路口，应增设专用转向车道。设置公交专用道的平面交叉口，其信号相位及配时应与公交优先运行要求相适应。

根据交叉口形状、交通量、流向和用地条件设置交通岛(图 7-24)。交通岛一般应以缘石围砌。进口道车道宽度及左、右转专用车道的设置应满足 7.2.6 的规定。

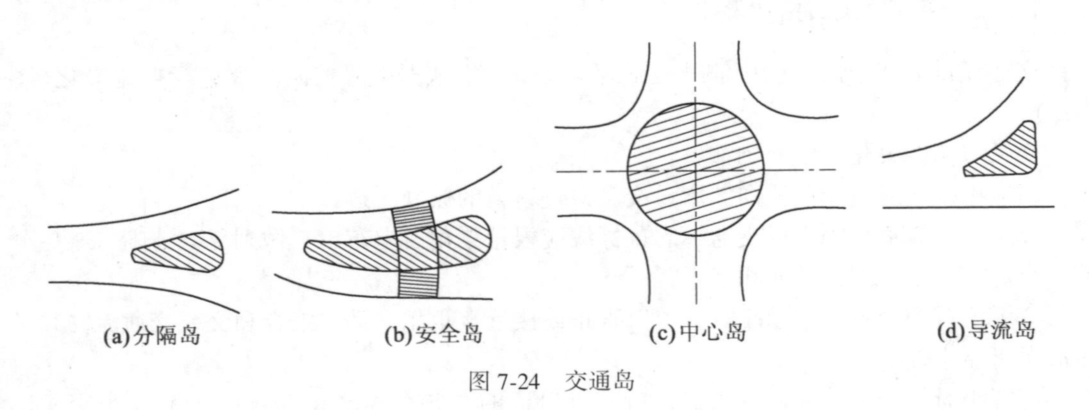

图 7-24　交通岛

7.3.3　交叉口进口专用车道设置

进口道专用左转车道的设置，可采用以下方法：

①在直行车道中分出一条专用左转车道；

②压缩较宽的中央分隔带，新辟一条专用左转车道，但缩窄后的中央分隔带的宽度至少大于 0.5m，其端部宜为半圆形；

③进口道中线向左侧偏移，新增一条专用左转车道；

④加宽进口道，以便新增一条专用左转车道。

采用压缩中央分隔带和进口道中线偏移方法形成专用左转车道时，其长度 L_z 应保证左转车不受相邻停候车队长度的影响，见图 7-25。

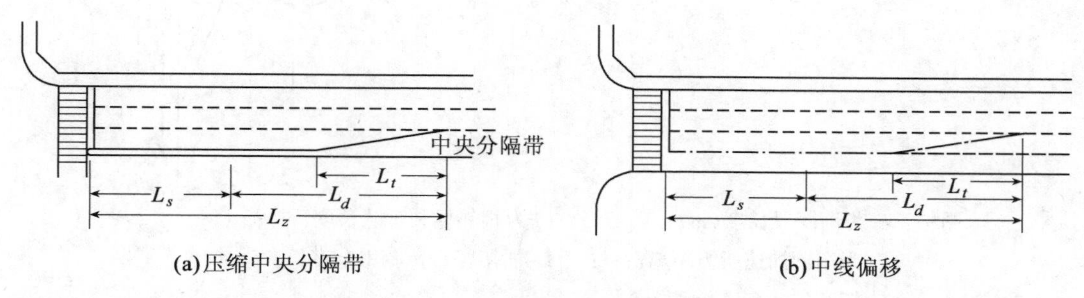

图中：L_t 为变换车道所需的渐变段长度(m)；L_d 为减速车道长度(m)；
L_s 为候驶车辆所需的滞留长度(m)；L_z 为专用左转车道最小长度(m)

图 7-25　左转专用道设置

进口道设置专用右转车道，可以采用以下方法(图 7-26)：

①在直行车道中分出一条专用右转车道(现有直行车道至少有两条或通过压缩中央分隔带、中线偏移等措施增加左转车道，从而保证直行车道至少有两条)。

②加宽进口道，新增一条右转专用车道，其长度 L_y 应保证右转车不受相邻直行车候驶车队长度的影响，并应在调查后计算确定。

③交叉口进口道设右转专用车道时，右侧横向相交道路的出口道应设加速车道，加速车道的长度 L'_y 应根据调查计算确定。

平面交叉路口出口道的车道数，应不小于进口直行车道数(除去左、右转专用车道)。出口道的车道宜布置在进口道的直行车道的延长线上，当出口道虽经调整中央分隔带和人行道宽度也不能保证与进口道有相等的直行车道时，应预先减少进口道的直行车道数，并应考虑设置平缓的渐变段(长度大于 100m)。

7.3.4　行人交通组织

在城市道路中，尤其在交叉口处，行人在此汇集、转向、过街，故需考虑行人交通组织。行人交通组织的主要任务包括两个方面，一是组织行人在人行道上行走，二是组织行人在人行横道线内安全过街，从而使人、车分离，相互之间的干扰最小。

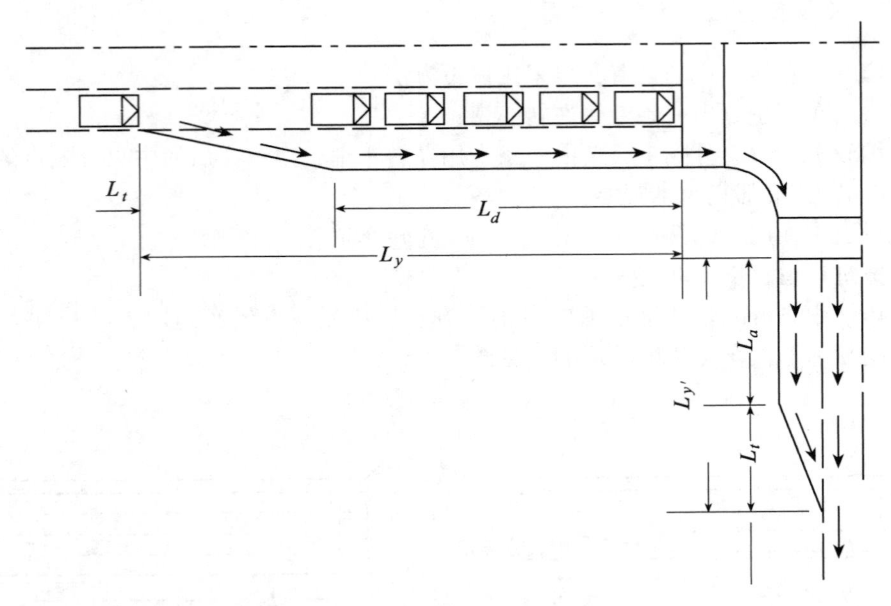

图中：L_t 为渐变段长度(m)；　　L_d 为相邻候驶车队长度(m)；
L_a 为车辆加速所需距离(m)；　L_y 加拓宽右转专用车道长度(m)；
L_y' 拓宽加速车道长度(m)

图 7-26　拓宽设置右转专用道

人行道通常对称布置在车行道两侧。交叉口内相邻道路的人行道互相连通，并将转角处人行道加宽，以适应人流集中和转向的需要。在人行道上除必要的道路标志、交通信号、照明及栏杆等外，不允许布置其他设施，以保证人行道的有效宽度。

为使行人安全、有序地横穿车行道，应在交叉路口设置人行横道。交叉范围的人行道和人行横道相互连接，共同组成可达任意方向的步行道网。尽量不将吸引大量人流的公共建筑的出入口设在交叉口上。

人行横道的设置应考虑以下方面的要求：

①人行横道应与行人自然流向一致，否则将导致行人在人行横道以外的地方横过车行道，不利于交通安全。

②人行横道应尽量与车行道垂直，行人过街距离短，使行人尽快地通过交叉口，符合行人过街的心理要求。

③人行横道应尽量靠近交叉口，以缩小交叉口的面积，使车辆尽快通过交叉口，减少车辆在交叉口内的通行时间。

④人行横道应设置在驾驶员容易看清的位置，标线应醒目。

在设置信号灯控制或设置停车标志的交叉口，应在路面上标绘停车线，指明停车位置。此时人行横道一般可布置在停车线之前至少 1m 处(图 7-27)。

人行横道的宽度与过街行人流量和行人过街时的信号显示时间有关，所以应结合每个

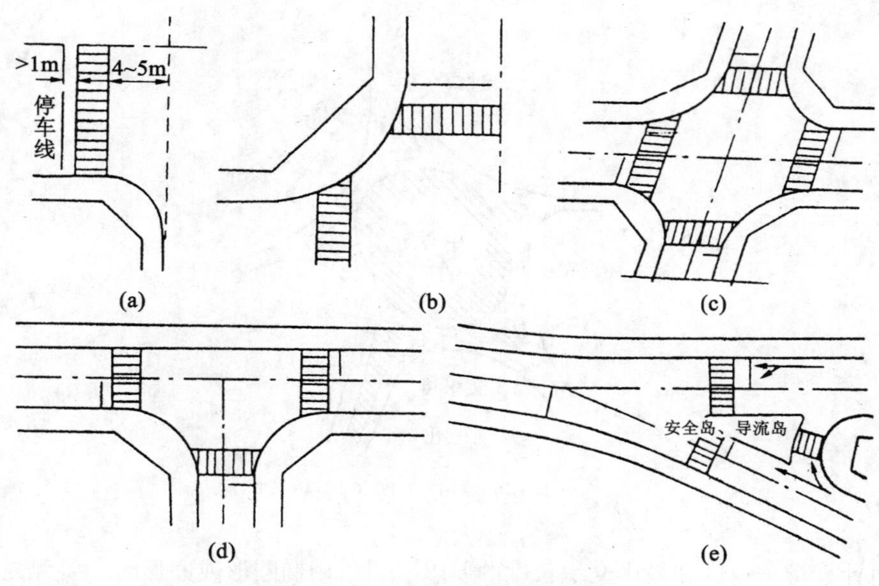

图 7-27　交叉口人行横道的布置

交叉口的实际情况设置。一般应比路段人行道宽些，考虑到应便于驾驶员在远处辨认，其最小宽度为 4m，一般最大值不超过 8m。

当车行道较宽时，行人一次横穿过长的街道会引起行人思想紧张，尤其对行走迟缓的老、弱、妇、孺等，会感到很不安全。《城市道路设计规范》(CJJ 37-90)规定当机动车道数大于或等于 6 条或人行横道长度大于 30m 时，应在道路中线附近设置宽度不小于 1m 的安全岛。

当交叉口宽阔、人流量大、车流量大且车速高(如快速路上的交叉口)时，可考虑设置人行天桥或人行地道，这是行人交通组织最彻底、最有效的办法。为了使人行天桥(地道)的功能能够得到最大限度的发挥，即过街行人从心理上能够接受，在规划人行天桥(地道)位置时应充分考虑行人流向，在结构选型方面真正做到以人为本。由于人行天桥(地道)选址、选型不当，而弃之不用或基本不用的不乏实例，这点尤其值得注意。

7.4　环形平面交叉

环形平面交叉是一种以路口中心岛为导向岛，进入车辆一律逆时针绕行，无需信号控制，实现“右进右出”、依次交织运行的平面交叉口形式(见图 7-28)。一般城市的多路交汇或转弯交通量比较均衡的路口多采用环形平面交叉。对斜坡较大的地形及桥头引道，当纵坡大于或等于 3%时，不应采用环形交叉。

7.4.1　环形平面交叉口基本要素与要求

1. 中心岛

中心岛的形状应根据交通特性采用圆形、椭圆形或卵形，最小半径(或当量半径)应

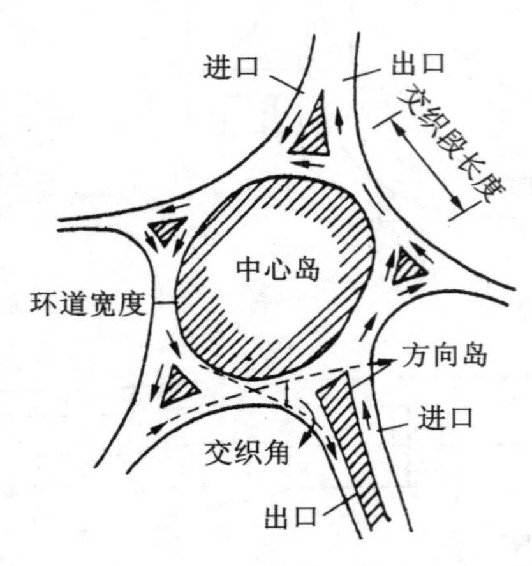

图 7-28　环形平面交叉口

满足环道计算行车速度和最小交织长度的要求。当采用椭圆形或卵形时，要优先考虑主要道路的交通流特性。中心岛最小半径的计算公式如下：

$$R_d = \frac{V^2}{127(\mu \pm i)} - \frac{b_i}{2} \tag{7-19}$$

式中：μ——横向力系数，取 0.14~0.18；i——路面横坡，取 1.5%~2.0%；b_i——环道内侧车道宽。

环道计算行车速度以相交道路中最大计算行车速度的 0.5~0.7 倍计取。主车道车速大的，宜取较小的系数值。

2. 交织长度

最小交织长度(图 7-29)不应小于以环道计算行车速度行驶 4 秒的距离，其取值参见表 7-3 的规定。行驶铰接车时，其最小交织长度不应小于 30m。

表 7-3　**最小交织长度**

环道计算车速(km/h)	50	45	40	35	30	25	20
最小交织长度(m)	60	50	45	40	35	30	25

3. 环道的布置和宽度

①根据交通流的情况，环道可布置为机动车与非机动车混行或分行两种形式。分行时所设分隔带宽度不应小于 0.5~1m。

②环道的机动车道宜为 3~4 条，最内侧车道作绕环用，最外侧为右转车道，中间为交织车道。每条车道宽度应包括弯道加宽宽度。非机动车车行道宽度不应小于交汇道路中的最大非机动车行道宽度，也不宜超过 6m。

③中心岛上不应布置人行道。环道外侧人行道宽度不应小于交汇道路中的最大人行道宽度。

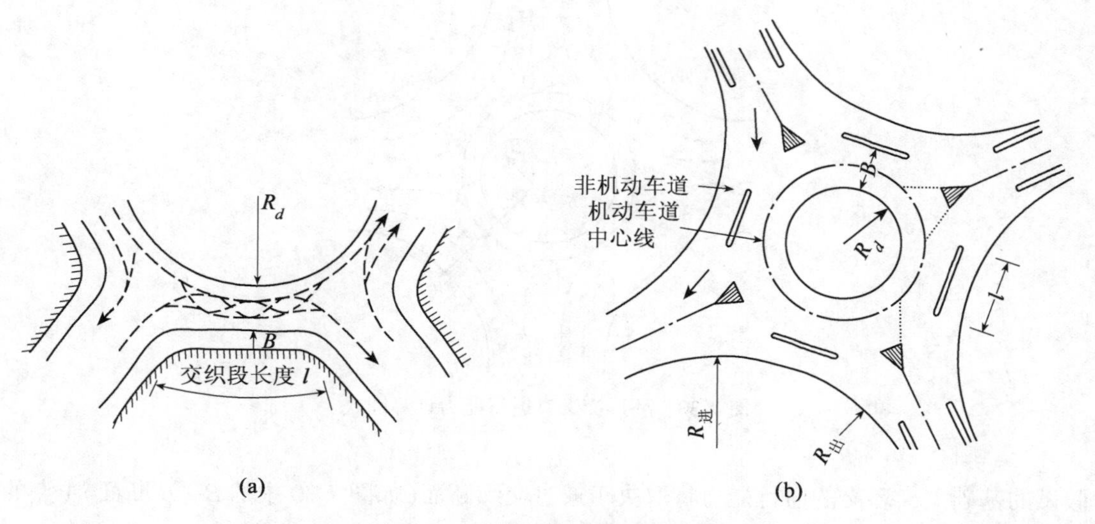

图7-29　环形平面交叉口交织长度

④环道外缘石不宜设计成反向曲线。出口缘石半径应大于或等于进口缘石半径，进口缘石半径的要求同一般平面交叉口。

⑤环道纵坡度不宜大于2%，横坡一般宜采用双向坡。

⑥环道上应满足绕行车辆的停车视矩要求。

特别应该指出的是，中心岛上不宜建造小公园，一是有碍视线，二是公园游人频繁穿越环道极不安全且影响车辆交通。另外，中心岛及进口端交通导向岛的绿化也不得妨碍车辆驾驶人员的行车视线。

7.4.2　环形平面交叉通行能力

环形平面交叉口按其中心岛(也称做环岛)的尺寸大小分为常规环形交叉和微型环形交叉，我国城市道路上主要采用的是常规环形交叉口，其中心岛半径不小于20m。下面介绍常规环形交叉口通行能力的计算方法。

1. 基本假设

计算图示见图7-30。

假设的情况是：

①直行和左转弯车辆入环绕行，即入环—环形—交织—出环；右转弯车辆不入环绕行而是通过右转专用车道驶入和驶出环交口；

②各进口道左转车、直行车、右转车交通量各自相等；

③各进口道的左转车与右转车占进口道交通量比例相等；

④没有考虑行人和非机动车的影响。

2. 公式建立

设 N_{is}，N_{il}，N_{ir} 分别表示 i 从1~4的进口道方向的直行、左转和右转交通量。在前述

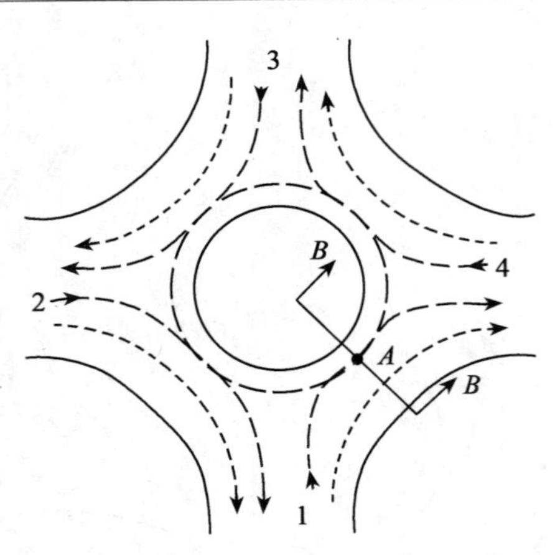

图 7-30　环形交叉口通行能力计算图式

假设的基础上，环交的通行能力将取决于通过交织断面(如图 7-30 中的 B—B 断面)A 点的最大理论值及右转车的流量，即：

$$N_A = N_{1s} + N_{1l} + N_{2s} + N_{2l} + N_{3l}$$

第 4 条进口道的车辆通常不会经过 A 点，除非在此环交掉头的车辆，而这种情况是极少的，可忽略不计。根据前面的假设，则上式可写为：

$$N_A = 2N_s + 3N_l$$

式中：N_A ——A 点交织交通流量；

N_s ——各进口道直行车交通量；

N_l ——各进口道左转车交通量。

又因为整个环交的通行能力可表示为：

$$N_{环} = 4(N_r + N_s + N_l)$$

比较上两式，可知：

$$N_{环} = 2N_A - 2N_l + 4N_r = 2N_A + 2N_r = 2N_A + 0.5N_R$$

N_R 为整个环交交通量中的右转交通量，令 P 为右转交通量占整个环交交通量的百分比，即：$N_R = N_{环} \cdot P$，于是可得到：

$$N_{环} = \frac{2N_A}{1 - 0.5P} \tag{7-20}$$

设通过 A 点的车流为均匀流，车头时距为 t_i(s)，则 A 点的通行能力为：

$$N_A = \frac{3600}{t_i}(\text{pcu/h})$$

因此，由(7-20)式可有：

$$N_{环} = \frac{7200}{t_i(1 - 0.5P)}(\text{pcu/h})$$

对 $N_{环}$ 还需考虑两个影响因素：

(1)交织段长度影响

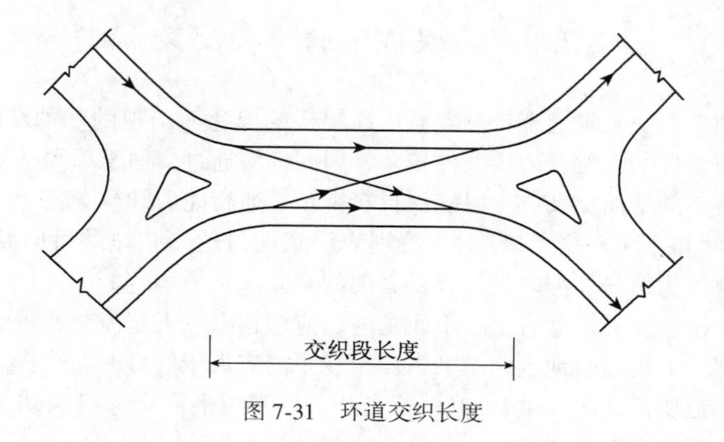

图 7-31　环道交织长度

所谓交织段长度，是指环交所提供给进环和出环的两辆车在环道上行驶时互相交织、交换一次车道位置所具有的里程长度。大交织段长度的通过量比小交织段长度的通过量要大。根据观测统计分析，可得到与交织段长度相关的影响系数 A：

$$A = \frac{3l}{2l + 30}$$

式中：l ——交织段长度(m)，其取值范围为 30～60m，当 l >60m 时，按上式计算的 A 值只能作参考。

(2)车辆分布不均匀影响

由于环道上的车流实际上是不均匀连续的，故应考虑其影响。车辆分布不均匀影响用一个影响系数 β 表示。根据经验，β 值可在 0. 75～0. 85 间选用，当大型车较多时，β 可取小一些，反之则可取大一些。

综合考虑上述两因素，则环形交叉口的设计通行能力为：

$$N_{环} = \frac{7200}{t_i(1 - 0.5P)} \cdot \frac{3l}{2l + 30} \cdot \beta(\mathrm{pcu/h}) \tag{7-21}$$

3. 我国城市道路设计规范确定的环交设计通行能力

根据我国城市交通的实际状况，在我国《城市道路设计规范》(CJJ 37-90)中，对环形交叉口机动车道的设计通行能力给出了如表 7-4 的参考值。

表 7-4　环形交叉口设计通行能力

机动车车行道设计通行能力(pcu/h)	2700	2400	2000	1750	1600	1350
相应的自行车交通量(veh/h)	2000	5000	10000	13000	15000	17000

注：①表列机动车车行道的设计通行能力包括 15%的右转车，当右转车为其他比例时，应另行计算；

②表列数值适用于交织长度为 25～30m 的情况。当交织长度在 30～60m 时，可按式(7-21)计算。

7.5 高架桥下的平面交叉

高架桥下的平面交叉是近十年随着城市高架桥的修建而出现的一种新的交叉口形式。由于受高架桥墩、柱的影响，通视条件较差，因此，应通过交通组织和交通标志、标线布设或重新设计桥下的平面交叉口，以确保行车视距、通行能力和行车安全。

在设计这种“桥下平面交叉口”时，特别应注意通过适当拓宽顺桥向路口来设置足够条数的候驶车道，为信号灯配时设计提供必要的空间。

另外，高架桥在交叉口处有上、下匝道时，应根据上、下车流交通量情况对相关进出口道路进行拓宽。下匝道落地点距交叉口停车线距离应大于红灯时路口排队车辆长度与下匝道车辆变换车道所需交织长度(≥100m)之和，以避免平面交叉口候驶车辆排队延至桥上，进而影响高架桥上的交通秩序，甚至造成桥上堵车。

国外一种称为“SPI”(single point interchange)的“单点立交”便是一种高架桥下(或下穿道上)平面交叉口的特殊形式。具体介绍如下：

菱形立交(图7-32)在相交道路的次要道路上存在两处平面交叉口，两者间距通常在200~300m之间。由于两平交口很近，所以其通行能力的牵连性很强。若采取信号灯控制，则应考虑联动配时方式，但即便如此，次要道路上直行、左转和主要道路左转车产生二次停车的情况仍然不可避免，从而降低了菱形立交的通行能力。此外，菱形立交虽然比长条苜蓿叶形立交占地要小些，但其占地规模仍然不可小视。由于上面的原因，使得菱形立交在实际应用中受到限制。在菱形立交形式基础上发展起来的单点菱形立交(SPI)如图7-33所示。

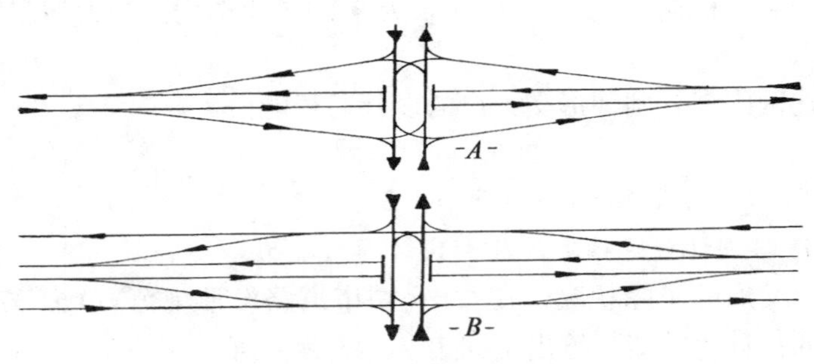

图7-32 菱形立交简图

在SPI中，左转车辆不再经外张式右转匝道绕行过两处平面交叉口实现左转，而是经过平行于直行车道的收敛式匝道或者像常规平交口一样直接驶入左转候驶车道，在信号灯的控制下实现左转，这样与菱形立交相比就可缩短左转行程，增大左转车的通过量。不仅左转车如此，由于将两处平交口并为一处平交口，非直通方向的直行车受干扰的程度也会大大降低，因而通过量也会有所增大。SPI的特征可以归纳为如下几点：

①SPI占地比一般菱形立交或苜蓿叶形立交及其变形的其他形式立交要少许多，因此建造成本可以降低。

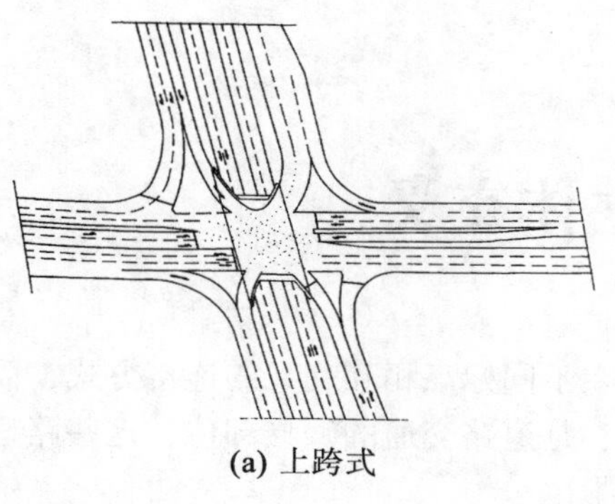

(a) 上跨式

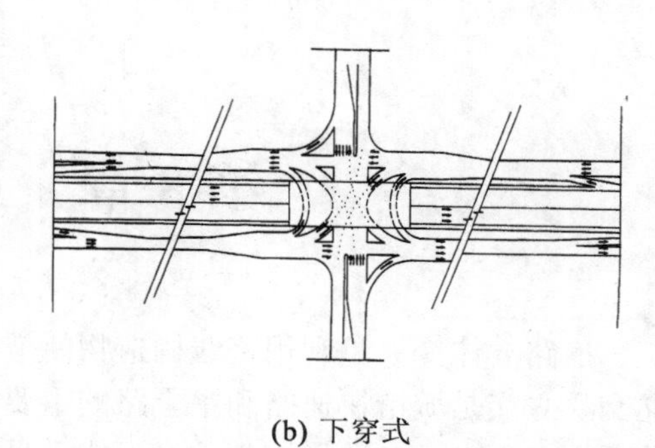

(b) 下穿式

图7-33　单点菱形立交(SPI)

②相交道路的主要方向没有交通障碍，没有冲突点，通行能力与菱形立交或苜蓿叶形立交相近；其左转车辆在次要方向道路中部的“平交口”上由信号灯控制实现左转。

③相交道路的次要方向的直、左、右车辆的行车条件与常规的灯控平交口相似，但该相位的绿灯灯时可以适当加长，从而可以提高交叉口该方向的通行能力。

④受地形和相交道路的条件限制，SPI分上跨式(图7-33(a))和下穿式(图7-33(b))两种。下穿式的平交口为一异形桥梁，结构上有一定难度；上跨式的跨线桥则相对要长一些，另外视需要可以增设U形回转车道供调头车辆专用。两者各有利弊，可视具体情况采用合适形式。

总之，高架桥下的平面交叉口是一类比较特殊的路口，应做比较深入的交通调查和规划设计。同时还要考虑行人、非机动车的穿越路口问题，每个路口都有一些个性，不可能套用一个模式，并且这种路口新的问题还在不断出现，需要人们不断总结，逐步完善规划设计理论和方法。

思　考　题

1. 道路平面交叉口设计的主要内容有哪些?
2. 环形平面交叉口的适用条件是什么？试评价其“交织理论”通行能力的适用性。
3. 试述计算平面交叉口通行能力的“停车线法”的原理和内容。
4. 何谓平面交叉口的竖向设计(立面设计)？其要点如何?
5. 平面交叉口拓宽设计的要点有哪些?
6. 高架桥下的平面交叉口有哪些特点?

第 8 章　道路立体交叉

道路立体交叉是利用跨线构造物使道路与道路在不同标高相互交叉的连接方式，简称立交。立交是城市快速路和主干路的重要组成部分，是道路交通的咽喉部位，这些路口倘若再用平面交叉口的形式就已经不能满足交通要求了。

采用立交可使各方向车流在不同标高的平面上行驶，消除或减少冲突点；车流可以连续运行，提高道路的通行能力；节约运行时间和燃料消耗；控制相交道路车辆的出入，减少对高等级道路的干扰。

按交通功能划分，立交分互通式立交和分离式立交两大类。相交道路通过匝道联系、车辆可以互相往来的称为互通式立交，没有匝道联系、车辆不能互相来往的称分离式立交。其中互通式立交的线型、结构比较复杂，交通功能比较完善，是立交的高级形式，本章将重点介绍。

城市道路立体交叉根据相交道路等级及其直行车流、转向车流（主要是左转车流）的行驶特征和非机动车对机动车交通有无干扰等情况划分为枢纽立交、一般互通式立交、简单立交及分离式立交四个等级，如表 8-1。

表 8-1　**城市道路立交的等级划分及功能特征**

立交等级	主线直行车流运行特征	转向（主要指左转）车流行驶特征	非机动车干扰情况
一	快速或按设计车速连续行驶	一般经定向匝道或集散、变速车道行驶或部分左转车减速行驶	机非分行，无干扰
二	快速或按设计车速连续行驶，但次要主线直行车可能有转向车流交织干扰	减速行驶，或减速交织行驶	机非分行或混行，有干扰
三	快速或按设计车速连续行驶，相交次要主线车流受平面交叉口左转车冲突影响，为间断流	左转车流除实施匝道上跨外，通常受平面交叉口影响减速交织行驶，或为间断流	机非混行，有干扰
四	快速或按设计车速各自连续行驶	禁止转向，少数情况下容许右转远引绕行	—

城市道路立交等级的选择，应根据交叉节点在城市道路网中的地位、作用、相交道路的等级，并结合城市性质、规模、交通需求与用地条件，参照城市道路立交等级选择(表8-2)的规定，正确选定。

表 8-2　城市道路立交等级选择

干路等级 \ 相交路等级	高速公路	快速路及一级公路	主干路	次干路	支路
快速路	一	一	一、二	三、四	四
主干路	一、二	一、二	二	三	—
次干路	三、四	三、四	三	—	—

注：对中小城市的主、次干路与高速公路、一级公路、快速路交叉应降低一级或取表列等级的下限，对其主干路与主干路交叉经交通流量预测分析，确有必要设置立交时，宜采用表列值的下限；其主、次干路的交叉宜为平面交叉。对人口刚过 50 万的非省会所在地或重要交通枢纽城市，一般宜按中等城市考虑其立交等级的选择。

8.1　互通式立交的交通组织分析及图示

8.1.1　互通式立体交叉按几何形状分类

依据平面几何形态及行驶方式尤其是匝道平面形式，互通式立体交叉可分为：苜蓿叶形、喇叭形、迂回式、定向式、组合式、菱形和环形立交等多种形式。

1. 苜蓿叶形立体交叉

苜蓿叶形立体交叉见图 8-1。

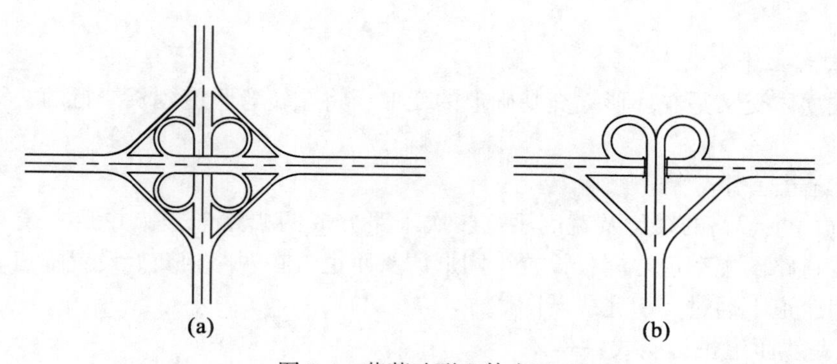

图 8-1　苜蓿叶形立体交叉

(1)完全苜蓿叶形立体交叉

完全苜蓿叶形立体交叉适用于十字交叉口，在交叉点四周 4 个象限内均设有环形左转匝道和直接右转匝道，保证相交道路交通在各个方向转向。

其交通组织路线：除直行车流仍在原干路的直行车道上行驶外，转弯车辆需在所设的专用匝道上行驶。右转车辆在右侧专用匝道上行驶至相交道路；左转车辆通过跨线桥驶过相交道路后，右转弯绕行270°进入相交道路。

(2)三枝苜蓿叶形立体交叉

三枝苜蓿叶形立体交叉的行车方式同完全苜蓿叶形立体交叉。

2. 喇叭形立体交叉

喇叭形立体交叉是用一个内环匝道(转向约270°)和一个外环匝道及两条右转匝道来实现的全互通式立体交叉，用于三叉交叉口。如图8-2。

喇叭形立体交叉各转弯方向设独立匝道，无冲突和交织，行车干扰小，安全度大，转弯车流一律从主线右侧出入，方向明确。喇叭形立交根据匝道平面布置形式分右喇叭和左喇叭两种。

图8-2(a)为右喇叭立交，内环匝道是车辆由次干路驶入主干路所用，设置在下层；高速车辆由主干路驶入次干路时，外环半径较大，有利于交通安全和逐步减速。

图8-2(b)为左喇叭立交，车辆由主干路左转进入次干路时，半径较小，车速较高，存在冲出环形匝道的危险。

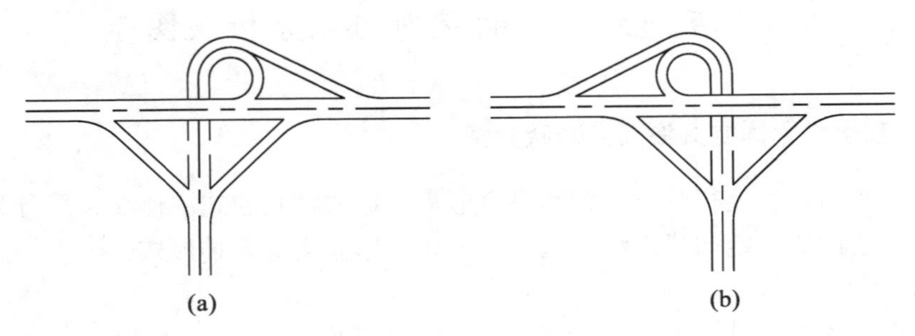

图8-2　喇叭形立体交叉

3. 迂回式立体交叉

迂回式立体交叉是在环形立交基础上的变形，将左转弯匝道延长绕行的一种形式。如图8-3。

(1)双隧道远引式

图8-3(a)主干路的线位及宽度不变，次干路分成两幅路形式，并距主线两侧适当位置，在次要道路两幅车道之间，设置半圆形调头匝道。在两路相交处设置隧道。所有转向车流在远引匝道上通过交织完成转向。

(2)双跨线匝道桥远引式(一)

图8-3(b)相交道路的直行车辆仍在原干路上快速行驶；右转车辆均在最外侧的右转匝道上行驶。由于右转车辆有专用匝道，与双隧道远引式相比不再有交织段，左转车辆的行驶路线与图8-3(a)相同。

(3)双跨线桥远引式(二)

图 8-3(c)直行车辆在原车道上行驶；右转车辆在右转匝道上行驶；左转车辆行驶路线同图 8-3(b)。此种远引方式行车路线明确，远引的两个环形匝道半径可适当增大，安全感及舒适感均优于图 8-3(a)、(b)。

4. 定向式立体交叉

定向式立交是每个方向的车辆均行驶在直顺的专用单向行驶的车行道上，与其他方向的车行道相交时，均采用立体交叉，无交织和交叉，路线短捷而清晰，行驶安全快速。

定向式立体交叉的种类、形式很多，图 8-4 所示为几种常见形式：

图 8-4(a)、(b)为四层定向式立体交叉；

图 8-4(c)为 Y 形路口的三层定向式立体交叉，左转车流左出左进，右转车流右出右进；

图 8-4(d)、(e)为二层定向式立体交叉，二层定向式立体交叉路线短，走向明确，左转车流左出左进，右转车流右出右进，每条匝道都直接引入指定方向的车辆。

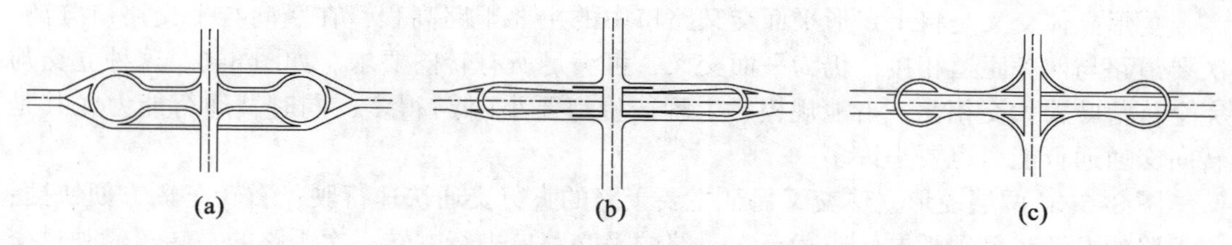

图 8-3　迂回式立体交叉

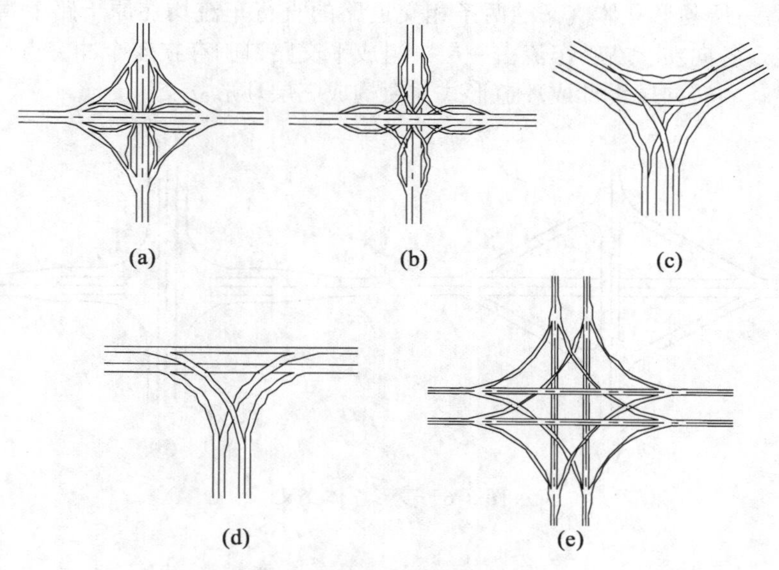

图 8-4　定向式立体交叉

5. 组合式立体交叉

组合式立体交叉是根据各转向交通行驶要求，选用上述标准立交形式的某些部位，进行组合形成的立交形式。由于用地条件的限制和交通流量的不对称性，实际工程中有许多立交都属于组合式立体交叉的范畴。最常见的为部分苜蓿叶形加部分定向匝道式组合立交。如图 8-5。

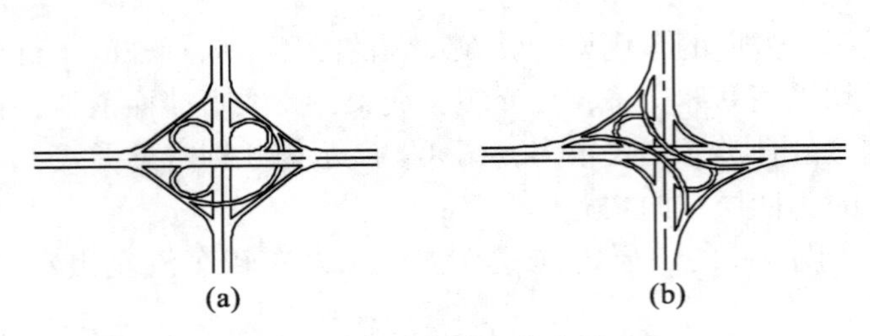

图 8-5　组合式立体交叉

6. 菱形立体交叉

菱形立体交叉是将十字形平面交叉路口中的主要干路高程，在竖向与平交路口分离。次要道路与四条匝道相接，仍为平面交叉，可满足所有转向要求。如图 8-6。这种立交与完全苜蓿叶式立交相比，占地规模、工程造价都要小(低)得多，同时其通行能力尤其是转向交通通行能力也要小许多。

图 8-6(a)两层菱形立体交叉保证主要干路的直行交通快速行驶；右转车辆方便快捷；主干路的左转车辆须随右转车辆至次干路的平交路口进行左转。次干路的左转车辆驶过交叉路利用平交路口完成左转。这种立交的平交路口尚有 6 个冲突点。

图 8-6(b)三层菱形立体交叉的两条相交道路的直行车流均在原干路上直接通过交叉口，不受干扰。各向左、右转车流占一层，组成平交路口，存在 4 个冲突点，完成各向转向。倘若将左、右转向层设计成环道形式，便构成三层环形立交。

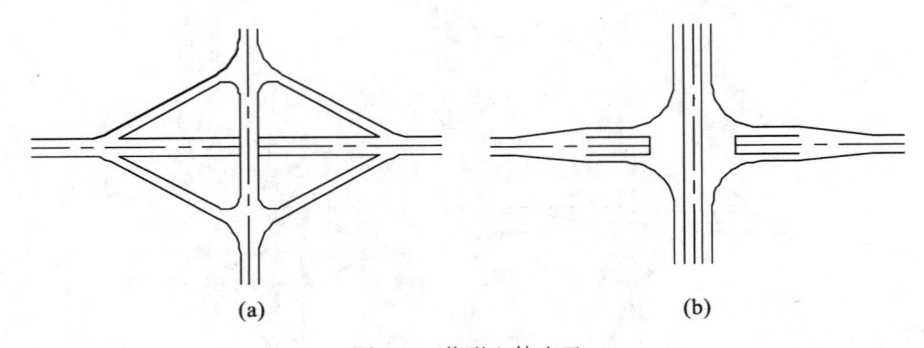

图 8-6　菱形立体交叉

7. 部分苜蓿叶形立体交叉

部分苜蓿叶形立体交叉是指全苜蓿叶形立交缺少一条或一条以上匝道的立交。如图 8-7。

部分苜蓿叶形立体交叉保证直行交通快速行驶，主干路上只有分流与合流，无冲突点。但限制某些转向车辆行驶。若提供其转向功能，需在相交道路上设平交路口。

图 8-7(a)在二、四象限布置环形匝道供主干路的车辆左转，各右转车辆在专用匝道上行驶，次干路的左转车辆通过交叉口，与对向的直行车辆交叉后与次干路的右转车辆合流完成左转。

图 8-7(b)缺少二、三象限的环形匝道，因此限制了两个方向上车辆的左转，属部分互通式立交。

图 8-7(c)主干路上的左、右转车辆均驶过交叉点至环形匝道，利用环形匝道行至相交道路，左转车辆与次干路的直行车辆合流完成左转；右转车辆与次干路的直行车辆平交一次，实现右转。次干路的右转车流利用右转匝道通过，不允许次干路的车辆左转。

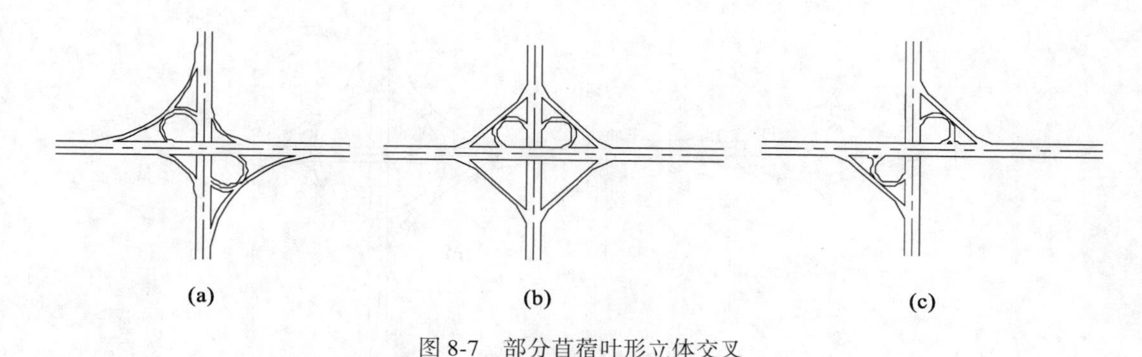

图 8-7　部分苜蓿叶形立体交叉

8. 环形立体交叉

环形立体交叉是由环道和上跨或(和)下穿的主干路组成的。如图 8-8。环形立体交叉有两层式、三层式和四层式等。

(1)两层式环形立体交叉

确保主干路直行交通快速通过交叉口，不受其他方向交通影响，其他方向交通均驶入平面环形路口，进行交织运行。

两层式环形立体交叉包括三路环形立交(图 8-8(a))、四路环形立交(图 8-8(b))和多枝环形立交(图 8-8(c))等。此种立交宜用于特大城市主要干路与次要道路相交及一般大中城市的主干路交叉，主要作用在于保证干道的快速畅通。

(2)三层式环形立体交叉

图 8-8(d)相交道路均为主要干路时，将两条主干路分别置于平面环交路口的上层或下层，确保其直行车辆的快速通行，只将转向交通通过平面环交路口。它宜用于特大及大城市的主干路交叉。值得注意的是，环形立交的缺点仍然是环道通行能力的局限可能导致整个环形立交范围内的交通不畅。比较典型的实例是北京西直门环形立交拆除与重建工程。

对于路口的非机动车和行人交通流量很大时，应单独设计非机动车和行人交通层，以做到机、非分行。比较典型的实例工程是广州的区庄立交(见图 8-9)。

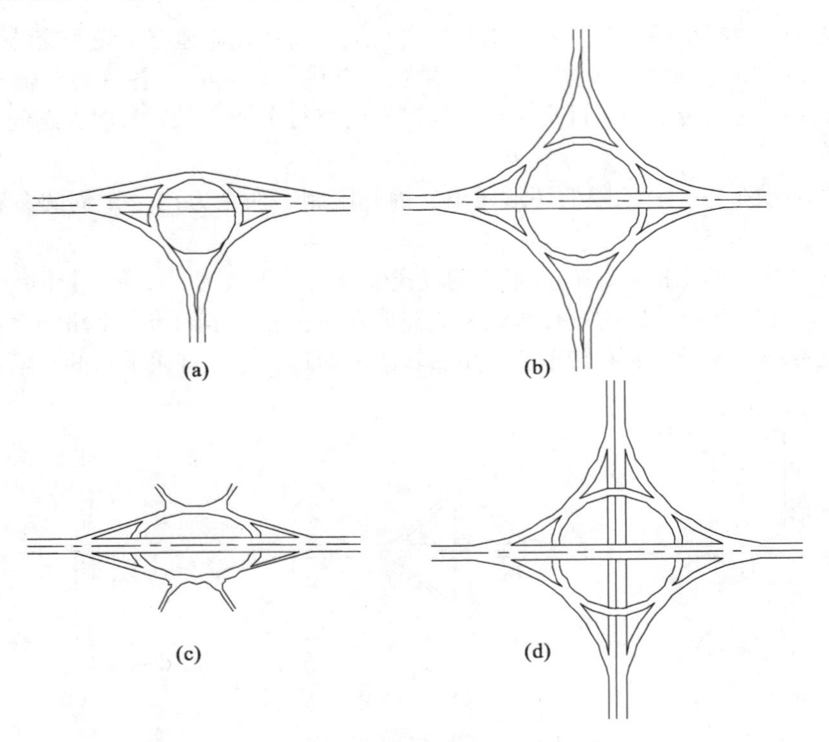

图 8-8　环形立体交叉

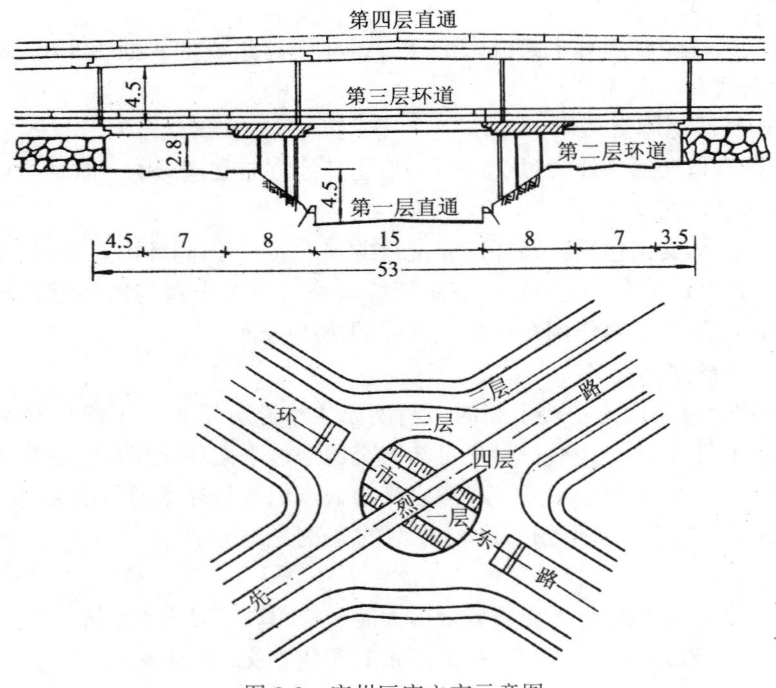

图 8-9　广州区庄立交示意图

8.1.2　互通式立交按其车辆交通组成分类

互通式立体交叉依据其车辆交通组成又可分为机动车与非机动车混行立体交叉的立体交叉(简称机、非混行立交)和机动车与非机动车分行立体交叉(简称机、非分行立交)。在通行机动车的主路或匝道上凡允许非机动车行驶的立交均称为机、非混行立体交叉；凡增设独立的非机动车道系统的立交均称为机、非分行立体交叉。

我国正处在一个特定的历史发展时期，国民收入水平还没有达到交通完全机动化的程度，自行车作为城市短途交通工具的现象在现在和未来一个相当长的时期还会存在，不可能像欧美发达国家那样，自行车基本退出交通领域而成为一种大众健身工具。因此，我国修建城市道路立体交叉通常都会遇到怎样合理地处理机动车和非机动车(包括行人)分行的问题。图 8-9 所示广州区庄立交就是在环形立交类型中处理机、非分行的典型做法。

常见的机非分行形式有以下两种：

①图 8-10(a)机动车道系统为苜蓿叶形立交。非机动车道系统为环形平面交叉，其竖向高程一般布设在立交中层，平面位置视具体条件确定。

②图 8-10(b)机动车道系统为二层环形立交。非机动车道系统为平面环交，其平面位置及竖向高程视现况条件确定。图 8-9 则是机动车道系统为三层，另设一层非机动车道(包括行人)转向层。

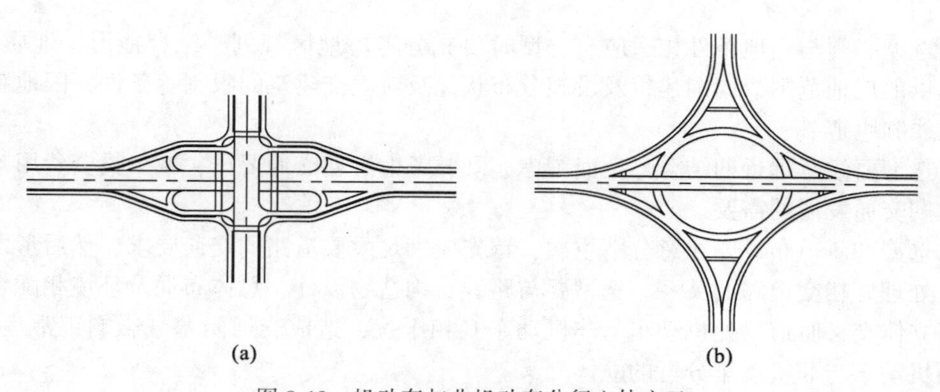

图 8-10　机动车与非机动车分行立体交叉

8.1.3　交通流量预测与立交的选型

1. 立交交通流量预测的一般原则

①立体交叉处的交通流量预测应依据道路网规划，在对全路网交通流量预测的基础上确定路口处的远景交通量。

②立体交叉处的交通流量预测应考虑立体交叉建成后对周围路网的影响而产生的交通量转移。

③平交路口改建为立交，其交通流量预测应对原路网交通流量进行调查，并分析路口近远期交通量状况。

④立体交叉处的交通流量预测应对交叉口的各转向流量进行预测，同时考虑预测结果应与附近道路规划的通行能力相协调的问题。

⑤立体交叉处的交通流量预测应为立交选型提供可靠的依据。

2. 立交的交通流量预测

立体交叉的交通流量预测应采用定性和定量相结合的方法。预测模型应考虑规划、交通、政策、经济等方面的影响，应依据现状及立交修建的不同条件，相应采用不同的预测方法和预测模型。本书第3章比较详细地介绍了交通流量的预测方法。值得注意的是，一座立体交叉的交通流量预测不能就一个路口孤立地对待，这点非常重要，立交的交通流量必然涉及路网问题。我国一些城市早期修建的立体交叉就有这方面的经验和教训。

立体交叉的交通流量预测分析应分别进行交通流量预测前分析和交通流量预测后分析，根据设计任务的性质，在现有资料的基础上，认识交通现象的规律性，采用各种分析方法并进行比较，综合运用各种手段以提高预测结果的准确度。具体方法还可参见交通工程方面的相关教材和著作。总之，立体交叉的交通流量预测分析是立交功能设计的核心，但它又是一个比较困难的工作，其工作程序和具体方法还在不断完善之中。

3. 立体交叉形式的选型原则

①选型取决于相交道路的性质、任务和远景交通规划，设计小时交通流量、流向等多方面因素，选定的类型应确保行车安全畅通和车流的连续，满足交通功能的需要。选型应力求简洁。

②选型必须与当地条件相适应，选型时要充分考虑地区规划，结合地形、地质条件，可能提供的用地范围，周围建筑及设施分布状况及对立交建筑的限制等条件，因地制宜地布置主线和匝道。

③选型要注意远近期结合，全面考虑。既要考虑近期交通要求，减少投资费用，又要考虑远期交通发展的需要。

④选型和匝道布设要注意分清主次，首先应满足主要道路的交通要求，然后考虑次要道路，处理好相交道路的关系。选型要与路线、构造物设计、总体布局及环境相配合。

⑤立体交叉匝道口处机动车与非机动车互相干扰，造成交通阻塞，影响正常运行时，可采用机动车与非机动车分行的立体交叉。

⑥应根据具体情况综合分析，进行技术、经济和环境效益的比较后确定选型。

4. 一般类型立交适用条件

一般类型立交适用条件可参照表8-3，结合交叉节点实际分析选择。

表8-3 **一般类型立交适用条件**

<table>
<tr><th>立交类型</th><th>非机动车处理方式</th><th>立交等级</th><th>相交道路性质</th><th>备　注</th></tr>
<tr><td>分离式立交</td><td>分行或混行</td><td>四</td><td>快速路、主干路与次干路或支路相交</td><td rowspan="3">十字交叉</td></tr>
<tr><td rowspan="2">苜蓿叶形立交</td><td>分　　行</td><td>一</td><td>快速路与快速路交叉</td></tr>
<tr><td>分行或混行</td><td>一、二</td><td>主干路与快速路或主干路交叉</td></tr>
</table>

续表

立交类型	非机动车处理方式	立交等级	相交道路性质	备　注
喇叭形立交	分　　行	一	快速路与快速路交叉	T 形交叉
	分行或混行	一、二	主干路与快速路或主干路交叉	
迂回式立交	分行或混行	二	主干路与次干路交叉	十字交叉
组合式立交	分　　行	一	快速路与快速路交叉且因部分左转车流量大，需设定向匝道时	
	混　　行	二		
菱形立交	分行或混行	三	快速路、主干路与次干路交叉	十字交叉
环形立交	分行或混行	二	主干路与主干路采用上跨下穿交叉	多路或十字交叉
	分行或混行	二	主干路与次干路交叉，次干路与转向车共环道交织运行	

注：①部分苜蓿叶形立交，根据交通要求、地形、地物等条件选型，故未列入上表。
②相交道路性质栏中，对一级公路、高速公路按快速路处理。
③环形立交适用于各向左转车流量比较均衡，环道通行总车流量<3000pcu/h 的道路交叉。

8.2　立交主线几何设计

1. 主线横断面组成

立交主线横断面由车行道、路缘带、分车带、路侧带、集散车道、变速车道以及防撞设施等部分组成。车行道宽度应能满足交通量要求；路缘带宽度同路段；分车带中的分隔设施、路侧带等宽度与路段相比可适当减窄。

2. 主线横断面布置

一般主线横断面车行道布置同路段，详见第 5 章或《城市道路设计规范》(CJJ 37-90)。设集散车道时，集散车道布置在主线机动车道右侧，其间宜设分车带。主线变速车道路段的横断面随变速车道平面设计形式而定。

3. 主线平面线型

立交主线为相交道路的一部分。其平面线型技术要求与路段相同，各项技术指标见第 6 章或《城市道路设计规范》(CJJ 37-90)。在进、出立交的主线段落，其行车视距宜大于或等于 1.25 倍的停车视距，以保证驾驶人员对交通标志识别的要求。

4. 主线纵断面线型

最大纵坡：非冰冻地区，设计车速 80km/h 为 4%，设计车速不大于 60km/h 时为 5%~6%；冰冻地区均为 4%。其他各项技术指标见第 6 章或《城市道路设计规范》(CJJ 37-90)。

5. 非机动车道线型

(1)平面线型

①非机动车道与主线平行布置时，其平面线型与主线一致。

②独立布置的非机动车道平面线型由直线和圆曲线组成，其缘石圆曲线最小半径为5m。兼有辅道功能的非机动车道，其圆曲线最小半径采用机动车道技术指标最小值。

(2)纵断面线型

①非机动车道纵坡度宜小于2.5%，最大纵坡度为3.5%，大于或等于2.5%时，应按表8-4规定控制坡长。

②非机动车道变坡点处应设竖曲线，竖曲线最小半径为500m。

表8-4 **非机动车道限制坡长(m)**

车种 坡度	自行车	三轮车、板车
3.5%	150	—
3%	200	100
2.5%	300	150

8.3 立交匝道

8.3.1 互通式立交匝道基本型式

1. 互通式立交匝道型式分右转匝道和左转匝道两大类

(1)右转匝道(图8-11)

为了实施右转行驶，从主线行车道驶离的匝道型式有：

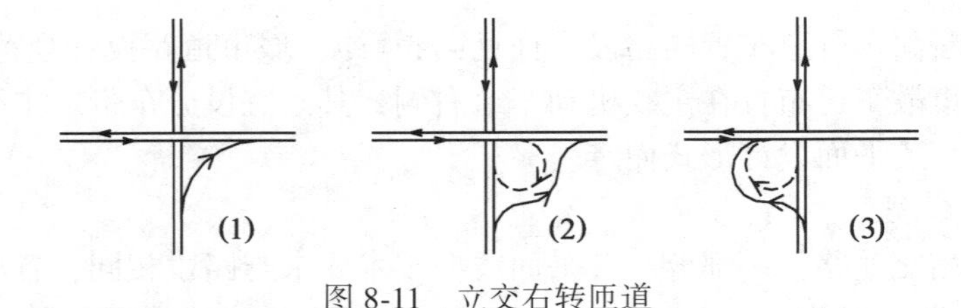

图8-11 立交右转匝道

①定向右转匝道：直接实施右转；

②半定向右转匝道(迂回定向匝道)：为减少占地，沿环形左转匝道迂回右转；

③环形右转匝道：并入环形左转匝道实施右转。这种形式在不得已时才采用。

(2)左转匝道(图8-12)

左转匝道一般可根据匝道的交通量大小，服务水平由低到高依次选用环形匝道、半定向匝道、定向匝道。

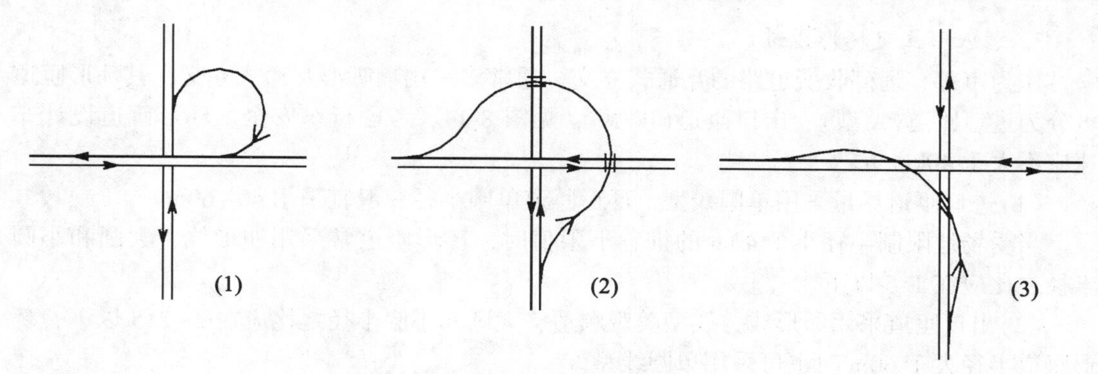

图 8-12　立交左转匝道

①环形匝道：为了实施左转行驶，从主线行车道右侧驶离主线后，大约向右转 270°构成环形左转弯的匝道；

②半定向匝道(迂回定向匝道)：为了实施左转行驶，从主线行车道右侧驶离主线后，前进方向大致不变，跨过相应道路然后向左转的匝道形式；

③定向匝道：为了实施左转行驶，从主线行车道右侧驶离主线(一般驶出偏离角度较小，并在交叉点的左侧)，在干道上直接实施左转的匝道型式。

2. 半定向、定向匝道包括因出入口的形式不同而产生的变形

如图 8-13。

①在相交次要道路左侧车道驶入，如图 8-13(1)、(2)；

②在相交次要道路左侧车道驶出，如图 8-13(3)。

需要说明的是，这类左侧车道驶入(出)的匝道在快速路上不应采用。因为道路前进方向的左侧车道通常都是快速车道，如果从左侧出入，那就意味着车辆的分流与合流都是在相对的快速车道进行的，其分、合流过程比较危险。按照左转车辆实现左转的行车分、合流方式有：右出右进、右出左进、左出右进和左出左进四种形式，真正意义上的定向匝道是第四种。由于定向匝道的分流、合流均发生在道路前进方向的左侧快速道上，其几何标准通常都需要定得比较高，占地较大，一般不随便使用。

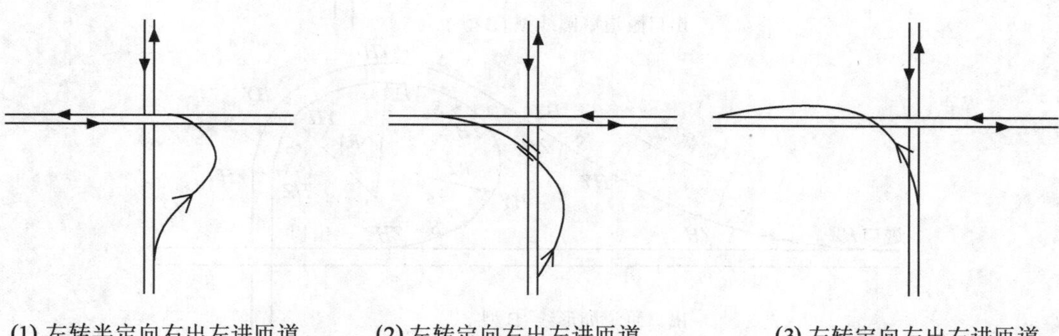

图 8-13　定向变形匝道

3. 喇叭形立交环形匝道

作为市郊、远郊收费道路的互通式立交，通常多采用喇叭形互通式立交，其环形匝道可分为进口匝道(A 型)、出口匝道(B 型)，见图 8-14。考虑行车安全。环形匝道设计车速应不大于 40km/h。

(1)进口匝道尽量采用单圆线型，环形匝道单圆半径一般宜采用 40~60m。

当受场地限制半径小于 40m 的推荐下限值时，环形匝道常采用卵形线，大圆和小圆半径之比应在 1.5 以下。

(2)出口匝道采用卵形线，线型美观顺适，大圆和小圆半径之比应在 2~2.5 以下，环形匝道半径大于 60m 时也可采用单圆线型。

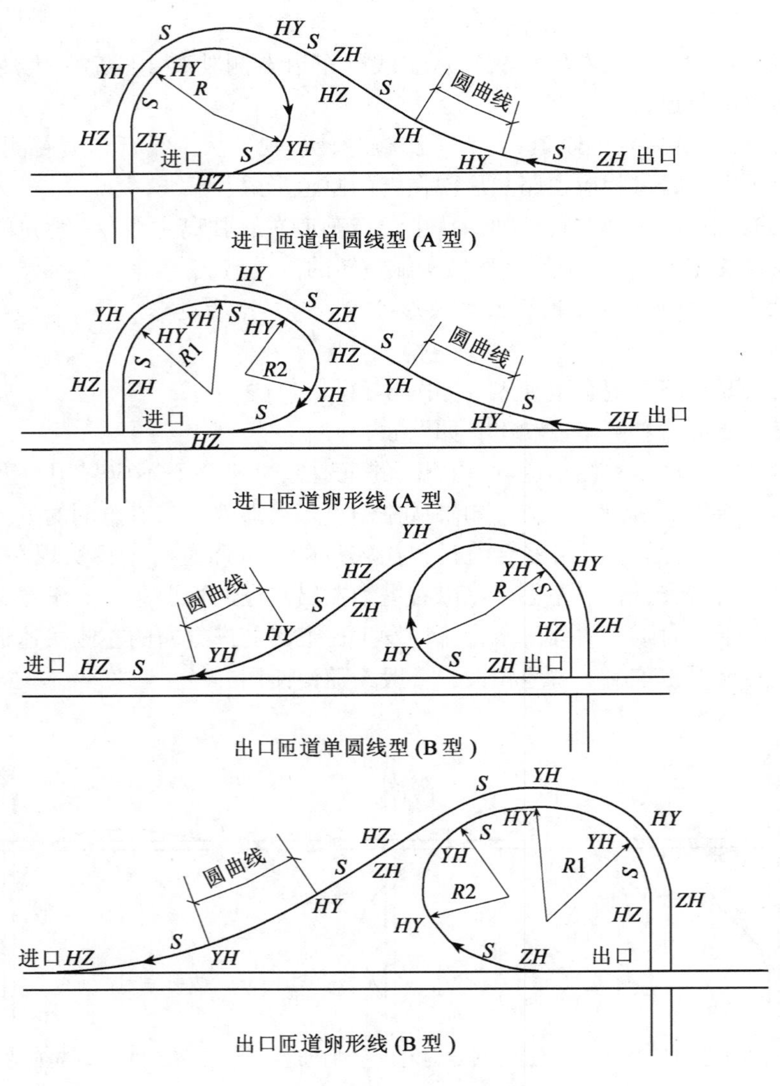

图 8-14　喇叭型立交环形匝道

4. 立交的环道

作为市区受用地制约的交叉口，尤其是五岔和五岔以上的交叉，采用环形互通式立交有一定优势，是一种可选用形式，但应慎重分析环形交叉的通行能力、设计交通量和交通特点，这其中尤其要注意路口交通量的均衡情况和非机动车、行人过街的流量和流向。

立交的环道是互通式立交匝道的特殊形式，其设计基本要素如下：

(1)环道车速

在市区用地受限以及对交通、安全、通行能力综合考虑时，控制环道设计车速在25km/h 至 40km/h(高架环道)。

(2)中心岛的形状和尺寸

中心岛形状应根据地形和交通流特性，采用圆形、长圆形、椭圆形等，其尺寸应满足最小交织长度和环道计算行车速度要求。具体取值参见表 8-5。

表 8-5　**环道最小交织长度和中心岛最小半径**

环道计算行车速度(km/h)	35	30	25	20
横向力系数 u	0.18	0.18	0.16	0.14
最小交织长度(m)	40~45	35~40	30	25
中心岛最小半径(m)	50	35	25	20

(3)环道车道数和路面宽度

环道一般采用三条车道，即左转车道、交织车道、右转车道。交通量大时交织车道可设置双车道。车道宽度必须按照弯道加宽值予以加宽，交织车道为双车道的仅需加宽一条车道。

(4)环道进出口设计

环道出口车道半径 R_1 应大于进口车道半径 R_2(图 8-15)，入口车速和环道车速一致，出口车速略高于环道车速，但不应过高，否则带来的大半径会导致交织长度缩短，从而对交通不利。环道最外侧缘石不应设计成反向曲线，可增加少量路面面积，按图 8-15(b)设计。最合理为毗连岔道之间做成曲线型路面边缘，如图右边虚线所示。

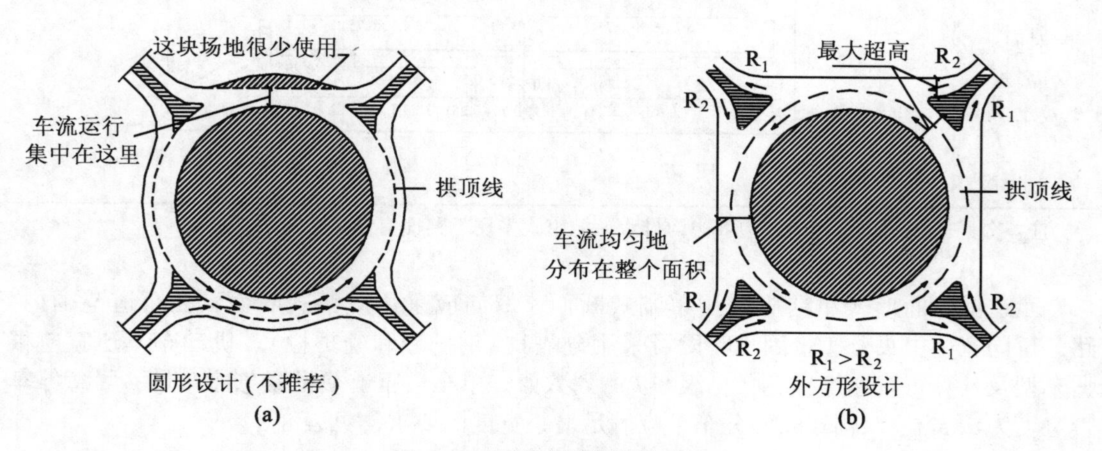

图 8-15　环道交织路段的形状

8.3.2 互通式立交匝道横断面设计

匝道横断面由车道、路缘带、硬路肩（紧急停车带）和防撞墙（防护栏）组成。采用填土路堤时，防护栏设于土路肩上。匝道横断面组成如表 8-6，其中图示未包括弯道加宽。

表 8-6　　匝道横断面组成（尺寸单位：m）

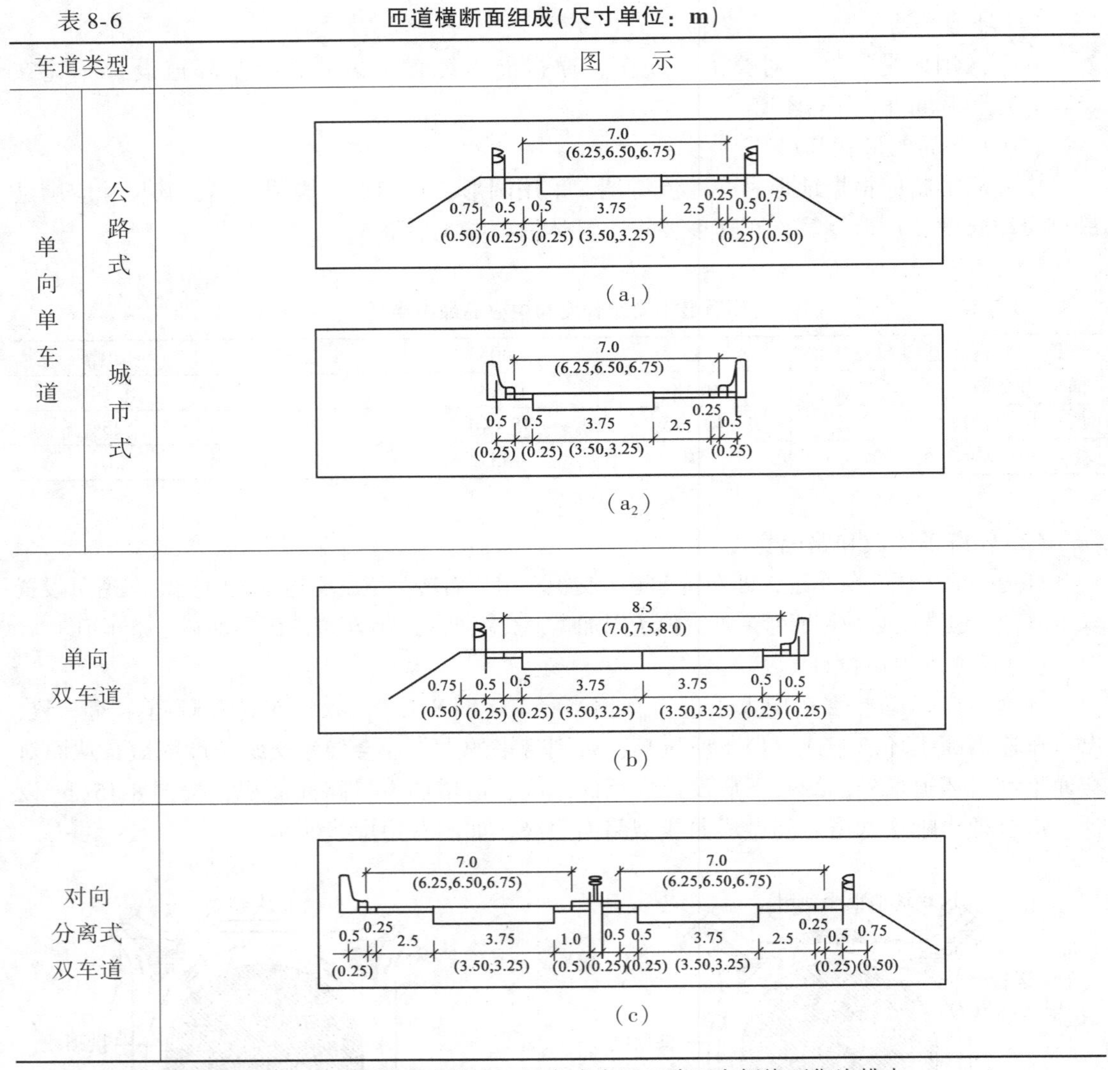

车道类型		图示
单向单车道	公路式	（a_1）
	城市式	（a_2）
单向双车道		（b）
对向分离式双车道		（c）

注：公路式多用于路面通过边坡边沟排水，城市式多用于路面有侧缘石街沟排水。

匝道横断面形式单向应采用单幅式断面，双向应采用双幅式断面，在匝道范围内，路、桥同宽，中央分车带困难路段可采用分隔物（钢护栏和砼护栏）。机动车车道宽应根据车型及计算行车速度确定，见表 8-7 所列数值。单车道匝道须设紧急停车带，紧急停车带宽度为 2.5m。双幅式断面分车带应满足最小宽度的要求，见表 8-8。

表 8-7　**匝道机动车车道宽度**

车型及行驶状态	计算行车速度(km/h)	车道宽度(m)
大型汽车	60	3.75
大小型汽车混行	<60	3.5
小型汽车	60	3.5
专用线	<60	3.25

表 8-8　**分车带最小宽度**

分车带类别	中间带			两侧带		
计算行车速度(km/h)	80-70	60-50	≤40	80-70	60-50	≤40
分隔带最小宽度(m)	1.5	1.5	1.5	1.5	1.5	1.5
路缘带宽度(m)	0.5	0.5	0.25	0.5	0.5	0.25
安全带宽度(m)	0.5	0.25	0.25	0.25	0.25	0.25
侧向净宽(m)	1	0.75	0.5	0.75	0.75	0.5
分车带最小宽度	2.5	2.5	2			

双车道匝道设置条件：

(1)在交通量超过 1250pcu/h 时需要设置双车道与快速道路连接。

(2)在单车道匝道和匝道出入、口能满足通行能力要求，如果有下列情况一般也要采用双车道匝道，但须采用画线方式控制出、入口为一车道，也就是说双车道匝道主体为双车道，但出、入口不能采取双车道形式，因为路口处的车流交织很复杂，双车道出、入容易引发交通流混乱。

①匝道长度大于 300m，为了提高超车机会；

②预计匝道上由于在匝道和街道连接处的管制(如信号灯控制)形成车辆排队，提供附加储备车道；

③匝道设置在陡坡上，或采用了最小几何尺寸。

8.3.3　互通式立交匝道平面线型设计

互通式立交匝道平面线型设计，应根据互通式立体交叉所相交道路的等级和重要性程度所确定的互通式立体交叉的等级，依据预测的交通量流向主次、地形、用地条件、地下管网设置等因素来确定立交匝道类型及其曲线半径，使其适应行驶速度的变化，保证车辆能连续安全地在立交中运行。

匝道的圆曲线最小半径指未加宽前内侧机动车道中心线的半径，其值应根据匝道计算行车速度选用大于表 8-9 所列限值。

表 8-9　　**匝道圆曲线最小半径**

匝道计算行车速度(km/h)	80	70	60	50	40	35	30	25	20
冰雪地区	×	×	240	150	90	70	50	35	25
不设超高最小半径	420	300	200	130	80	60	45	30	20
$i=0.02$	315	230	160	105	65	50	35	25	20
$i=0.04$	280	205	145	95	60	45	35	25	15
$i=0.06$	255	185	130	90	55	40	30	25	15

匝道平面线型中，直线与圆曲线或大半径圆曲线与小半径圆曲线之间应设缓和曲线，缓和曲线采用回旋曲线，回旋曲线的基本公式为

$$R \cdot L = A^2 \tag{8-1}$$

式中：A——回旋曲线的参数；

R——回旋曲线各点曲线半径(圆曲线)半径；

L——回旋曲线长。

缓和曲线最小长度应不小于表 8-10 所列值。

表 8-10　　**匝道缓和曲线最小长度**

匝道计算行车速度(km/h)	80	70	60	50	40	35	30	25	20
缓和曲线最小长度(m)	75	70	60	50	45	40	35	25	20

其参数一般以 $A \leqslant 1.5R$ 为宜，并不小于表 8-11 所列值。

表 8-11　　**匝道回旋线参数**

匝道计算行车速度 V(km/h)	80	70	60	50	40	35	30	25	20
回旋线参数 A(m)	135	110	90	70	50	40	35	25	20

反向曲线间的两个回旋线，其参数宜相等，不相等时其比值应小于 1.5。回旋线的长度还应满足超高过渡的需要。

在实际运营中，匝道行车视距仅考虑停车视距。

8.3.4 互通式立交匝道纵断面设计

互通式立交匝道最大纵坡不应大于表 8-12 所列值。各种计算行车速度的匝道所对应的最小竖曲线半径及竖曲线长度见表 8-13。

表 8-12　　**匝道最大纵坡(%)**

匝道计算行车速度(km/h)	80	60	50	40
一般地区	4	5	5	5
积雪冰冻地区	4	4	4	4

表 8-13　　**匝道竖曲线的最小半径及长度**

匝道计算行车速度(km/h)			80	70	60	50	40	35	30	25	20
竖曲线最小半径(m)	凸型	一般值	4500	3000	1800	1200	600	450	400	250	150
		极限值	3000	2000	1200	800	400	300	250	150	100
	凹型	一般值	2700	2025	1500	1050	675	525	375	255	165
		极限值	1800	1350	1000	700	450	350	250	170	110
竖曲线最小长度(m)		一般值	105	90	75	60	55	45	40	30	30
		极限值	70	60	50	40	35	30	25	20	20

注：用公式 $L=R\cdot\omega$，按竖曲线半径计算竖曲线最小长度小于表列数值时应采用本表最小长度。

互通式立交匝道纵断面线型设计要点：

在设计匝道线型中，由于互通式立交匝道线型往往受许多条件制约，应注意以下事项，以便设计出便于车辆行驶及安全的匝道。

①匝道纵断面线型应平缓，避免不顺适的急剧变化且宜满足最小坡长要求，在条件困难时可不受最小坡长限制。以优化匝道上车辆经常变速行驶的行车条件，断背纵坡线(两同向竖曲线间隔一短直线段)一般应予以避免，特别是在凹形地带，两凹竖曲线的整体外观视觉极差，在有中央分隔带、开阔的二幅路断面，这种影响更为显著。

②匝道驶入主线附近的纵断面线型，要与主线有相当长的平行段，充分保证主线上的视距，使车辆能自然顺适地驶入主线。

③匝道及其端部纵坡处，应采用较大的竖曲线半径，以保证有足够的停车视距。除了满足停车视距外，为确保安全和车辆顺畅驶出、驶入，还应能看见前方道路的路况，要求分流点(合流点)附近的竖曲线最小半径和最小长度应按主线的设计车速采用表 8-14 数值，但根据匝道设计车速选用的竖曲线半径及竖曲线长度按表 8-13 采用竖曲线的长度、半径，比表 8-14 数值大时应采用大值。

表 8-14　　**分流点附近竖曲线最小半径及长度**

主线设计车速(km/h)		120	100	80	60	50
凸型竖曲线半径 R(m)	一般值	2700	2100	1575	750	600
	极限值	1800	1400	1050	500	400

续表

主线设计车速(km/h)		120	100	80	60	50
凹型竖曲线半径 R(m)	一般值	1500	1275	1050	675	525
	极限值	1000	850	700	450	350
竖曲线长(m)	一般值	75	70	60	50	45
	极限值	50	45	40	35	30

8.3.5 立交匝道超高与横坡

设计车速条件下，匝道平曲线半径引起的离心力不能由道路路拱横坡和正常轮胎摩阻力所平衡时，即取用小于不设超高推荐半径的圆曲线，必须设置超高横坡。最大超高率的取值应根据当地气候、地形、地区性质和交通特点来确定。一般最大超高不超过6%，有冰雪地区不超过4%。设计超高率应根据容许最大超高率(表8-15)、平曲线半径和计算行车车速，按均衡设计原则确定。为保证行车的安全、舒适，超高渐变率应按表8-15取值。但缓和段长度最小不能少于2s的设计车速行驶距离。

表8-15　**超高渐变率**

设计车速(km/h)	20	30	40	50	60	70	80
超高渐变率 $\Delta\phi_{中}$	$\frac{1}{100}$	$\frac{1}{125}$	$\frac{1}{150}$	$\frac{1}{160}$	$\frac{1}{175}$	$\frac{1}{185}$	$\frac{1}{200}$
超高渐变率 $\Delta\phi_{边}$	$\frac{1}{50}$	$\frac{1}{75}$	$\frac{1}{100}$	$\frac{1}{115}$	$\frac{1}{125}$	$\frac{1}{135}$	$\frac{1}{150}$

坡道上平曲线设置超高，必须考虑纵坡对实际超高的不利影响。合成坡度一般最大不超过8%，冰雪地区不应超过6%。合成坡度按下式计算：

$$i_H = \sqrt{i_h^2 + i_z^2} \tag{8-2}$$

式中：i_H为合成坡度(%)，i_h为超高横坡(%)，i_z为纵坡(%)。

8.3.6 匝道端部出、入口设计

匝道端部是邻近主线出、入口部分的统称，包括匝道渐变段、变速车道、匝道端点。匝道端部可以根据端部变速车道的外形分为平行式和直接式，也可根据端部变速车道车道数分成单车道和多车道型。

1. 匝道端部出、入口设计要点

(1)立交枢纽匝道的出、入口应设置在主线行车道右侧。受条件限制的特殊情况，出、入口只能设置在主线行车道左侧时，应把左侧出、入口按主线车道分流或合流型式设计，具体要求按主线分流合流处的辅助车道的设置要求进行。互通式立体交叉匝道出、入口一般情况应设在主线行车道右侧，除特殊情况或在相交次要道路且其出、入口交通量较

小的条件下才可设置在次要道路左侧。

(2)出、入口端部位置应明显及易于识别。

①一般情况宜将出口设置在跨线桥等构造物前，困难地段可把变速车道大部设置在跨线桥前。当设置在跨线桥后时，则距跨线桥距离宜大于 150m。

②一般情况宜将出口设置在凸型竖曲线上坡道上，当设置在凸型竖曲线下坡道处时，应将凸型竖曲线设置得长些以增大视距使驾驶员能看清出口端部变速车道渐变段的起点和匝道平曲线的方向。

③入口端部宜设在主线下坡路段，以利用下坡便于重型车辆加速，并在入口端点保持充分的视距。参见图 8-16 所示，以便匝道上汇流车辆能调整车速汇入主线车流间隙中。

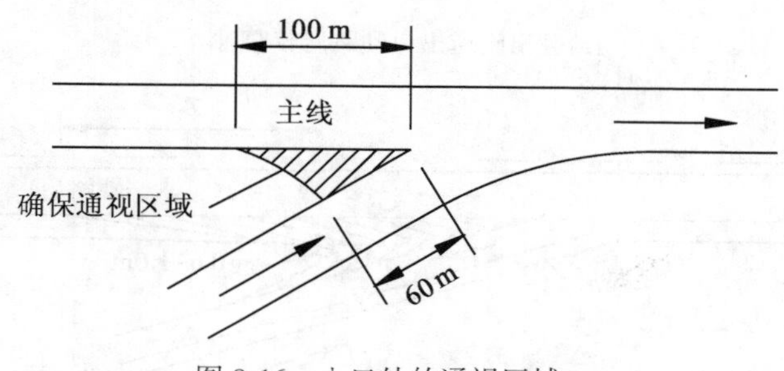

图 8-16　入口处的通视区域

(3)驶出匝道出口端部，在减速车道终点，应设置一条缓和曲线，使分流点处具有较大的曲率半径，并使曲率变化适应行驶速度的变化，如图 8-17 所示。分流点的曲率半径与回旋线参数规定如表 8-16 所列值。

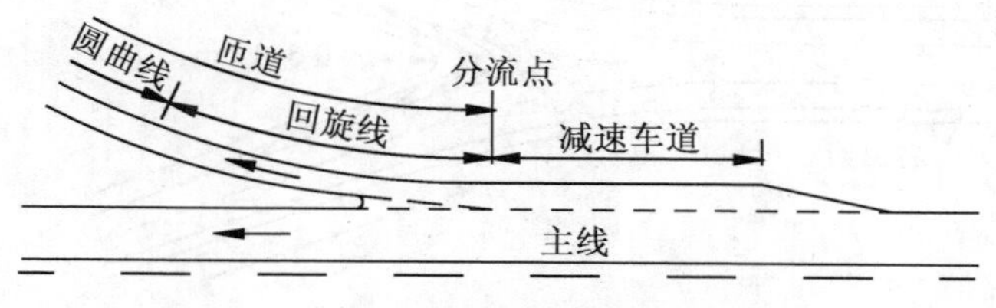

图 8-17　驶出匝道端部

表 8-16　**分流点的曲率半径与回旋线参数**

主线计算行车速度(km/h)	分流点的行驶速度(km/h)	分流点的最小曲半径(m)	回旋参数 A(m)	
			一般值	低限值
120	80	250	110	100
	60	150	70	65
100	55	120	60	55
80	50	100	50	45
60	≤40	70	35	30

(4)一级立交主线与驶出匝道的出口分流点处，当需给误行车辆提供返回余地时，行车道边缘宜加宽一定偏置值，并用圆弧连接主线和匝道路面的边缘，如图 8-18 所示。偏置值和楔形端部鼻端半径规定如表 8-17。高架结构段可不设偏置加宽。

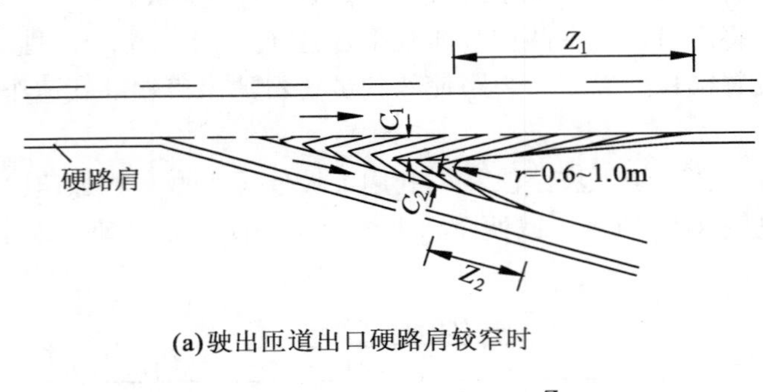

(a)驶出匝道出口硬路肩较窄时

(b)驶出匝道出口硬路肩较宽时

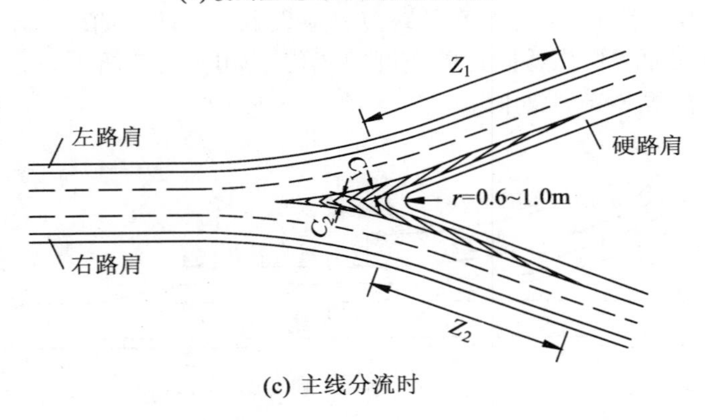

(c) 主线分流时

图 8-18　分流点处楔形布置

表 8-17　**分流点处偏置值与端部半径**

分流方式	主线偏置值 C_1(m)	匝道偏置值 C_2(m)	鼻端半径 r(m)
驶离主线	≥3.0	0.6~1.0	0.6~1.0
主线相互分岔	1.80		0.6~1.0

楔形端端部后的过渡长度 Z_1，Z_2根据表 8-18 的渐变率计算。

表 8-18　　**分流点处楔形端的渐变率**

计算行车速度(km/h)	120	100	80	60	≤40
渐变率	$\frac{1}{12}$	$\frac{1}{11}$	$\frac{1}{10}$	$\frac{1}{8}$	$\frac{1}{7}$

当主线硬路肩宽度能满足停车宽度要求时，偏置宽度可采用硬路肩宽度。渐变段部分硬路肩应铺成与行车道路面相同的结构。同时，端部路段从前端起，用缘石围上 10～15m 长，使其轮廓醒目便于识别。

当主线硬路肩宽度能满足停车宽度要求时，偏置宽度可采用该硬路肩宽度，渐变段部分硬路肩应铺成与行车道路面相同的结构。

(5)立交范围内相邻匝道出、入口之间的最小净距见表 8-19。

表 8-19　　**匝道口最小净距(m)**

距离 L ＼ 干道计算行车速度	120	100	80	60	50	40
极限值	165	140	110	80	70	55
一般值	330	280	220	160	140	110

匝道出、入口之间最小净距数值除按表 8-19 采用外还应考虑以下几种情况：

①干道的驶出或驶入紧挨着的情况(图 8-19(b))：

应考虑变速道长度及标志之间距离，根据所需距离最长的条件取用。

②驶入的前面有驶出的情况(图 8-19(d))：

应根据交织的交通量计算其交织所需长度，并取其长者来决定距离采用值。

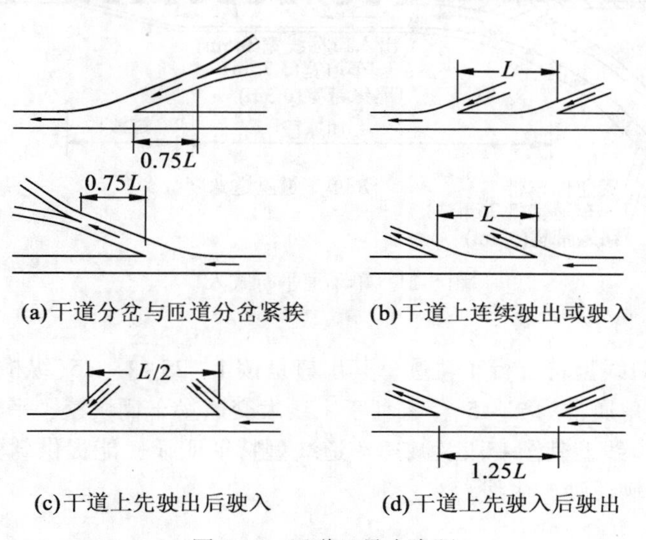

图 8-19　匝道口最小净距

2. 单车道出、入口

单车道出、入口分单车道直接式出、入口(图 8-20、图 8-22)和单车道平行式出、入口(图 8-21、图 8-23)二类。

(1)单车道直接式入口是按 1∶40~1∶20(纵横比)均匀的渐变率和主线连接，汇合点设定在主线直行车道右侧边缘 3. 5m(一条车道)处，汇合点后方为加速段，汇合点前方为过渡段。

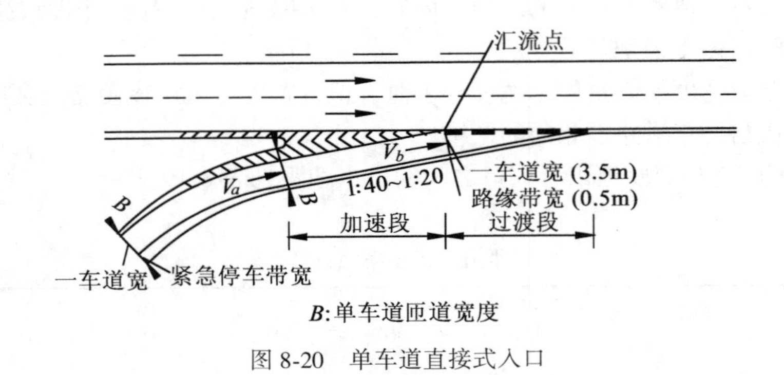

图 8-20 单车道直接式入口

(2)单车道平行式入口是在汇流点处起，提供一条附加平行车道，使车辆因汇合点处开始加速到接近主线车速。在附加变速车道末端设置过渡渐变段。有较长的插入区段，有利于车辆驶入。

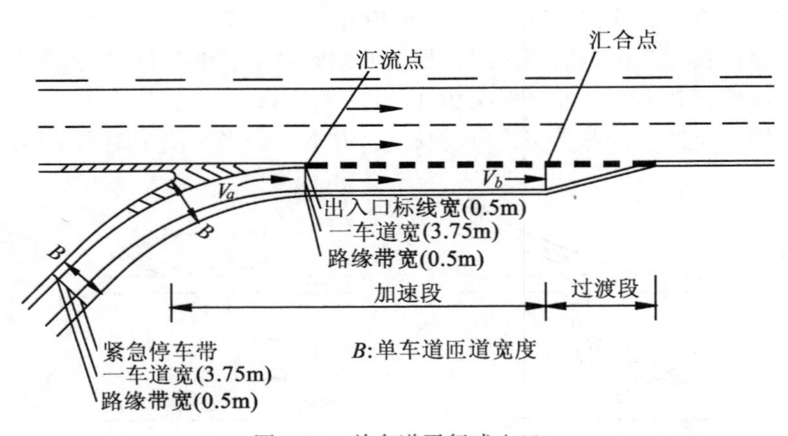

图 8-21 单车道平行式入口

(3)直接式出口线型符合行车轨迹，其出口是按 1∶25~1∶15(纵横比)均匀的渐变率和主线相接，分散角通常为 2°~5°，有利于主线大交通量车辆快速、平稳驶出。

(4)平行式出口线型其渐变段及减速车道线型特征明显，能提供驾驶员注目的出口区域，以防止主线车辆误驶出主线。

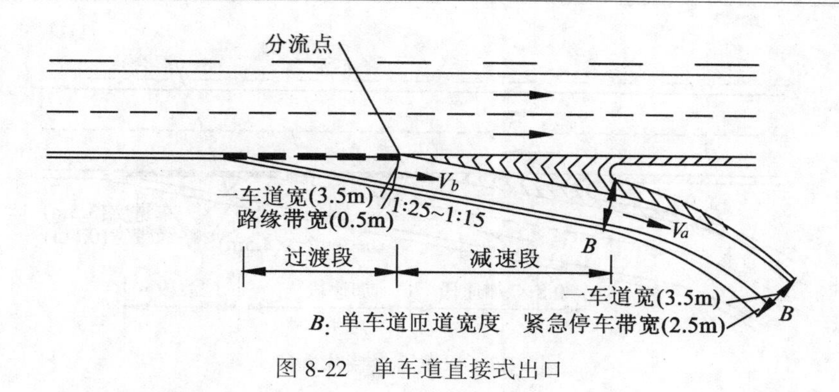

图 8-22　单车道直接式出口

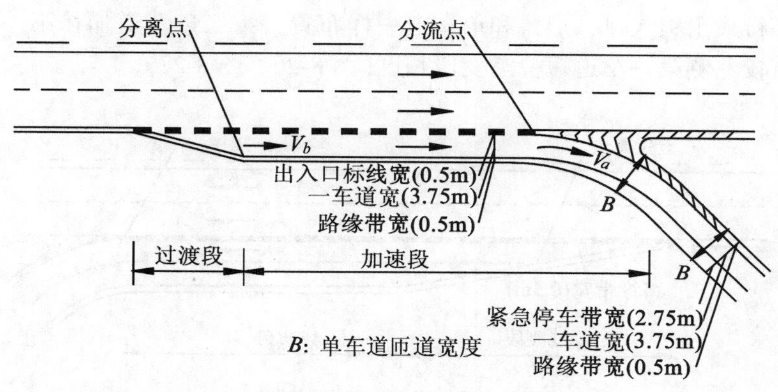

图 8-23　单车道平行式出口

3. 多车道出、入口

多车道出、入口除和单车道出、入口一样根据形式分两类外，更重要的是以功能分类，一种是按出、入口进行设计，适应于互通式立交匝道出、入口设计；另一种按主要岔口分流合流进行设计，适应于高等级道路起、讫点处立交枢纽的定向匝道出、入口设计。

(1)按出、入口型式设计

双车道直接式出、入口，形式和单车道一样布置，第二条变速车道加在第一条变速车道右侧，根据经验确定内侧车道加速段长是单车道规定值的80%(图8-24、图8-25)。

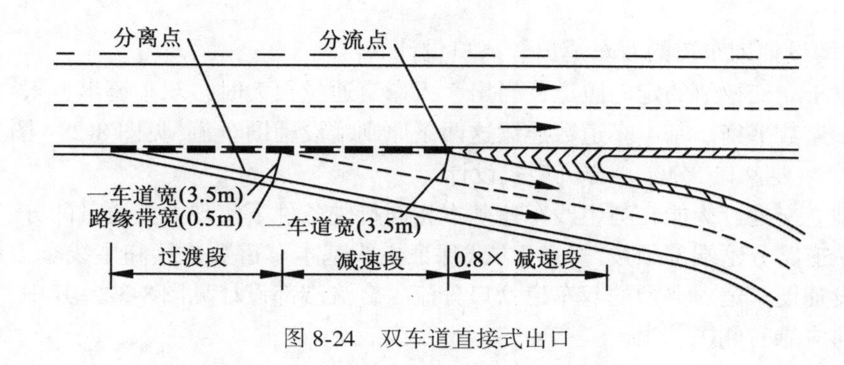

图 8-24　双车道直接式出口

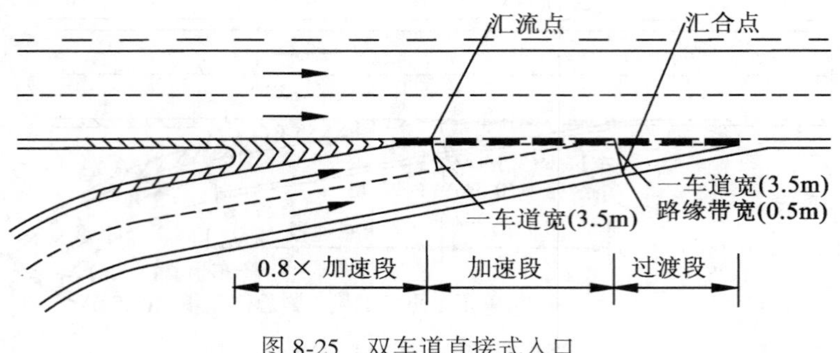

图 8-25　双车道直接式入口

双车道平行式出、入口，形式和单车道一样布置，第二条车道加在第一条车道右侧，右侧变速车道较左侧第一车道短一渐变段长度(图 8-26、图 8-27)。

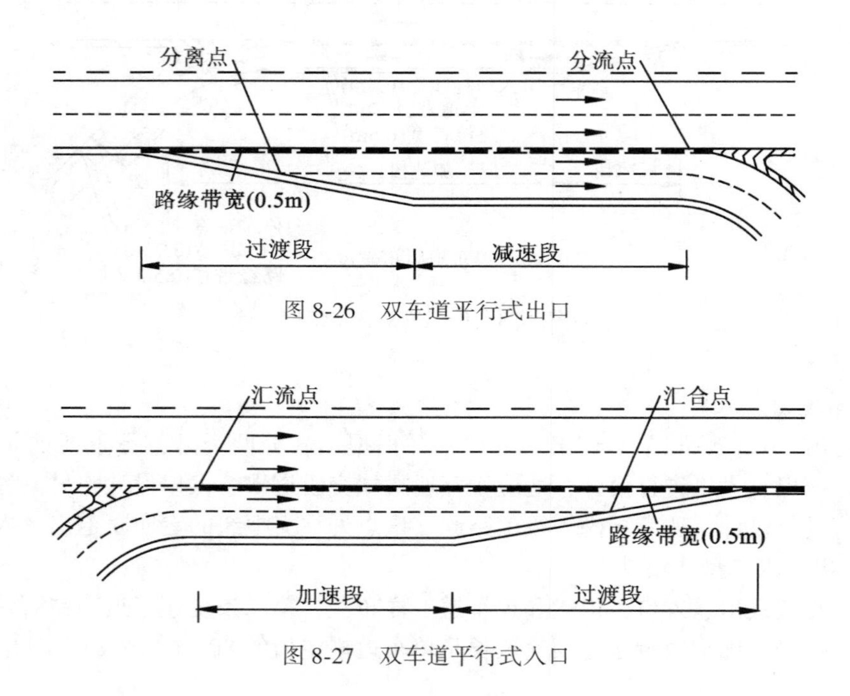

图 8-26　双车道平行式出口

图 8-27　双车道平行式入口

(2)按增设辅助车道的双车道出、入口设计

一般位于立交枢纽的定向匝道，当出、入口交通量很大时，双车道出、入口必须在下行方向按车道数平衡、基本车道数连续这两条原则增设辅助车道(见图 8-28~图 8-31)。

(3)按“主要岔口”分流、合流型式设计

枢纽型立交处，为能在与主线车速基本相同行驶条件下实现大交通量的分、合流和路线的转换，道路分岔端部须按“分岔”方式保证主线基本车道数连续和主线车道数的平衡，必要时增设辅助车道。典型的双车道岔口分流、合流端部设计见图 8-32。其中，相对较次要分岔流向应靠右侧进、出。

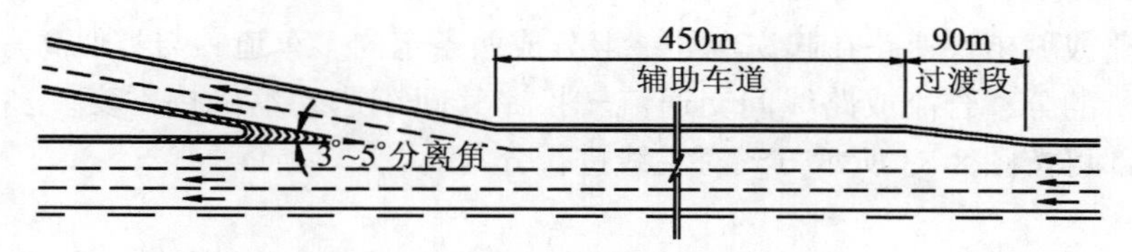

图 8-28　设辅助车道双车道直接式出口

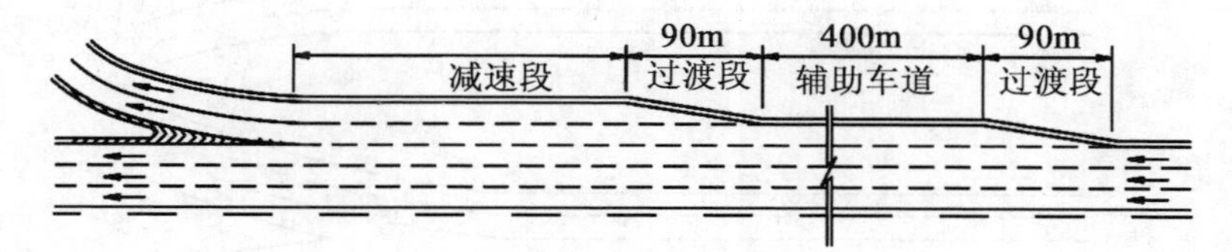

图 8-29　设辅助车道双车道平行式出口

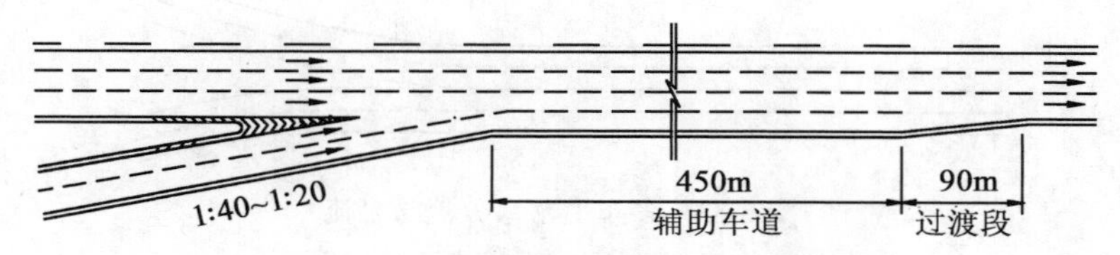

图 8-30　设辅助车道双车道直接式入口

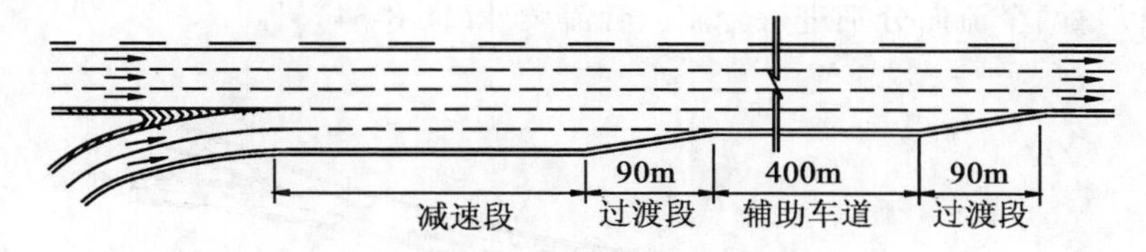

图 8-31　设辅助车道双车道平行式入口

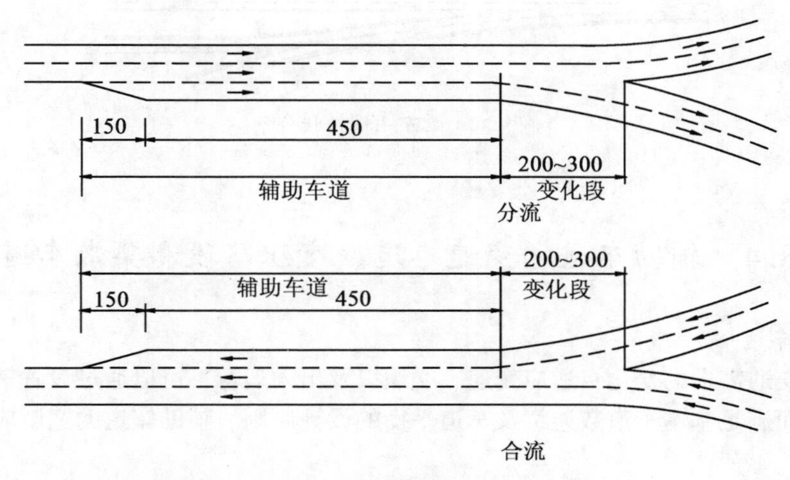

图 8-32　双车道岔口分流与合流

高速公路或城市快速路在起讫点处一般分成两条定向多车道，与类似高等级道路相衔接。大交通量的分、合流或路线间交通流转换，其间车速基本保持不变。多车道岔口分流、合流端部可按图 8-33 所示方式对主线进行分岔。

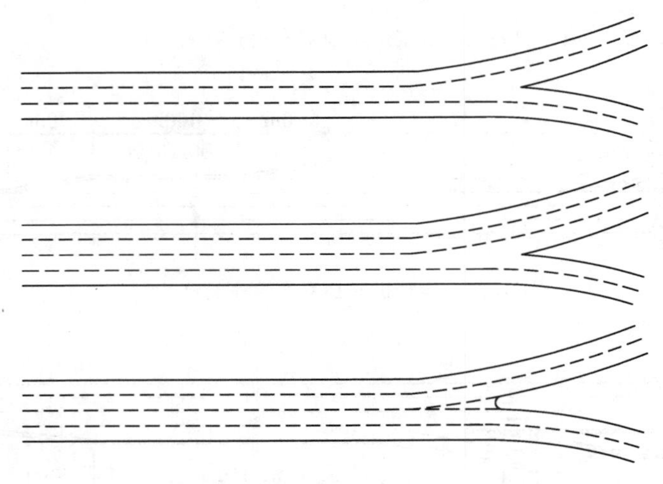

图 8-33　多车道岔口分流与合流

特大型互通式立交枢纽的“主要岔口”除了按车道数平衡原则进行设计外，还应按树枝状分岔，以每两个流向分别进行分流、合流设计(图 8-34)。

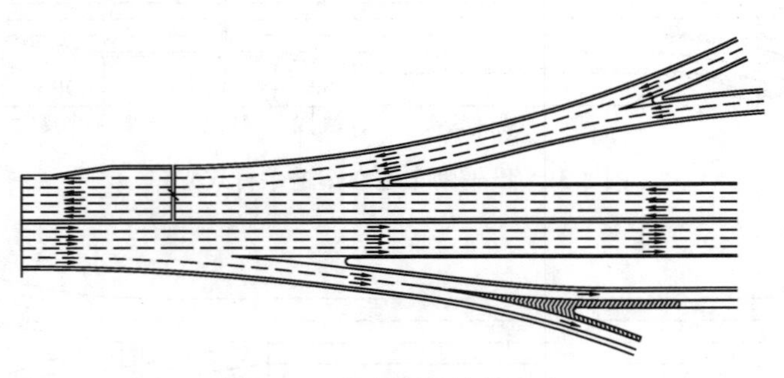

图 8-34　多车道树枝状分岔

8.4　辅助车道、变速车道、交织路段和集散车道

1. 辅助车道

为适应交通需求的变化，适应变速、交织以及出入运行，可以通过设置辅助车道来进行调节，从而满足基本车道数连续及车道平衡的设计原则。辅助车道的宽度应与直行车道相同。

所谓基本车道数是指道路在全长或较长路段内必须保持的车道数。同一条道路相邻两段路的基本车道数每次增减不得多于一条，变化点应距互通式立体交叉 0.5～1.0km，并设渐变率不大于 1/50 的过渡段。分、合流处应按车道平衡公式(8-3)进行计算，以检验车道数是否平衡，见图 8-35(车道数平衡)。

$$N_c \geqslant N_f + N_e - 1 \tag{8-3}$$

式中：N_c——分流前或合流后的主线车道数；

N_f——分流后或合流前的主线车道数；

N_e——匝道车道数。

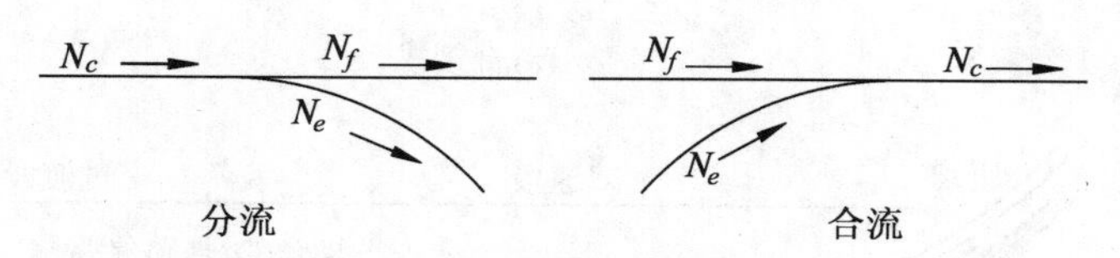

图 8-35　车道数平衡

为了使车辆行驶顺畅，辅助车道长度(包括渐变段)在分流端为 1000m，最小为 600m，在合流端为 600m。辅助车道过渡段渐变率应大于或等于 1/50(渐变段长度，一车道一般可用 200m)。当一个互通式立体交叉(立交枢纽)的加速车道末端至下一个互通式立体交叉(立交枢纽)的减速车道的起点之间的距离小于 500m 时，必须设辅助车道，将二者连接起来。若交通量较大，交织运行交通量比例较高，则即使两者间距达 2000m 也宜考虑设置连续的辅助车道，见图 8-36。

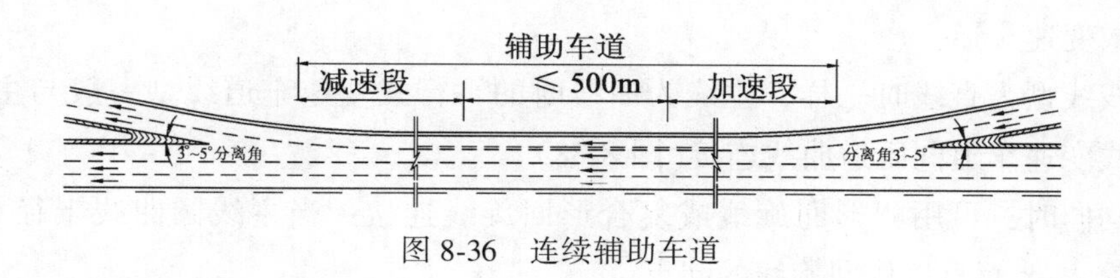

图 8-36　连续辅助车道

需要说明的是，辅助车道只用于立交枢纽的主要道路和互通式立交一级分合流处，对于次要道路的分合流处则无须设置。

2. 变速车道

(1)变速车道的形式

车辆在互通式立交匝道出入口处，应设置变速车道以满足车辆减速或加速行驶的需要。变速车道按平面型式分为直接式和平行式两种，见图 8-37。为了行车安全，通常城市道路互通立交中，减速车道采用直接式，加速车道采用平行式。

变速车道(加、减速车道)设在主干路或快速路出、入口(高架路上、下匝道口)衔接路段，与辅路或匝道相接。变速车道宜为单车道，宽度与直行方向主路车道宽度相同，自干道的路缘带外侧算起。变速车道的长度应满足设计车辆加、减速行程要求。

(2)主线为曲线时的变速车道线型

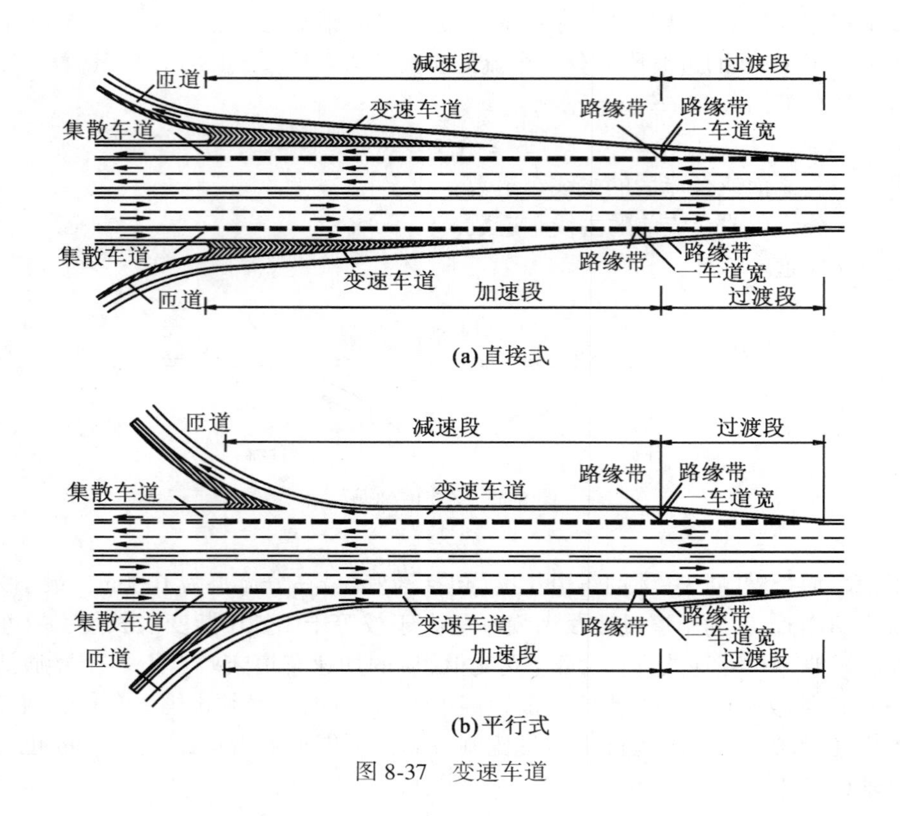

图 8-37　变速车道

平行式变速车道：

与主线线型为直线时一样，主线为曲线时的平行式变速车道线型一般与主线曲线平行。平行式变速车道同匝道曲线连接(图 8-38)。

当为同向时，可用卵形回旋线或复合形回旋线连接；当主线圆曲线半径 $R_1>1500$m 时，可视 $R_1\approx\propto$ 而直接作回旋线的起点。

当为反向时，可采用 S 形回旋线连接；当主线圆曲线半径 $R_1>2000$m 时可视 $R_1\approx\propto$ 而直接作为回旋线的起点。

直接式变速车道：

由于弯道上主线与变速车道的曲率差很小，直接式变速车道线型一般可采用与主线为直线时相同的宽度渐变率顺主线线性变宽接出或接入，也可按图 8-39 所示内切圆法曲线接入或接出主线。当主线位于回旋线范围内时，变速车道亦可采用同一参数的回旋线，但宽度渐变率应符合表 8-20 的规定。直接式变速车道与匝道曲线连接，可按平行式变速车道的连接方式处理。

变速车道长度为加速或减速车道长度与渐变段长度之和，应根据主线计算行车速度采用大于表 8-20 所列值。

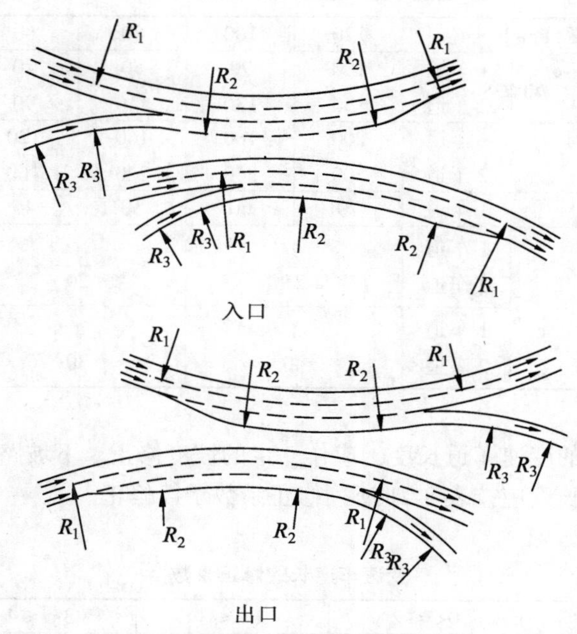

图 8-38　曲线上的平行式匝道

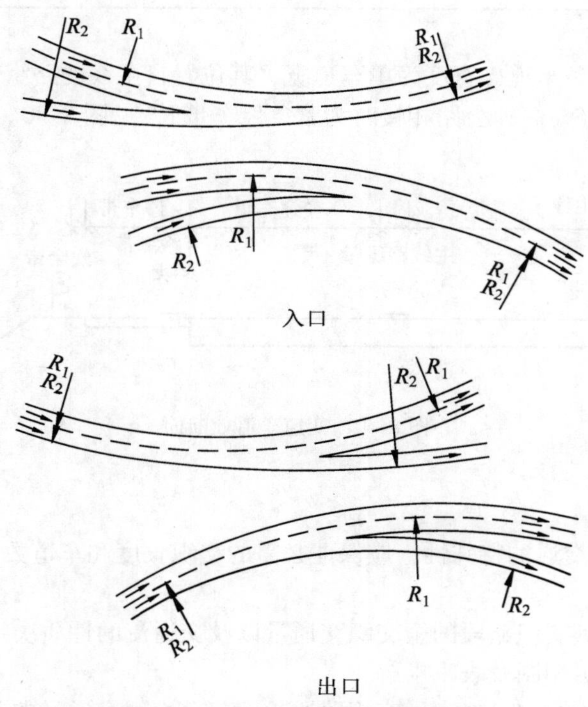

图 8-39　曲线上的平行式匝道

表 8-20 **变速车道长度及出、入口渐变率**

主线计算行车速度(km/h)		120	100	80	60	50	40
除宽度缓和部分外的减速车道规定长度(m)	1 车道	100	90	80	70	50	30
	2 车道	150	130	110	90	—	—
除宽度缓和部分外的加速车道规定长(m)	1 车道	200	180	160	120	90	50
	2 车道	300	260	220	160	—	—
宽度缓和路段长(m)	1 车道	70	60	50	45	40	40
出口角度	1 车道 2 车道	$\frac{1}{25}$		$\frac{1}{20}$		$\frac{1}{15}$	
入口角度	1 车道 2 车道	$\frac{1}{40}$		$\frac{1}{30}$		$\frac{1}{20}$	

对于有坡度路段的变速车道长度，应作一定的坡度修正。下坡路段的减速车道和上坡路段的加速车道，其长度应按表 8-21 所列修正系数予以修正。

表 8-21 **变速车道长的修正系数**

	$0<i\leqslant 2$	$2<i\leqslant 3$	$3<i\leqslant 4$	$4<i\leqslant 6$
下坡减速车道修正系数	1. 00	1. 10	1. 20	1. 30
上坡加速车道修正系数	1. 00	1. 20	1. 30	1. 40

变速车道宜设一条车道，宽度为单车道宽，其位置自主线的路缘带外侧算起。变速车道外侧应另加路缘带(与高速公路相接时为紧急停车带)，见图 8-40。

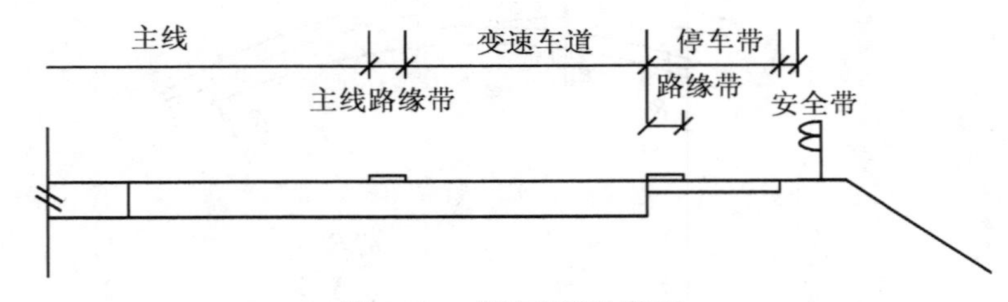

图 8-40　变速车道处断面

3. 交织路段

交织路段由于其交通的特殊性，应保证必需的交织长度和车道数，同时需设置适当的诱导标志。

(1)交织长度由其交织路段的全交织交通量以及交通流的性质决定，见图 8-41。

(2)交织段长度可用图及表来求解。

图 8-42 中的曲线 A，B，C 表示交织路段长度与全交织交通量的关系。表 8-22 给出了曲线 A，B，C 的交通流运行特性，连接设施相互间产生的交织，一般适用于曲线 B；如果地形等条件允许，也可适用于曲线 A；苜蓿叶形等立体交叉产生的交织，基本上适用于

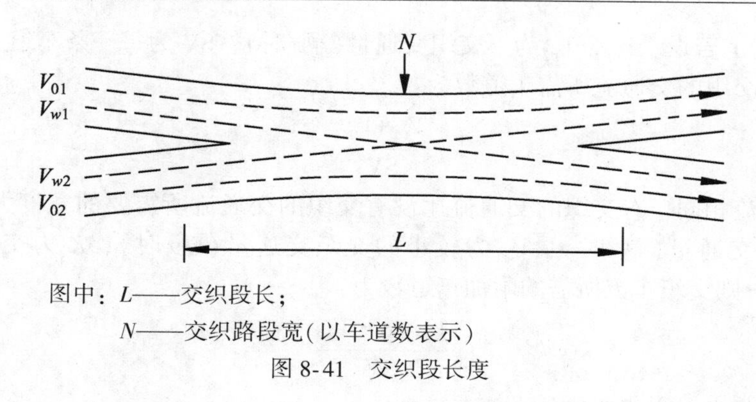

图中：L——交织段长；

N——交织路段宽(以车道数表示)

图 8-41　交织段长度

曲线 B，不得已时也可用曲线 C；一般公路上产生的行车交织，基本上适用于曲线 C。

根据相应的适用条件，利用 A，B，C 曲线图，可求出与全交织交通量相适应的交织长度。

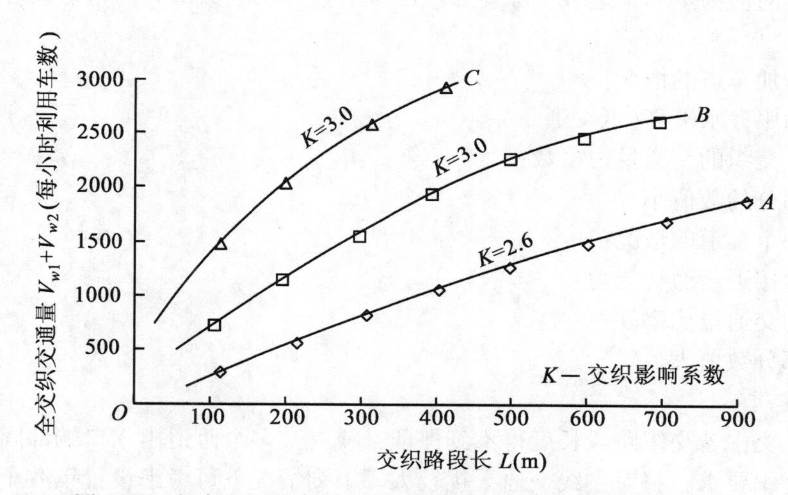

图 8-42　行车交织基本图(交织路段长与全交织交通量的关系)

表 8-22　**交织路段的交通流**

曲线名称	交通量的运用特性
A	在没有交通的自由交通状态附近，交通流对交织的影响很小，如果车道数适当，车速可达到 70~80km/h
B	在交织路段上的驾驶员，比自由交通状态下的驾驶员受其他车辆影响较大，车速保持 60~70km/h
C	车辆的速度变化很大，是一种不太好的交通状态，只能保持 45~55km/h 运行速度

(3) 交织路段宽度(车道数)

宽度 N(以车道数表示)用下式计算。

在图 8-41 上若设：V_{01}，V_{02}为不交织交通量(辆/时)；SV 为每一条车道上的运行交通量。则不发生交织的交通流所需车道数为：

$$\frac{V_{01}+V_{02}}{SV} \tag{8-4}$$

如果交通流相同，有交织的交通流比没有交织的交通流所需要的宽度大，若设：V_{w1}为较大的交织交通量(辆/时)；V_{w2}为较小的交织交通量(辆/时)；K 为交织影响系数，$1.0 \leqslant K \leqslant 3.0$。则交织车流所需的附加车道数为：

$$\frac{V_{w1}+K \cdot V_{w2}}{SV} \tag{8-5}$$

从以上两式求得交织路段的全部车道数 N：

$$N=\frac{V_{w1}+K \cdot V_{w2}+V_{01}+V_{02}}{SV} \tag{8-6}$$

注：交织影响系数表示交织交通量在交织路段阻碍交通程度的系数。

这样求得的值为全部车道数。除整数项的车道数外，小数部分的车道数可按下述原则处理：

不需要增加车道的情况：

①道路的服务水平高(低交通量)；

②不产生交织的交通量占多数；

③小数部分的数值小。

须增加一个车道的情况：

①交通量接近于通行能力；

②交织的交通量比率高；

③小数部分数值大。

4. 集散车道

在枢纽立交中若交织路段长度得不到保证，或立交多个匝道出入口端部间距较近，不能满足车辆交织要求，将对主线交通干扰较大。下列情况下可考虑设置集散车道：

①通过车道交通量大，需要分离；

②两个以上出口分流岛端部靠得很近；

③三个以上出入口分流岛端部靠得近；

④所需要交织长度得不到保证；

⑤因交通标志密集而不能设置诱导标志。

集散车道的宽度可以是单车道或双车道，其取决于通行能力的需要。每条车道宽取 3.5m。在主线出入口处应保持车道平衡，但对集散道路本身不作规定。

主线和集散道路之间的外分隔带应有足够宽度，其最小宽度应足以设置集散道路的路肩(等于主线的路肩宽度)，并足以设置适当的护栏以防车辆任意跨越。对集散车道，特别是运用于一座以上互通式立交的集散车道的交通标志设置应给予高度重视，否则将可能由于司机对前方路线判断失误造成集散路段交通紊流，反而给交通带来负面影响。

以苜蓿叶立交为例，图 8-43 所示的集散道作用如下：

①消除主线上的交织车流，将其转移到集散车道上来。如图 8-43(a)，在交织段 ef，作集散车道 ge^1f^1h，将交织运行转移的 e^1f^1 段进行如图 8-43(b)，使直通运行车辆不受交织干扰。

②减少主线上的进出口数目，如图 8-43(c)，主线上相邻两座立交各自存在交织段 e_1f_1, e_2f_2，而且相距很近，这时不必各自设置独立集散道而是作一条通长 $ge'f'h$ 把两座立交串联起来，如图 8-43(d)。

集散道口设计如图 8-44 和图 8-45。

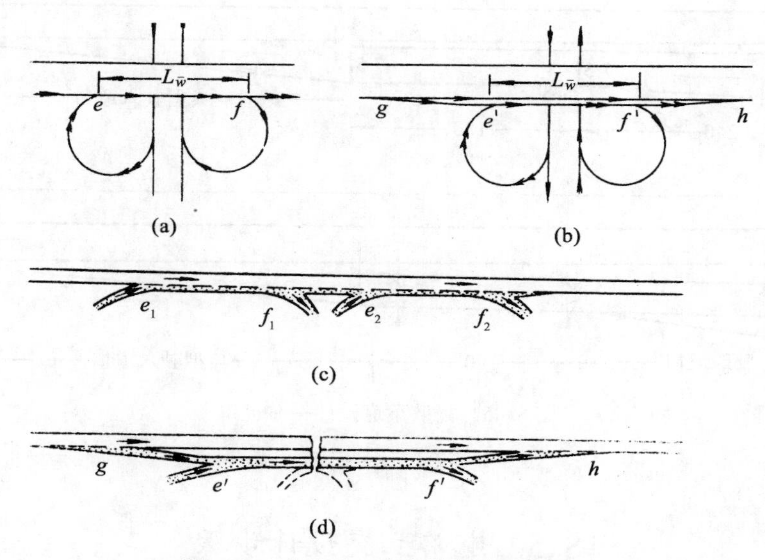

图 8-43　苜蓿叶立交集散车道基本情况

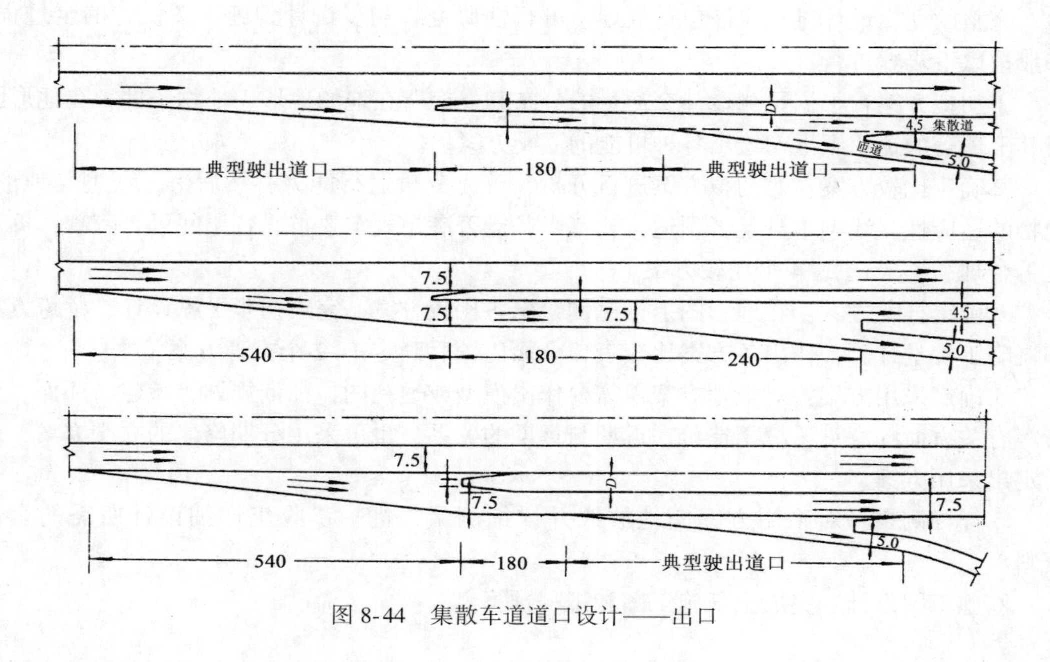

图 8-44　集散车道道口设计——出口

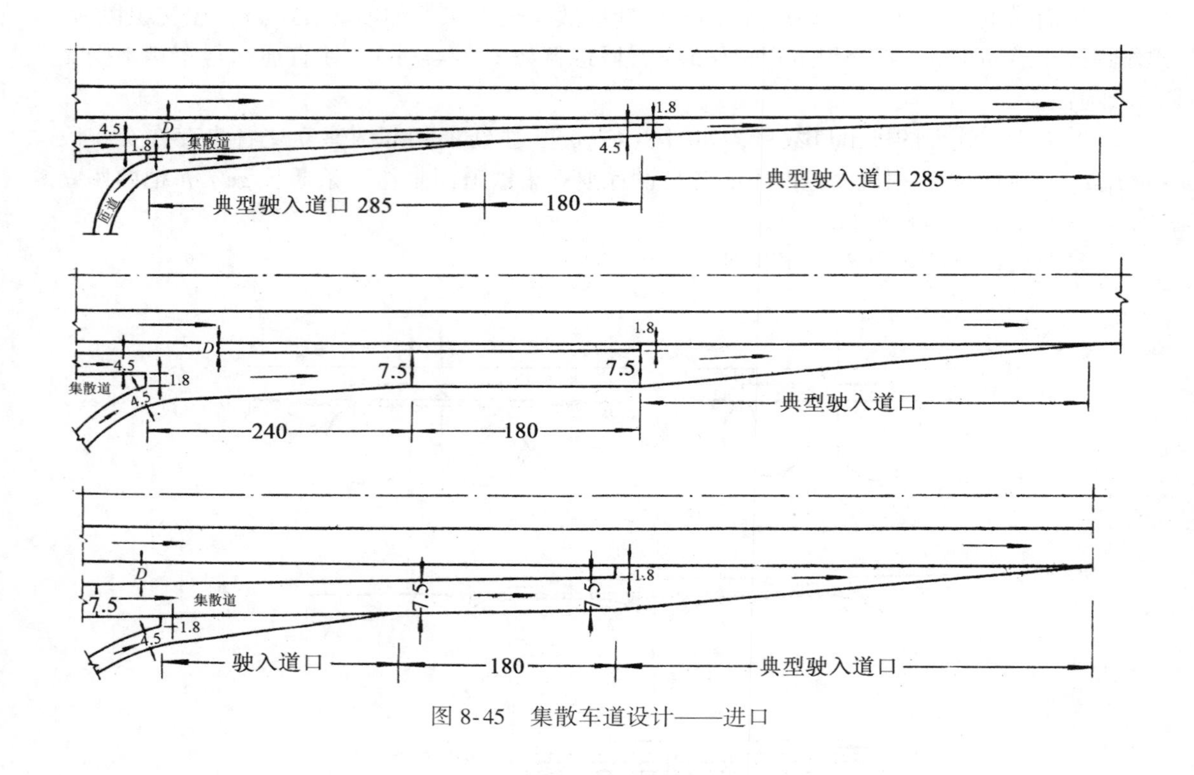

图 8-45　集散车道设计——进口

8.5　道路立交设计步骤

完整的立交设计过程应该包括规划、可行性研究、初步设计到施工图设计的全过程。一般按以下步骤进行：

①初拟方案：根据预测设计交通量的分布和立交所在地的地形、地物条件，在地形图或其上覆盖的透明纸上勾绘出各种可能的立交方案。

②确定比较方案：对初拟方案进行分析，首先分析通行能力，然后考虑线型与地形、地物的适应性，线型本身是否顺适、转弯半径能否满足规定要求，各层间可否跨越，拆迁是否合理，一般选 2~4 个比较方案。

③确定推荐方案：在地形图上按比例绘出各比较方案，完成初步平纵设计、桥跨方案和概略工程量计算，作出各方案比较表，全面比较后确定 1~2 个推荐方案。

④确定采用方案：对推荐方案视需要作出模型或透视图，征询规划、城建、环保、交管等有关方面的意见，权衡造价、近期与远期的关系，也可采用分期修建的立交方案，最后定出采用方案。

⑤详细测量：对采用方案实地放线并详细测量，进一步收集详细设计所需的全部资料。

⑥施工图设计：完成全部施工图和工程预算。

以上②~④步为初步设计阶段，当可选方案较少或简单明了时可酌减步骤，⑤~⑥步为施工图设计阶段。

立交形式多样、技术复杂、占地面积大、造价高，应经过多方案的技术、经济比较，选择合理的立交形式和适当的规模，以选出满足交通功能的要求、适合现场条件、工程量小、投资省的立交方案。对于复杂的大型立交，还应制作模型或立体图进行检查比较。通过立交方案综合评价，可以在技术上、经济上寻求最合理的立交形式，使立交在道路网中发挥更大的社会效益和经济效益。

立交方案评价的方法较多，通常采用的有综合评价法、分项评价法、技术经济比较法、经济比值法、环境协调与造型比较法等。下面简要介绍综合评价与技术经济比较两种方法。

①综合评价法：对建立的综合评价指标体系，借助运筹学的层次分析法或模糊数学的方法或二者的结合使用，通过各影响因素权重的计算和综合分析比较，以寻求整体最优或较优的立交方案，作为决策的依据。综合评价法是一个多目标、多层次的决策分析过程。

建立一个合理、实用和科学的综合评价指标体系，对评价结果的全面性、公正性及可靠性至关重要。图8-46为立交方案综合评价指标体系之一，它是一个三级梯阶结构，方案评价是由下而上逐级进行的，将低一级评判结果作为高一级评判的输入，直到最终得到结果。

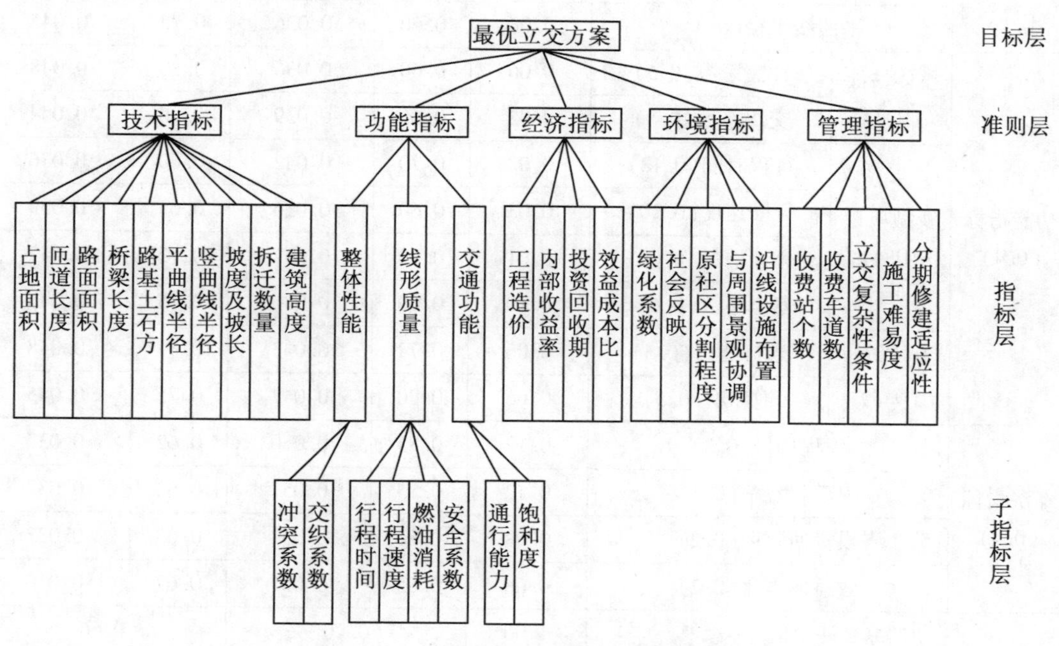

图8-46　立体交叉方案综合评价指标体系

权重是各因素之间相对重要程度的反映。为使权重取值科学，不过分偏差，通常采用系统工程中的德尔斐(Delphi)法，即发放专家调查表。该表应有选择地向专家发放，收回后还应作正态分布的假设检验，以保证调查质量。

在多目标决策过程中，各因素是相互影响的，有些因素很难量化，有的甚至是不可量化的，因此各因素之间就不能直接判断其影响程度，从而得到决策结果。为能统一比较，需要把有量纲和无量纲的各指标换算成 0、1 之间的实数，称为评价指标的量化处理。对定量的指标(如匝道长度、通行能力等)通过计算直接或间接得到；对定性的指标(如社会反映、分期修建适应性等)很难计算获得，可用模糊数学的方法得到。

例如，某道路立交拟定了菱形和半苜蓿叶形两个方案，匝道为单车道匝道，先确定各项指标的权重系数，然后计算各项指标的综合重要度，再计算各项指标的分项评分，列成表 8-23 格式进行计算。评价结果表明，方案一优于方案二。

表 8-23　　**综合评价法计算表**

比较项目			综合重要度	方案一 菱形立交		方案二 半苜蓿叶立交	
				隶属度	分项评价值	隶属度	分项评价值
技术指标(0.2)	匝道长度(0.3)		0.06	0.08	0.048	0.60	0.036
	路基土石方数量(0.2)		0.04	0.75	0.045	0.63	0.038
	路面面积(0.2)		0.04	0.78	0.047	0.50	0.030
	平曲线半径(0.3)		0.06	0.60	0.036	0.75	0.045
功能指标(0.4)	整体性能(0.3)	冲突系数(0.5)	0.06	0.60	0.036	0.80	0.048
		交织系数(0.5)	0.02	0.65	0.039	0.90	0.054
	线型质量(0.4)	行程时间(0.13)	0.02	0.70	0.042	0.60	0.036
		行驶速度(0.20)	0.03	0.60	0.036	0.65	0.039
		燃油消耗(0.06)	0.01	0.70	0.042	0.72	0.043
		安全系数(0.61)	0.10	0.60	0.036	0.75	0.045
	交通功能(0.3)	通行能力(0.5)	0.06	0.72	0.043	0.81	0.048
		饱和度(0.5)	0.06	0.70	0.042	0.75	0.045
经济指标(0.4)	工程造价(0.3)		0.12	0.83	0.050	0.62	0.037
	内部收益率(0.3)		0.12	0.85	0.051	0.62	0.037
	投资回收期(0.2)		0.08	0.86	0.051	0.63	0.037
	效益成本比(0.2)		0.08	0.85	0.051	0.67	0.040
综合评价值			1.00	0.70		0.66	

②技术经济比较法：直接计算各个立交方案的技术指标、使用指标及经济指标值，列成数表逐项进行对比，通过对各个方案的造价、运输费用和养护费用进行综合分析，选出最佳方案。各项指标的具体内容为：

技术指标：

F——占地面积(ha)；

L_1——以单车道计的匝道总长度(km)；

L——以单车道计的立交范围内主线全部车道总长度(km)；

S_1——匝道路面面积(m^2)；

S——立交范围内的主线路面面积(m^2)；

L_0——以单车道计的跨线桥总长度(m)；

W——路基土石方体积(m^3)。

使用指标：

$T_{左}$——汽车在相邻道路上两固定点间以计算行车速度左转运行时间(s)；

$T_{右}$——汽车在相邻道路上两固定点间以计算行车速度右转运行时间(s)；

$t_{左}$——汽车在相邻道路上两固定点间以最佳车速左转运行时间(s)；

$t_{右}$——汽车在相邻道路上两固定点间以最佳车速右转运行时间(s)。

经济指标：

C——立交范围内的路基、路面及跨线构造物等的总造价(万元)；

A——立交一年的养护费用(万元)；

B——立交一年的运输费用(万元)。

例如，某道路立交拟定了三个方案，在相同的设计标准下进行方案比较，如表 8-24 所示。比较结果表明，方案三虽然造价高，但使用指标好，养护和运输费用低，可作为推荐方案。

表 8-24　　**技术经济比较法立体交叉方案比较表**

比较指标		单位	方案一	方案二	方案三
			苜蓿叶形立交	环形立交	定向形立交
技术指标	占地面积 F	ha	51.9	8.5	8.1
	匝道总长度 L_1	km	5.8	2.03	2.74
	主线车道长度 L	km	14.6	5.84	6.37
	匝道路面面积 S_1	m^2	18850	6600	8900
	主线路面面积 S	m^2	49720	19940	2160
	跨线桥总长度 L_0	m	184	516	1044
	路基土石方 W	m^3	179840	211810	210320
使用指标	左转运行时间 $T_{左}$	s	150	106	81
	右转运行时间 $T_{右}$	s	74	80	79
	$T_{左}+T_{右}$	s	224	186	160
	最佳左转运行时间 $t_{左}$	s	229	173	136
	最佳右转运行时间 $t_{右}$	s	115	134	133
	$t_{左}+t_{右}$	s	344	307	269

续表

比较指标		单位	方案一	方案二	方案三
			苜蓿叶形立交	环形立交	定向形立交
经济指标	总造价 C	万元	5861	6416	7038
	每年养护费用 A	万元	295	271	277
	每年运输费用 B	万元	2095	1890	1750
	$A+B$	万元	2390	2161	2027
比较结果					推荐

思 考 题

1. 城市道路立体交叉划分为哪几个等级？通常怎样选用道路立交的等级？
2. 城市道路立体交叉平面几何形态的形式有哪些？适应性如何？
3. 立交匝道、变速车道、集散车道的功能各是什么？
4. 立体交叉设计的步骤如何？

第9章　城市道路公用设施

城市道路除了道路主体外，还需要有许多与之配套的公用设施，如公交站点、停车场、照明、地上(下)管线、道路排水系统等，才可能充分发挥其交通、公用空间、防灾救灾、城市结构等主要功能。下面将简要介绍主要公用设施布置及设计的要点。

9.1　公共交通站点布置

城市公共交通站点分为首末站、枢纽站和中间停靠站三种类型。合理规划布置站点应在对客流流向、流量的调查分析的基础上作出。

首末站的布置要考虑车辆掉头回车的场地、部分车辆停歇及加水、清洁、保养和小修工作的用地。

枢纽站一般设有若干条公交线路，上、下车及换乘的乘客较多，在布置上应注意保护乘客、行人和车辆的安全，尽量避免使换车乘客穿越车行道，同时使换乘步行距离最短。

中间停靠站是提供给沿线公交乘客定点上、下车的道路交通设施，在具体安排时应考虑的主要问题一是停靠站的间距，二是停靠站台的布置形式。

1. 公交路线布置原则

①公交路线的布设应以城市公交规划为基础，以便更好地适应公交乘客的交通需要；

②路线分布密度要适当，所有城市干道上均应布置公交路线，另外在支路上还应适当布置一些公交路线，使公交覆盖面尽可能大一些，以方便居民乘车出行；

③除远郊路线外，公交各路线应有良好搭接，形成闭合线网，以利乘客换乘；

④避免在交通条件和道路状况差的街道上布设公交路线，以保证公交车辆的运输效率；

⑤公交路线应根据居民出行调查资料，按主要人流方向设置；

⑥在高峰时间乘客流量特别大的路段上，除一般公交路线外，宜增设区间运行的公交路线或称公交专线。

2. 停靠站的间距

停靠站布置的平均间距分析可见本书3.4节。

3. 停靠站台的布置形式

停靠站台在道路平面上的布置形式主要有沿路侧带边设置和沿两侧分隔带边设置两种。

(1)沿路侧带边设置

这种方式布置简单，一般只需在路侧带上辟出一段用地作为站台，以供乘客上下车即可，如图 9-1。站台宜高出路面 30cm，并避免有杆柱障碍，以方便乘客上下车。此方式对乘客上下车最安全，但停靠的车辆对非机动车交通影响较大。这种布置方式适用于单幅路和双幅路。

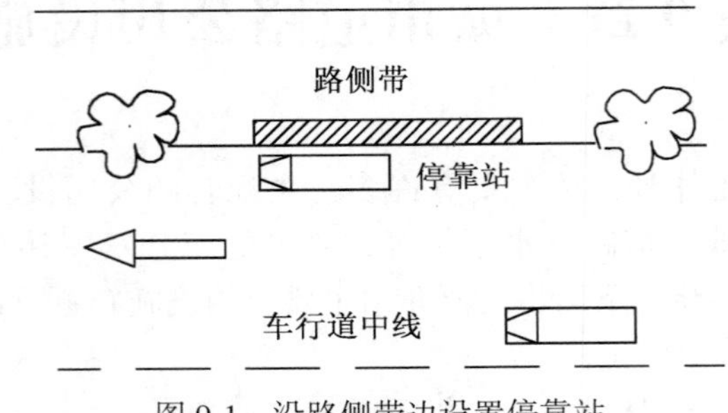

图 9-1　沿路侧带边设置停靠站

(2)沿两侧分隔带边设置

对于这种布置方式，停靠的公交车与非机动车道上的车辆无相互影响，但上下车的乘客需横穿非机动车道，给二者带来不便。此形式适用于三幅路和四幅路，如图 9-2(a)。采用这种方式布置站台的分隔带宽度应不小于 2m。

当分隔带较宽(≥4m)时，可压缩分隔带宽度辟作路面，设置港湾式停靠站，以减少停靠车辆所占的机动车道宽度，保证正线上的交通畅通，如图 9-2(b)。港湾式停靠站的长度应至少有两个停车位。

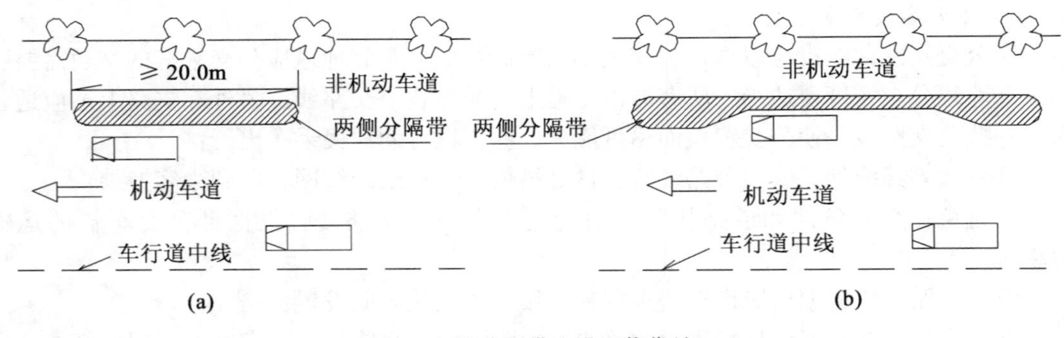

图 9-2　沿分隔带边设置停靠站

4. 终点站布置

终点站是供车辆始发、折返或暂时停放，同时兼作乘客上下的站点。除环形公交路线外，每条公交路线都有两个终点站(端点站)。终点站在布置时主要应考虑回车(调头)和车辆暂时停放的要求。

终点站的布置形式最好是在路边专辟一块场地(如图 9-3)，这样既利于回车，又便于车辆停放，同时车辆的运行调度、加水、保养小修等工作也可以开展。

有些路线终点站位于市区，单独辟一块专用场地有困难，这时可利用车行道回车，但

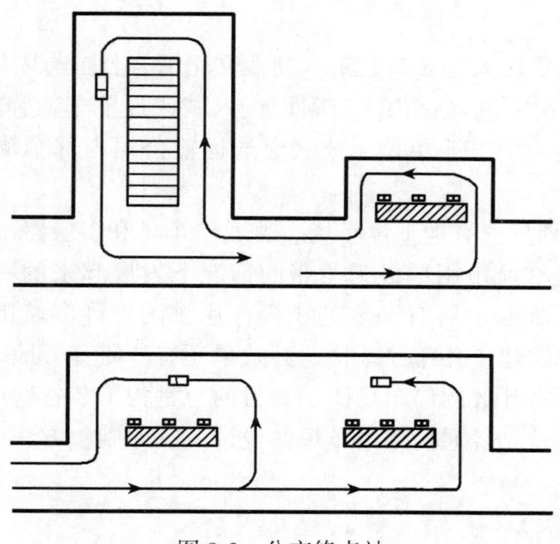

图9-3　公交终点站

车行道宽度应在20~30m(铰接汽车)或30~40m(无轨电车)。若道路宽度有限，不能直接回车，亦可利用交叉口回车或绕街坊回车。

9.2　城市公共停车设施

9.2.1　概述

城市公共停车设施是城市道路系统的组成部分之一，属静态交通设施。常见的停车设施有停车场、停车楼或地下停车库等，其用地计入城市道路用地总面积之中。但城市公共交通、出租汽车和货运交通场站设施的用地面积不含在内(其面积属于交通设施用地)；各类公共建筑的配套停车场用地也不含在内(其面积属于公共建筑用地)。

我国的《城市道路交通规划设计规范》(GB50220—95)要求公共停车设施用地面积宜按规划城市人口每人0.8~1.0m^2计算，其中：机动车停车设施的用地宜为80%~90%，自行车停车设施的用地宜为10%~20%。长期以来，我国城市建设中对公共停车设施的重视不足，其设置和规模远远达不到规范要求和实际需要，因而造成大量的路边停车，占用机动车道或非机动车道，影响道路系统的正常使用。做好公共停车设施的规划和设计，不仅是解决静态交通的问题，而且对提高道路交通的效益也是有帮助的，它是一条“以静制动”的重要措施。

1. 停车场的分类

(1)根据停放车辆性质划分，有机动车停车场(汽车停车场)和非机动车停车场(自行车停车场)两大类。

(2)根据场地平面位置划分，有路边停车场和路外停车场。

(3)根据服务对象划分，有公用停车场(也称社会停车场)和专用停车场(也称内部停车场)。

公用停车场是指设置在大型公共建筑、商业文化街、公园与风景区附近各种社会车辆停放的停车场，还包括分布在城市出入口附近供入城或过境车辆临时停放过夜的停车场。专用停车场主要指机关、企事业单位、公共交通运输公司内部车辆专用的停车场、保养场等。

(4)根据场地标高划分，有地下停车场、普通停车场和多层停车楼(库)。

多层停车楼(库)是在城市用地极为紧张的情况下发展起来的一种新型停车场地，它对缓解城市中心区停车难的矛盾有一定的积极作用，国外许多城市已广泛采用，我国广州、深圳等一些城市也试建了几座停车楼，其效果还有待研究。地下停车场多半是利用一些大型高层建筑的地下室开辟的停车场所，其目的也是为了节省城市用地。

本节着重介绍的是常见普通公用停车场的设计，其原则、方法可用于其他一些类型的停车场。

2. 停车场设置地点的选择

(1)停车场的设置应结合城市规划和道路交通组织需要，合理分布，既要解决近期亟待解决的停车问题，又要为远期发展留有余地。具体地点有：车站、码头、机场、工业仓库区、商业中心区、文化体育中心区、公园及风景游览区、城市出入口等。

(2)鉴于历史形成的旧城区拆迁困难，尤其是大型商店、影剧院集中的商业文化中心区，应结合街区改造规划，集中布置综合使用停车场，如北京的王府井大街、上海南京路、天津和平路、武汉中山大道等地的停车场就属于这类。

(3)新建大型建筑物附近必须设置与之相适应的停车场，一般是建在大型建筑物前，且和建筑物位于道路的同一侧。所谓的大型建筑物全国还没有统一标准，以下数值可供参考：

建筑面积≥1000m^2的饭庄；

建筑面积≥2000m^2的影剧院；

建筑面积≥5000m^2的旅馆、外国人公寓、办公楼、商店、医院、展览馆、体育馆等公共建筑。

停车场距服务的公共建筑出入口的距离宜采用50~100m；对于风景名胜区，当考虑到环境保护需要或受用地限制时，距主要入口可达150~250m；对于医院、疗养院、学校、公共图书馆与居住区，为保持环境宁静，减少交通噪声或空气污染的影响，应使停车场与这类建筑物之间保持一定距离。

停车场的出入口不宜设在主干路上，可设在次干路或支路上并远离道路交叉口；不得设在人行横道、公共交通停靠站以及桥隧引道处。

出入口的缘石转弯曲线切点距铁路道口的最外侧钢轨外缘应大于或等于30m；距人行天桥应大于或等于50m。

停车场出入口及停车场内应设置相应交通标志、标线，以指明停车场的交通流线，保障交通安全。

根据城市交通和城市用地性质的停车要求，城市公共停车设施一般可分为外来机动车公共停车设施、市内机动车公共停车设施和自行车停车设施三类。

外来机动车停车设施应设置在城市的外围(如城市外环路)和城市主要出入干道口附近，可起到截流外来或过境机动车辆作用，有利于城市安全、环境卫生和减少对市内交通的影响。

市内公共停车设施应靠近主要服务对象设置，如交通枢纽(如火车站、长途汽车站)、大型集散场所(如体育场馆、影剧院、大型广场和公园)和大型服务性公共设施(如大型商场、饭店)等。

城市公共停车设施的布局和规模要与城市交通的组织与管理相配合，并且要做好与城市道路的连接设计，既满足静态交通(停车)要求又不妨碍动态交通的畅通。

9.2.2　机动车停车设施设计

1. 停车场规模估计

停车场规模主要是指停车场车位容量。确定停车场规模是一件比较复杂的交通工程问题，确定的依据有：车辆到达与离去的交通特征、高峰日平均停车车次总量、停车车位日有效周转次数、平均停放时间、车辆停放不均匀性等，同时要结合城市的性质、规模、停车场地理位置、城市交通发展规划等综合考虑。下面给出几种常见情况的停车场车位容量估算公式，供设计时参考。

(1)风景区公园停车场

$$N_v = \frac{n_p \cdot \lambda_p \cdot \lambda}{n_m \cdot \gamma_p} \quad \text{(停车泊位数)} \tag{9-1}$$

式中：n_p为风景区饱和容量(p)，即高峰日在景区内的最大容许聚集游人数；λ_p为高峰日乘车到达游人平均百分率，采用值见表 9-1；λ 为停车场高峰时车位利用不均匀系数，其值与全天来车总量 n'_e有关。在 $n'_e=50\sim300$veh 时，可取 $\lambda=8.04(n'_e)^{-0.279}$；$n_m$为单车平均载客率(p/veh)，采用值见表 9-2；γ_p为游人入园聚集不均衡系数，为饱和容量与日平均小时接待游人量之商，一般为 1.6~1.8，公园及近郊风景区采用 1.9~2.1，远郊采用 1.5~1.7。

表 9-1　**λ_p值**

旅游地点	风景区			城市公园	
	市中心	市区	近郊	市中心	市区
λ_p(%)	15~17	18~22	32~33	8~10	10~12

注：①位于远郊的风景区或非风景游览城市应实测分析确定；

②风景游览城市以外的其他城市应经实测分析确定，如缺乏实际数据时，可按表中数值折减 30%~40%；

③古典园林景区可折减 20%~30%。

表 9-2 n_m 值

城市性质	风景游览城市及远郊山麓风景名胜地	风景游览性质的城市	其他城市及远郊山麓风景名胜地
n_m 采用值(p/veh)	19~21	16~18	14~16

在估计风景区饱和容量(p)时，应根据风景区游览面积(m^2)和游人尚感舒适的最低人均占有面积(m^2/p)来确定。通常游人尚感舒适的最低人均占有面积：城市公园采用 15~16m^2/p；风景名胜区采用 11~12m^2/p；古典园林采用 7~8m^2/p。

(2)大型百货商场前停车场

$$N_v = 5.4A_s^{\ 0.833}\left(\frac{n_{pm}}{0.0032}\right)^b \qquad \text{(停车泊位数)} \tag{9-2}$$

式中：A_s为商场实际营业面积(1000m^2)；n_{pm}为城市建成区(或市区)设计年限内人均拥有客车水平(veh/p)；b 为回归参数，当 $n_{pm}<0.0032$ 时，$b=1$，其他情况 $b=0.45$。

(3)影剧院前停车场

影剧院前停车场车位容量与观众座位数及城市规模、公共交通水平有关。根据我国部分城市调查资料分析，影剧院每个观众座位所需停车车位数及停车场场地面积参见表 9-3。

表 9-3 影剧院每座位所需停车位及场地面积

城市规模	乘车到达观众比例(%)	单车载客率(p/veh)	建议指标	
			车位数	场地面积(m^2)
大	18~20	12	0.015~0.016	0.58~0.63
		18	0.010~0.011	0.38~0.42
	15~17	12	0.012~0.014	0.46~0.54
		18	0.008~0.0095	0.31~0.36
中	13~15	20	0.0065~0.0075	0.22~0.27
小	8~11	20	0.0040~0.0055	0.14~0.19

注：①表中小值用于一般影剧院，大值用于较重要的影剧院；
②场地面积包括停车场内通道面积；
③表列值未考虑利用影剧院举行市、区级重要会议的停车。

(4)路边停车场(库、楼)的停车位数

$$N = \text{AADT}\cdot\alpha\cdot\gamma\cdot\frac{1}{\beta} \qquad \text{(停车泊位数)} \tag{9-3}$$

式中：AADT——道路设计年限的年平均日交通量(辆/日)；

α——停车率，即停放车辆占设计交通量百分数，α 与停车场性质、车辆种类等有关；

γ——高峰率，即高峰小时停放车辆数占全日停放车辆数的百分数，$\gamma = \dfrac{\text{高峰小时停放车辆数(辆/小时)}}{\text{全日停放车辆数(辆/日)}}$，一般 γ 可取 0.1；

β——周转率，即每小时一个车位可以周转使用停放多少个车次；

$\beta = \dfrac{1(\text{h})}{\text{平均停放时间(h)}}$。

另外，若是计算市中心路边公共停车场的停车位数时，按式(9-3)计算之值还应再乘以 1.1~1.3 的高峰系数。

2. 停车场面积计算

机动车公共停车场用地面积宜按当量小汽车停车位数计算。地面停车场用地面积，每个停车位宜为 20~30m^2；停车楼和地下停车库的建筑面积，每个停车位宜为 30~35m^2。

3. 停车车位的布置

汽车进出停车车位的停发方式(图 9-4)有以下三种：

前进停车、前进出车；

前进停车、后退出车；

后退停车、前进出车。

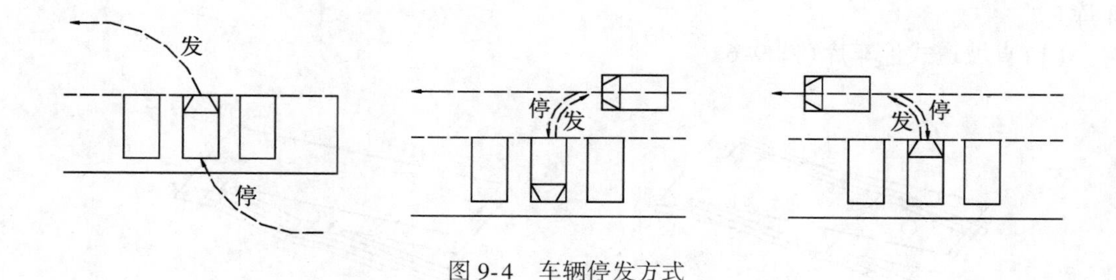

图 9-4　车辆停发方式

其中以第一种方式为最安全(因停车、出车均不需要倒车)。

停车车位的布置方式按汽车纵轴线与通道的夹角关系有以下三种基本类型：

①平行停放：车辆停放时车身方向与通道平行，相邻车辆头尾相接，顺序停放，是路边停车带或狭长场地停车的常用形式，如图 9-5(a)。

②垂直停放：车辆停放时车身方向与通道垂直，驶入驶出车位一般需倒车一次，用地较紧凑，通道所需宽度最大，如图 9-5(b)。

③斜向停放：如图 9-5(c)，车辆停放时车身方向与通道成 30°、45°或 60°的斜放方式，此方式车辆停放较灵活，驶入驶出较方便，但单位停车面积较大。

4. 停车楼(库)设计

随着我国城市机动车保有量，特别是小轿车数量的迅猛增长，使得城市公共停车设施的需求越来越大，而在城市用地规划，特别是城市中心区的用地规划中却难以提供足够的

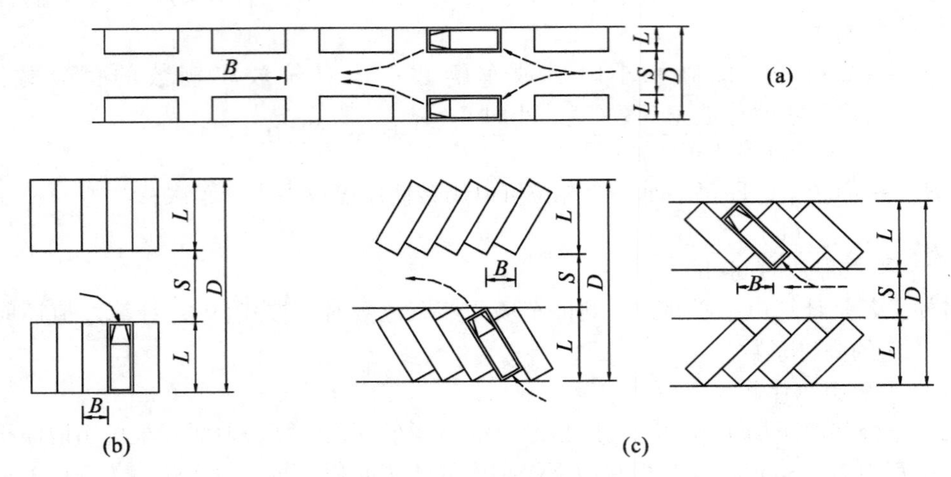

图 9-5　停车示意图

图中：L—垂直通道方向停车位宽；S—通道宽；B—平行通道方向停车位宽；D—停车场宽。

用地来设置地面露天停车场，因此，建成多层停车楼或地下停车库就成为解决这一矛盾的重要措施。

停车库可分为坡道式停车库和机械化停车库两大类，下面仅介绍常用的坡道式停车库。

(1)直坡道式停车库(图 9-6)

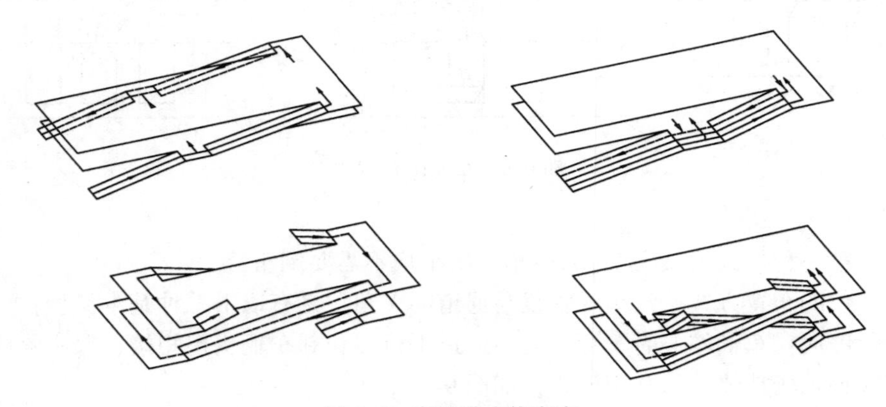

图 9-6　直坡道式停车库

停车楼面水平布置，每层楼面间以直坡道相连，坡道可设在库内，也可设在库外，可单行布置，也可双行布置。直坡道式停车库布局简单整齐，交通路线清晰，但单位停车位占用面积较多，用地不够经济。

(2)螺旋坡道式停车库(图 9-7)

停车楼面采用水平布置，基本行车部分的布置方式与直坡道式相同，只是每层楼面之

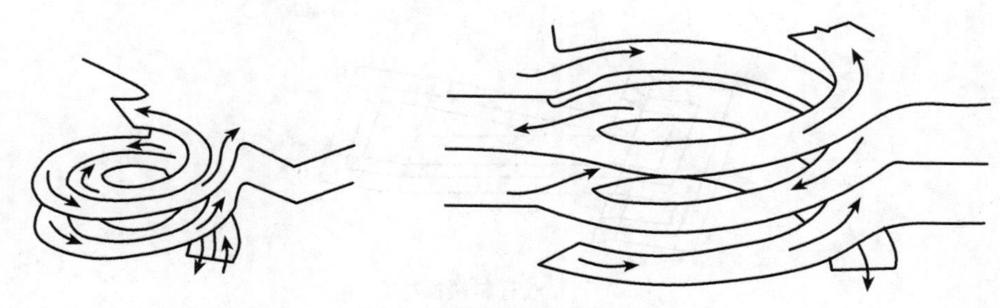

图 9-7　螺旋坡道式停车库

间用圆形螺旋式坡道相连，坡道可分单向行驶(上下分设)或双向行驶(上下合一，上行在外，下行在内)的方式。螺旋坡道式停车库布局简单整齐，交通路线清晰明了，行驶速度较快，用地稍比直坡道式节省，但造价较高。

(3)错层式(半坡道式)停车库(图 9-8)

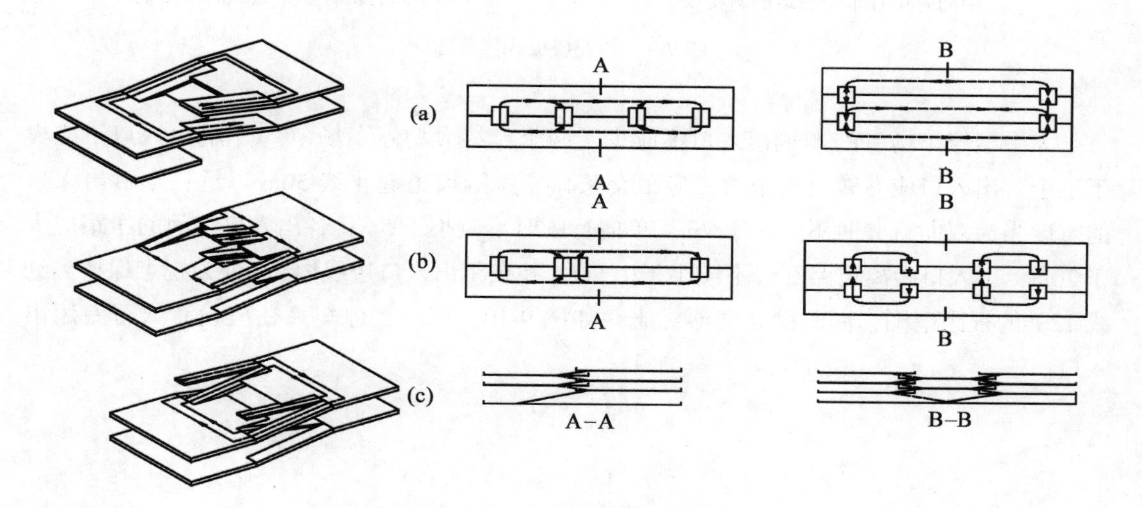

(a)为双坡道错层　(b)为单坡道错层　(c)为同心坡道

图 9-8　错层式停车库

错层式是由直坡道式发展而成的，停车楼面分为错开半层的两层或三层楼面，楼面之间用短坡道相连，因而大大缩短了坡道长度，坡度适当加大。该形式停车库的用地较节省，单位停车位占用面积较少，但交通路线对部分停车车位的进出有干扰。

(4)斜坡楼板式停车库(图 9-9)

停车楼板呈缓坡倾斜状布置，利用通道的倾斜作为楼层转换的坡道，因而无需再设置专用的坡道，用地最为节省，单位停车位占用面积最少。但由于坡道和通道的合一，交通路线较长，对停车位车辆的进出普遍存在干扰。斜坡楼板式停车楼是常用的停车库类型之一，建筑外立面呈倾斜状，具有停车库的建筑个性。

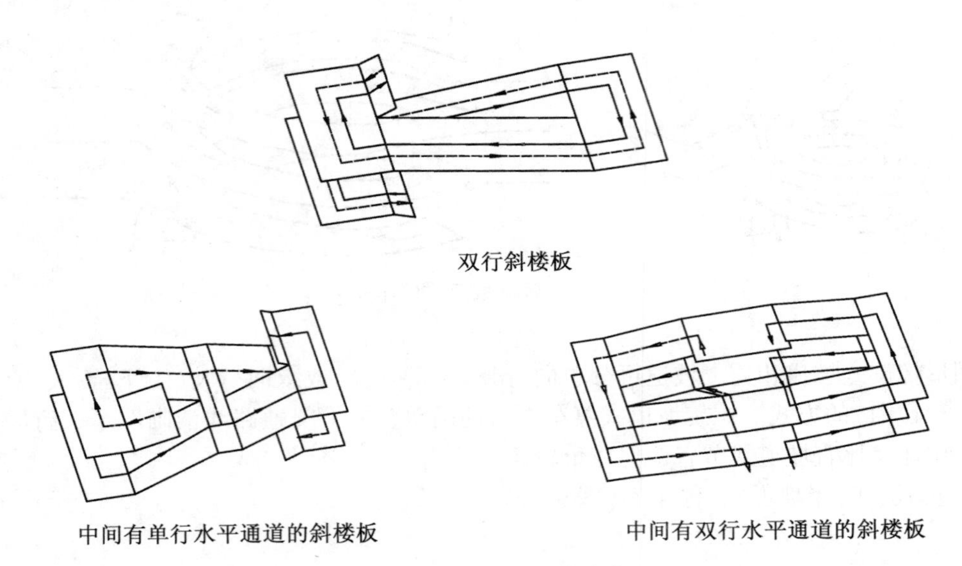

图 9-9　斜坡楼板式停车库

大中型停车场(库)车辆出入口不应少于两个，特大型停车场(库)车辆出入口不应少于三个；出入口应右转出入车道，应距交叉口、桥隧坡道起止线 50m 以远；车辆出入口的宽度当为双向行驶时不应小于 7m，单向行驶时不应小于 5m；各出入口之间的净距应大于 20m，出入口距离道路红线不应小于 7. 5m，并在距出入口边线内 2m 处为视点保持到红线 120°的视距范围，同时设立交通标志，如图 9-10。同时，停车库还应设置人行专用出入口。

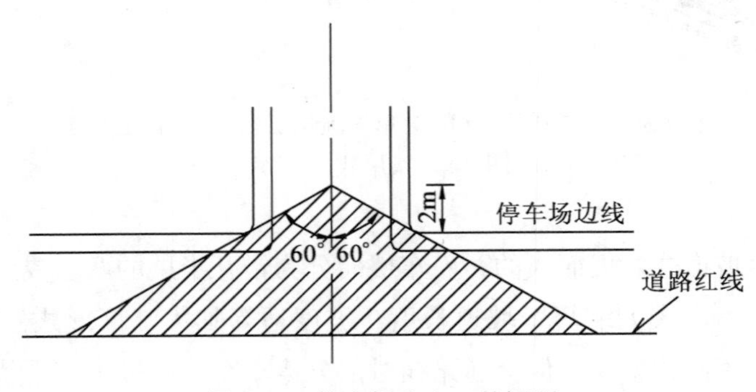

图 9-10　停车场出入口的视距

停车库一般需安装自动控制进出设备、电视监控设备、消防设备、通风设备、采暖和变电设备，同时需配备一定数量的管理、修理、服务、休息用房，人行楼梯、电梯等，通常在底层还有小规模的加油设施和内部使用的停车位。

停车库对室内温度、有害气体浓度、照明以及消防等都有一定要求，设计时可参照有关规范和标准执行。

9.2.3　自行车停车设施设计

自行车是我国城市居民广泛拥有的交通工具，目前城市居民的自行车拥有量已接近饱和。根据我国的国情和条件，自行车交通在今后相当长一段时期内仍将在城市交通中占有重要位置，因此，在城市停车规划中应予以重视。

(1)自行车停车场地规划原则

①就近布置在大型公共建筑附近，尽可能利用人流较少的旁街支路、附近空地或建筑物内(地面或地下)；

②应避免停放出入口对着交通干道；

③停车场内交通组织应明确，尽可能单向行驶；

④每个自行车停车场应设置 1~2 个出入口，出口和入口可分开设置，也可合并设置，出入口宽度应满足两辆自行车并排推行；

⑤固定停车场应有车棚、车架、地面铺砌，半永久或临时停车场也应树立标志或画线。

(2)停放方式

常采用垂直式和斜列式停放，如图 9-11。

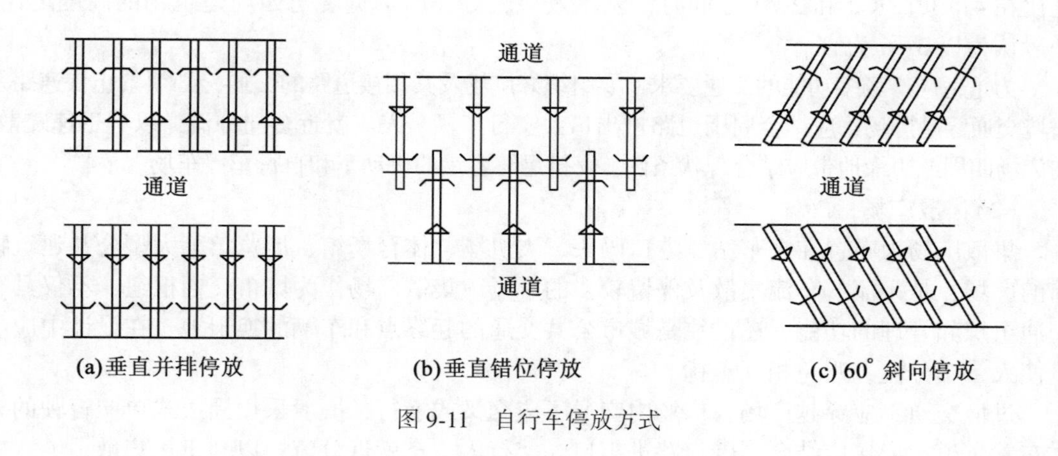

图 9-11　自行车停放方式

停车场的竖向设计应与排水设计结合，最小纵坡为 0.3%，与通道平行方向的最大纵坡为 1%，与通道垂直方向为 3%。停车场的竖向设计与城市广场竖向设计要求相同，参见平面交叉口竖向设计。

9.3 城市广场

1. 广场的分类

城市广场是指在城市平面布置上，与城市道路相连接的社会公共用地部分。它是车辆和行人交通的枢纽场所，或者是城市居民社会文化活动和政治活动的中心。

城市广场按其性质、用途及在道路网中的地位划分为公共活动广场、集散广场、交通广场、纪念性广场与商业广场等五大类，其中有些广场兼有多种功能。

城市广场的设计应按照城市总体规划确定的性质、功能和用地范围，结合交通特征、地形、自然环境等进行广场设计，并处理好与毗邻道路及主要建筑物出入口的衔接，以及和四周建筑物相协调，注意广场的建筑艺术风貌。在设计中应按车、人分离原则，布置分隔及导流设施，并采用交通标志与标线指示行车方向、停车场地、步行活动区等。

2. 各类广场的设计要求

(1)公共活动广场

这类广场一般布置在城市中心地区，作为城市政治、文化活动中心及群众集会的场所。其规模应根据群众集会、游行检阅、节日联欢的规模、容纳人数进行估算，并适当考虑绿化及通道用地，集会用地一般可按 $0.5m^2/p$ 计算。中、小城市一般用地为 1.5~2.5 公顷。

广场的形状大多是规则的几何图形。从建筑艺术上要求，广场旁建筑物高度与广场长、宽应有良好的比例，即广场的大小应与建筑物高度保持均衡。一般认为正方形广场及长宽比在 3∶1 以上的细长广场效果均不好，根据国内已建广场的实际效果分析比较，长宽比在 4∶3，3∶2 和 2∶1 之间时，艺术效果较好，广场宽度与四周建筑物的高度之比，一般认为以 3~6 为宜。

为了适应广场多功能的交通要求，要组织好广场及其相接道路的交通，必须禁止快速路及过境交通穿越广场，应结合周围道路进出口，实行车辆、人流就近多向分流，以利迅速疏散。在广场四周或边缘地带应结合现状条件，安排足够容量的机动车和自行车停车场。

(2)集散广场

集散广场为布置在火车站、港口码头、飞机场、体育场馆、展览馆等大型公共建筑物前的广场，是人流、车流集散及停留较多的广场。集散广场作为城市交通枢纽，不仅具有交通组织和管理的功能，还往往是城市公共交通的起终点和车辆的换乘地。在设计中应尽量使人、车分流，避免相互干扰。

过境交通不应穿越广场，广场内交通不应交叉或逆行，一般采用周边式单向行驶的方式布置车道。广场应结合周围道路进出口，实行人、车就近分流，以利迅速集散。

广场内为了合理地组织交通，通常在广场内采用各种交通岛，使车辆安全通畅地转换方向或予以分隔。

(3)交通广场

所谓交通广场是指在交通频繁的多条道路交叉的大型交叉口。交通广场具有组织与分散交通流的功能，各种车辆、行人经广场上的交通岛、渠化线等组成有秩序的车流，其布置及技术要求与环形交叉口相似。交通广场还包括桥头广场。

(4)纪念性广场

此类广场以纪念性建筑物为主体，如纪念碑、纪念塔、人物雕像等。在设计广场时应使纪念性建筑物表现突出，以供人们瞻仰，同时应结合地形充分布置绿化与其他建筑小品，使整个广场配合协调，形成庄严、肃穆的环境。禁止交通车辆在广场内穿越，并应另辟停车场。

(5)商业广场

商业广场的特点是以行人为主。广场多布置在商业贸易建筑群中，广场的人流进出口应与四周公共交通站点相协调，合理解决人流与车流的相互干扰。

3. 广场的竖向设计

所谓竖向设计是指广场整个地面的高程设计，其主要目的是在不影响广场功能、景观的前提下，保证其地面水的排除顺畅。

广场的竖向设计方法，基本同道路平面交叉口的竖向设计(详见 7.2 节)，设计中，不仅要解决场内排水、街道与广场的衔接，同时还要结合四周建筑物的空间立面建筑要求，以体现空间感的良好效果，这也是广场竖向设计的特点。因此，广场竖向设计也是一项综合设计。其主要考虑有以下几个方面：

(1)地形

广场设计必须充分了解地形的变化，注意地形的选择与利用。一般以相交道路中心线交点的标高为广场竖向设计的控制点。广场内避免大填大挖现象，力求场内纵、横坡度平缓。场内标高应低于周围建筑物的散水标高，以利于建筑物的排水和突出建筑物的立面。

广场设计的平面图比例一般为 1∶200～1∶500，竖向等高线间距(简称等高距)为 2～10cm，视广场坡度的大小而定。

(2)广场的平面几何图形

广场为矩形或方形时，如地形为凸形，则可设计成具有一条脊线的两面坡形式。坡度走向最好与主干线的中线一致，且正对广场的主要建筑物的轴线，如图 9-12。若是狭长的矩形广场，可在短轴方向再作出一条分水线或汇水线，亦即在长边的中部再设置一条脊线，这样可消除空间特别拉长的感觉，如图 9-13。

对于圆形广场，可以根据地形设计成盆(凹)形或反盆(凸)形。盆形广场的排水可在中央环岛的四周布置雨水口解决；凸形广场排水可在广场的外圆周的道牙边设雨水口，如图 9-14 所示。若道路纵坡指向广场中心时，可在人行横道线上设置雨水口，避免街道上的雨水流向广场。

(3)广场设计坡向及坡度

场内坡向可根据广场面积大小、形状、地形、排水流向，分别采用单坡、双坡、多面坡、不规则坡和扭坡等。

广场设计坡度，平原区应不大于 1%，但应不小于 0.3%；丘陵和山区应不大于 3%。地形困难时可建成阶梯式广场。

大中型广场，单向尺寸不小于 150m，或单向尺寸不小于 100m 且地面坡度不小于 2%，或广场面积不小于 $10^4 m^2$(1 公顷)时，为避免暴雨积水、漫流或广场路拱中心过高而

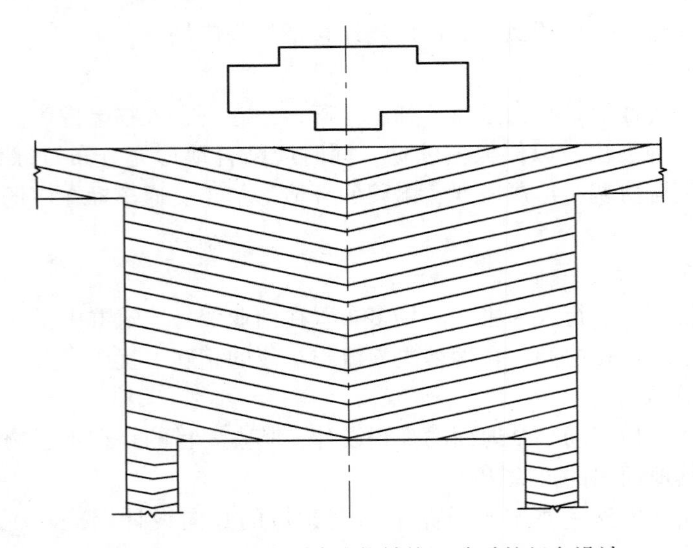

图 9-12 广场脊线与建筑物轴线一致时的竖向设计

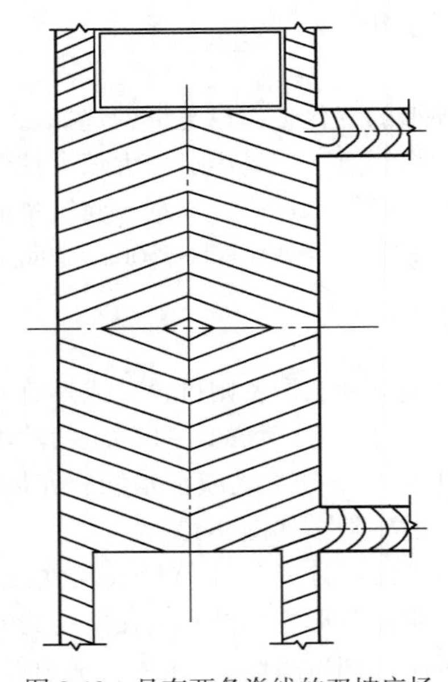

图 9-13 具有两条脊线的双坡广场

影响观瞻，宜采用划区分散排水措施。至于干旱少雨地区，则应根据当地经验另行规定。

与广场相连接道路的纵坡以 0.5%～2%为宜，困难时应不大于 7%，积雪寒冷地区不大于 6%，但在出入口处均应设不大于 2%的缓坡路段。

北京天安门广场和北京火车站站前广场竖向设计示意图分别如图 9-15 和图 9-16。

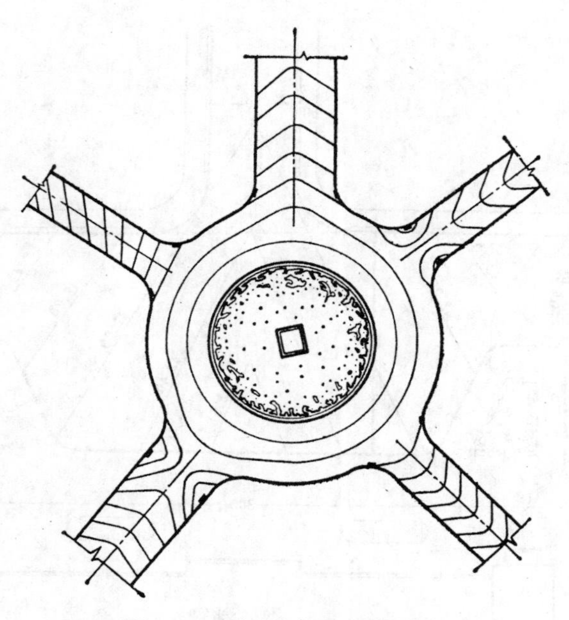

图 9-14　圆形广场的竖向设计

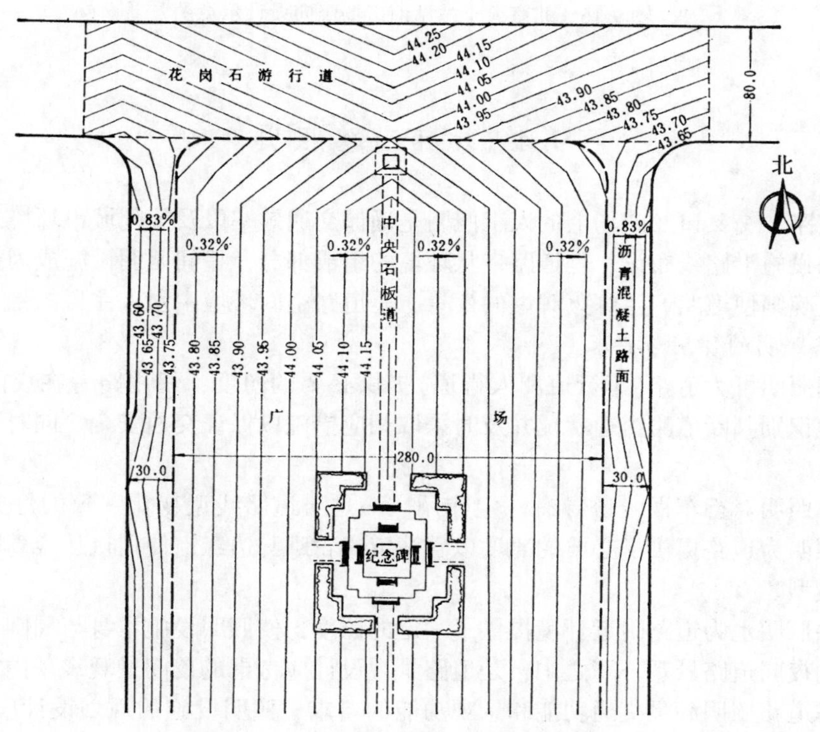

图 9-15　北京天安门广场竖向设计示意图

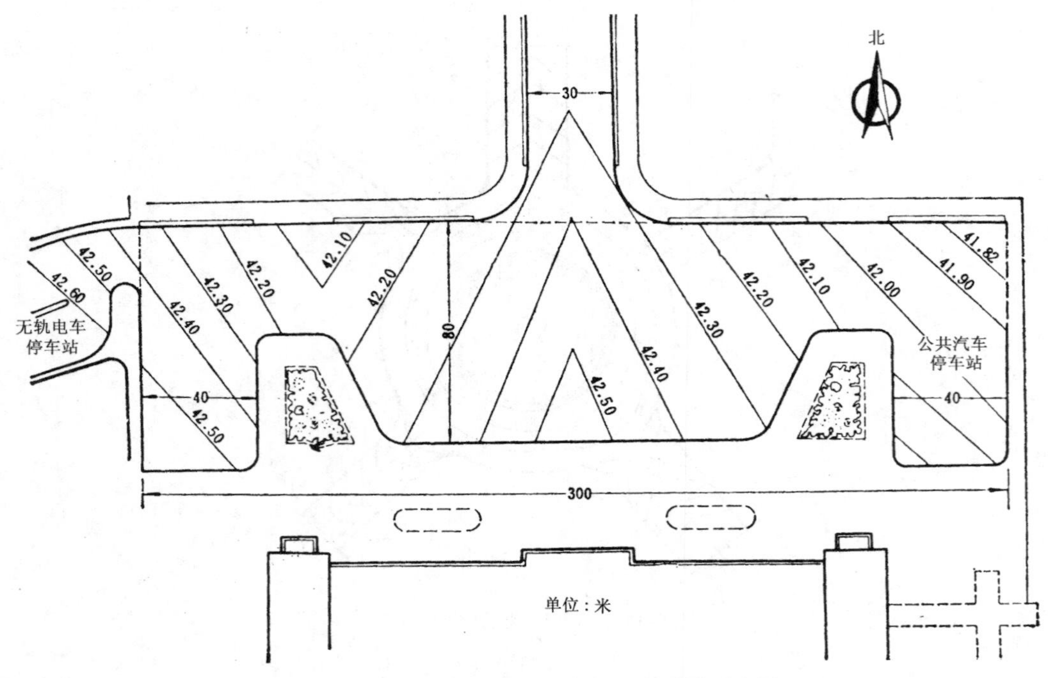

图 9-16　北京火车站站前广场竖向设计示意图

9.4　城市道路照明

城市道路、交叉口及广场上的人工照明是确保交通效率以及美化城市环境景观的重要措施。照明设施沿路线布设，是道路带状环境的组成部分，昼间照明设施成为街头装饰的小品，而夜晚则使道路产生灯火辉煌的夜景，是道路空间环境中引人注目的景观。

1. 道路照明的作用与要求

①夜间照明可为道路(车行道和人行道)提供必要的照度，使用路者在夜间交通中能迅速准确地识别判断道路交通状况并及时采取相应措施以保证交通安全。同时可使夜间行人增加安全感。

②道路照明对行车视线诱导有一定作用。一是与道路线型变化一致的灯光的诱导作用；二是照明为道路提供了必要的照度以看清道路轮廓与边缘，使司机从容驾驶，并预知前方路线线型。

③道路照明也为道路附近环境提供了一定的照度，使照明设施本身与周围一定空间共处于特定的夜间道路景观环境之中，是道路景观设计应考虑的夜间景观表现内容之一。

④考虑道路照明满足交通功能和景观功能的要求，照明设施的规划设计应做到美观、合理、安全可靠、技术先进。

2. 城市道路照明标准

为保证道路照明质量，达到辨认可靠和视觉舒适的基本要求，道路照明以满足平均路面亮度(照度)、路面亮度(照度)均匀度和眩光限制三项技术指标为标准。

(1)平均路面亮度(照度)

我国现行规范中所用的亮度单位是“坎德拉/平方米”(cd/m^2)，即为每平方米表面上沿法线方向产生 1 坎德拉(国际新烛光)的光强度，或用“勒克司”(lx)表示照度，即每平方米照射面上分布 1“流明”(lm)的光通量。照度可按下式计算：

$$E = \frac{F}{S} \quad (\text{lx}) \tag{9-4}$$

式中：E ——照度(lx)；

F ——光通量(lm)，它表示能引起视觉作用的光能强度(发光功率)；

S ——照射面积(m^2)。

(2)路面亮度(照度)均匀度

路面亮度(照度)均匀度是路面最低局部亮度与路面平均亮度之比。表 9-4 是我国规范中确定的道路照明标准。

表 9-4　**道路照明标准**

道路类别	照明水平		均匀度		眩光限制
	平均亮度 L_a (cd/m^2)	平均照度 E_a (lx)	亮度均匀度 L_{min}/L_a	照度均匀度 E_{min}/E_a	
快速路	1.5	20	0.40	0.40	严禁采用非截光型灯具
主干路	1.0	15	0.35	0.35	严禁采用非截光型灯具
次干路	0.5	8	0.35	0.35	不得采用非截光型灯具
支路	0.3	5	0.30	0.30	不宜采用非截光型灯具

从照度的实际测定情况来看，当道路上的照度不太大时，人的视觉感受能力很低，例如会将远处摇曳的行道树误认作走路的行人。当照度增大到 2~3lx 时，视觉感受能力开始显著增加，辨别的速度也加快。而当照度继续增大到 8~10lx，视觉感受速度却几乎没有变化。因此，照度过小或过大均不适宜，应以驾驶人员感到路面有舒适的照度为主要依据，并根据城市性质、道路等级和交通量等因素大小综合考虑车行道和人行道的适当亮度(照度)。

(3)眩光限制

眩光是因照明设施产生的强烈光线造成妨碍司机视觉或产生不舒适感觉的现象，通常通过合理选择照明装置和安装方式，控制灯具高度等措施来限制眩光的产生。照明设施的布置以及道路防眩措施对高等级道路来说是必须予以考虑的。

3. 照明系统的布置与选择

(1)道路照明器的平面布置方式

道路照明器的平面布置方式取决于道路的等级、横断面形式、交通量大小、路面宽度等因素，一般常用的布置形式有以下几种：

①单排一侧布置(如图 9-17(a))

单排一侧布置的特点是简单经济，适用于路面宽度在 15m 以下道路；其缺点是照度不均匀。

②单排路中排列(如图 9-17(b))

单排路中排列是利用道路两侧的竖杆将照明灯具悬挂在道路中央上方，其特点是简单经济、照度均匀、适用于道路两侧行道树分叉点较低造成遮光较严重的较低等级道路(路面宽度宜在 15m 以下)。缺点是对司机形成反光眩目，且悬挂灯具影响超高车辆通行以及于道路景观市容不利。

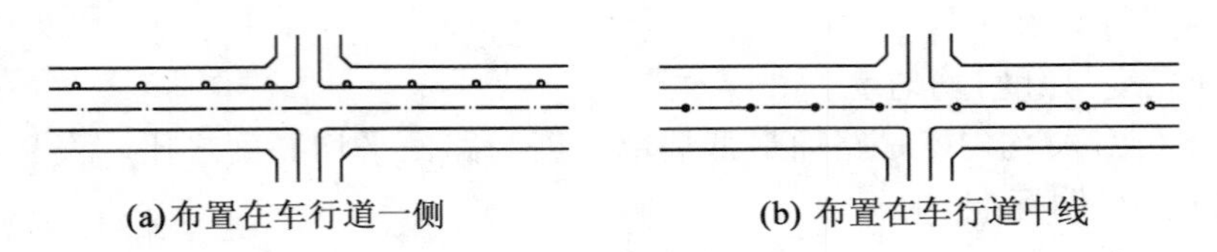

图 9-17　单侧照明的布置

③双排对称布置(如图 9-18(a))

适用于路面宽度大于 15m 的城市主干道，在宽度不超过 30m 的情况下，一般均可获得良好的路面亮度。

④双排交错布置(如图 9-18b)

适用条件同③，且路面亮度和均匀度都较理想。

交叉口、弯道、广场以及隧道的照明，应根据各自的特点和要求进行布置。

图 9-18　双排照明的布置

如图 9-19(a)、图 9-19(b)，对于 T 形交叉口的灯具布置应有利于驾驶人员判断道路尽头，并根据相交道路等级关系考虑灯具的布置数量和密度。

十字相交路口的照明灯具应布置在入口右侧(如图 9-20)，使驾驶人员从远处就能看清横穿交叉口的行人。

弯道上的照明灯具应布置在弯道外侧(如图 9-21)，使司机能辨清弯道形状。不同平曲线半径的弯道上照明器的布置间距如表 9-5，当半径大于 1000m 时，弯道照明可按直线段处理。

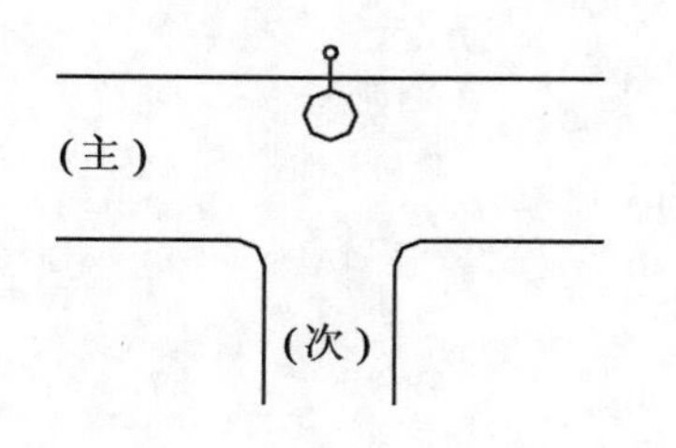

(a)主要道路与次要道路相交

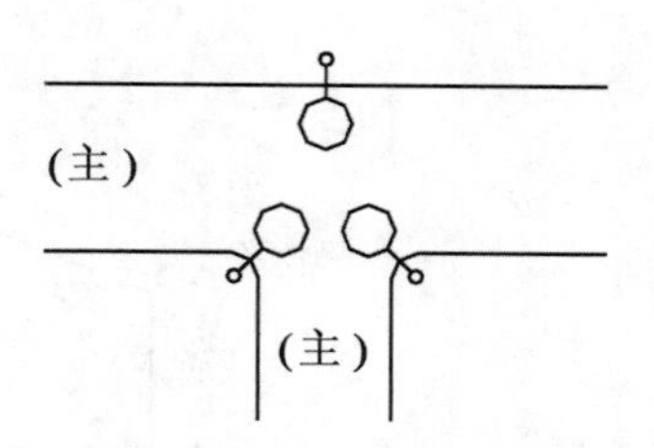

(b)主要道路与主要道路相交

图 9-19　T 形交叉口照明器的布置

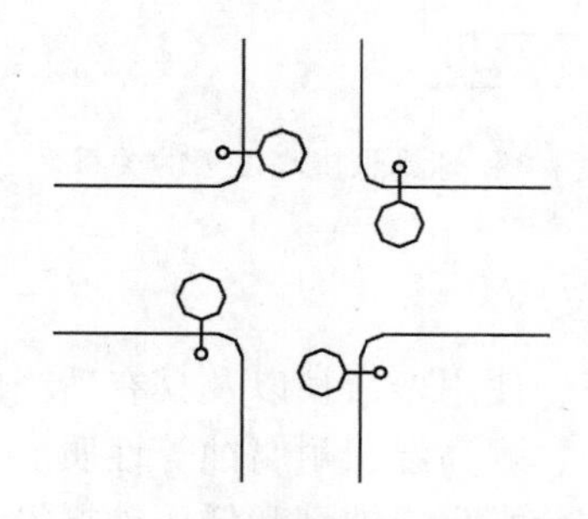

图 9-20　十字形交叉口照明器的布置

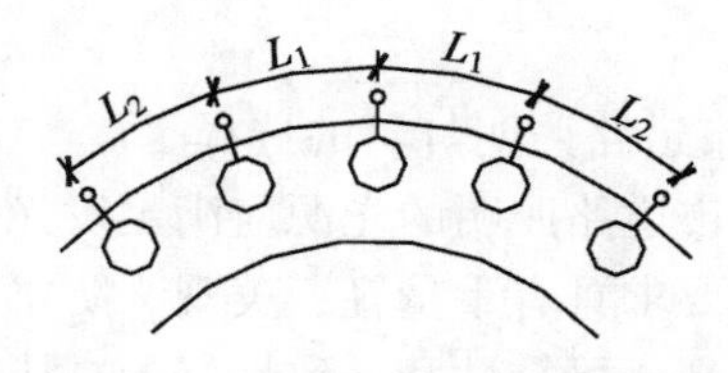

图 9-21　弯道上照明器的布置

表 9-5　不同弯道半径的路灯间距

弯道半径 R(m)	<200	200~250	250~300	>300
路灯间距 L(m)	<20	<25	<30	<35

交通广场宜采用高杆照明，不仅经济合理，且照明效果良好。

隧道照明的布置应考虑到驾驶人员视觉能力的过渡，隧道入口区的亮度应比洞外区域的亮度略大(若在白天，入口处则采用缓和照明方式)，在入口区一定距离内保持恒定亮度，在入口区末端后则可将亮度逐渐降低至额定照度标准。

(2)明灯具的悬挂高度及间距

路灯的光源功率、悬挂高度和间距与道路所要求的亮度有关。为保证路面亮度、均匀度和将眩光限制在容许范围内，照明灯具的安装高度、间距等应满足的关系如表 9-6，关系示意图如图 9-22。

表 9-6　安装高度、路面有效宽度、灯具间距之间的关系

布灯方式	截光型		半截光型		非截光型	
	安装高度 h_i	灯具间距 s_1	安装高度 h_i	灯具间距 s_1	安装高度 h_i	灯具间距 s_1
单侧布置	$h_i \geqslant w_e$	$s_1 \leqslant 3h_i$	$h_i \geqslant 1.2w_e$	$s_1 \leqslant 3.5h_i$	$h_i \geqslant 1.4w_e$	$s_1 \leqslant 4h_i$
交错布置	$h_i \geqslant 0.7w_e$	$s_1 \leqslant 3h_i$	$h_i \geqslant 0.8w_e$	$s_1 \leqslant 3.5h_i$	$h_i \geqslant 0.9w_e$	$s_1 \leqslant 4h_i$
对称布置	$h_i \geqslant 0.5w_e$	$s_1 \leqslant 3h_i$	$h_i \geqslant 0.6w_e$	$s_1 \leqslant 3.5h_i$	$h_i \geqslant 0.7w_e$	$s_1 \leqslant 4h_i$

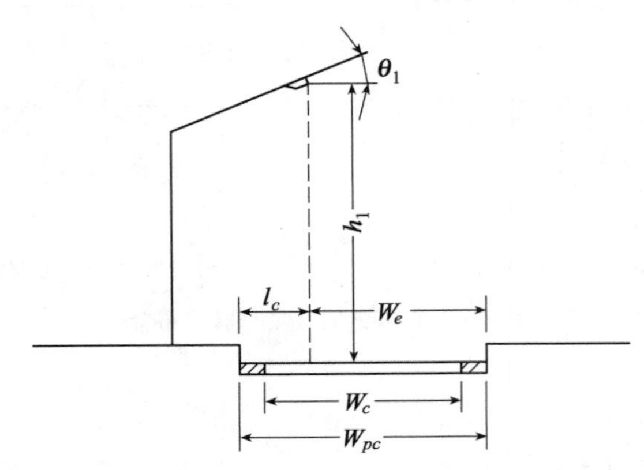

图 9-22　路面有效宽度 w_e、路面宽度 w_{pc} 和灯具悬挑高度 l_e 的关系

(3)城市道路照明灯具的选择

用于城市道路照明的光源应满足发光效率高、使用寿命长以及具有适当的显色指数的要求。灯具要求具有重量轻、美观、防水、防尘、耐高温、耐腐蚀等性质。光源可选用寿命长、光效高、可靠性和一致性好的高压钠灯、荧光高压钠灯和低压钠灯等。

同时，城市道路照明是城市景观和照明艺术的一个组成部分，在夜间，城市道路空间环境的面貌在很大程度上是由道路照明来反映的，因此，既要从照明需要的角度来决定照明器的布置，也要从美学角度来选择灯具、杆柱、底座等的样式，做到道路照明设施的实用性与观赏性的统一。

(4)高杆照明

高杆照明为一组灯具安装在高度不低于 20m 的灯杆上进行大面积照明的一种照明方式。

高杆照明的优点：

①比较容易增加每座杆上灯具的数量，灯具内可以采用大功率的光源，因此容易在被照面上获得高照度、高亮度。

②被照面的照度、亮度均匀度好，眩光可以避免或减弱，照明质量好。

③灯杆少，可为驾驶员提供道路或整个交叉口清晰图像。

④由于光源和灯具安装得高，可以照亮空间，有助于创造类似白天的照明条件，改善了驾驶员的可见度。

⑤杆位选择合理时，可以消除撞杆事故，而且维护时不影响正常交通。

⑥高杆灯具造型变化较多，有可能在突出照明功能的前提下搞得美观些，从而起到美化城市的作用。

高杆照明的缺点：

①一次性建造费用比常规照明高，如果包括基础费用，这个问题就更突出。

②多数情况下，高杆照明系统与常规照明系统能耗要大一些。

③除非采用三柱式或内攀式高杆灯，一般的固定式高杆灯要用专门的液压高空作业车

才能进行维护。

设计高杆照明时应注意的问题：

①合理选择高杆灯顶部灯架及灯杆结构形式。灯架及灯杆结构形式不同的高杆灯，价格相差很远，所需维护条件也有很大的不同，要结合当地具体条件合理选择。

②合理选择灯具的配置方式。高杆灯灯架上灯具的配置方式有三种，即平面对称式、径向对称式和非对称式，应根据受照场地及其周围环境的不同情况合理选择，以达到最佳照明效果。

③摆正功能与美观两者的关系，合理选择高杆灯的造型。高杆照明不是艺术照明，而是功能性很强的一种照明方式。设计时应首先考虑功能，在此前提下尽量做到美观。

④正确选择杆位。既要使灯具发出的光到达预定区域，符合布光要求，又要使灯具有效地位于驾驶员的视线以外，以避免和减弱眩光，提高驾驶员的视觉功效。同时还要考虑维护时不影响正常交通，不致发生撞杆事故。

⑤合理选择灯具和光源。一般多采用泛光灯具和大功率高压钠灯(400~1000W)。

⑥合理确定灯具的投光角度和杆距。采用泛光灯具时，灯具的最大光强方向和垂线夹角一般不宜超过 65°。按平面对称式配置灯具的高杆灯，其间距和高度之比以 3∶1 为宜，不应超过 4∶1；按径向对称式配置灯具的高杆灯，其间距和高度之比以 4∶1 为宜，不应超过 5∶1，按非对称配置灯具的高杆灯，可适当放宽间距和高度之比。

⑦合理确定照明标准。采用高杆照明时，其照明水平可略高于与其连接的道路照明水平。

⑧要进行科学的设计计算，以确保高杆灯的质量，同时认真地进行经济分析比较，以选出既符合照明及其他各方面要求，又经济节能的最佳方案。

9.5　城市道路管线布置

1. 地下管线

地下管线分地下管道和地下电缆两大类。给水管、污水管、雨水管、煤气管、暖气管、天然气管等属于管道类；电力线、电信线、无轨电车及地下铁道等交通电力电缆属于电缆类。

地下管线设计基本原则如下：

①地下管线设计应根据城市地下管网规划，既要节约用地，又应近远期结合，为远期扩建留有余地。

②对各种管线应全面规划，综合设计，合理确定其位置与标高。

③地下管线应与道路中线平行，分配管线应敷设在支管线较多的一侧，同一管线不应从道路一侧转向另一侧，以免多占位置并增加管线的交叉。若建筑红线较宽，则给水、燃气、雨排水管、电力、通信的分配管线与排水管可沿道路两侧敷设。

④地下管线(除综合管道外)可布置在路侧带下面。用地不够时，可布置在非机动车车行道下面。快速路机动车车行道下面不宜布置任何管线。其他道路若路侧带、非机动车道下面布置管线有困难时，可在机动车车行道下面埋设雨水管、污水管。

⑤各种管线与建筑物、树木、杆柱、缘石、其他管线之间的水平距离以及管线交叉时的垂直净距，应符合各专业有关规定(参见表9-7、表9-8和图9-23)。

表9-7　**各种管线最小覆土深度**

管道名称	最小覆土深度(m)	说明
电力电缆	0.8~1.0	10kV以下0.8m;35kV则在1.0m深度以上
电信电缆	0.8~1.0	铅装电缆0.8m,铅皮电缆1.0m
电信管道	0.8~1.4	考虑冻土深度,不小于0.8m
直埋热力管	1.0	热力管外包一层保护壳
干煤气	0.9	应考虑冻土深度
湿煤气	$h_+ \geq 1.0$	冻土深度 $h_+ \geq 1.0$
上水管道	0.8~1.2	同干煤气
雨水管道	0.7	在考虑外部荷载情况下,可按0.7m覆土深度设置
污水管道	0.7	同雨水管
热力管道	0.5	按盖板沟最小覆土深度考虑

表9-8　**各种管线最小水平净距(m)**

顺序	管线名称	1	2	3	4				5	6	7	8	9	10	11	12
		建筑物	给水管	排水管	煤气管 低压	煤气管 中压	煤气管 次高压	煤气管 高压	热力管	电力电缆	电信电缆	电信管道	乔木(中心)	灌木	地上杆柱	道牙边缘
1	建筑物		3.0	3.0	2.0	3.0	4.0	15.0	3.0	0.6	0.6	1.5	3.0	1.5	3.0	
2	给水管	3.0		1.5	1.0	1.0	1.0	5.0	1.5	0.5	1.0	1.0	1.5		1.0	1.5
3	排水管	3.0	1.5	1.0	1.0	1.0	1.0	5.0	1.5	0.5	1.0	1.0	1.0		1.0	1.5
4	煤气管 低压	2.0	1.0	1.0					1.0	1.0	1.0	1.0	1.5	1.5	1.0	1.0
	煤气管 中压	3.0	1.0	1.0					1.0	1.0	1.0	1.0	1.5	1.5	1.0	1.0
	煤气管 次高压	4.0	1.0	1.0					1.0	2.0	2.0	2.0	1.5	1.5	1.0	1.0
	煤气管 高压	15.0	5.0	0.5					4.0	2.0	10.0	10.0	2.0	2.0	1.5	2.5
5	热力管	3.0	1.0	1.0	1.0	1.0	1.0	4.0		2.0	1.0	1.0	2.0	1.0	1.0	1.5
6	电力电缆	0.6	0.5	0.5	1.0	1.0	1.0	2.0	2.0		0.5	0.2	1.5		0.5	1.0
7	电信电缆(直埋)	0.6	1.0	1.0	1.0	1.0	2.0	10.0	1.0	0.5		0.2	1.5		0.5	1.0
8	电信管道	1.5	1.0	1.0	1.0	1.0	2.0	10.0	1.0	0.2	0.2		1.5		1.0	1.0
9	乔木(中心)	3.0	1.5	1.0	1.5	1.5	1.5	2.0	2.0	1.5	1.5	1.5			2.0	1.0
10	灌木	1.5			1.5	1.5	1.5	2.0	1.0							0.5
11	地上杆柱(中心)	3.0	1.0	1.0	1.0	1.0	1.0	1.5	1.0	0.5	0.5	1.0	2.0			0.5
12	道牙边缘		1.5	1.0	1.0	1.0	1.0	2.5	1.5	1.0	1.0	1.0	1.0	0.5	0.5	

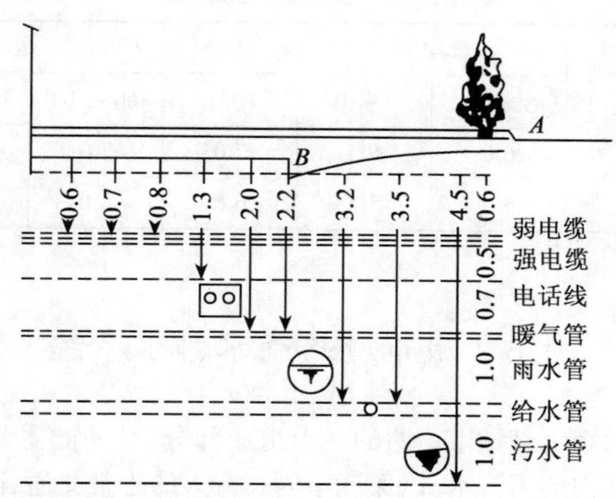

图 9-23　地下管线埋设深度示例

为了避免对已建工程进行大开挖，重要交叉口、立体交叉或水泥混凝土路面下，应预埋过街管道。

旧路扩建时，管线应按规划位置敷设。当不能按规划位置敷设且水平净距及垂直净距又不符合有关规定时，应结合城市建设逐步改建使其符合规划要求。

2. 地上杆线

地上杆线应按照规划横断面布置，平行于道路中线安设，并满足道路建筑限界的要求。杆柱最好布置在路侧带内，多幅路则可将部分杆柱布置在分隔带内，并适当考虑街景美观。有条件时应将明线改为地下电缆。架空电力线与路树的最小垂距详见表 9-9。各种架空线路宜合杆加设，以减杆柱占地，但应保证各种线路的功能不受干扰。

各种架空线路与路面(或地面)的最小垂距详见表 9-9、表 9-10、表 9-11。

表 9-9　**架空电力线与路树最小垂距**

电压(kV)	1~10	35~110	154~220	330
最小垂距(m)	1.5	3.0	3.5	4.5

表 9-10　**通信线与路面(地面)垂距(m)**

与道路平行的架空线路(m)	与道路交叉的架空线路(m)
4.5	5.5

表 9-11 **电力线与地面最小垂距(m)**

地区 \ 线路电压(kV)	配电线		送电线			
	<1	1~10	35	60~110	154~220	330
居民区	6.0	6.5	7.0	7.0	7.5	8.5
非居民区	5.0	5.5	6.0	6.0	6.5	7.5

9.6 城市道路雨水排水系统

城市道路雨水排水系统是城市道路的一个组成部分,其功能主要是迅速排除道路范围内及道路两侧一定区域内的雨雪水,以保证车辆和行人的正常交通,同时它也是整个城市排水系统的一个子系统。

9.6.1 城市排水系统的体制

按照来源的不同,城市排水分类有生活污水、生产污水、生产废水及降水等。对于这些废(污)水采用一条管渠、两条管渠或多条管渠分别汇集和排放便形成了不同的排水系统体制,通常分为合流制和分流制两大类。

1. 合流制排水系统

合流制是指生活污水、生产废(污)水和降水混合在同一管渠内排除的系统。由于污水未经无害化处理,将会使受纳水体遭受严重污染。

现在常采用截流式合流制排水系统,即在临天然水体的岸边建造一条截流干管,并设置污水处理厂。但当降雨量大时,可能有部分污水经溢流井溢出而直接排入天然水体。

2. 分流制排水系统

分流制是将生活污水、工业污水和雨水分别在两条或两条以上各自独立的管渠内排除的系统。排除雨水的系统称雨水排水系统;排除生活污水、工业废水、工业污水的系统称污水排水系统。若只设污水排水系统,未设雨水排水系统则称不完全分流制排水系统,这时的雨水沿自然地面、街道边沟、水渠等原有或自然水流系统排除。

9.6.2 道路雨水排水系统的类型

1. 明沟系统

所谓明沟系统即采取街沟或小的明沟汇集雨水,然后由相应大小的明沟(渠)集中排入天然水体的排水系统。明沟(渠)可设在路面的两边或一边,在街坊出入口、人行过道等地方设置一些盖板、涵管等过水结构物,以保证交通安全。

明沟的排水断面主要有梯形、矩形两种,其尺寸应由汇水面积及雨量公式依水力学中明渠均匀流公式计算确定。

2. 暗管系统

暗管系统的特点是采用埋置式干管进行雨水的排放,由街沟、雨水口(集水井)、连接管、主干管、检查井(窨井)、出入口等主要部分组成。

道路上及其相邻地区的地面水依靠道路设计的纵、横坡度,流向车行道两侧的街沟,然后顺街沟的纵坡流入沿街沟设置的雨水口,再由地下的连接管通到主干管,由干管排入附近的天然水体中去(如图9-24)。

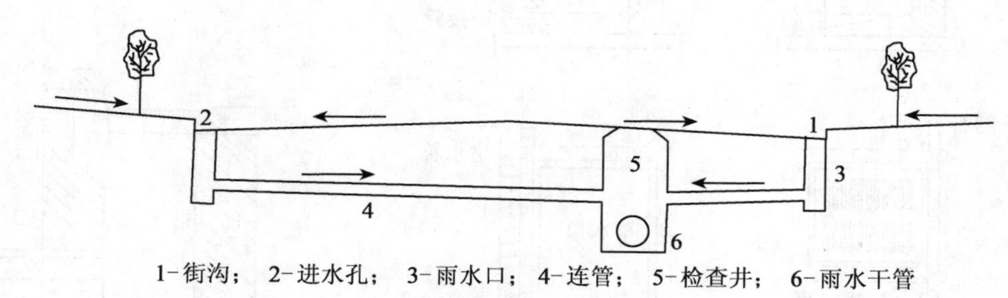

图9-24　暗管排水系统示意图

3. 混合式系统

混合式系统是明沟和暗管相结合的一种排水系统。暗管系统的最大优点是排水系统对地面交通影响很小,但工程造价相对明沟系统较高,且疏浚和维护都不太方便;明沟系统恰恰相反,因此,在实际工作中应因地制宜,将明沟和暗管结合起来使用,这样既能保证排水效果好,又能尽量降低工程费用。

9.6.3　雨水口和检查井的布置

1. 雨水口

雨水口是道路上汇集雨水的构筑物。雨水口一般设在道路两侧、交叉口处、街区内等水流可能流经的地方和地面水可能汇集的低凹地带。

(1)雨水口的构造形式及泄水能力

雨水口分平式、竖式及平竖结合的联合式三种,均由进水篦、集水井、连接管组成(见图9-25)。

平式雨水口进水篦宜稍低于街沟或邻近地面以利于汇集雨水。平式雨水口的汇水效果与进水篦孔隙大小及形状有关。进水篦材料以铸铁和钢材居多,亦可用钢筋混凝土和玻璃钢制品。由于平式雨水口常常受到车辆荷载的作用,故进水篦和集水井井身容易遭到损坏,因此在设计和施工中应特别注意。

竖式雨水口的进水口开在道路侧石处,雨水沿街沟流来时需转90°弯才能流入雨水口,以致水流不畅,进水较慢,所以雨水口间距不宜过长,在严重积水地带不宜采用。其优点是集水井不容易被车辆压坏,清除井内沉泥杂物也比较方便。

雨水口的泄水能力与道路纵坡、街沟允许水深、设置位置、构造形式、井口尺寸及进水篦泄水面积等条件有关。根据实测资料知,各种雨水口的泄水能力约为如下数值:

平式或竖式单箅:20l/s;

平式或竖式双箅:35l/s;

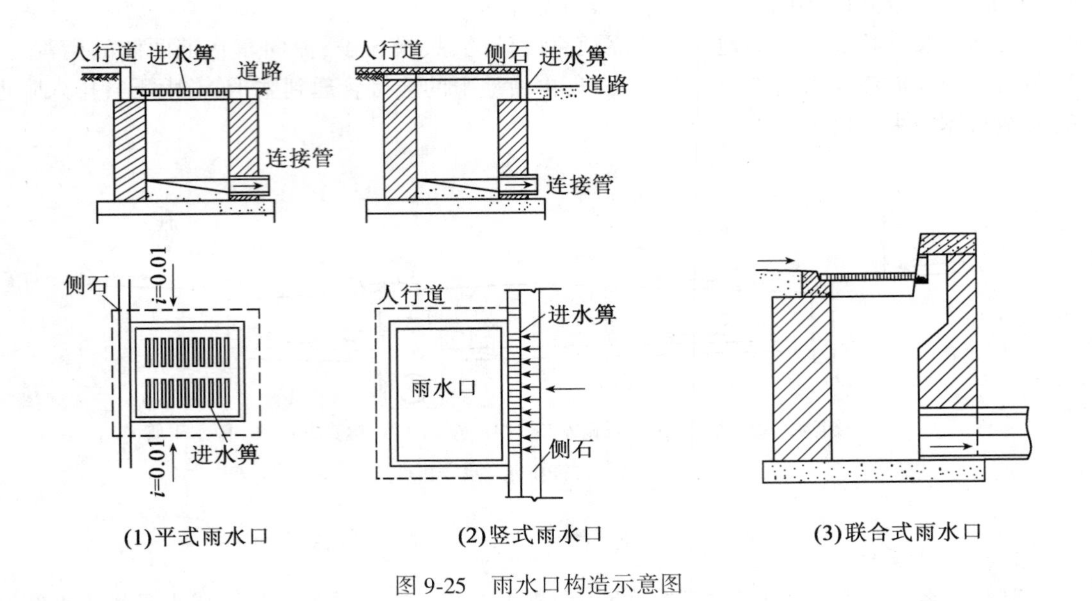

图 9-25　雨水口构造示意图

平式三箅:50l/s;

联合式单箅:35l/s;

联合式双箅:50l/s。

直线路段设置雨水口的最大间距可按下式计算:

$$L=\gamma\cdot\frac{Q}{q}\quad(\mathrm{m})\tag{9-5}$$

式中:γ 为雨水口的漏水率,估算时 $\gamma=0.60\sim0.70$;Q 为街沟的允许流量(l/s),根据街沟的过水断面按水力学有关公式计算;q 为街沟单位长度(m)的汇水量(l/s)。

街沟的过水断面如图 9-26 所示。为了不影响车行道上的车辆交通和行人过街,水面宽度 B 和水深宜加以控制,一般宜控制 $B=0.5\mathrm{m}$,h 不大于侧石高度的 2/3。

(2)雨水口的布置

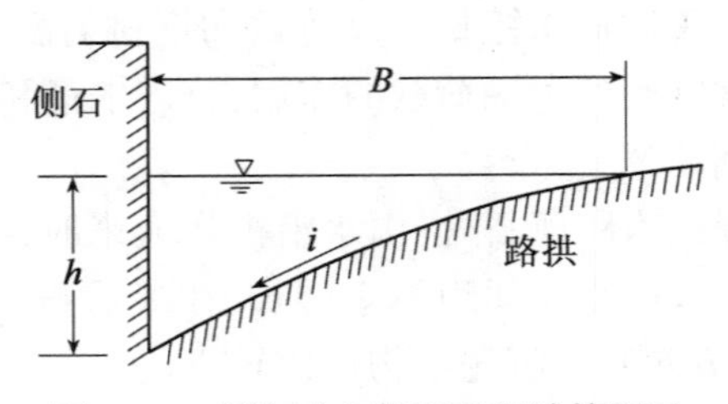

图 9-26　街沟过水断面面积计算图示

雨水口的布置应根据当地暴雨强度、街道宽度、路面种类、道路纵横坡度、周围地形及排水设计、雨水口泄水能力等因素决定。

通常，雨水口应设置在道路上汇水点及大量水流经过的地方，尽量避免在沿街建筑物门前、停车站、分水点及地下管线的上方设置。直线路段或大半径曲线路段，雨水口间距在30~80m之间，道路纵坡较大时应密一些，反之可疏一些。若道路宽度较窄，路口转弯半径较小，可将雨水口布置在转弯处，即每一转弯处设置一个雨水口。一般平面交叉处雨水口的布置可参照图9-27图式进行，其基本原则是雨水口能在交叉口人行横道前拦截流向交叉口的地面水流，以免妨碍交叉口上车辆和过街行人的交通。

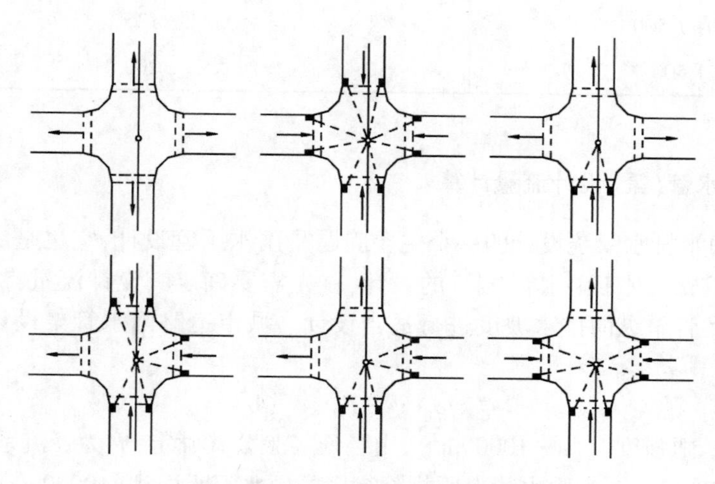

图 9-27　平面交叉处雨水口布置

对于广场和停车场等处的雨水口布设应结合竖向设计综合考虑，原则仍然是满足迅速排水且不过多影响行人和车辆交通。

2. 检查井

检查井又名窨井，是设在主干管道上的一种井状构造物，它的功能是检查和疏浚管道，同时能使管道改变方向、改变坡度、改变管径、改变高程等，即能起到管道连接件的作用，支管汇水于管道也是通过检查井实现的。

检查井一般为圆形，也有方形的，由井盖、井身、基座三部分组成（见图9-28）。

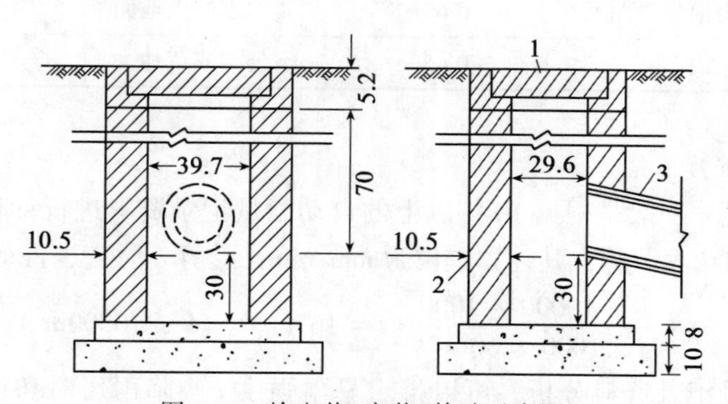

图 9-28　检查井（窨井）构造示意图

检查井的设置应考虑对管道维护和疏浚的方便,相邻两个检查井之间的管道应在一条直线上。另外,直线管段上检查井间隔不能太长,可按表 9-12 采用。

表 9-12　　直线管段检查井的最大间距

管径或安放渠净高(mm)	最大间距(m)
<700	75
700~1 500	125
>1 500	200

9.6.4　雨水管(渠)设计流量计算

城市道路雨水排水系统设计的一个主要问题是雨水干管设计,它也是决定雨水排水工程造价的关键环节。对于雨水管(渠)的设计,首先需要确定其设计流量,然后才可能对管(渠)断面尺寸及管渠纵向排水坡度进行适当设计。城市道路雨水管渠设计流量通常按下式计算:

$$Q = q \cdot \psi \cdot F \qquad (\mathrm{l/s}) \tag{9-6}$$

式中:q 为设计暴雨强度 $\mathrm{l/(s \cdot 10000m^2)}$,由各地经验公式确定;$\Psi$ 为径流系数,与地面覆盖情况有关(见表 9-13);F 为雨水管渠所排除街区的雨水汇水面积($\mathrm{10000m^2}$)。

采用上式计算设计流量时应特别注意,在街区内当有其他上游雨水管排入时,或有生产废水和部分生活污水排入时,应将其水量计算在内。

在城市排水地区,经常遇到不同种类的地面,汇水面的平均径流系数应以面积为权重进行加权平均计算。

表 9-13　　不同地面的径流系数 ψ 值

地面种类	ψ 值	地面种类	ψ 值
各种屋面、混凝土和沥青路面	0.9	干砌砖石路面	0.4
大块石路面和沥青表面处沿路面	0.60	非铺砌的土地面	0.30
级配碎石路面	0.45	公园或草地	0.15

1. 设计暴雨强度 q

设计暴雨强度 q 一般是根据 10 年以上的自动雨量记录资料进行计算。气象降雨量的大小是以暴雨强度 i 表示的,其计算单位为 mm/min,计算 q 时应进行单位换算:

$$q = \frac{1 \times 10000 \times 1000}{1000 \times 60} \cdot i = 167i \qquad (\mathrm{l/s/10000m^2}) \tag{9-7}$$

根据长期雨量记录资料分析,可以推求暴雨强度 i 与降雨历时和设计重现期的关系式为:

$$i=\frac{A_1(1+C\lg P)}{(t+b)^n}\qquad(\mathrm{mm/min})\tag{9-8}$$

式中：t 为降雨历时(min)；P 为设计重现期(年)；且 A_1，C，n，b 为计算参数，与当地气象条件有关。

我国部分城市设计暴雨强度计算公式如表 9-14 所示，供设计时采用。若当地有最新资料回归公式，则应以新公式为准。

表 9-14　　**我国若干城市暴雨强度公式**

城市名称	暴雨强度公式(l/(s·ha))	q_{20} (l/(s·ha))	资料年数(年)	城市名称	暴雨强度公式(l/(s·ha))	q_{20} (l/(s·ha))	资料年数(年)
北京	$q=\frac{2111(1+0.85\lg T)}{(t+8)^{0.70}}$	206	20	南京	$q=\frac{167(46.17+41.66\lg T)}{t+33+9\lg T-0.4}$	156	20
上海	$q=\frac{167\times33.2(T^{0.3}-0.42)}{(t+10+7\lg T)^{0.82+0.07\lg T}}$	198	41	济南	$q=\frac{4700(1+0.753\lg T)}{(t+17.5)^{0.898}}$	180	5
天津	$q=\frac{2334T^{0.52}}{(t+2+4.5T^{0.65})^{0.8}}$	170	14	杭州	$q=\frac{1008(1+0.73\lg T)}{t^{0.541}}$	199.5	6
广州	$q=\frac{1195(1+0.622\lg T)}{t^{0.523}}$	249	9	南昌	$q=\frac{1215(1+0.854\lg T)}{t^{0.60}}$	201	5
武汉	$q=\frac{784(1+0.83\lg T)}{t^{0.0507}}$	172	6	长春	$q=\frac{883(1+0.68\lg T)}{t^{0.604}}$	145	9
长沙	$q=\frac{776(1+0.75\lg T)}{t^{0.527}}$	160	6	丹东	$q=\frac{3950(1+0.78\lg T)}{(t+19)^{0.815}}$	200	8
太原	$q=\frac{817(1+0.755\lg T)}{t^{0.667}}$	110.5	7	大连	$q=\frac{617(1+0.81\lg T)}{t^{0.486}}$	144	8
南宁	$q=\frac{10500(1+0.707\lg T)}{T+21.1T^{0.119}}$	249	21	哈尔滨	$q=\frac{6500(1+0.34\lg T)}{(t+15)^{0.5}}$	155	10
贵阳	$q=\frac{167\times11.3(1+0.707\lg T)}{(t+9.35T^{0.31})^{0.695}}$	173	17	齐齐哈尔	$q=\frac{684(1+1.13\lg T)}{t^{0.636}}$	102	10
昆明	$q=\frac{700(1+0.775\lg T)}{t^{0.498}}$	159	10	福州	$q=\frac{934(1+0.55\lg T)}{t^{0.542}}$	184	8
成都	$q=\frac{167\times16.8(1+0.803\lg T)}{(t+12.8t^{0.231})^{0.768}}$	192	17	厦门	$q=\frac{850(1+0.745\lg T)}{t^{0.514}}$	182	7
重庆	$q=\frac{167\times16.9(1+0.775\lg T)}{(T+12.8T^{0.076})^{0.77}}$	190	8	郑州	$q=\frac{767(1+1.04\lg T)}{t^{0.522}}$	161	5
银川	$q=\frac{242(1+0.83\lg T)}{t^{0.477}}$	58	6	塔城	$q=\frac{750(1+1.1\lg T)}{t^{0.85}}$	59	5
宝鸡	$q=\frac{324(1+0.95\lg T)}{t^{0.46}}$	86.3	5	天水	$q=\frac{458(1+0.745\lg T)}{t^{0.552}}$	93	7

2. 降雨历时 t 与重现期 P

由表 9-14 中的公式知，设计暴雨强度 q 的大小最后主要取决于降雨历时和暴雨重现期的取值。因此，在计算时应首先根据具体情况合理确定 P 和 t 之值。

(1)重现期 P(年)

设计重现期是指设计暴雨强度重复出现的周期长度，周期越长，设计暴雨强度越大，所需要的雨水管管径也越大。反之，则可以小一些。当 P 选得过大时，将增加工程费用，并且管内不满流的时间很长，没有充分发挥排水管的作用，因此不够经济；但如果选得过小，则可能造成管渠经常性溢流，造成道路积水而影响正常交通。故重现期应选择适当。

暴雨设计重现期应根据汇水区性质(广场、干道区、居住区)、地形特点、汇水面积及 q_{20} 值等确定。在城市道路中雨水管道的设计重现期一般为 0.33~3.0 年。对于重要干道等不允许积水地区，应根据需要选择较高的重现期，如北京的天安门广场的雨水管道，设计重现期为 10 年。在同一排水系统中，根据各部分管渠的性质可使用同一重现期，也可分别使用不同的重现期。设计重现期可参照表 9-15 选用。

表 9-15 **设计重现期(年)**

q_{20}(l/(s·ha)) / 地区性 / 汇水面积(ha)	≤100			101~150			151~200		
	居民区		工厂、广场、干道	居民区		工厂、广场、干道	居民区		工厂、广场、干道
	平坦地形	沿溪谷线		平坦地形	沿溪谷线		平坦地形	沿溪谷线	
≤20	0.33	0.33	0.5	0.33	0.33	0.5	0.33	0.5	1
21~50	0.33	0.33	0.5	0.33	0.5	1	0.5	1	2
51~100	0.33	0.5	1.0	0.5	1.0	2	1	2	2~3

注：①平坦地形指地面坡度小于 0.3%，当坡度大于 0.3%时，设计重现期可提高一级选用；

②在丘陵地区、盆地、主要干道和短期积水能引起严重损失的地区(如重要工厂区、主要仓库区等)，宜根据实际情况适当提高设计重现期。

(2)降雨历时 t(min)

降雨历时是指雨水管设计管段由降雨开始至形成最大管内径流所需要的汇流时间。由公式(9-10)~(9-12)和表 9-14 知，设计管段内的径流量与降雨历时有关。降雨历时越大，q 值越小，F 值越大；降雨历时越小，q 值越大，F 值则较小。实践证明，当降雨历时小于全部汇水区集流时间时，q 值随 t 减小的速度没有 F 值随 t 增大的速度快，即后者是主要的，只有当 t 值大于全部汇水区域集流时间后，这时由于汇水面积不再增加，降雨强度 q 的影响开始占主导作用，因此应取全部汇水区域集水时间作为设计降雨历时。在求得集水时间后，即可求算 q 值并按公式(9-10)求算设计管段的设计流量 Q。

降雨历时包括地面汇流时间和管内流行时间两部分，计算式为：

$$t = t_1 + mt_2 \tag{9-9}$$

式中：t_1为地面汇流时间，与汇流面积、地面坡度、街坊面积大小有关，也与城市管道距离、屋顶及地面排水方式、土壤干湿程度、地表覆盖情况等因素有关，通常在 5～15min 范围内；t_2为雨水水流在管道内流行时间，$t_2=\frac{L}{60v}$，L 为流程长度，即设计管段长度(m)，v 为管道设计流速(m/s)；m 为延缓系数，明渠 $m=1.2$，暗管 $m=2$。

9.6.5　雨水管渠的水力计算及布置原则

雨水管渠的水力计算，主要是根据已求得的设计流量，计算确定雨水管的管径和明渠的断面尺寸，或校核管渠坡度和流速。

雨水管渠水力计算均按水力学中“明渠均匀流理论”计算，基本公式如下：

$$Q=\omega v,\quad v=C\sqrt{Ri} \tag{9-10}$$

式中：Q 为管(渠)流量(m^3/s)；ω 为管(渠)过水断面积(m^2)，当管(渠)满流时，等于管(渠)的断面积；v 为水流速度(m/s)；C 为流速系数，$C=\frac{1}{n}R^{1/6}$；R 为水力半径，$R=\frac{\omega}{\chi}$(m)；χ 为湿周(m)；n 为粗糙系数，与管(渠)壁材料有关，见表 9-16；i 为水力坡度或管(渠)底纵坡。

表 9-16　**管渠粗糙系数 n**

管渠类别	n 值	管渠类别	n 值	管渠类别	n 值
陶土管	0.013	钢管	0.012	干砌片石渠道	0.025～0.030
混凝土和钢筋混凝土管	0.013～0.014	水泥砂浆抹面渠道	0.013～0.014	土明渠(包括带草皮)	0.025～0.030
石棉水泥管	0.012	浆砌砖渠道	0.015	木槽	0.012～0.014
铸铁管	0.013	浆砌片石渠道	0.017		

由于排水管道多采用混凝土、钢筋混凝土和铸铁等材料的圆形管，而这些材料的 $n=0.013\sim0.014$，一般取 0.013。综合上述公式可以得出雨排水圆管的水力计算基本公式：

$$\left.\begin{aligned}&\text{流量：}Q=\frac{1}{n}\cdot\omega\cdot R^{\frac{2}{3}}\cdot i^{\frac{1}{2}} && (m^3/s)\\&\text{流速：}v=\frac{1}{n}\cdot R^{\frac{2}{3}}\cdot i^{\frac{1}{2}} && (m/s)\\&\text{管径：}D=\sqrt{\frac{4Q}{\pi v}} && (m)\end{aligned}\right\} \tag{9-11}$$

在实际工作中，可根据以上公式制成实用的计算诺谟图，以简化计算，在有关排水设计手册中均有这类图表。

管(渠)过水面积：

圆管满流时：
$$\omega=\frac{\pi D^2}{4} \tag{9-12}$$

明渠梯形断面：
$$\omega=(b+mh_0)h_0 \tag{9-13}$$

式中：b——渠道底宽(m)；m——边坡坡比；h_0——正常水深(m)。

管(渠)水力半径 R：

管道满流时：
$$R=\frac{D}{4} \tag{9-14}$$

明渠梯形断面：
$$R=\frac{(b+mh_0)h_0}{b+2h_0\sqrt{1+m^2}} \tag{9-15}$$

式中：各符号意义同前。

在工程设计中，通常在选定管材之后，n 即为已知数值，而设计流量 Q 也是经计算后求得的已知数。所以剩下的只有三个未知数 D，v 及 i。

这样，在实际应用中，就可以参照地面坡度 i_d 假定管底坡度 i，从水力计算图或表中求得 D 及 v 值，并使所求得 D，v，i 各值符合水力计算基本数据的技术规定。

雨水管渠的设计工作主要包括雨水管的设置及几何尺寸的选择与计算。由于城市道路的雨水管渠不仅用于排除道路地面水，还兼有排除与道路相邻地带的建筑区地面水的要求，因此，雨水管渠设计实际上是城市或区域性的雨水排水整体设计。所以除需要按上述方法决定各段管的具体安放位置及管道尺寸外，还应遵循下列排水总体规划原则：

①利用地形，就近排入天然水体。规划雨水管道时应根据直接、分散的要求，结合地形，使雨水管能以最短路程把雨、雪水排入河流、湖泊等处，这可使排水管线短、管径小、工程简易、造价低。

②避免设置泵站。在道路排水系统中设置泵站时，由于其投资高，且利用率低，故一般是不可取的。因此，排水管道的位置应尽量利用地形条件，使雨水能靠重力排除。当河流水位高出管道出水口或地形平坦不满足纵向排水而使管道埋设深度过大时，可以考虑设置出口泵站或中间泵站，但应将泵站的排泄水量压缩到最小限度。

③应将排水主干管道设在排水范围的最低处，这样可通过支管连接两侧从而减少工程数量。

④合理布置出水口。汇集在雨水管中的水流最终将通过出水口排到河流、湖泊及低洼处。当管道通入池塘和小河时，由于出水口构造简单、造价低，故可增加出水口，采用分散式出水；而当管道通入大河时，由于水位变化大，出水口将高出常规水位很多，这样出水口造价高，因此应采用集中出水。

9.6.6 算例

请依据下列各项资料，进行管道设计。

已知项目：

1. 设图 9-29 为干道及两侧街坊、广场、公园等排水管渠的主干管道设计平面图；
2. 管渠的粗糙率 n：暗管 $n=0.013$(满管)，明渠 $n=0.025$；
3. 明渠设计边坡系数 $m=1.5$；

4. 管道起点埋深大于 1.5m；
5. 河道正常水位标高 44.5m。

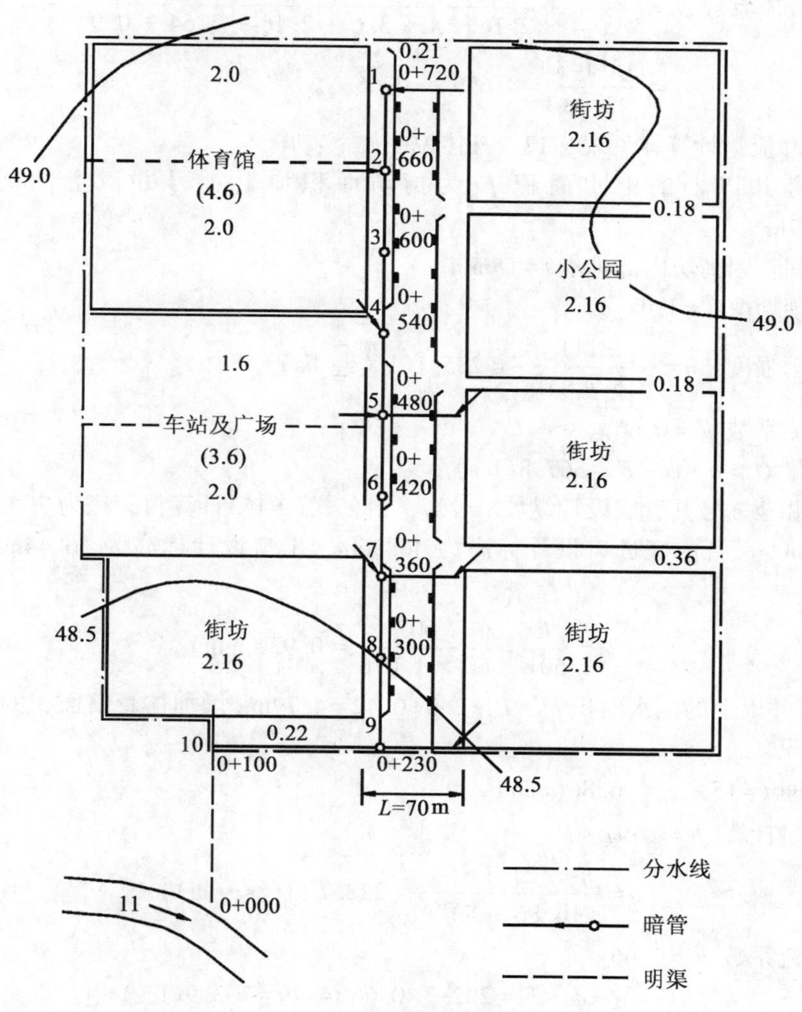

图 9-29　管道设计平面图

解　1. 按设计步骤，先定出干管流向、汇水面积、管道布置等。

2. 管道开始汇流时间，由于街坊有内部排水系统，经估算，取 15min。

3. 重现期采用 $T=1$ 年。

4. 暴雨强度公式本地区 $T=1$ 时为：

$$q=\frac{2111}{(t+8)^{0.7}}$$

5. 求该区平均径流系数 $\overline{\psi}$。

已知每个街坊区面积 2.16ha 共 4 个区，体育馆 4ha，广场及车站 3.6ha，主干道

3.64ha，街坊外部道路为级配碎石路面，面积共为0.94ha，公园为2.16ha，总面积22.98ha。求各类径流系数及总平均径流系数$\overline{\psi}$，见表9-17。

$$\text{总平均径流系数}\ \overline{\psi}=\frac{4\times1.578+2.55+2.94+0.849+2.069+0.423}{4\times2.16+4+3.6+2.16+3.64+0.94}$$

$$=\frac{15.143}{22.98}=0.659\approx0.66$$

6. 水力和流量计算详见表9-17。具体说明如下：

(1) 1号井以上的汇水面积F_1为街坊面积加上1号井以上的街道汇水面积，$F_1=2.37\text{ha}$。

汇流时间：因街坊内部排水$t=15\text{min}$。

设计重现期取$T=1$年。

计算暴雨强度：$q=\dfrac{2111}{(15+8)^{0.7}}=235.1(\text{l/(s·ha)})$

平均径流系数$\overline{\psi}=0.66$

设计流量$Q=q\cdot\overline{\psi}\cdot F=367.8(\text{l/s})$

由1号井至2号井管底设计纵坡$i=2‰$，由公式(9-15)计算得管径为700mm，设计流速$V=1.076\text{m/s}$。管内底进口设计标高为46.56m，出口设计标高为46.44m。管内流行时间

$$t_2=\frac{L}{60V}=\frac{60}{60\times1.076}=0.93\ (\text{min})$$

(2) 2号井以上的汇水面积$F_2=F_1+2.0+0.42=4.79\text{ha}$(增加体育馆面积的一半再加上街道汇水面积)。

汇流时间$t=15+2t_2=16.86(\text{min})$

设计流量计算$Q=q\cdot\overline{\psi}\cdot F$

$$q=\frac{2111}{(16.86+8)^{0.7}}=222.7\ (\text{l/(s·ha)})$$

平均径流系数$\overline{\psi}=0.66$

所以 $Q=q\cdot\overline{\psi}\cdot F=222.7\times0.66\times4.79=703.9(\text{l/s})$

由2号井至3号井管底设计纵坡$i=2‰$，由公式(9-15)计算得设计管径$\phi=900\text{mm}$，设计流速$V=1.237\text{m/s}$。

管内底进口设计标高为46.34m，出口设计标高为46.22m。

其余各分段的计算方法同上，依此类推。

(3) 如图9-29所示，由10号井到11号井，此段改为明渠排水，其累积汇水面积$F=22.98\text{ha}$，聚积时间$t=28.94\text{s}$，降水强度$q=\dfrac{2111}{(128.94+8)^{0.7}}=168.7(\text{l/(s·ha)})$，平均径流系数$\overline{\psi}=0.66$，设计流量$Q=q\cdot\overline{\psi}\cdot F=168.7\times0.66\times22.98=2559.4(\text{l/s})=2.56(\text{m}^3/\text{s})$。

设明渠底宽$b=1\text{m}$，边坡系数$m=1.5$，纵坡$i=2‰$，粗糙率$n=0.025$，按式(9-15)、式(9-17)和式(9-19)计算得

$$设计流速\ V=\frac{2.56}{b\times h+h^2m}=\frac{2.56}{0.93\times 1+0.93^2\times 1.5}$$

$$=\frac{2.56}{0.93+1.3}=\frac{2.56}{2.23}=1.15(m/s)$$

出口河道正常水位为44.50m，所以渠底设计标高：进口为44.78m；出口为44.56m。计算成果列入表9-18。

表 9-17　**各类径流系数**

一个街坊区				体育馆			
地面种类	面积(ha) F_i	径流系数 ψ	ψF_i	地面种类	面积(ha) F_i	径流系数 ψ	ψF_i
屋顶	0.6	0.9	0.54	屋顶	1.60	0.9	1.44
沥青路面	1.00	0.9	0.90	沥青路面	0.80	0.9	0.72
草地	0.20	0.15	0.03	草地	0.60	0.15	0.09
非铺砌土地面	0.36	0.30	0.108	非铺砌土地面	1.0	0.3	0.30
合计	2.16		1.578	合计	4.0		2.55
广场及车站				公园			
地面种类	面积(ha) F_i	径流系数 ψ	ψF_i	地面种类	面积(ha) F_i	径流系数 ψ	ψF_i
大块石铺砌路面	1.0	0.6	0.6	草地、绿地	1.46	0.15	0.219
沥青广场及路面	2.4	0.9	2.16	沥青路面	0.6	0.9	0.54
屋面	0.2	0.9	0.18	屋面	0.1	0.9	0.09
合计	3.6		2.94	合计	2.16		0.849
主干道				街坊外部路面			
地面种类	面积(ha) F_i	径流系数 ψ	ψF_i	地面种类	面积(ha) F_i	径流系数 ψ	ψF_i
混凝土路面	1.56	0.9	1.404	级配碎石路面	0.94	0.45	0.423
干砌砖石步道	0.11	0.4	0.044				
沥青路面路口	0.05	0.9	0.045				
非铺砌土地面	1.92	0.3	0.576				
合计	3.64		2.069	合计	0.94		0.423

表 9-18a　　**雨水自流管渠计算**

名称	检查井号		长度 L (m)	起点桩号	起点路面高程 (m)	高差 (m)	坡度 (‰)	分段面积 F_i (ha)	累积面积 $F=\sum F_i$ (ha)	设计重现期 (年)	汇流时间 t	管内流行时间 $(2t_2)$ 或渠内流行时间 $(1.2t_2)$
	起	讫										
	街道							排水面积			设计降雨历时(min)	
1	2	3	4	5	6	7	8	9	10	11	12	13
干管	1	2	60	0+720	48.90	0.06	1	2.37	2.37	1	15	1.86
	2	3	60	0+660	48.84	0.06	1	2.42	4.79		16.86	1.57
	3	4	60	0+600	48.78	0.06	1	0.42	5.21		18.43	1.57
	4	5	60	0+540	48.72	0.06	1	2.42	7.63		20.00	1.47
	5	6	60	0+480	48.66	0.06	1	4.54	12.17		21.47	1.30
	6	7	60	0+420	48.60	0.06	1	0.42	12.59		22.47	1.30
	7	8	60	0+360	48.54	0.06	1	4.94	17.53		24.07	1.23
	8	9	70	0+300	48.48	0.07	1	0.42	17.95		25.3	1.44
	9	10	120	0+230	48.41			2.65	20.60		26.74	2.20
	10	11	110	0+110				2.38	22.98	1	28.94	

表 9-18b

降雨强度 q (l/(s·ha))	径流系数 ψ	$q\psi$	流量 $Q=q\cdot\psi\cdot F$ (l/s)	直径 D 或高 H 宽 B (mm)	坡度 i (‰)	流速 v (m/s)	流量 (l/s)	管沟底高差 (m)	管渠内底高程(m) 上端	管渠内底高程(m) 下端	起点覆土深度 (m)	附注
设计流量计算				管渠								
14	15	16	17	18	19	20	21	22	23	24	25	26
235.1	0.66	155.2	367.8	ϕ700	2	1.076	414.1	0.12	46.56	46.44	1.58	设 ϕ700 为 6cm 管壁
222.7		147.0	703.9	ϕ900	2	1.273	809.8	0.12	46.24	46.12		
213.3		140.7	733.5	ϕ900	2	1.273	809.8	0.12	46.12	46.00		
204.9		135.2	1031.7	ϕ1000	2	1.365	1072.1	0.12	45.90	45.78		
197.7		130.5	1587.7	ϕ1200	2	1.542	1744.0	0.12	45.58	45.46		
191.8		126.6	1593.6	ϕ1200	2	1.542	1744.0	0.12	45.46	45.34		
186.3		125.0	2155.5	ϕ1300	2	1.626	2158.2	0.12	45.24	45.12		
181.5		119.8	2149.7	ϕ1300	2	1.626	2158.2	0.14	45.12	44.98		
176.2		116.3	2395.1	ϕ1300	2.5	1.818	2413.1	0.30	44.98	44.68		
168.7		111.4	2559.4	$H=930$ $B=1000$	2	1.15	2561	0.22	44.68	44.46		

思　考　题

1. 港湾式公交停靠站的特点是什么？
2. 机动车停车场车位布置形式有哪些？车辆进出车位的运动方式有哪些？
3. 停车场面积的确定应考虑哪些因素？
4. 城市排水制度选择的依据是什么？
5. 道路暗管式雨水排水系统的主要组成部分有哪些？
6. 雨水管道设计步骤如何？
7. 城市管线综合的基本任务是什么？难点在哪里？
8. 试比较道路普通照明与高杆照明两种体系的优缺点。

第10章　交通管理与交通控制

10.1　概　　述

1. 交通管理与交通控制的目的、意义

道路交通的管理与控制是道路交通系统的一个重要组成部分。现代化的道路交通建设，只有具备科学的管理与控制条件，才能得到良好的效果。现代交通管理与控制包括两大部分内容：①交通管理，即执行交通法规，按国家或地方政府(交通管理部门)颁布的有关交通规则和要求合理地引导、限制与组织交通流，使交通中的人、车、货物能在安全、迅速、畅通条件下运行。②交通控制，即采用人工或电子技术如信号灯、监视器、检测器、通信系统等科学方法与手段，对动态交通流实行控制。通过交通管理与交通控制，获得最好的交通安全率、最少的交通延误、最高的运输效率、最大的通行能力、最低的运营费用，以取得良好的运输经济效益和社会效益。

现代交通管理与控制应具有指导性与协调性，即根据现有的道路网及其设施和出行分布状况，对各种出行加以指导性管理，使整个系统从时间上和空间分布上尽可能地得到协调，以减少时间、空间上的冲突，从而保证交通的安全与畅通，充分发挥道路网的作用。

(1)交通管制的指导性

交通管制的指导性是指对交通需求加以指导性管理。从国内外一些城市道路交通所出现的车辆拥塞、事故多和污染严重的情况分析，并非都由于道路面积不够所产生，实际上与管理不善也有很大关系。由于道路交通系统的发展规模与水平受到社会经济发展的限制，且城市的发展又导致土地利用功能与运输网之间产生不协调或矛盾。而道路通行能力的大小又取决于现有交通结构及其数量与管理水平。因此，相同的道路交通系统，由于管理的良莠而使通行能力出入很大。在20世纪60年代，日本为配合经济起飞，实施了大规模的道路兴建计划，但到70年代初，交通事故创历史最高纪录，25%的道路和40%的时间都发生交通拥塞。美国洛杉矶的城市道路用地尽管超过城市面积的1/3，但仍有1/3的时间交通拥挤不堪。我国近年来不少大中城市曾用巨额投资兴建与改建道路，不断增加道路网密度，但仍出现交通拥塞、事故增加的局面。上述诸例证明，单纯地兴建与改、扩建道路不仅不能完全解决交通拥塞的问题，在某些情况下，反而会刺激、吸引交通流，加剧交通量的增长。交通流重新分配的结果又导致新的交通拥挤和事故。因此，需通过交通管制，从根本上对交通的需求加以引导和指导。

(2)道路交通管制的协调性

道路交通管制的协调性旨在通过各种方法，协调道路交通系统中人、车、路、环境各个要素，使某些矛盾着的方面达到一致，以充分发挥路网及其设施的作用。为此，可通过控制出行量以协调供需总量间的矛盾；通过控制出行时间以协调供需方面在时间上的矛盾；控制信号的联动以协调绿灯显示与车辆到达之间的矛盾；设置各种标志、标线以协调道路和环境实际状况与交通使用者之间的识别、判断之间的矛盾等。

当前，我国许多大、中城市道路及其出入口干道和高等级公路正处在不断地新建和改、扩建中。在某些道路上，由于种种原因，由于交通要素的不协调，产生的拥塞和事故多发已影响到人们的生产、生活与生命安全，正为人们所瞩目。而众多原因中，管制不善则是一个重要的和不可忽视的、亟待解决的问题。为适应道路交通发展的需要，不少事实说明，加强管制是一种花钱少、效率高的办法，所以必须深入地对道路交通管制内容与途径进行研究。

2. 交通管理与控制的内容

交通管理与控制的范围广、内容多，具有社会科学和自然科学两重属性。主要内容可分以下5个方面予以概括说明：

(1)技术管理

①各种技术规章的执行监督；

②交通标志、交通标线的设置、管理与维护；

③信号及专用通信设施的设计、安装、管理与维护；

④建立各种专用车道与交通组织方法；

⑤安全防护及照明设施的安装与管理。

(2)行政管理

①规划组织单向交通与建立合理的管理体制；

②禁止某种车辆、某种运行方式；

③实行错时上下班或组织可逆性行车；

④对于某些交通参与者(老人、小孩、残疾人员)予以特殊照顾；

⑤决定交叉口的管理或控制方式。

(3)法规管理

①执行交通法规；

②建立驾驶人员的管理制度；

③建立各种违章与事故处理规则并监督实施；

④各种临时的局部的交通管理措施。

(4)交通安全教育与培训考核

①交通警察的培训与考核；

②驾驶人员的培训与考核；

③对驾驶人员进行经常性的安全教育；

④对人民群众特别是青少年进行交通法制与安全教育；

⑤对各种违章的教育与处罚。

(5)交通控制

①交叉口控制；

②线路控制;

③区域控制。

10.2 交通法规与违章

1. 交通法规的概念

所谓交通法规，是指以交通管理中新形成的各种社会关系为调节对象的法律、法规的总称，是调整交通过程中人、车、路相互关系的法律规范和依据。

交通法规属于国家行政法的范畴，具体讲它是行政法的一个分支。行政法的一个重要特征就是，其规范的内容散见于宪法、法律、行政法规、行政规章和地方性法规之中。这也就是说，不能认为交通法规仅仅是指交通规则(或交通管理条例)。宪法、法律、行政法规、行政规章和地方性法规中所有涉及交通管理的内容都是交通法规的组成部分。从这一法学原理出发，可以看到交通法规的法律形式(又称法律渊源)应该包括：①宪法，它是国家的根本大法，是制定一切法律、法规的依据；②法律，它是由全国人民代表大会及其常务委员会制定的规范性文件；③行政法规，它是由国务院制定的规范性文件；④行政法规，它是由公安部、交通部等国家部、委制定的规范性文件；⑤地方性法规，它是由地方人民代表大会和人民政府制定颁布的规范性文件。

交通法规根据其规定的内容和所执行的职能，可以从不同角度加以分类。根据行政法的一般原理，可以把调整交通管理关系的交通法规分为：交通管理组织法——即规定由谁来管理交通，它的管理权限是什么，它的管理系统是怎样的；交通管理作用法——即规定交通管理机关管理交通的具体内容，主要包括：对道路的管理、对机动车辆的管理、对驾驶员的管理、对行人的管理等；交通管理处罚法——即规定哪些行为是违反交通管理的行为，对违法行为给予什么样的处罚；交通诉讼程序法——即规定一旦发生交通事故，产生交通纠纷、争议，应按照什么程序进行调解、裁决等。当然，对于交通法规的分类还可以从其他角度、按照其他不同的标准进行。需要说明的是，这里所说的“交通法规”是指整个交通管理法律规范而言，而不是仅指某一个交通规则。也就是说，这几类规范可以蕴含在一个交通法规之中，也可以散见于其他法律、法规之中。

2. 交通法规的作用

交通法规的制定和实施的根本作用是建立和维护有利于广大人民利益的交通秩序以及在交通管理活动中形成的各种社会关系。其规范作用主要是：①指引作用，交通法规作为一种社会规范，为人们的交通行为提供了某种行为规则或行为模式，它告诉人们可以做什么、不能做什么、必须做什么；②评价作用，交通法规具有判断、衡量他人的交通行为是合法还是违法的作用；③预测作用，与交通法规的指引作用、评价作用相联系的是它的预测作用，也就是人们可以通过交通法规预测到或预见到自己的交通行为是否合法，会产生什么样的法律后果(交通法规本身为人们的交通行为提供了一定的标准和方向，遵守它或违反它必然会带来合法或违法的法律后果)；④教育作用，交通法规的教育作用表现为通过法律的实施，对一般人今后的交通行为发生影响，即通过法律制裁或法律褒奖，使人们从中受到教育，告诉人们应当怎样进行交通行为或不应当发生怎样的交通行为；⑤强制作用，交通法规的强制作用不仅对违法者给予一定的法律制裁，而且它能对企图越轨的人产生一种心理强制，迫使他按照法律的规定行事，从而起到一种预防的作用。

交通过程有其固有的特定矛盾，这些矛盾通常是由人、车、路与环境四个交通要素相互之间的不和谐所产生，它们在交通活动中随时都可能存在或发生，如果得不到及时处理，就会造成交通混乱、交通事故，以致使人民生命财产受到损失、正常的工作秩序和日常生活受到干扰。

交通法规的上述作用，正是约束所有交通参与者或每个社会成员的交通行为，协调、统一各种交通矛盾。这是因为交通法规的内容反映了道路交通的基本规律，反映了人、车、路、环境的内在联系。它能够实现对行人、车辆的统一指挥，能够合理地利用现有道路，减少行人、自行车、机动车之间的相互干扰，也就是能够实现对道路交通的科学管理。

诚然，法律并不是万能的，要建立一种良好的社会秩序、社会环境，光靠法律的强制也是不够的。建立和维护良好的交通秩序，既要加强交通立法，增强人们的法制观念，提高人们遵守交通法规的自觉性，又要对人们进行思想道德等方面的教育，提高全体人民的道德水准。

3. 交通法规的主要内容

①制定交通法规的目的及车辆、行人靠右通行，各行其道的基本原则；

②关于交通信号、交通标志和交通标线的种类及功能的规定；

③关于车辆及车辆驾驶员的要求及规定；

④关于车辆装载及车辆行驶的要求及规定；

⑤关于对行人和乘车人的行为要求及规定；

⑥关于道路使用及保证道路畅通的要求及规定；

⑦关于违反以上要求和规定的行为之处罚规定；

⑧关于道路交通事故及其等级划分以及交通事故处理机关及其职责的规定；

⑨关于交通事故现场处理、责任认定及处罚规定；

⑩关于交通事故处理的调解、损害赔偿及其他规定，等等。

4. 交通违章及其处罚

交通违章是指人们违反交通管理法规、妨碍交通秩序和影响交通安全的过错行为。通常所说的交通违章，不包括因违章而造成的交通事故。

(1)交通违章的性质

交通法规属于国家行政法规。违反行政法规的行为，除极少数情节恶劣、后果严重而触犯刑律的称为犯罪外，一般对情节比较轻微，也未造成严重后果的行为称之“违章”。所以，交通违章是一种过错行为，只具有轻微违法的性质。

认定交通违章时，应注意，一是将违章和犯罪相区别；二是将交通违章和其他违法行为相区别。

(2)交通违章的特征

根据交通违章的定义，违章应具有以下特征，或者说应具有以下构成要素，它主要说明构成违章的标准，即怎样才算是违章。

违章行为所侵犯的客体，是国家对交通的管理活动和交通秩序。这是交通违章同其他违法行为的主要区别。

违章的客观方面是人们违反交通管理法规的行为。构成违章必须有人的行为，或是积极的行为(法律禁止做的而做)，或者消极的不做行为(法规要求做的而不做)。如果仅仅有违章的意图，而在客观上并未实施妨碍国家和社会公共交通的管理活动和交通秩序以及交通安全和畅通的行为，是不能构成违章的。

违章的主体即实施了违章行为，依照交通法规应对其违章行为负担法律责任的自然人和法人。

作为违章主体的自然人是达到一定年龄的人，没有达到一定年龄的人不能作为违章的主体。我国交通管理法规中一般以14周岁为违章的法律责任年龄。14周岁以下的儿童违章的不予处罚。除此以外，作为违章主体的自然人还必须是具有责任能力的人，无责任能力的人不能作为违章的主体。

法人是由若干人组成的、经过国家认可的、能以自己名义行使权力、承担义务的组织，法人也可以作为违章的主体。但由于法人的活动是通过自然人来实现的，因此，法人违章，其违章的责任应由法人的代表或对法人违章负有直接责任的人承担。

违章行为人的主观方面即违章行为人对其实施的违章行为所具有的故意和过失的必然状态，也就是过错。违章行为人的过错有两种表现形式，即故意和过失。

①故意违章：行为人明知实施某种行为是违反交通法规的，并且实施了这种行为，因而构成的违章是故意违章。

②过失违章：行为人应当知道实施某种行为是违反交通法规的，但因为疏忽大意而没有注意，因而构成的交通违章是过失违章。

我国于2004年5月1日实行的《道路交通安全法》(2007年和2011年二次修正)是在新时期条件下，为了维护道路交通秩序，预防和减少交通事故，保护人身安全，保护公民、法人和其他组织的财产安全及其他合法利益，提高通行效率而制定的一部交通法规。它着重体现了：一是注重以人为本，保护交通参与者的人身安全，特别是保护行人和非机动车驾驶人的合法权益；二是坚持统一管理，明确了政府以及公安机关交通管理部门的职责，也明确了社会团体、教育部门、新闻媒体等社会各界的责任和义务；三是强调协调发展，明确提出了政府应当保障道路交通安全管理工作与经济建设和社会发展相适应；四是倡导科学管理，鼓励运用科学技术，不断提高交通管理工作的科学化、现代化水平；五是完善法律制度，通过设立机动车登记制度、报废制度、保险制度、交通事故社会救助制度、机动车驾驶证许可制度、累积记分制度等一系列制度来进一步规范和加强交通管理；六是强化职能转变，退出一些事务性、收费性、审批性的操作事项，明确规定了规范执法的监督保障体系，以解决社会和群众普遍关心的乱扣、乱罚问题；七是严肃追究责任，按照过罚相当的法律原则，对酒后驾车、超载、超速等严重影响交通安全的交通违法行为，规定了严厉的处罚措施；八是倡导遵章守法，在注重以人为本、保护弱者的同时，强调行人和非机动车驾驶人要提高交通安全意识，自觉遵守交通规则，共同维护良好的交通秩序。

10.3　交通标志与标线

1. 交通标志的定义和分类

交通标志属于静态交通控制。它是用图形符号和文字传递特定信息，对交通进行导向、警告、规制或指示的一种交通设施。

交通标志分为主标志和辅助标志两大类。

主标志有下述4种：

①警告标志：警告车辆和行人注意危险地点的标志；

②禁令标志：禁止或限制车辆、行人交通行为的标志；

③指示标志：指示车辆、行人行进的标志；

④指路标志：传递道路方向、地点、距离信息的标志。

辅助标志是附设在主标志下，起辅助说明作用的标志。

2. 交通标志的三要素

要充分发挥交通标志的作用，必须使驾驶员在一定的距离内迅速而准确地辨认出标志形状和文字、符号，从而掌握交通信息和管制要求。因此，要求交通标志有最好的视认性。决定视认性好坏的主要因素是标志的颜色、形状和符号。标志的颜色、形状和符号被称为交通标志的三要素。

(1)交通标志的颜色

颜色可分为彩色和非彩色两类。黑、白色系列称为非彩色，黑、白色系列以外的各种颜色为彩色。不同颜色有不同的光学特性，如对比性、远近性、视认性等。

相邻区域的不同颜色相互的影响称为颜色的对比性。有的色彩对比效果强烈，有的则对比效果较差。如把绿色纸片放在红色纸片上，绿色显得更绿，红色显得更红；若把绿色纸片放到灰色纸片上，对比效果就差，而且会妨碍视认。

远近性的表现是，等距离放置的几种颜色使人有不等距离的感觉。如红色与青色放在等距离处，红比青感到近。红、黄色为显近色，绿、青色为显远色。

颜色的视认性，是指在同样距离内，可见光的颜色能看清楚的易见性好。如红色的易见性最高，橙、黄、绿次之，即以光的波长为序，光波长的视认性高于光波短的。

根据心理学的研究，不同颜色会使人有不同的联想，产生不同的心理感觉。因此可利用颜色的不同特性，制成不同的功能标志。各种颜色的光学特性和人的感觉特征如下：

红色：注目性非常高，又是显近色，所以视认性很好，适用于紧急停止和禁止等信号。红色在人们心理上会产生很强的兴奋感和刺激性，给人以危险的感觉。

黄色：也是显近色，对人眼能产生比红色更高的明度，特别能够引起人们的注意力，使人感到危险，但无红色那么强烈，只产生警惕的心理活动。黄色和黑色组成的条纹是视认性最高的色彩，故用以表示警告、注意等含义。

蓝色：它是显远色，注目性和视认性都不太好，但与白色搭配使用时，对比明显、效果好。蓝色在太阳光直射下颜色较明显，适合用做交通标志，表示指示、指令等含义。

绿色：为显远色，视认性不太高，但能使人联想到大自然的一片翠绿，由此产生舒服、恬静、安全感，用于表示安全、通行的含义。为了不与道路两旁树木绿色相混淆，在交通上只用做指挥灯的通行灯色，而不用于标志。

白色：它的明度最高，反射率最高，给人一种明亮、清洁的感觉。它的对比性最强，常在标志中用做底色。

黑色：它的明度最低，但和其他颜色相配时，却显得美观、清晰。故大部分标志用黑色作图形的颜色。

正是由于以上原因，我国安全色国家标准(CB2893—82)和国际安全色标准都规定，红、蓝、黄、绿四种颜色为安全色(表 10-1)，并规定黑、白两种颜色为对比色。所谓安全色，是表达安全信息、表示禁止、警告、指令、提示等的颜色。

在交通标志中，一般是以安全色为主，以对比色为辅按表 10-2 的规定配合使用。其中，黑色用于安全标志的图案、文字和符号以及警告标志的几何图形；白色作为安全标志红、蓝、绿色的背景色，也可用于安全标志的文字和图形

表 10-1　　**GB 安全色含义**

颜色	含义
红色	禁止、禁停
蓝色	指令 *，必须遵守的规定
黄色	警告、注意
绿色	提示 **、安全状态通行

* 蓝色只有与几何图形同时使用时，才表示指令；

** 为了不与道路两旁绿色树木相混淆，交通上用的指示标志为蓝色。

表 10-2　　**对比色**

安全色	相应的对比色	注
红色	白色	黑白色互为对比色
蓝色	白色	
黄色	黑色	
绿色	白色	

(2)交通标志的形状

交通标志上要记载各种文字和符号，故应选择比较简单的形状。根据研究，同等面积的体积其视认性随着几何形状的变化而不同。在一般情况下，具有锐角的物体外形容易辨认。在同等面积、同样距离、同样照明条件下，容易识别的外形顺序是：三角形、长方形、圆形、正方形、五边形、六边形等。交通标志的基本形状就是按此顺序选用的三角形、长方形和圆形。

三角形：最引人注目，即使在光线条件不好的地方，也比其他形状容易被发现，是视认性最好的外形。因此，国际上把三角形作为“警告”标志的几何形状。

圆形：在同样的面积下，圆形内画的图案显得比其他形状内的图案大，看起来清楚。所以，国际上把圆形作为“禁令”标志的外形。如果圆形内有“\”，即“×”的一半，则为禁止标志。

方形和矩形：长方形给人一种安稳感，同时有足够的面积来写文字说明和画图形，所以用做特殊要求的“指示”标志。

不同功能的交通标志，其几何形状应有明显的区别。我国《安全标志国家标准》(GB2894-82)规定如表 10-3 所示。

表 10-3　　**安全标志的种类及其含义**

图形及含义		图形及含义	
圆内加斜线 三角形	禁止 警告	圆 矩形	指令 提示

(3)交通标志的符号

交通标志的具体含义，即规定的具体内容，最终要由图案符号或文字来表达。

①图案

用图案表示交通标志的内容，直观、生动、形象、易懂，从而可使识别交通标志的人不受文化程度的限制。因此图案设计要简单明了，与客观事物尽可能相似。同时表示不同客观事物的图案要有明显区别，以便于驾驶人员在车速很快、辨认时间极短情况下能迅速识别。投影图案具有简单、清晰、逼真的特点，从远处观察视认性好，所以交通标志图案一般使用投影图案。

②符号

交通标志所用的符号也必须具有简单、易认、意义明确和不受文化程度局限等特点。在规定符号所代表的意义时，要考虑其直观性和符号的单义性，要符合人们在日常生活中的思维习惯，使人们容易理解。例如用"↑"代表直行，"↶"代表调头，使人见到符号就能理解其意义。还必须考虑符合与其他要素之间的配合，习惯上虽然用"×"表示"不允许"或"禁止"，但在标志上画一个"×"往往会把图案或文字涂敷太多而不清楚，因此用半个"×"即"\"表示"禁止"，这也符合人们的思维习惯。

③文字和数字

据许多生理、心理学方面的研究认为：在同一视觉条件下，图案符号信息比相同大小的文字信息传递更为准确和迅速，易为人们理解和识别，因而交通标志中应尽可能考虑采用图案和符号。但是图案和符号毕竟是抽象的东西，有些内容也不可能用图案和符号来表示，如"停车"只能用一个"停"字来表达。停车的"时间"和"范围"也必须用数字来表达。所以文字和数字在某些交通标志上也是一种必要的表达方式。使用文字表达应尽可能简明扼要，一般不宜超过两个字。使用的单位要符合国家法定计量单位，如，高度、距离用 m，质量用 t，车速用 km/h 等。

3. 交通标志的文字尺寸和视认距离

标志牌的大小应能保证在距标志一定距离内清楚地识别标志上的图案和符号文字，故符号及文字的大小应满足必要距离的条件，从而决定标志牌的大小尺寸，此距离称为视认距离。视认距离与行驶速度有关，据日本研究的资料如表 10-4 所示。文字尺寸应与车辆行驶速度相适应，并应按设置地点的交通量、车道宽度、地形与线型情况以及周围环境而有所变化。指路标志上汉字高度如表 10-5 所示，字宽与字高相等。

表 10-4　　视认距离与行驶速度关系

速度(km/h)	<50	60	70	80	90	100
视认距离(m)	240h	239h	236h	227h	209h	177h

注：h 为文字高度(m)，表列为白天数值，夜间为表列数值的 60%~70%。

表 10-5　　文字尺寸与行车速度的关系

计算行车速度(km/h)	汉字高度(cm)	计算行车速度(km/h)	汉字高度(cm)
>100	40	60~40	20
90~70	30	<30	10

4. 交通标志设置的原则

为了充分发挥交通标志的使用效果，交通标志的设置应遵循以下原则：

①交通标志的设计与安装应与道路的交通条件和行车速度相适应；

②设置的交通标志应当是引人注目的，以便能在足够远的距离就引起驾驶员的注意，易被辨认并保证驾驶员有充裕的时间采取必要的驾驶操作；

③标志应设置在使驾驶员视线不致偏离过大、且不易被其他车辆等遮蔽的地方；按具体情况可设置在道路前进方向的右侧、中央分隔带或车行道上方；

④交通标志的设置要考虑整体布局，以保证交通畅通和行车安全为目的、兼顾道路环境美化的要求，避免重复设置，尽量用最少的标志把必需的信息展现出来；

⑤在高等级公路或夜间交通量较大的道路上，应尽量采用反光标志；

⑥同一地点需要设置两种以上标志时，可安装在一根标志柱上，但最多不应超过 4 种。解除限制速度标志、解除禁止超车标志、干路先行标志、停车让行标志、减速让行标志、会车先行标志、会车让行标志应单独设置。标志牌在一根支柱上并设时，应按警告、禁令、指示的顺序，先上后下，先左后右地排列。

5. 道路交通标线

道路交通标线是由各种路面标线、箭头、文字、立面标记、突起路标和路边线轮廓标等所构成的交通安全设施，也是一种静态交通控制形式。

交通标线的作用是管制和引导交通。它可以和标志配合使用，也可单独使用。高速公路、一级公路、二级公路等均应按国家规定设置交通标线。为解决混合交通问题，在一般道路上，可先考虑设置机动车道和非机动车道的分界线。

交通标线主要是路面标线，它包括车行道中心线、车道分界线、车行道边缘线、停车线、减速让行线、人行横道线、导流线、车行道宽度渐变段标线、接近路面障碍物标线、出入口标线等。其次是导线箭头、路面文字标记、立面标记、突出路标和路边线、轮廓线等。

10.4 交通控制

交通控制是为控制与诱导交通、促进交通安全、畅通的一种管理手段。它包括静态交通控制和动态交通控制。动态交通控制包括交通信号和可变标志。这里所谓“动态”，是指交通信号和可变标志根据交通情况随时间变化而言。

1. 平面交叉口的交通控制

(1)平交口的控制形式

平面交叉口是道路的咽喉，平面交叉口的交通效能如何，关系到车流的速度与畅通。根据国内外现有的经验，平面交叉口可采用下述几种控制形式。

①交通信号灯法

各色信号灯的指挥功能一般规定如下：

红灯——禁止信号，用于禁止车辆通行。面对红灯的车辆应该在交叉口的人行横道线前停车，而且不能超过停车线。但机动车准许右转弯行进。

绿灯——通行信号，面对绿灯的车辆可以直行、左转弯和右转弯(另有标志禁止某一种转向者除外)。

黄灯——警告信号，它告诉驾驶人员或骑自行车人，信号灯马上就要变为红灯。当黄灯亮时，已越过停止线的车辆和已进入人行道的行人可以继续通行，其余的车辆和行人禁止通行。这种控制方式现在被广泛采用。关于交通信号的功能国际上的规定大同小异，除上面一般性的规定外，有些国家和城市(地区)还有特殊的、具体的法律规定。

②多路停车法

在交叉口所有引道入口的右侧(右侧通行的国家和地区)设立停车标志，驾驶员见到这种标志，必须先停车，然后找间隙通过交叉口，此法也称为全向停车法。

③二路停车法

在次要道路进入交叉口的引道上设立停车标志，次要道路上的来车必须先停车，然后找间隙通过交叉口，此法也称单向停车法。

④让路标志法

在进入交叉路口的引道上设立让路标志，车辆进入交叉口前必须放慢车速，看清岔路上有无来车，估计能通过时再通过。

⑤不设管制

对于交通量很小的交叉口，不设管制标志，由驾驶员本着“一慢二看三通过”的原则自行控制。

为了有效地对交叉口交通实行控制，对于不同类型的交叉口及其交通情况选用不同的交叉口控制类型。

(2)控制类型的选择

①按照道路分类性质选择。对道路按主干道、次干道和支路大致分类，交叉口按相交叉道路的类型选择控制类型，见表10-6。

表10-6　**按道路分类性质选择控制类型**

序号	交叉口类型	建议控制类型
1	主干路与主干路	交通信号灯

续表

序号	交叉口类型	建议控制类型
2	主干路与次干路	交通信号灯、多路停车或二路停车
3	主干路与支路	二路停车
4	次干路与次干路	交通信号灯、多路停车、二路停车或让路
5	次干路与支路	二路停车或让路
6	支路与支路	二路停车、让路或不设管制

②按交通量选择。也可考虑按进入交叉口的交通量大小选择控制类型，见表10-7(交通量以当量小汽车计)。

表10-7　**按交通量大小选择控制类型**

项目		控制类型				
		不设管制	让路	二路停车	多路停车	交通信号灯
交通量	主要道路(veh/h)				300	600
	次要道路(veh/h)				200	200
	合计(veh/h)	100	100~300	250	500	800
	合计(veh/d)	≤1000	≤3000	≥3000	6000	8000

③其他因素。自行车与行人流量特别大，有需要时可安装定时的行人过街信号。如果主次干道车流量高峰小时特别集中，间隙特别小时，则应考虑安装感应式自动控制信号，以便在交通量高峰小时能自动调整红绿灯间隙。

在我国，平面交叉口的交通控制除了交通信号灯控制和交通警察指挥(有时是作为信号控制的一种辅助控制)以外，大量采用的是交通规则规定的主干道优先控制，即次干道车辆让主干道车辆优先通行。

2. 交通自动控制信号三要素

相位、绿信比、周期是交通自动控制信号的三个主要控制参数，亦称三要素。

相位：在一个信号周期内有几个信号控制状态，每种控制状态都包括同时显示的一方绿灯和交叉方向的红灯，这就是信号相位，简称相位。相位表示在交叉路口给予某个方向的车辆以通行权的程序。例如，一个十字交叉路口，东西向绿灯放行，南北向红灯禁行，这是一个相位；南北向绿灯放行，东西向红灯禁行，这又是一个相位。这种信号有两个相位，称为两相控制。

设置相位是为了减少行驶车辆在通过交叉路口时与别的车辆相冲突。因此相位越多，路口冲突点越少，车辆通过交叉路口就越安全，但延误时间会随之增加，行进效率会降低。

我国城市交通当前用两相控制方式较多。两相位控制可以提高交叉路口通行能力，但人行相位有车干扰，不太安全。目前，我国一些城市已在某些交叉路口采用多相位控制，但其控制效果仍在摸索试验阶段。

周期：周期是指红绿灯显示一周所需要的时间，也就是红、黄、绿灯所需时间之和，以秒为计算单位：

$$周期=(绿灯时间+黄灯时间)+红灯时间$$

周期长度是自动交通控制信号设计的基本参数，一般是通过对道路交叉口的交通量观测分析，由概率理论算出。

绿信比：是指在一个周期内，绿灯时间(有时包括黄灯时间)所占周期时间的比例，以百分比表示：

$$绿信比=\frac{绿灯时间}{周期}$$

绿信比的确定是决定交叉路口交通信号控制效果的重要工作。在实际工作中，人们往往利用相同的信号周期、不同的绿信比来满足一个路口在不同时段里交通流量的要求。

3. 交通信号自动控制的基本类型

交通信号自动控制可以分成三种基本类型：孤立的交叉路口控制(即点控制)、主干路交通信号协调控制系统(即线控制)及区域交通控制系统(即面控制)。

(1)点控制

交通信号单点控制是指采用交通信号机独立地对一个交叉路口进行控制。其特征为被控制的交叉路口与前后左右的交叉路口不产生任何必然的联系。点控制通常可分为定周期和感应式两种。

①定周期交通信号控制。定周期控制是根据交叉路口一定时间的交通量或最大交通量的情况，预先确定信号周期的交通信号控制方式。这种控制方式的绿信比和间隔是固定的，特别适用于各个方向交通量相差不大的交叉路口。

②车辆感应控制。是根据交叉路口的交通量需要变换信号灯色，没有固定的周期与绿信比，特别适用于各个方向交通量相差很大且无规律的交叉路口。车辆感应控制使用感应式信号机，并通过埋设或悬挂在交叉路口的车辆检测器获得车辆信息，给出信号交换。

(2)线控制

简称线控，是在某段主干路连续若干个相邻的交叉路口，施行相互关联的自动信号控制，也称联动控制、协调控制。由于它形成协调的绿灯信号变换的控制方式，使汽车沿主干道保持一定的速度范围行驶时尽可能不停地通过各交叉路口，被控制的各交叉路口的绿灯根据相位差像波浪一样地向前推进，所以又称绿波带控制。

线控制的三个控制参数是周期、绿信比和相位差。所谓相位差就是指线控干道上，以一个主要交叉路口的绿灯起始时间为基准，相邻几个交叉路口绿灯起始时间的偏移，也就是各个交叉口绿灯起始时间的时间间隔。

理想的线控制是绿波交通，即当一辆车或一个车队进入线控制路口，按既定相位差，依次通过其余的交叉路口，直至最后一个路口，都遇到绿灯。绿波交通具有最短的旅行时间，最少的停车次数，最少的等待时间，最大的通过量，投资少，行车安全(事故最少)的特点，它比单点控制优越，线控制一般选择干道上的各个相邻的交叉路口在1km以内。

如相邻两个交叉口超过 2km 以上去实现线控制，将使各种车辆离散开来，形不成车流，意义也就不大。

(3)面控制

区域控制俗称面控制，是指对一个区域内形成的道路网络交通，采用电子计算机进行综合的全面控制。即把路口控制机和检测器通过传输通信线与控制主机连接起来。计算机采集检测器的数据信息，确定最佳的区域控制方案，然后由路口控制机将最佳控制方案付诸于各个交叉口，指挥区域内各干道上的交通流量。

区域控制与点控制、线控制相比，其明显的特征是区域内的每一个路口和前后左右的交叉口发生了一定的关系。即它的每一个控制参数的变化不再是独立的，而是与前后左右的四个交叉路口发生了直接的影响。

10.5 智能运输系统概念

1. 概述

随着国民经济的快速发展，特别是社会主义市场经济的发展，对交通运输的各种需求明显增长，交通运输与社会经济生活的联系越来越紧密，使得交通基础设施建设和交通运输成为经济生活中最活跃的方面之一。在基础设施快速发展的同时，我们不得不看到，长期以来，中国主要沿用的是大量消耗资源和粗放经营为特征的传统发展战略。在跨入 21 世纪的今天，这种发展战略显然违背经济规律和自然规律，将成为制约经济和社会发展的重要因素。随着经济与技术的发展，尽管在全世界的许多地方仍将建设更多的基础设施，但它已不是解决交通运输紧张的唯一办法，面临越来越拥挤的交通，有限的资源和财力以及环境的压力，建设更多的基础设施将受到限制，因此国际上自 20 世纪 90 年代以来更多的是将电子信息技术引入道路运输系统，进而扩展到铁路和航空的管理和信息交换，称之为智能运输系统(Intelligent Transport Systems，ITS)，以期利用 ITS 来提高运输效率，保障安全和保护环境。

关于 ITS 的定义和理解是各种各样的，以欧洲和日本为代表的观点是将 ITS 作为整个社会和经济信息化的一部分，这些国家是从道路交通信息化的角度来推动 ITS 的；而美国则是将 ITS 分成了由政府主导和提供的智能运输基础设施和民间厂商提供的应用产品两部分。但是无论怎样的分法，出发点是一样的，即设想道路交通应该能使每一个交通的参与者和交通基础设施的潜能得以充分的发挥，同时又保持高度秩序化。要做到这一点，必须是在高度信息化的条件下才能实现，当前信息技术的高度发展为实现这一理想提供了条件。因此，我们可以说 ITS 是在较完善的基础设施(包括道路、港口、机场和通信等)之上，将先进的信息技术、通信技术、控制技术、传感器技术和系统综合技术有效地集成，并应用于地面运输系统，从而建立起大范围内发挥作用的，实时、准确、高效的运输系统。

2. 智能运输系统的研究内容

目前世界上在智能运输系统的研究中，美国、日本和欧洲处于领先的地位，但它们又各有侧重点。美国虽然起步稍晚于欧洲和日本，但从智能运输系统研究领域和内容来看，美国的研究领域较宽，内容也比较丰富。

在1994年10月以前，美国的智能运输系统被称为智能车路系统(1VHS)。其研究内容主要集中在“先进的交通管理系统”(ATMS)、“先进的出行者信息系统”(ATIS)、“先进的车辆系统”(AVCS)、“先进的公共运输系统”(APTS)、“商业车辆运营系统”(CVOS)等方面。目前，美国的ITS研究集中在7个领域共29项研究内容。

(1)出行和运输管理系统

①路上驾驶员信息系统　该系统包括驾驶员的引导系统和车内标志系统。驾驶员的引导系统主要为驾驶员提供实时的交通流状况、交通事故、建筑情况、公共交通时刻表、气候条件等信息。利用这些信息，驾驶员可以选择最佳的行驶路线，出行者可以在中途改变其出行方式。车内标志系统主要提供与路面实际标志相同的车内标志，也可以包括道路条件的警告标志和一些特殊车辆的安全限速。

②路线引导系统　为出行者提供到达目的地的最佳行驶路线。早期的路线引导系统是一个静止的信息系统，如果能实现全方位的调度，这个系统就可以为出行者提供及时的信息，使出行者遵循最佳的行驶路线到达目的地。

③出行者服务信息系统　这个系统可以为出行者提供快速服务，如出行者到达目的地的位置、工作时间、食物供应情况、停车场的情况、车辆修理站、医院和交通警察办公室。

④交通控制系统　为高速公路和城市道路提供一个自适应的智能控制系统，从而改善交通流状况，为公交车辆提供优先权，以缓解所有机动车辆的交通拥挤问题。

⑤交通事件管理系统　帮助公共和民间迅速确认突发事件并做出响应，最大限度地减少突发事件对交通的影响。

⑥车辆排放物的检测和控制系统监控，并采用一系列措施控制污染。

(2)出行需求管理系统

系统采用先进的车辆排放物检测设备进行空气质量检测。

①出行前的信息系统　出行前的信息是指出行者出发前在家中、工作地和其他地方所获得的出行实时信息，如公共交通线路、时间表、换乘和票价等。

②合乘车的信息系统。

③需求管理和营运　该项研究通过制定运输需求管理和控制政策，减少个人单独开车工作出行的数量，促使人们更多利用高乘载率车辆和公共交通运输，并为欲提高出行效率的人员提供更多的备选出行方式。

(3)公共交通运输管理系统

①公共交通管理　为了改善公共交通运输管理，它主要应用计算机技术对车辆及设施的技术状况和服务水平进行实时分析，实现公共交通系统营运、规划及管理功能的自动化。

②途中换乘信息　该项研究可为使用公共交通运输方式的出行者提供实时准确的中转和换乘信息。

③个体的公交运输　这种公共交通运输可以满足个人非定线或准定线的公共交通运输需求。

④公共交通运输安全　为公共交通的乘客和驾驶员提供一个安全的运输环境。

(4)电子收费系统(Electronic Toll Collection，ETC)　是为用户支付通行费、车票、存

车费等提供一种通用的电子收费支付手段，实现收费和支付的自动化。

(5)商业车辆的运行系统

①商业车辆的电子通关系统　这个系统要求载货汽车和公共汽车装有无线电接收装置，确定主要行驶路线的车辆行驶速度和装载质量，以确保车辆的行驶安全。

②路边安全检查的自动化系统　这个系统为车辆和驾驶员提供一个实时的安全检查途径，它可确定哪台车应该停车受检。

③车载安全监控系统　该系统能自动监控商业车辆、货物和驾驶员的安全状况。

④商业车辆的行政管理程序　该系统以电子手段办理注册手续，自动记录里程、燃料消耗报告和检查账目。

⑤商业车队管理系统　该系统可为驾驶员、调度员和多式联运管理人员建立通信联系，利用实时信息确定车辆的位置，并使车辆在非拥挤道路上行驶。

⑥危险品应急响应系统　该系统可以为执法人员提供及时、准确的危险品种类信息，使其能在紧急情况下做出适当处理，从而控制危险，避免事故的发生。

(6)紧急情况管理系统

①紧急情况通报和个人安全。

②紧急情况车辆管理。

(7)先进的交通控制和安全系统

①避免纵向碰撞。

②避免侧向碰撞。

③避免交叉路口碰撞。

④扩展视野防止碰撞。

⑤碰撞前的预防措施。

⑥安全预报系统。

⑦自动化的公路系统　该系统能提供一个全面自动化的运行环境，实际上是创造一个智能的运输系统。

3. 中国的 ITS 研究

我国政府部门和交通运输界已经认识到开展智能运输系统研究的重要性。交通部在“九五”期间已经建立了“智能公路运输系统工程研究中心”，同时指出：“该工程研究中心在学习、消化国外先进技术成果的基础上，结合我国实际情况，分阶段地开展交通控制系统、驾驶员信息系统、车辆调度和导驶系统、车辆安全系统以及收费管理系统五个领域的研究与开发、工程化和系统集成。在此基础上，将成熟的科技成果转化为可供实用的技术和产品。该工程研究中心也将逐步发展成为我国智能公路运输系统产业化基地”。

交通部公路科学研究所于 1998 年完成了“智能运输系统发展战略研究”的报告。在该报告中，提出了我国智能运输系统的体系结构以及近期、中期、远期的发展战略目标，而且还提出了我国智能运输系统的标准化问题。

(1)我国 ITS 的体系结构

该报告中将我国智能运输系统体系结构按照信息的采集、传递、处理、利用过程，分为物理层、传输层、处理层和服务层四个层次(图 10-1)。

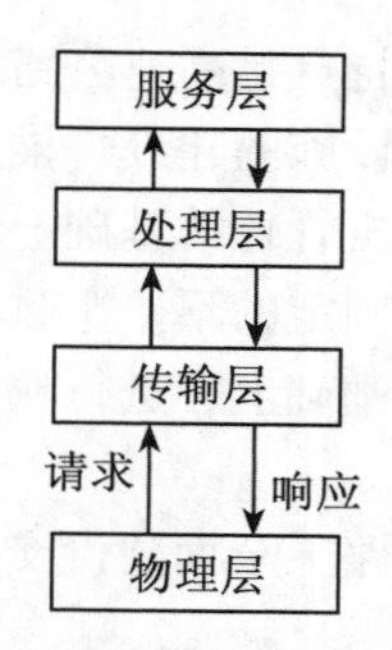

图 10-1　我国智能运输系统体系结构

物理层：在实体上包括各种基础设施。它除了完成信息的采集并将原始信息传递给传输层外，还负责完成传输层下达的指令，它是最底层的执行机构。构成物理层的基础设施建设是提供智能运输系统服务功能的基础。我国的高速公路网(包括路网中的各种监控、收费、信息传输以及安全保障设施)，就是实施智能运输系统的物理基础。

传输层：负责信息的双向传递，是信息在物理层与处理层之间流动的桥梁，它将物理层和处理层紧密联系起来。借助传输层，智能运输系统所倡导的信息的充分利用和共享得以实现。传输层中所采用的通信技术，可以为有线网络通信、广域无线通信、短程通信或其他方式。

处理层：是体系结构中最活跃的一个层次。信息经物理层采集后传递到处理层，处理层负责信息的再加工，这里的信息处理不包括物理层中原始信号的处理，它应当是信息的检索、分类、转储等。这些有效信息和指令再通过传输层传递给物理层，物理层响应之后就体现出某种具体的服务功能。

处理层还具有自适应控制、模式识别、人工智能、辅助决策、事件预测等高级功能。

服务层：是一个稍抽象的层次，它体现智能运输系统的服务功能。当智能运输系统中的用户请求某项服务功能时，请求信息经物理层采集后由传输层传递给处理层，处理层在识别出请求信息后向服务层发出服务请求，服务层针对申请服务的种类给处理层发出相应的指令，处理层收到服务层的指令后，从信息库中取出对应的信息，随同指令经传输层到物理层后，物理层向用户提供它所请求的服务。

服务层是智能运输系统体系结构中集中反映服务功能的层次。根据对智能运输系统用户的潜在需求分析，可将服务功能分为 5 类：①先进的交通监控与管理；②集成信息服务；③电子收费；④运输管理；⑤安全保障。

(2)我国 ITS 的发展战略目标

将分三个阶段：各阶段内要实现的具体内容为：

①近期目标

交通控制系统：在有条件的高速公路上进行试点，探索出比较符合中国的交通控制模式，对将来形成的高速公路网进行一些基础性的研究。

集成信息服务系统：车载导航设备中的关键技术应当予以突破，公路数据库、数字化地图等基础性工作应初步完成。

通信系统：各主要城市间的道路特点是高速公路应与中心城市建立良好的通信联系。

安全保障系统：进一步加强安全设施的建设，推广使用一些车载安全设备。

电子收费系统：在人工收费计算机管理的基础上，逐步将收费口建成自动不停车收费和人工收费结合的收费口，并要建立固定的不停车收费标准。

运输管理系统：在主枢纽设施的基础上，进行快速客货运输的工业性试验。

②中期目标

交通控制系统：在新建的高速公路上全面建设交通控制系统，并在区域内进行路网控制的研究和具体应用。

集成信息服务系统：开始利用广播、公共网和专网等手段把各种交通信息以有偿或无偿方式提供给道路使用者，在城市内开始进行全面的信息服务。

通信系统：进行全国范围内的交通通信网建设，在充分利用公共网的基础上建设以沿高速公路铺设的光缆为主干的全国交通网。

安全保障系统：全面推广以安全气囊等为代表的车载安全辅助设备，在高速公路上建立起一支设备先进，反应迅速的抢险队伍。

电子收费系统：在全国逐步推广不停车收费，并开始在全国进行联网。

运输管理系统：全力推进以公路为主、多种方式结合的快速客货运系统，争取覆盖全国所有大城市。

③远期目标

交通控制系统：能够全面详尽地掌握整个道路网实际的道路交通信息、事件、事态，通过预测，对已经发生或即将发生的事件进行处理，将交通控制、诱导信息通过通信系统传递给用户。

集成信息服务系统：能够让用户在任何时间、任何地点知晓路网上的各种信息，甚至对即将的出行有一个预知，使用户采取正确的行动。

通信系统：满足各种信息和用户的传输需求。

安全保障系统：保证交通正常运行时人员的安全和舒适，对交通发生异常事件时提供迅速有效的处理。

电子收费系统：减少在收费口的延误和产生的阻塞。

运输管理系统：充分利用以上5个系统提供的信息和保障，通过合理的调度，使运输企业发挥出最大效益。

思 考 题

1. 交通管理与控制的基本定义是什么？
2. 交通标志有哪几类？
3. 交通标志的三要素是什么？
4. 交通控制信号的三要素什么？
5. 交通信号自动控制的基本类型有哪几种？
6. 什么是智能运输系统(ITS)？

参考书目

1. 住建部．CJJ129-2009 城市快速路设计规程．北京：中国建筑工业出版社，2009.

2. 住建部．CJJ152-2010 城市道路交叉口设计规程．北京：中国建筑工业出版社，2011.

3. 吴瑞麟，李亚梅，张先勇．公路勘测设计．武汉：华中科技大学出版社，2010.

4. 住建部．CJJ037-2011 城市道路工程设计通用规范(报批稿).

5. 黄兴安．公路与城市道路设计手册．北京：中国建筑工业出版社，2005.

6. 任福田，刘小明，等．交通工程学．北京：人民交通出版社，2003.

7. 文国玮．城市交通与道路系统规划．北京：清华大学出版社，2001.

8. 沈建武，吴瑞麟．城市交通分析与道路设计．武汉：武汉大学出版社，2001.

9. 李作敏．交通工程学．北京：人民交通出版社，2000.

10. 吴瑞麟，沈建武．道路规划与勘测设计．广州：华南理工大学出版社，2002.

11. 张廷楷，张金水．道路勘测设计．上海：同济大学出版社，1998.

12. 戴慎志，陈践．城市给水排水工程规划．合肥：安徽科学技术出版社，1999.

13. 建设部．城市道路绿化规划设计规范．北京：中国建筑工业出版社，1997.

14. 建设部．GB50220-95 城市道路交通规划设计规范．北京：中国计划出版社，1995.

15. 建设部．CJJ37-90 城市道路设计规范．北京：中国建筑工业出版社，1990.

16. 陆化普，等．交通规划理论与方法．北京：清华大学出版社，1998.

17. 赵恩棠，刘晞柏．道路交通安全．北京：人民交通出版社，1990.

18. 熊广忠．城市道路美学．北京：中国建筑工业出版社，1990.

19. 王玮，徐吉谦，等．城市交通规划．南京：东南大学出版社，1999.

20. [联邦德国]汉斯·洛伦茨．公路线型与环境设计．北京：人民交通出版社，1988.

21. 陈洪仁．道路交叉设计．北京：人民交通出版社，1991.

22. 徐吉谦．交通工程总论．北京：人民交通出版社，1991.

23. 周荣沾．城市道路设计．北京：人民交通出版社，1993.

24. 北京市政设计院．给水排水设计手册(第 5 册，城市排水)．北京：中国建筑工业出版社，1986.

25. 王伯惠．道路立交工程．北京：人民交通出版社，2000.

26. [美]美国各州公路与运输工作者协会．公路与城市道路几何设计．西安：西北工业大学出版社，1988.

27. 张雨化．道路勘测设计．北京：人民交通出版社，1997.

28. 重庆建筑工程学院．排水工程．北京：中国建筑工业出版社，1987.

29. 姚雨霖，等．城市给水排水．北京：中国建筑工业出版社，1985.

30. 北京市政设计院．城市道路设计手册．北京：中国建筑工业出版社，1985.

31. AASHTO. A Policy on Geometric Design of Highways and Streets. Washington，D. C：AASHTO，1994.

32. AASHTO. Highway Capacity Manual. Washington，D. C：AASHTO，1994.